华 章 图 书

一本打开的书，一扇开启的门，

通向科学殿堂的阶梯，托起一流人才的基石。

Unity AR/VR开发

实战高手训练营

王寒 张义红 王少笛 著

图书在版编目（CIP）数据

Unity AR/VR 开发：实战高手训练营 / 王寒，张义红，王少笛著 . -- 北京：机械工业出版社，2021.7
（游戏开发与设计技术丛书）
ISBN 978-7-111-68499-2

I. ① U… II. ①王… ②张… ③王… III. ①游戏程序－程序设计 IV. ① TP317.6

中国版本图书馆 CIP 数据核字（2021）第 117772 号

Unity AR/VR 开发：实战高手训练营

出版发行：机械工业出版社（北京市西城区百万庄大街 22 号 邮政编码：100037）
责任编辑：董惠芝　　责任校对：殷 虹
印　刷：北京市荣盛彩色印刷有限公司　　版　次：2021 年 7 月第 1 版第 1 次印刷
开　本：186mm × 240mm 1/16　　印　张：24
书　号：ISBN 978-7-111-68499-2　　定　价：109.00 元

客服电话：（010）88361066 88379833 68326294　　投稿热线：（010）88379604
华章网站：www.hzbook.com　　读者信箱：hzit@hzbook.com

Preface 前　言

2014 年 3 月，Facebook 宣布以 20 亿美元收购虚拟现实设备 Oculus Rift 的制造商 Oculus VR，沉寂已久的虚拟现实行业重新进入人们的视野。

2015 年 1 月，微软黑科技产品 MR（混合现实）头显——HoloLens 与 Windows 10 系统同时发布。

在 2017 年 6 月的 WWDC 上，苹果重磅推出了 ARKit，这让 iOS 一夜之间成为最大的 AR 平台，更让虚拟现实进入更多开发者的视野。同年在 Google I/O 大会上，Google 推出了与 ARKit 对标的 ARCore，这延续了智能手机时代的激烈竞争态势。

在接下来的几年，因为相关技术发展的滞后，虚拟现实行业陷入了长达三年的暗黑时代。

但进入 2020 年之后，5G 技术在全球，特别是在中国得到了广泛的应用。作为 5G 技术的最佳应用场景之一，AR/VR 内容的需求再次爆发，这也让该行业的从业人员为之一振。以苹果为首的众多科技公司在这一领域的技术耕耘终于得到了回报。iPad Pro 和 iPhone 12 Pro 系列中均搭配了全新的 LiDAR 激光扫描雷达，其他国内外厂商也纷纷跟进。5G 和激光扫描技术的迅速商用让虚拟现实行业走出阴霾，迎来春天的黎明。

为什么要写这本书

随着越来越多的大公司和创业团队进入 AR/VR 领域，他们对 AR/VR 开发人才的需求也越来越大。

在面向 AR/VR 的开发工具中，Unity3D 无疑是目前支持平台最广、扩展性最强的一款工具。

无论有无 Unity 开发经验，开发者都迫切需要一本 Unity AR/VR 书带领他们跨过第一道坎，从而真正了解和掌握 AR/VR 开发。

本书涵盖 Unity3D 的基础入门知识、进行 AR/VR 开发必须掌握的 Unity3D 技能以及在不同的 AR/VR 平台进行实际开发所需要掌握的知识。

与《Unity AR/VR 开发：从新手到专家》的区别

本书在《Unity AR/VR 开发：从新手到专家》(以下简称为《从新手到专家》) 的基础上做了不小的更新和调整。

1）考虑到本书读者的主要兴趣点在于学习 AR/VR 开发，因此对 Unity 基础技能的内容适当做了删减和优化，以突出全书的重点。比如将《从新手到专家》中第 4 ～ 6 章的内容合并为一章，删减了第 12 章（数据存取与性能优化）和第 14 章（Unity 网络编程）。

2）考虑到市场中 AR/VR 开发的巨大变化，删除了《从新手到专家》中的第 15 章（跨 HTC Vive 和 Oculus Rift 平台开发）、第 16 章（Google Daydream 平台开发）、第 18 章（Wikitude AR 开发）、第 19 章（HoloLens 开发），新增了第 10 章（实战：基于 Oculus Quest 设备的 Beat Music 音乐节奏游戏）、第 11 章（实战：使用动捕技术实现虚拟直播）、第 13 章（实战：使用 AR Foundation 开发跨平台 AR 塔防游戏）和第 14 章（实战：开发 AR 汽车引擎教育应用）等内容。

3）缩减了 Unity 基础和核心技能章节中的综合实战案例，增加并扩展了 AR/VR 开发章节中的实战案例。

4）《从新手到专家》的内容基于 Unity 2018.x 版本，本书的内容则大部分基于 Unity 2020.x 版本，部分 AR/VR 章节则基于 Unity 2019.4.x（LTS）版本。

在内容设计上，本书希望读者在掌握 Unity 的核心技能后，能快速进入对 AR/VR 理论和实战技能的学习，从而掌握在不同 AR/VR 平台上设计、开发产品的知识和技能。

本书特色

目前，市面上有关 AR/VR 开发的图书相对较少，现有的图书主要针对有经验的开发者，而本书的内容对于零基础的开发者也十分友好，从基础概念到使用 Unity 进行 AR/VR 开发，书中都有介绍。

与只重视概念讲解，不重视实际操作的 Unity 开发图书不同，本书从基本知识到进阶技能再到 AR/VR 实战开发，每一部分都会融入大量的实战讲解。

有经验的 Unity 开发者可以直接学习 AR/VR 实战项目的相关内容。针对 Oculus Quest、Vuforia、AR Foundation（涵盖 ARKit/ARCore）、全身动捕技术平台、VoxelSense 等几个主流的 AR/VR 平台和 SDK，本书都会通过实战项目进行讲解。

读者对象

本书适合以下人员阅读：

- ❑ 对 AR/VR 开发感兴趣，但是之前并没有任何 Unity3D 开发经验的初学者。
- ❑ 对 AR/VR 开发感兴趣，并且已经具备一定 Unity3D 开发经验的开发者。
- ❑ 对 AR/VR 开发感兴趣，想了解项目开发整体流程的管理者或团队成员。

如何阅读本书

全书从逻辑上分为三部分，共 14 章。

第一部分介绍的是 Unity 开发基础知识（第 1 ~ 3 章），针对所有对虚拟现实和 Unity 开发感兴趣的初学者。

学完本部分内容后，读者应该对虚拟现实行业、技术基础、产品及开发工具有所了解，包括虚拟现实的基本概念、虚拟现实的技术基础、主流的虚拟现实设备、主流的虚拟现实开发工具等。

此外，读者还应该对 Unity 的基本知识有所了解，包括常见的 3D 引擎以及 Unity 的基本使用，比如界面、基本概念（物体、组件等）、C# 编程。

第 1 章 对虚拟现实行业做了提纲挈领的介绍，从整体的角度介绍了虚拟现实的相关概念以及核心技术，即立体显示技术、场景建模技术和自然交互技术。此外，还介绍了当前最主流的虚拟现实设备、开发工具和 SDK 以及虚拟现实应用开发的基本流程与注意事项。

第 2 章 对主流的 3D 游戏引擎进行对比分析，说明使用 Unity 进行 AR/VR 开发的优缺点，并简单介绍 Unity 的发展史、安装、授权与服务。此外，还对 Unity 的编辑器做了简单介绍，并着重介绍了 Unity 中的核心概念、子系统以及 Unity Asset Store（资源商城）。最后，通过一个实战游戏项目介绍了 Unity3D 项目从设计、开发到发布的全过程。

第 3 章 对 C# 语言的开发环境、基本语法和使用做了简单的介绍，同时介绍了如何在 Unity 中使用 C# 进行开发。

第二部分介绍的是 Unity 开发核心技能（第 4 ~ 9 章）。

学完本部分内容后，读者应该掌握 AR/VR 开发必备的 Unity3D 技能，包括如何将 3D 场景和人物模型导入游戏场景，如何利用 PBS 理论和着色器美化材质、贴图和画面，如何使用 Unity 的光照系统打造亦真亦幻的环境，如何使用 Unity 动画机制让场景中的物体、角色甚至 UI 界面产生奇妙的动画效果，如何利用寻路系统和 AI 让游戏中的角色具备模拟真人的行为模式，如何使用物理系统和碰撞机制让游戏中的虚拟世界像现实世界一样遵循物理法则，如何在游戏中添加背景音乐、音效并打造特殊的AR/VR场景音效，如何添加多人游戏网络机制，以及如何创建游戏中的UI交互系统。

第4章 介绍了如何在Unity中创建虚拟的数字世界，具体包括在Unity中创建基础的游戏场景、Unity之外的游戏资源，导入外部的游戏资源，在Unity中创建Enlighten光照系统以及全局光照的概念和具体的使用方法，在Unity中创建Shuriken粒子系统、着色器和Post Processing，从而让游戏画面栩栩如生。

第5章 介绍了Unity的原生UI系统——UGUI，及其控件的使用。

第6章 介绍了Unity的动画系统，包括Legacy动画系统和最新的Mecanim动画系统，重点介绍了Mecanim动画系统的特性、核心概念和相关工作流程。

第7章 介绍了Unity中的寻路系统，包括内部工作原理、Nav Mesh烘焙设置、添加障碍物以及穿越障碍物等。

第8章 详细介绍了Unity中的物理系统以及各种相关的组件，如Rigidbody、Collider和Raycast等。

第9章 介绍了Unity中的音效系统，包括Audio Source和Audio Reverb Zone等的设置和使用。

第三部分介绍的是Unity AR/VR开发实战（第10 ~ 14章），本部分通过实战案例帮助读者掌握在主流AR/VR平台开发应用的技能。

学完本部分内容后，读者应该对主流的AR/VR平台及其开发工具有充分的了解，与此同时，还应通过实战项目熟练掌握几个主流AR/VR平台和技术，包括Oculus Quest、动捕技术和VoxelSense等。另外，读者还应该掌握主流的AR SDK，特别是如何使用Unity和高通Vuforia SDK开发AR应用，以及如何使用AR Foudation开发跨平台的AR应用（同时支持ARKit和ARCore）。

第10章 详细介绍了Oculus Quest平台开发常识，包括基本技术原理、相关的第三方插件以及如何配置开发和测试环境等，并通过一个完整的Beat Music音乐节奏游戏（模仿当下最热门的Beat Saber）引导读者学习Oculus Quest平台的游戏开发。

第11章 详细介绍了动捕技术及其开发常识，包括动捕技术的发展史和技术原理。此外，还介绍了光惯混合动捕设备的使用以及动捕数据的后期处理。最后，通过一个完整的虚拟主播示例项目介绍了如何配置开发和测试环境，如何使用动捕数据实时驱动模型，如何给虚拟形象抠绿，如何添加真实背景并测试等。

第12章 详细介绍了一款重要的AR SDK——Vuforia，包括基本的功能、授权类型、工具和资源以及支持的平台等，并通过一个iWatch AR虚拟手表示例项目引导读者学习如何使用Unity和Vuforia开发AR互动应用。

第13章 详细介绍了Unity官方的AR框架（AR Foundation）以及它所支持的ARKit

和 ARCore，包括主要功能特性、授权方式、支持的平台，以及它与 Vuforia 之间的对比分析，并通过一个 Hello AR 示例项目和一个跨平台 AR 塔防游戏 ARDefense 项目来引导读者学习如何使用 Unity 和 AR Foundation 开发 AR 互动应用。

第 14 章 详细介绍了 VoxelSense 桌面级 AR 交互平台，包括基本功能、平台技术原理以及空间交互笔的交互等。此外，还详细介绍了如何配置 VoxelTracker V4 的开发和测试环境。最后，通过一个 AR 汽车引擎教育应用的实战项目引导读者学习该应用的设计与实现。

对于完全没有 Unity 开发经验的读者来说，建议从头开始阅读本书，并完成书中的所有练习。

对于已经有一定 Unity 开发经验的读者来说，可以跳过本书的前两部分内容，直接学习第三部分。

特别说明： 限于篇幅，在涉及示例或实战案例讲解时，没有提供每一步操作的界面截图，或者因为界面太大，只截取了有效部分，所以有时候会出现只有文字操作描述，但没有对应界面的情况，请读者根据文字描述操作即可。

勘误和支持

由于 AR/VR 开发领域是一个全新的技术领域，且技术发展日新月异，因此书中的内容可能会出现版本兼容性的问题。同时，由于作者的水平有限，编写时间仓促，书中难免会出现一些错误或者不准确的地方，恳请读者批评指正。如果您有更多的宝贵意见，可以通过邮件（eseedo@gmail.com）或添加笔者个人微信（iseedo）留言和讨论。如果想获取与虚拟现实相关的更为详细的知识，欢迎访问赛隆网（http://www.vr910.com/）或关注微信公众号（vrlife）。同时，对于书中的所有示例项目，笔者也会将其托管在 GitHub 上（地址为 https://github.com/eseedo）。

致谢

感谢 Unity 官方，官方文档为笔者的写作提供了最全面、最深入、最准确的参考。

感谢 Facebook、苹果、HTC、诺亦腾、魔珐科技等众多国内外相关领域的公司对虚拟现实领域投入的关注和巨大的资源支持。

感谢为本书提供相关示例项目和资源的其他团队成员。没有大家的共同努力，这本书无法顺利完成。

特别感谢机械工业出版社华章公司的策划编辑高婧雅，是她在近一年的时间中始终支持我写作，鼓励和引导我顺利完成全部书稿。

最后要感谢我的家人在写作期间给予的支持，他们一直是我前进的最大动力。

王寒

Contents 目　　录

第三部分　Unity AR/VR 开发实战

第一部分 Part 1

Unity 开发基础知识

Chapter 1 第1章

虚拟现实开发技术入门

在正式开始学习之前，我们首先需要从概念上对虚拟现实有基本的认识，其次还需要从整体上对虚拟现实的开发技术、设备、工具和流程有一定的认识和了解。

为此，本章将介绍虚拟现实的核心概念、行业应用以及相关的开发技术。

1.1 什么是虚拟现实

我们通常所说的“虚拟现实”一词其实包含了多个技术分支，如AR/VR/MR等。

AR是Augmented Reality的缩写，通常被称为增强现实。AR的定义很广泛，技术种类众多。目前主流的AR是指通过设备识别和判断（二维、三维、GPS、体感、面部等识别物）将虚拟信息叠加在以识别物为基准的某个位置，并显示在设备屏幕上，从而实时交互虚拟信息。

VR是Virtual Reality的缩写，通常被称为沉浸式虚拟现实。VR为用户提供了完全沉浸式的体验，使用户有一种置身于真实世界的感觉，是一种高级的、理想化的虚拟现实系统。

除了我们通常了解的AR和VR这两个名词之外，行业内其实还有MR和XR的说法。MR是Mixed Reality的缩写，即混合现实，指的是合并现实和虚拟世界而产生的新的可视化环境。在新的可视化环境里，物理和数字对象共存，并实时互动。XR是Extended Reality的缩写，即扩展现实。实际上，XR是AR/VR/MR等各种形式的虚拟现实技术的总称。它分为多个层次，包括从通过有限传感器输入的虚拟世界到完全沉浸式的虚拟世界。

2014年，Facebook对Oculus的收购盘活了整个行业。2019年，Facebook推出的Oculus Quest让无数人眼前一亮，可谓“当前VR一体机产品中的翘楚”。2020年9月，Facebook发布Oculus Quest2，并宣布在2021年全面停产Oculus Rift PCVR系列产品。

2015 年，微软发布第一代 HoloLens 全息眼镜，在单一机身中融合了 CPU、GPU 和全息处理器，并在 2019 年推出更为强大的 HoloLens 2。

在 2017 年的 WWDC 上，苹果推出了专门为打造增强现实体验而开发的框架 ARKit，以及面向 AI 的 CoreML。同年，Google 推出了和苹果 ARKit 功能相似的 ARCore。

2019 年 9 月，华为在旗舰手机 Mate 30 Pro 的发布会上重磅推出了自家的 VR 眼镜产品，为业界所看好。

可以预见，未来的虚拟现实产品将不再区分 AR/VR/MR，而是一种融合性的产品。与此同时，虚拟现实的实时扫描、环境感知和渲染技术将需要借助人工智能技术，特别是计算机视觉和深度学习的帮助。

虚拟现实技术自诞生以来应用于多个领域——从军事到航空航天，从教育到娱乐游戏，从医疗到旅游，等等。从目前来看，融合了 5G/AI 等技术的 AR/VR 设备有望取代智能手机的计算模块。

1.2　虚拟现实的技术基础

虚拟现实是一种综合性技术，由三大类技术组成，分别是立体显示技术、3D 建模技术和自然交互技术，如图 1-1 所示。

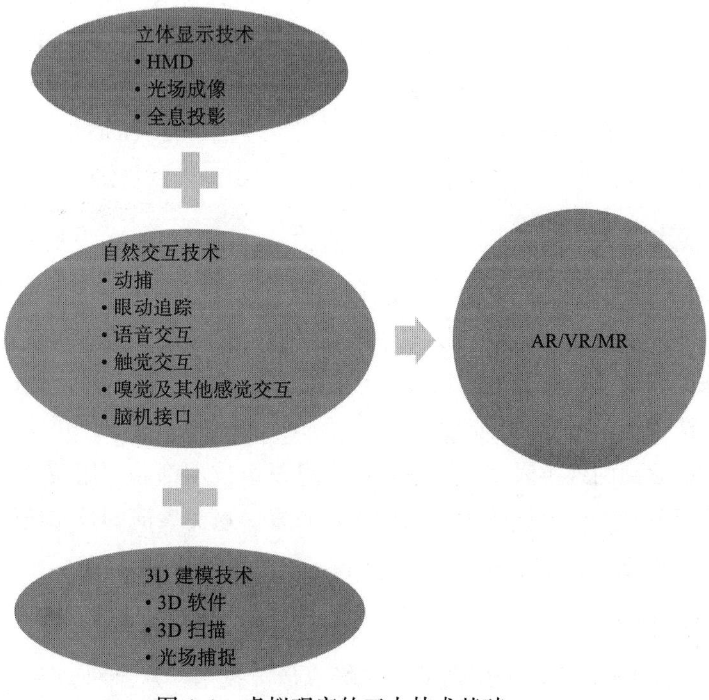

图 1-1　虚拟现实的三大技术基础

本节将向大家简单介绍以上 3 种技术的相关知识。

1.2.1 立体显示技术

立体显示技术以人眼的立体视觉原理为依据。因此，研究人眼的立体视觉机制、掌握立体视觉的规律，对设计立体显示系统是十分必要的。如果想在虚拟世界看到立体的效果，就需要知道人眼立体视觉产生的原理，然后再用一定的技术通过显示设备还原立体效果。

1. HMD 技术

HMD（头戴显示）技术的基本原理是让影像透过棱镜反射之后，进入人的双眼在视网膜上成像，营造出在超短距离内看超大屏幕的效果，而且具备足够高的解析度。头戴显示器通常拥有两个显示器，而两个显示器由计算机分别驱动向两只眼睛提供不同的图像，再通过人的大脑将两个图像融合以获得深度感知，从而产生立体的图像。

主流的沉浸式虚拟现实头戴设备，包括 Oculus Rift、Oculus Quest、HTC Vive、Sony Playstation VR、3Glasses、Pico VR 等，大多基于双显示屏技术。

那么，微软的黑科技产品 HoloLens 又是基于什么原理呢？

先来看看 HoloLens，它相当于 Google Glass 的升级版，可以看作是 Google Glass 和 Kinect 的合体产品。它内置了独立的计算单元，通过处理从摄像头所捕捉的各种信息，借助自创的 HPU（全息处理芯片），透过层叠的彩色镜片创建虚拟物体影像，再借助类似 Kinect 的体感技术，让用户从一定角度和虚拟物体进行交互。依靠 HPU 和层叠的彩色镜片，HoloLens 可以让用户感觉到这些全息图像直接投射到了现实场景中的物体上。当用户移动时，HoloLens 借助广泛应用于机器人和无人驾驶汽车领域的 SLAM（同步定位与建图）技术来获取环境信息，并计算出玩家的位置，保证虚拟画面的稳定。

2. 全息投影技术

全息投影技术可以分为投射全息投影和反射全息投影两种，是全息摄影技术的逆向展示。和传统立体显示技术利用双眼视差的原理不同，全息投影技术可以通过将光线投射在空气或者特殊的介质（如玻璃、全息膜）上呈现 3D 影像。人们可以从任何角度观看影像，得到与现实世界中完全相同的视觉效果。

目前，我们看到的各类表演中所使用的全息投影技术都需要用到全息膜或玻璃等特殊的介质，需要提前在舞台上做各种精密的光学布置。这类表演的效果绚丽无比，但成本高昂、操作复杂，需要操作人员进行专业训练。

3. 光场成像技术

神秘的 Magic Leap 采用了所谓的“光场成像”技术。从某种意义上来说，该技术可以算作“准全息投影”技术。其原理是用螺旋状振动的光纤形成图像，并直接让光线从光纤弹射到人的视网膜上。简单来说，就是用光纤向视网膜直接投射整个数字光场（Digital Lightfield），产生所谓的“电影级现实”（Cinematic Reality）。

1.2.2　3D 建模技术

为了打造完美的虚拟现实体验，我们需要从零开始构建虚拟世界，或将现实生活中的场景转化成虚拟世界的一部分。那么，这种虚拟世界如何构建呢？

目前来说，3D 建模主要通过 3D 软件、3D 扫描和光场捕捉等方式来实现。

1. 3D 软件建模

简单来说，3D 软件建模就是通过各种三维设计软件在虚拟的三维空间构建出具有三维数据的模型。这个模型又被称作 3D 模型，可以通过 3D 渲染技术以二维的平面图像呈现出来，或是通过计算机模拟，或是通过 3D 打印设备构建。

除了游戏之外，3D 软件建模还广泛应用在影视、动画、建筑和工业产品的设计中。目前在游戏、影视和动画领域，最常用的 3D 设计软件包括 3Ds Max、Maya、zBrush、Cinema4D、Blender、Softimage 等，而在建筑和工业产品设计中，最常用的是 AutoCAD、Rhino 等。

单纯使用 3D 软件建模的问题在于，一方面高度依赖建模师个人的技能熟练度，另一方面对于现实世界的很多场景、物体和人物无法做到精准还原，很容易进入“恐怖谷”的瓶颈之中。

2. 3D 扫描建模

在构建虚拟现实世界时，除了使用常规的 3D 建模技术和实景拍摄技术之外，我们还可以使用 3D 扫描技术将真实环境、人物和物体进行快速建模，将实物的立体信息转化成计算机可以直接处理的数字模型。

3D 扫描仪是利用 3D 扫描技术将真实世界的物体或环境快速建立数字模型的工具。3D 扫描仪有多种类型，通常可以分为两大类：接触式 3D 扫描仪和非接触式 3D 扫描仪。

3. 光场捕捉建模

光场捕捉建模技术最早应用于 Ren Ng 创办的 Lytro，它通过在单个传感器前放置微透镜阵列实现多个视角下画面的采集，但这种方案会导致分辨率大大降低。

近几年，还有一种方案被 Facebook Reality Labs、微软 MR 工作室、上海叠境、深圳普罗米修斯和微美全息等公司采用，即使用上百个相机的多相机阵列和深度相机组成内环抓拍系统，并对对象进行全方位拍摄，通过高速处理的 AI 算法和动态融合的系统实时合成对象的立体模型。

需要注意的是，使用 3D 扫描和光场捕捉建模技术所获取的 3D 模型与动作动画仍然需要使用主流的 3D 设计软件进行后期处理。使用 3D 扫描或光场捕捉技术可以大大提高 3D 建模效率，减少前期工作量，并实现更为真实的效果。

1.2.3 自然交互技术

随着 VR/AR 时代的来临，传统的交互方式已经远远不能满足人们的需求。因此，模仿人类本能的自然交互技术成为虚拟现实技术的重要基础。虚拟现实要实现完美的沉浸感，需要用到哪些自然交互技术呢？

1. 动捕

为了实现和虚拟现实世界中场景和人物的自然交互，我们需要捕捉人体的基本动作，包括手势、表情和身体运动等。实现手势识别、表情、动捕的主流技术分为两大类，一类是光学动捕，一类是非光学动捕。光学动捕技术包括主动光学动捕和被动光学动捕，而非光学动捕技术包括惯性动捕、机械动捕、电磁动捕和超声波动捕。

2. 眼动追踪

眼动追踪的原理其实很简单，就是使用摄像头捕捉人眼或脸部的图像，然后用算法实现人脸和人眼的检测、定位与跟踪，从而估算用户的视线变化。目前，我们主要使用光谱成像和红外光谱成像两种图像处理方法，前一种需要捕捉虹膜和巩膜之间的轮廓，后一种则需要跟踪瞳孔的轮廓。

3. 语音交互

在和现实世界交互的时候，除了眼神、表情和动作交互外，还有语音交互。一个完整的语音交互系统包括对语音的识别和对语义的理解两大部分，不过人们通常用“语音识别”一词来概括。语音识别包含了特征提取、模式匹配和模型训练三方面的技术，涉及的领域包括信号处理、模式识别、声学、听觉心理学、人工智能等。

4. 触觉交互

触觉交互技术又被称作所谓的“力反馈”技术，在游戏行业和虚拟训练中一直有相关的应用。具体来说，它会通过向用户施加某种力、震动等，让用户产生更加真实的沉浸感。触觉交互技术可实现在虚拟世界中创造和控制虚拟的物体，比如远程操控机械或机器人，甚至模拟训练外科实习生进行手术。

5. 嗅觉及其他感觉交互技术

在虚拟现实的研究中，对视觉和听觉交互的研究一直占据主流地位，对其他感觉交互技术的研究则相对被忽视。目前，已经有一些研究机构和创业团队在着手解决这些问题。

6. 脑机接口

脑机接口（Brain Computer Interface，BCI）就是大脑和计算机直接进行交互，有时候又被称为意识 – 机器交互、神经直连。脑机接口是人或者动物的大脑和外部设备建立直接连接的通道，分为单向脑机接口与双向脑机接口。单向脑机接口只允许单向的信息通信，比如只允许计算机接收大脑传来的命令，或者只允许计算机向大脑发送信号（比如重建影像）。双向脑机接口则允许大脑和外部计算机设备实现双向的信息交换，比如 Neurosky（神念科技）的 Brainlink。它可以采集大脑产生的生物电信号，并通过 esense 算法获取使用者的精神状态参数（专注度、放松度）等，实现基于脑电波的人机交互，或是俗称的“意念控制”。

Neuralink 公司属于侵入式技术的代表，其产品通过在大脑中植入微型电极和芯片，收集人脑 1500 个点产生的神经元信号。Neuralink 公司使用了一种被称为“神经织网”的技术，该技术通过一种特制的“缝纫机”将只有头发丝 1/10 粗细的线植入大脑，这种线可以像人的神经一样高速传输各种数据。虽然植入式技术的难度更大，但在信息的捕捉和传递方面更加精准、可靠，发展空间不可限量。按照马斯克的想法，脑机接口设备的短期目标是治疗一些常见的脑部疾病，终极目标则是让人类和人工智能技术融合，实现人机交互。

1.3　主流的虚拟现实设备

在了解了虚拟现实的相关基础技术后，我们接下来简单认识一下当前市场上主流的几款虚拟现实头戴设备，为后面的实战开发做好准备。图 1-2 展示了当前市场上的主流虚拟现实头戴设备。

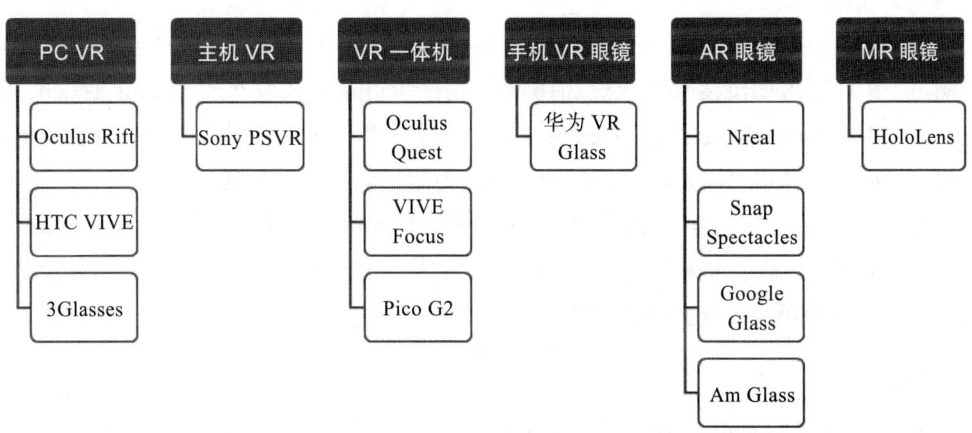

图 1-2　市场上的主流虚拟现实头戴设备

1.3.1 Oculus 系列

2012 年，Oculus 成立于美国加利福尼亚州，并于 2012 年 9 月通过 Kickstarter 众筹平台发售初代产品 DK1。2014 年 3 月，Facebook 以 20 亿美元收购了 Oculus。

Oculus 系列 VR 设备主要包含两种型号 Oculus Rift S 及 Oculus Quest，分别面向不同的人群。

1. Oculus Rift S

2016 年 3 月，Oculus 推出第一代面向消费者的正式产品 Oculus Rift CV1。2019 年 3 月，Oculus 发布了升级版的 Oculus Rift S，需要连接电脑使用。

Oculus Rift S 产品由以下几个部分组成。

（1）头戴显示模块

Oculus Rift S 将上一代的 OLED 屏幕替换为 LCD 屏幕，单眼分辨率达到 1440 × 1280，同时保持高达 80Hz 的刷新率，相比上一代的 90Hz 略有下降。

（2）透视镜

对用户来说，他们希望得到一个填满整个视野的图像，且不失真。一般情况下，这需要又重又贵的镜头组，但是 Oculus Rift S 使用了一对放大镜，开发人员扭曲游戏画面使用户通过镜片看到一个正常的画面。新一代镜片不仅能清晰显示画面，还能缓解纱门效应问题。

（3）位置跟踪模块

相比上一代产品，Oculus Rift S 增加了 Oculus Insight 模块。无论玩家在空间的哪个角落，该模块都可以在无须借助外部感应器的条件下捕捉玩家的动作，并投射到 VR 中。

（4）交互输入设备

早期的 Oculus Rift S 仅支持使用游戏手柄和传统的键盘、鼠标进行人机交互，这显然不能满足 VR 所追求的沉浸感需求。2016 年年底，Oculus 正式发布了 Oculus Touch，这是一款专用于 VR 互动的输入设备。Oculus Touch 采用了类似手环的设计，可以对玩家的手部进行跟踪，而传感器也可以追踪手指运动，同时为用户的抓握带来便利。

需要特别说明的是，在 2020 年 9 月的 Oculus Connect 开发者大会上，Facebook 官方正式宣布放弃纯 PC 端的 VR 产品线，集中精力打造 Oculus Quest 这种 VR 一体机设备。在 2021 年，Oculus Rift S 产品线全面停产。

2. Oculus Quest

Oculus Quest 是 Oculus 2019 年 5 月重点推出的一款新品。与需要搭配电脑使用的 Oculus Rift S 不同，Oculus Quest 属于独立的一体机，如图 1-3 所示。

图 1-3　Oculus Quest 的使用场景

在 2020 年 9 月的 Oculus Connect 开发者大会上，Facebook 发布了全新的 Oculus Quest 2。

从某种程度上讲，我们可以把 Oculus Quest 看作是一个增强版的安卓智能设备。它内置了独立的计算单元、6GB RAM 内存以及 64GB 或 256GB 的存储空间，并配备了专门的无线控制器。

Oculus Quest 2 配备了一块单眼分辨率为 1832 × 1920 的 OLED 屏幕，刷新率为 90Hz，仅重 503 克。得益于清晰度的提升以及视场角的增大，Oculus Quest 2 的纱门效应问题有所缓解。Oculus Quest 2 还内置了立体扬声器和麦克风，这样用户无须再单独购置耳机。Oculus Quest 的续航时间为 2.5 小时。

Oculus Quest 2 和 Oculus Rift S 一样内置了 Oculus Insight 追踪功能，使用内置的传感器捕捉用户的肢体动作，追踪范围覆盖整个场景。

Oculus Quest 2 也支持 Oculus Touch，可以摆脱电脑独立使用，方便随身携带。

Oculus Quest 2 内置了独立的计算单元（高通骁龙 XR2，也就是定制版的高通 865 处理器），性能相比上一代大大提升。

此外，通过 Oculus Link 服务，Oculus Quest 2 可以很好地实现 PC 端的虚拟场景体验。

1.3.2　HTC VIVE 系列

VIVE 最早是 HTC 与 Valve 合作推出的虚拟现实产品，于 2016 年 4 月 1 日开始向消费者发售。和 Oculus 系列产品类似，HTC VIVE 系列产品同样分为需要连接电脑使用的 VR 头戴设备和无须连接电脑使用的独立 VR 一体机。

1. VIVE 和 VIVE Pro

VIVE 是该系列的初代产品，VIVE Pro 则是该系列的专业升级版。因为两者的区别主要是性能上的提升，所以可以归为一个类。

VIVE/VIVE Pro 产品主要由 3 部分组成。

（1）头戴显示设备

VIVE 支持的单眼分辨率为 1080 × 1200，VIVE Pro 支持的单眼分辨率为 1440 × 1600，刷新率同为 90Hz，视场角为 110°。

VIVE 中内置了支持 Steam VR 追踪技术的传感器、G-sensor 校正、陀螺仪传感器。而 VIVE Pro 还多了一个瞳距传感器。

（2）两个支持大空间（Room-scale）追踪的 Lighthouse 定位器

Lighthouse 定位器由 VIVE 头盔上配备的陀螺仪传感器、加速度计和激光定位传感器以及外壳上二三十个定位传感器组成，可以通过固定在天花板上的 Steam VR 基站跟踪佩戴者在特定区域内所处的位置。Steam VR 基站跟踪的范围可以根据佩戴者所处区域的大小进行调节。

VIVE 和 VIVE Pro 支持最大 3.5 米 ×3.5 米的追踪区域，更专业的企业版产品支持最大 7 米 ×7 米的追踪区域。

（3）两个操控手柄

VIVE 还提供了两个独立的操控手柄，内置多功能触摸面板、抓握键、双阶段扳机、系统键、菜单键等。此外，HTC 还推出了 VIVE 无线升级套件，从而让玩家摆脱电缆的束缚，在大空间自由活动，如图 1-4 所示。

图 1-4　VIVE 用户可以在一定空间自由运动

VIVE 和 VIVE Pro 产品都需要连接电脑使用（使用线缆或无线升级套件）。

2. VIVE Cosmos

VIVE Cosmos 是 HTC 于 2019 年推出的全新系列 PC VR 头显设备，支持单眼 1440 × 1700 的超高分辨率，刷新率、视场角和此前的产品没有区别，分别是 90Hz 和 110°。

VIVE Cosmos 的其他技术参数与 VIVE Pro 类似，同样需要连接电脑使用。与 VIVE Pro 最大的不同是，它内置了 Inside-out 追踪技术，无须使用 Lighthouse 定位器就可以实现大空间的捕捉和定位。

3. VIVE Focus/VIVE Focus Plus

VIVE Focus 是 HTC 于 2018 年推出的一款 VR 一体机设备，对标的竞争产品是 Oculus Quest。

VIVE Focus 无须连接电脑使用，所以被称为 VR 一体机。它内置了高通骁龙 835 处理器，支持最高 2TB 的外部存储，单眼分辨率为 1440 × 1600，刷新率为 75Hz，视场角为 110°。

和 HTC VIVE 系列的其他产品类似，VIVE Focus 提供了两个独立的操控手柄，内置触控板、菜单按钮、VIVE 按钮、扳机和手柄按钮。

1.3.3　Sony PlayStation VR

Sony PlayStation VR（简称 PSVR）是 Sony 公司在 VR 领域推出的一款跨时代产品。与 Oculus Rift 及 HTC Vive 不同，PSVR 是基于 PlayStation4 游戏机的 VR 设备。

从技术参数上来看，PSVR 相比 Oculus Rift 和 HTC Vive 略有不同。其分辨率是 1080p，支持 3D 音效，拥有 9 块 LED 屏幕，使用 PlayStation 相机捕捉玩家的位置。

图 1-5 显示了 PSVR 和 PS Move 控制器。

图 1-5　PSVR 和 PS Move 控制器

2020 年 6 月，Sony 发布了新一代主机产品 PS5，并透露了下一代 PSVR2 的相关信息。

虽然使用 Unity 也能进行 PSVR 产品的开发，但是 Sony 对第三方开发者的审核一向严格，需要申请成为官方注册的开发者（https://www.playstation.com/en-us/develop/）或者申请加入“中国之星”计划（https://www.playstation.com.cn/chinaheroproject/contactus.html）。

1.3.4 其他 VR 设备

除了 HTC Vive、Oculus 和 PSVR 之外，众多国外厂商也推出了自己的 VR 设备，如 Valve Index、HP Reverb G2，这些设备基本上可以分为需要连接电脑使用的 PC VR 设备和无须连接电脑使用的 VR 一体机。

国内的知名 VR 设备包括小鸟看看推出的 Pico VR 一体机、3Glasses 推出的全系列 VR 设备。另外，华为、小米等企业近两年也都陆续推出了自家的 VR 头显设备。

1.3.5 Microsoft HoloLens

目前，HoloLens 是市面上唯一一款量产的消费级 MR 产品，一经亮相就惊艳全球科技界。HoloLens 的所有计算单元都集成在一个小小的头戴设备中，包括 Intel 的 SoC（System-on-a-Chip）和自行设计的专用图像处理部件。

HoloLens 有很多感应器，可以实现 5 大功能：环境数据采集、实时三维重构、三维场景识别、物理建模、仿真和实时 CG 图像渲染。

通过 HoloLens 这套顶尖的光学投影系统，用户可以看到高分辨率、多维度的彩色图像，并且延时很低。这些光学设备是透明的，不会影响用户正常观察现实世界，更好地结合了虚拟与现实。目前来说，HoloLens 最大的问题是视场角较小，有比较大的空间没有被覆盖到。

HoloLens 小小的主板上承载着所有的计算部件，包括 Intel SoC 和定制的显示单元。除此之外，它还需要识别手势和语音指令。

2019 年的 MWC 大会上，微软正式发布了第二代混合现实设备 HoloLens 2。它内置全新的显示系统，可以在低功耗下显著地实现性能提升。此外，HoloLens 2 还更新了用户与全息影像的交互方式，利用新的 TOF 深度传感器以及内置的语义理解模块来实现更加自然的手势交互，如图 1-6 所示。

1.3.6 AR 眼镜设备

国内外知名的 AR 眼镜设备包括 Google 的 Google Glass、Snapchat 的 Snap Spectacles、爱普生的 AR 眼镜、耐德佳的 AR 眼镜、Nreal、太平洋未来的 Am Glass、深圳增强现实的 Oglass 眼镜和亮风台科技的 Hi AR 眼镜等。

目前，这些 AR 眼镜少部分用于广告、娱乐等领域，共同的缺点是视场角较小，续航能力较差，还有待进一步升级迭代。除了以上已经面市的 AR 眼镜，目前市场最为期待的还是苹果传闻中的 iGlass 眼镜，如图 1-7 所示。

图 1-6　HoloLens 2 的使用场景

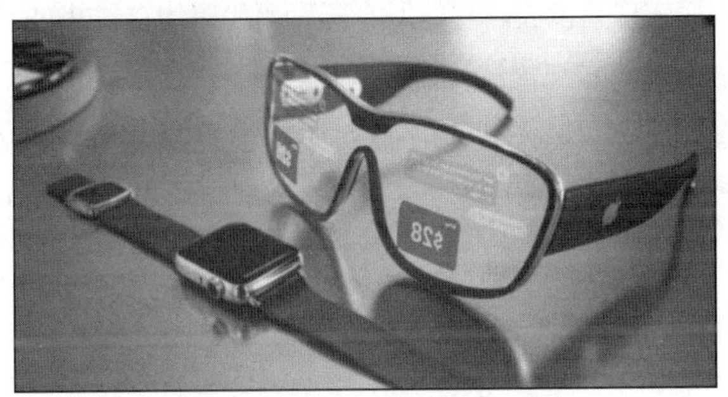

图 1-7　苹果 iGlass 眼镜概念设计图

1.4　主流的虚拟现实开发工具

在了解了虚拟现实的基本概念、主要技术以及主流的虚拟现实设备后，接下来我们认识一下主流的虚拟现实开发工具，从而为进入 VR/AR 实战开发做好准备。

1.4.1　虚拟现实开发平台简介

虽然虚拟现实最近几年才开始火爆，但实际上这项技术已经有几十年的发展历史。在此期间，很多优秀的开发平台和引擎不断涌现。但随着时间的推移，许多优秀平台逐渐消失，因此这里只提及目前仍然被人们使用的开发平台。

（1）Quest3D

Quest3D 是由 Act-3D 公司开发的实时 3D 构建工具。比起其他可视化构建工具，如网页、动画、图形编辑工具来说，Quest3D 能实现在实时编辑环境中与操作者互动。

（2）VR-Platform

VR-Platform（Virtual Reality Platform，VRP）即虚拟现实仿真平台，是一款由中视典数字科技有限公司独立开发的、具有完全自主知识产权的、直接面向三维美工的一款虚拟现实软件。该软件适用性强、操作简单、功能强大、高度可视化。

VR-Platform 中所有的操作都以美工可以理解的方式进行，不需要程序员参与。如果操作者有良好的 3D Max 建模和渲染基础，只要对 VR-Platform 平台稍加学习就可以很快制作出自己想要的虚拟现实场景。

（3）Unity3D

Unity3D 具有简单易上手、丰富的游戏资源素材和对多款 VR/AR/MR 设备友好支持的特性，这使其在无数优秀虚拟现实开发平台中成为当之无愧的首选工具。

（4）Unreal Engine

Unreal Engine（以下简称 UE）是由 Epic Games 开发的一款商用游戏引擎。它通过虚幻引擎，使开发出的游戏画面表现力惊人。它的所有开发源代码均在 GitHub 上开放。虽然虚幻引擎上手相对较难，但出色的画质表现仍然让它成为很多虚拟现实游戏和应用开发者喜爱的工具。

在 2020 年 6 月的 PS5 发布会上，Sony 展示了使用虚幻引擎 UE5 开发的游戏示例版本，通过革命性的技术 Nanite、Lumen 和 Niagara 让开发者制作出场面更加宏大、视觉效果更为逼真的游戏场景。

1.4.2 第三方工具和 SDK

1. Leap Motion

Leap Motion 的控制器中有两个单色红外线摄像机和三个红外线 LED。它能检测 1 米以内弧形范围的对象。其中，LED 灯主要负责生成红外线，摄像机则以每秒 300 帧的画面抓捕返回来的光线，然后把信号通过 USB 接口传给电脑进行分析，最后比较两个摄像机生成的 2D 画面的距离差，从而生成即时的手部 3D 动作信号。图 1-8 展示了如何使用 Leap Motion 实现手部动作识别。

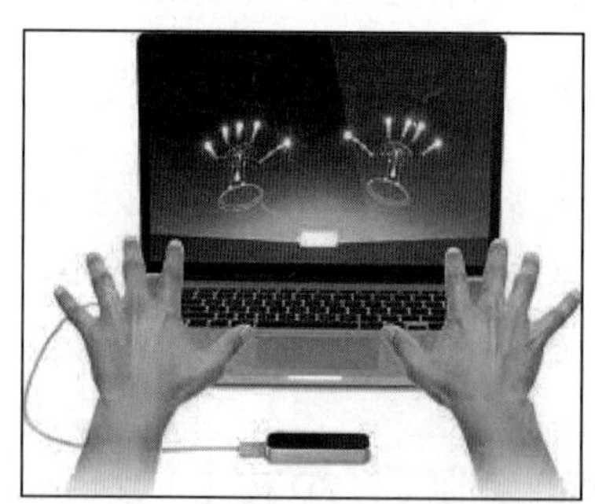

图 1-8 Leap Motion 手部动作识别

目前，市面上可能只有 Leap Motion 可以做到如此低成本且精准的光学手部探测。它非常适合要求手部动作精准的应用场景，劣势是相比 Kinect 之类的全身探测而言，应用范围相对狭窄。

Leap Motion 提供了一套名为 ORIEN 的 SDK，可以配合 Oculus Rift 和 HTC VIVE 进行开发。

2. Intel Realsense

Intel Realsense 是 Intel 推出的所谓“实感”技术，可以将手部 / 手指运动跟踪、面部表情识别与分析、3D 扫描、语音识别、增强现实、背景分段等功能集成到我们所开发的 VR/AR 应用中。

Intel Realsense 开发套件包含 Intel 实感摄像头、相关的固件更新、SDK，并提供对 Unity 的开发支持。

Intel 实感摄像头分为两种，分别是用于近距离拍摄的精度较高的前置 3D 摄像头和用于较远距离拍摄的精度稍低的后置 3D 摄像头。

前置 3D 摄像头的原理和 Kinect 类似，都是基于结构光实现的，如图 1-9 所示。

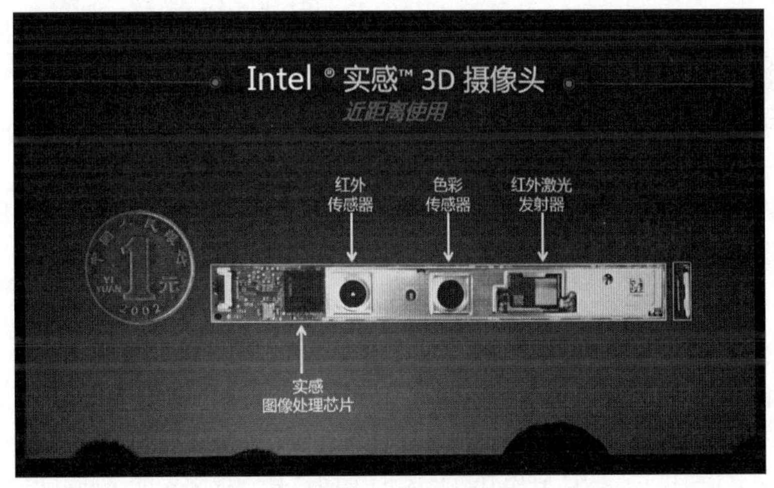

图 1-9 用于近距离拍摄的实感前置 3D 摄像头

后置 3D 摄像头则使用主动立体成像原理，模仿人眼的视差原理，计算出 3D 图像中的深度信息，如图 1-10 所示。

目前，Intel Realsense 支持面向 Windows 操作系统和 Android 系统的应用的开发。感兴趣的读者可以到 Intel Realsense 官网了解更详细的信息，地址为 https://software.intel.com/zh-cn/intel-realsense-sdk/download。

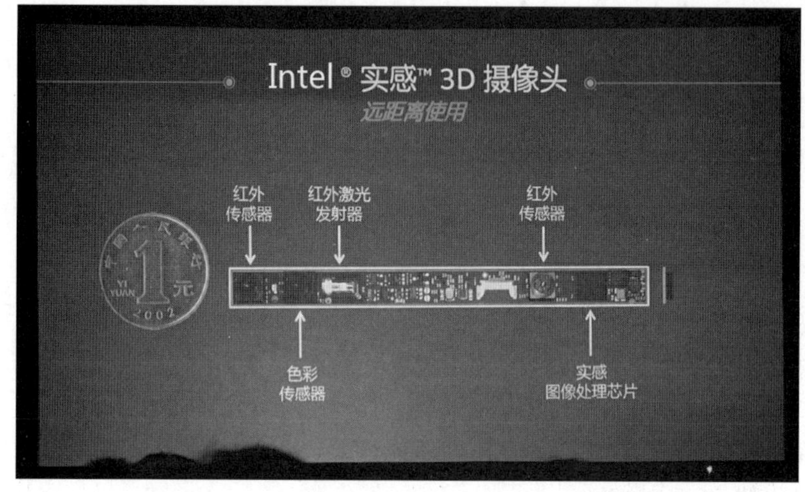

图 1-10 用于远距离拍摄的实感后置 3D 摄像头

3. 常见的 AR SDK

Vuforia 是如今最为流行的跨平台 AR SDK 之一，服务于超过 25 万人的注册开发者，形成了全球最大规模的 AR 生态系统。Vuforia SDK 支持 iOS 和 Android 的原生开发，也支持 Unity 开发。

除了 Vuforia 之外，还有其他一些优秀的跨平台 AR SDK，比如 Wikitude、Kudan、EasyAR、HiAR 等。

ARKit 是苹果在 WWDC 2017 上推出的针对 iOS 11 平台的 AR SDK，它让苹果一夜之间成为全球最大的 AR 设备厂商。

ARCore 则是 Google 在 2017 年推出的面向 Android 平台的 AR SDK。

1.5 虚拟现实应用开发的基本流程和注意事项

虚拟现实应用与传统的 3D 应用有着很大的不同，其中最主要的不同就是视觉呈现和交互方式。VR 应用往往希望呈现一种身临其境的感觉，AR/MR 应用则希望将虚拟和现实融为一体。无论是哪一类型的应用，其视觉呈现和交互方式相比传统的 3D 应用都有着显著的区别。

本节将简单介绍 VR/AR 应用开发的基本流程和注意事项。

1.5.1 基本流程

在学习 VR/AR 应用开发之前，我们先了解一下开发的基本流程，如图 1-11 所示。

图 1-11　VR/AR 应用开发的基本流程

（1）选择合适的设备和平台

在开发任何一款 VR/AR 应用之前，我们都需要根据产品的实际应用场景选择合适的设备和平台。

如果要开发电脑上的 VR 游戏，HTC VIVE 和 Oculus Rift 是首选。

如果要开发支持 PS4 游戏主机的 VR 游戏，PSVR 是目前唯一的选择。

如果要开发混合现实应用，Microsoft HoloLens 是目前唯一的选择。

如果要开发 AR 应用，就需要用手机配合类似 Vuforia、EasyAR、ARKit 和 ARCore 的 AR SDK 进行开发，或是使用特定的 AR 眼镜设备配合相关的 SDK 进行开发。

随着时间的推移，市场中逐渐出现新的设备和平台，我们需要根据实际的需要进行选择。

（2）选择恰当的交互方式和第三方工具

对于 VR/AR 应用的开发而言，传统的键盘、鼠标和游戏手柄通常不是很好的交互选择。

主流的 VR 设备都自带对应的交互设备，比如 Oculus Rift 对应的交互设备是 Oculus Touch，HTC VIVE 对应的交互设备是 VIVE Controller，PSVR 对应的交互设备是 PS Move。

有些情况下，VR 设备自带的交互方式还不够自然，我们可能会选择第三方交互工具，比如 Leap Motion、Intel Realsense、Project Tango 等。

（3）选择合适的开发引擎

对于 VR/AR 应用开发来说，目前主流的开发引擎包括 Unity 和 UE4。在之前的内容中我们曾经提出，如果是开发对画面真实感要求很高的 3A 级别游戏或是地产展示项目，可能 UE4 引擎更加适合。而对于常规的 VR/AR 应用，为了追求高开发效率、短开发周期、低成本或是对更多平台的支持，Unity 往往是最佳的选择。

（4）选择合适的插件

Unity 提供了丰富的第三方插件，我们需要根据项目需要选择合适的第三方插件和工具。

（5）选择合适的产品发布平台

与手机平台类似，为了向大众普及，业内提供了特定的发布平台和渠道。比如 HTC VIVE 推出了自己专属的 VivePort，类似于苹果的 App Store，提供截图展示、视频展示、购买、下载、评价等功能，可以让玩家和开发者进行无缝沟通和连接。

Oculus Rift 也有自己专属的 Oculus Store，其功能类似于 VIVE Port。

Steam 平台作为主流的游戏发布平台之一，也支持 HTC VIVE 和 Oculus Rift 游戏应用的上传和发布。

PSVR 依托 PSN 平台，早已渗透到数千万的 PS 游戏主机用户中。

1.5.2 注意事项

在开发 VR/AR 应用时，一个共同的注意事项就是在设计产品时应充分考虑各种设备的特点。

在开发 VR/AR 应用时，开发者需要注意以下几点。

（1）注意 UI 分辨率和画质

目前，VR 设备的分辨率普遍在 4K 水平以内，因此对任何在宽度或高度上要占据几个像素的物体，都会出现比较明显的像素化现象。一个简单的原则是尽量使用粗体字，并且尽量不要使用在 VR 场景中容易变得像素化的细纹。

（2）考虑使用剧情型的 UI

在传统的非 VR 项目中，UI 元素通常显示在界面的顶部，包括生命值、得分之类的信息。用户界面与游戏世界没有关联，但是对玩游戏的玩家有一定的影响。这就是所谓的“非剧情型 UI”。但这种 UI 界面对 VR 基本不适用，因为我们的眼睛无法聚焦在如此近的物体上，因此在 VR 项目中，我们需要更多考虑使用剧情型的 UI。具体的形式可能是墙上的闹钟、电视、计算机屏幕、移动手机，或是未来枪械的全息展示。

（3）考虑 UI 元素的放置位置

将 UI 元素放在哪个位置也需要认真考虑，太靠近用户会导致眼部疲劳，离得太远会感觉聚焦在地平线上（这种情况可能发生在室外环境）。此外，我们还需要对 UI 元素的比例进行适当调整，具体要根据产品的实际需求来确定。

我们最好把 UI 元素放在一个舒适的可读距离，并进行相应的缩放。

很多开发者想要把 UI 元素关联到摄像机。当玩家移动的时候，UI 元素会保持在一个固定的位置。这样做对小的 UI 元素可能会比较合适，不过对于比较大的 UI 元素，就好比把一张报纸放到你的脸上，很容易让用户感到不舒服，甚至是眩晕。

（4）提醒用户关注某个特定的方向

虽然 VR 可以让用户 360° 探索，但是有时候我们需要提醒用户关注某个特定的方向。在某些场景中，我们可以考虑使用箭头来引起用户的注意。这些箭头会根据用户的朝向淡入或淡出。

此外，我们也可以使用 3D 环绕音效来实现类似的效果。

（5）考虑舒适度

对于 VR 应用，最可怕的问题莫过于恶心眩晕，也就是所谓的“晕 VR”。这个问题产生的根源是，在现实世界中玩家的身体可能处于静止状态，但是他们的视角却在虚拟环境中移动。

一个基本的原则是避免移动摄像机，除非需要使用它来复制玩家的运动，否则就会导致所谓的前庭觉问题发生。如果我们在游戏中需要玩家运动，需保证向玩家提供一个静态的参考物，比如飞船的驾驶座舱、汽车的内部座椅等。

对于较大距离的运动，我们可以考虑使用 Teleport（传送）的方式。

总之，当用户在虚拟环境中运动的时候，不要破坏身体各个感官的平衡。

（6）使用淡入 / 淡出和闪烁渐变实现运动效果

在虚拟环境中实现运动的一个常用方法是使用淡入 / 淡出或闪烁渐变，比如快速淡出到黑色；将摄像机移动到期望的位置，然后再淡入。除此之外，我们还可以考虑更复杂的方法，也就是使用闪烁渐变。

（7）对项目进行持续优化

对于 VR 应用来说，如果想要让用户获得好的体验，特别是免除恶心眩晕的困扰，优化是必不可少的。对 VR 应用的优化应该在项目启动的前期就开始，而且应该贯穿始终。此外，在目标设备上进行实际测试也是非常有必要的。

相比非 VR 项目来说，VR 项目的性能消耗是很高的。其主要原因是所有的画面都必须为每只眼睛单独渲染一次。我们在开发 VR 应用的过程中需要时刻想到这些问题，如果能在开发之前就想到这些问题，那么后期会节省大量的时间。

对于移动式 VR 来说，优化工作就显得尤为重要，这不仅仅是因为要运行 VR 应用，还因为移动设备的运算性能和散热性能相比电脑来说差距较大。

考虑到实现目标帧速的重要性，我们需要在所有可能涉及帧速的地方优化项目代码。关于优化代码，读者可以参考 Unity 官方提供的指南。

1.6　本章小结

在本章中，我们首先介绍了虚拟现实的核心概念和相关技术，包括立体显示技术、3D 建模技术和自然交互技术，接下来介绍了目前市场上主流的虚拟现实设备，认识了主流的虚拟现实开发平台和第三方工具，最后认识了 VR/AR 应用开发的基本流程和注意事项。

从下一章开始，我们将正式进入 Unity 的学习。

Chapter 2 第 2 章

你人生的第一款 Unity3D 游戏

首先，我们将介绍什么是游戏引擎、目前市面上流行的游戏引擎有哪些，以及为什么我们要选择 Unity 进行 AR/VR 应用开发。我们还将介绍关于 Unity 授权、服务与安装的知识。

其次，我们将详细介绍 Unity 的编辑器界面以及 Unity 中的一些核心概念（如游戏对象、组件和 Prefabs 等）。此外，我们还将介绍如何通过 Asset Store 获取游戏资源，以及如何获取 Unity 所需的常用游戏资源。

最后，我们将一起创建属于自己的第一个 Unity 游戏项目。

2.1 常用 3D 游戏引擎介绍

在本节中，我们将介绍什么是游戏引擎、游戏引擎是如何产生的、游戏引擎的基本架构是怎样的，以及主流 3D 商业游戏引擎的对比分析。

2.1.1 什么是游戏引擎

顾名思义，游戏引擎就是用来开发游戏的软件框架。游戏开发者使用游戏引擎开发适合运行在各种平台上的游戏，包括掌机游戏、主机游戏、PC 游戏、手机游戏和 AR/VR 游戏。

很多游戏引擎都提供了一整套可视化开发工具，以及可重用的软件功能。这些开发工具通常以一种集成开发环境（IDE）的形式提供，让开发者不必从零开始“造轮子”。游戏引擎有时候又被称为中间件，通过游戏引擎开发者可获得极大的便利和灵活性，可以有效提高开发效率，降低开发的复杂度，缩减开发成本。

游戏引擎的核心通常包括用来生成 2D 或 3D 画面的渲染引擎（渲染器）和用来模拟真

实世界物理法则的物理引擎（或者碰撞检测），此外还可能包括音效、脚本、动画、人工智能、网络、流媒体、内存管理、线程管理、本地化支持、场景视图和全景视频支持等功能。

在游戏引擎出现之前，游戏对开发者的能力要求比其他类型软件开发的能力要求更高。以早期的 Atari 2600 游戏机为例，在这个平台上耕耘的游戏开发者必须精通硬件的底层架构，包括如何合理使用和显示相关的硬件，并熟悉相关操作系统的内核。即便开发者可以无视显示部分的底层架构，内存的限制和调用也是开发者头上的紧箍咒。

20 世纪 90 年代，游戏大神 John Carmack 创立了 id Software，并把目标投向 3D 游戏的研发。在他的带领下，id Software 接连推出了《德军总部 3D》《毁灭战士》《雷神之锤》等惊世之作。在开发这些游戏的过程中，Carmack 史无前例地采用了自己独创的 3D 游戏引擎。以《毁灭战士》为例，其软件架构可以清晰地分为 3 部分：核心游戏组件（如 3D 图形渲染系统、碰撞检测系统、音效系统等）、美术资源和游戏场景以及和玩家游戏体验紧密相连的游戏规则。通过使用游戏引擎，游戏开发者可以在游戏核心架构不变的情况下设计自己的游戏画面、人物角色、武器和关卡，即所谓的“游戏内容”或“游戏资源”。游戏引擎把和游戏内容本身无关的碰撞检测机制、渲染等独立出来，从而让开发者可以专注于游戏内容和机制的设计。

在 Epic Games 于 1998 年推出的 Unreal 游戏中，开发者采用了类似的理念，也就是将引擎本身和游戏内容分开。游戏引擎本身和游戏内容一样开始具备独立的商业价值。在这个时期，高端的商业引擎开始出现，比如 Epic Games 推出的 Unreal Engine（虚幻引擎）。这种高端商业引擎虽然授权费动辄数万甚至数百万美元，但可以让多个公司使用，且游戏开发公司可以快速开发自己的游戏内容。从这个角度来看，游戏引擎推动了整个游戏行业的发展。

随着游戏引擎技术发展的成熟，引擎界面和操作流程对开发者来说也越来越友好，引擎本身的应用领域也越来越广，从传统的游戏开发拓展到其他领域，比如视觉设计、培训、医疗、军事模拟和建筑等。与此同时，除了传统的游戏主机、掌机和 PC，游戏引擎开始支持更多的设备平台，包括智能手机（Android 手机和 iPhone）、网络浏览器和 VR 设备等。

此外，大多数的 3D 游戏对 GPU 的资源要求与日俱增，也受限于显卡性能。考虑到提高开发者效率的需求，越来越多的游戏引擎不再需要开发者直接使用 C++ 语言开发，而是使用更容易上手的编程语言，如 Java、C#、Python、Lua 等。

2.1.2 游戏引擎架构基础

由 Jason Gregory 撰写的非常经典的《游戏引擎架构》（*Game Engine Architecture*）一书，将游戏引擎分为工具套件和运行时组件两大部分。目前该书已经出版到第 3 版，本书将借鉴这种思路对游戏引擎架构进行介绍。考虑到本书主要面向刚入门的开发者，故这里仅进行简单介绍。

图 2-1 显示了一个典型 3D 游戏引擎的运行时组件。

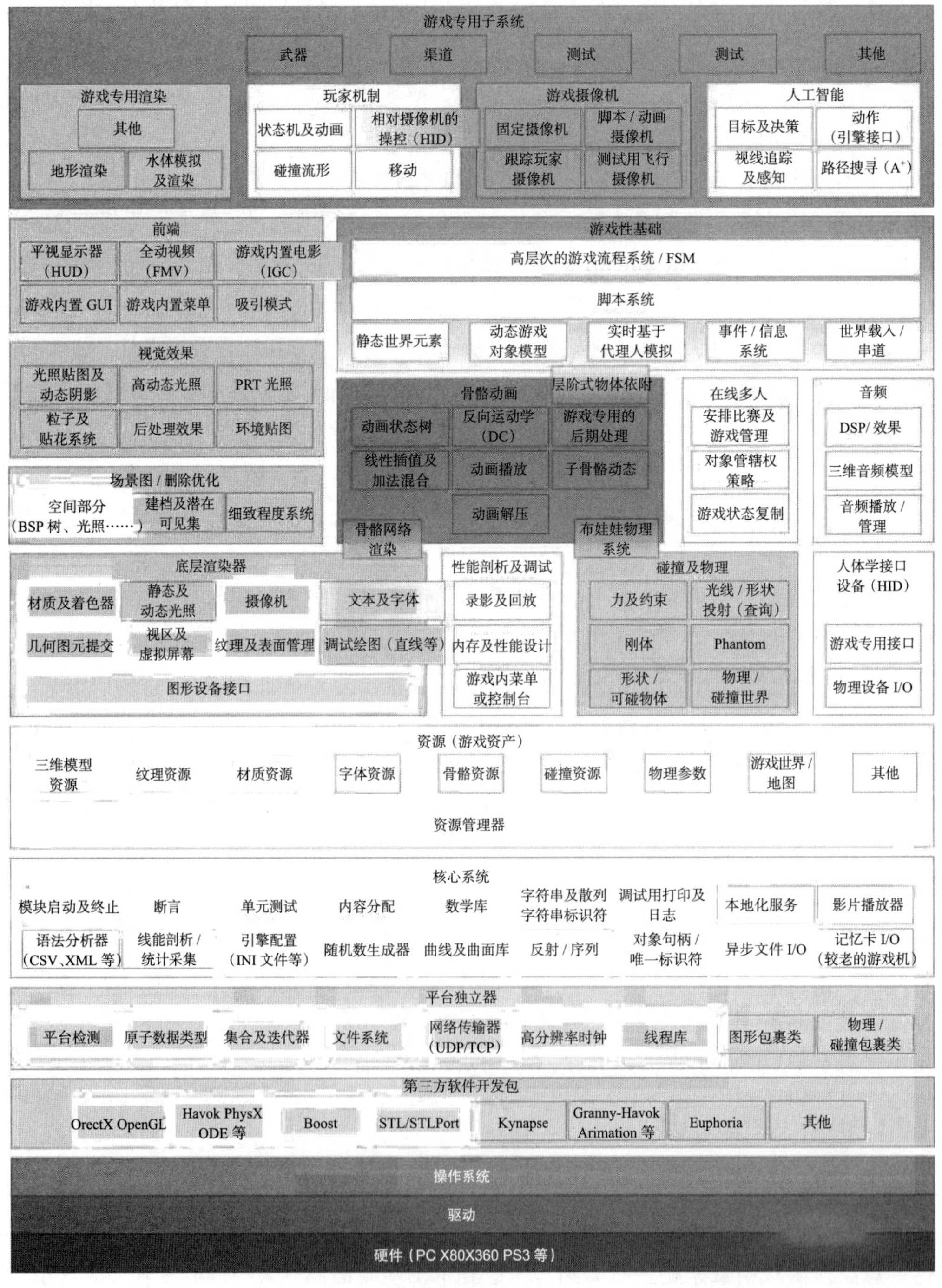

图 2-1 游戏引擎架构

需要特别说明的是，图 2-1 显示的是游戏引擎在整个游戏体验环节中所处的位置，并不意味着游戏引擎本身就包含了以上所有的元素。

1. 硬件层

硬件层代表用于执行游戏的游戏主机系统，包括基于 Windows 或 Linux 操作系统的 PC 设备、基于苹果 Mac 操作系统的 Mac 电脑、微软的 Xbox 系列游戏主机、索尼的 PS 系列主机和掌机、任天堂的游戏主机和掌机、现在主流的 iPhone 或 Android 智能手机及平板设备，以及未来可能成为主流的 AR/VR 独立一体机设备。PC、游戏主机、掌机、移动设备和 AR/VR/MR 设备的硬件架构具有相当大的差异，这对游戏引擎的设计也会有所影响。

2. 设备驱动

设备驱动层代表由操作系统或硬件厂商提供的驱动程序，用于管理硬件资源，同时将操作系统和上层引擎隔离开来，使得上层的软件无须理解不同硬件版本的通信差异。

驱动程序相当于硬件和操作系统之间的接口，操作系统只有通过这个接口才能控制硬件设备的工作。如果没有正确安装硬件设备的驱动程序，那么硬件就形同虚设。

驱动程序被称为“硬件的灵魂”。当操作系统安装完毕后，首先要做的就是安装一大堆硬件设备的驱动程序。当然，诸如硬盘、显示器、光驱、USB 接口、键盘、鼠标等基础硬件是不需要安装驱动程序的，但是对于显卡、声卡、扫描仪 、摄像头、网卡、游戏手柄控制器等就需要安装驱动程序。

具体来说，驱动程序指的是添加到操作系统中的一小段代码，其中包含了硬件设备的信息，计算机根据此信息和硬件设备进行通信。比如当操作系统需要使用声卡播放音乐时，会先把软件生成的相应指令发送到声卡驱动程序，而声卡驱动程序需要把指令翻译成声卡可以理解的电子信号指令，才能正常播放音乐。

当然，对游戏玩家和游戏开发者来说，最熟悉的还是显卡驱动程序，特别是 Nvidia 的显卡驱动程序，因为其更新频率非常高。为此，Nvidia 推出了 Nvidia Geforce Experience 软件，可以方便地升级更新显卡驱动，从而获得更好的游戏视觉体验。

3. 操作系统

操作系统层代表硬件之上运行的操作系统，其主要作用是协调游戏硬件设备上多个程序的执行。

在 PC 上，操作系统是一直运行的，游戏需要和多个执行中的程序共享硬件。而在游戏主机上，操作系统充其量只是一个轻量级的库，可链接到游戏的可执行文件。随着游戏主机的推出（Xbox One 和 Playstation 4），游戏主机和 PC 开发的界线正在逐渐模糊。

除了基于 PC 的 Windows 操作系统，还有 UNIX 操作系统、基于 UNIX 的 Linux 操作系统，以及基于 UNIX 的苹果 Mac 操作系统。

当然，对于智能手机来说，目前主流的是支持安卓智能手机和平板设备的 Android 操作系统、支持苹果 iOS 设备的 iOS 操作系统。

相信在不久的将来，我们会看到专门用来支持 AR/VR 独立一体机设备的操作系统以及支持智能机器人设备的操作系统。

4. 第三方 SDK

很多游戏引擎都会借助第三方软件开发工具包（Software Development Kit，SDK）和中间件，并提供基于函数或基于类的应用程序接口（Application Programming Interface，API）。

这些第三方的 SDK 可以用于处理数据结构及算法（如 STL/STLPort、Boost++）、图形渲染（如 OpenGL、DirectX）、碰撞和物理参数（Havok、PhysX）、角色动画（Granny、Havok Animation、Edge）、生物力学角色模型（Endorphin、Euphoria）、AR/VR 等。

5. 平台独立层

大多数游戏引擎需要支持不同的平台，因此在游戏引擎的架构中通常有一个平台独立层。其处于硬件、驱动程序、操作系统和其他第三方 SDK 之上，从而将引擎的其他部分和底层平台隔离。

6. 核心系统

这里的核心系统不是指引擎的核心功能，而是指引擎中一些有用的软件。核心系统通常支持断言（Assertion）、内存管理、数学库、自定义数据结构及算法等。

7. 游戏资源管理

什么是游戏资源呢？为了让玩家有最理想的视听感受，相比其他类型的软件，游戏最大的特点就是拥有丰富的外部资源，比如酷炫的视觉效果、栩栩如生的 3D 人物和场景、引人入胜的背景音乐和互动音效、充满艺术感和情怀的字体等。相信在不久的将来，我们甚至可以在游戏中提供视觉和听觉之外的其他感觉通道信息，比如触觉、味觉等。

每个游戏引擎都需要有一个特定形式的游戏资源管理器来提供特定的接口，以便访问各种类型的游戏资源，如 3D 模型、纹理贴图、材质、骨骼动画、碰撞、物理参数、游戏世界 / 地图、音效、字体等。

8. 视觉渲染

在游戏引擎中，视觉渲染部分是最重要的组件，其中包括低阶渲染器（Low-level Renderer）、场景图 / 剔除优化、视觉效果（粒子特性、光照贴图、动态阴影、全屏后期处理效果、颜色校正等）、前端（HUD、游戏内置图形用户界面、游戏内置菜单、游戏内置全景视频等）等。

作为游戏引擎最为核心也是最初始的组成部分，实时三维视觉渲染的好坏是判断一款游戏引擎功力是否深厚的最核心指标。但是要深入掌握游戏的实时三维视觉渲染系统并不容易，这需要我们掌握 3D 数学、线性代数、数值计算、计算机图形学，OpenGL、引擎中的工具管道架构以及运行时的渲染 API 等。

幸运的是，初学者只需要了解如何基于现有的引擎实现所需要的效果。

9. 性能分析与调试

游戏引擎中通常会内置性能分析和调试工具，如内存分析、代码调试等，以便开发者更方便地对游戏的性能进行优化。需要强调的是，游戏的性能优化将耗费游戏开发者相当多的时间和精力，同时也是决定玩家能否拥有良好体验的关键因素。

游戏的卡顿对于游戏体验是非常致命的，任何一个游戏玩家都会明白帧速的重要性。Nvidia 和 AMD 每年在显卡硬件上投入重金，一个很重要的原因就是在提升游戏画质和视觉呈现效果的同时，让游戏运行更加顺畅。

对于 AR/VR 游戏或应用来说，性能优化则显得尤为重要。特别是对于 VR 游戏，性能优化是影响玩家体验的最关键因素。因为对于 VR 游戏来说，其需要以 90 ～ 120fps 的帧速在两个分屏幕中显示游戏画面，而如果优化不给力，很可能导致玩家在 5 分钟之内就产生恶心或眩晕的感觉。

10. 碰撞和物理

游戏引擎中内置的碰撞（Collision）检测和物理（Physics）系统用于模拟真实世界中的物理法则，更常用的是刚体动力学模拟。那么，什么是游戏中的物理法则呢？其实很简单，对于大多数游戏来说，我们只要掌握经典物理学中的牛顿力学就好。对重力和牛顿三大定律的模拟是游戏物理系统中最关键的一环。经典物理学中与电磁相关的麦克斯韦方程以及与分子运动相关的统计热力学，通常不是关注的焦点。至于更高深晦涩的量子力学和相对论，至少目前的商业引擎并不会涉及。

经典牛顿力学是游戏引擎对物理法则进行的第一个重要的简化假设，但实际上游戏中的物理系统还有另外一个重要的简化假设——经典刚体动力学。到目前为止，大多数游戏引擎只关注经典动力学中的经典刚体动力学。

什么是刚体？其实很简单，在虚拟的游戏世界中，通常我们所模拟的物体对象是完美的固体，不会变形（液体和气体是经典的反例）。换句话来说，物体的形状是固定不变的，这种假设可以很好地适合碰撞检测系统，从而大幅简化模拟固体动力学所需要的数学计算。

因为有了以上的两个简化假设，游戏世界中的物体运动才会符合多个约束（Constraint），其中最常见的约束是非穿透性，也就是说两个物体不能互相穿透。如果发现物体之间穿透，就需要物理系统提供真实的碰撞响应。这也是为什么游戏中的物理系统和碰撞检测系统往往是紧密联系在一起的。

除了简单的碰撞，游戏中的物理系统还可以允许开发者设置其他类型的约束，从而更好地模拟物体之间的真实互动，比如铰链、关节、布娃娃等。

目前，使用最为广泛的物理引擎是 Nvidia 的 Physx 物理引擎，Unity3D 和 UE4 引擎中内置的物理引擎都是 PhysX。除此之外，很多游戏工作室在诸多的游戏大作中都采用了 Havok 或 Bullet 物理引擎。PhysX、Havok 和 Bullet 被公认为最知名的三大物理模拟引擎系统。

最近几年，行业专家、数学家、物理学家和游戏引擎开发者正在尝试研发超越经典刚体动力学的物理引擎功能，比如 DMM 引擎开始支持对形变体的支持。UE4 引擎对布料、头发的模拟大下工夫。而更深入的研究则是对通用的流体动力学的模拟。

11. 骨骼动画

很多游戏中的角色，比如人类、动物、卡通角色和机器人等，都需要使用动画系统才能在游戏中变得活灵活现。

传统意义上的动画是把人物或物体的表情、动作和形态变化分解成很多瞬间的图画，再使用摄像机（或是数字摄像机）连续拍摄生成一系列的画面，从而让人类的视觉变化连续。其基本原理和电影电视一样，都运用到了视觉暂留原理。所谓的“视觉暂留”，指的是人眼在看到一幅画或者一个物体时，在 0.34 秒内所形成的视觉印象并不会消失。利用视觉暂留原理，在一幅画还没有消失前就开始播放下一幅画，就会给人带来流畅的视觉变化。

早期动画时代有手绘动画。简单来说，那个时代的动画是用一帧帧相似度比较高的画面连续播放而生成的。经典的手绘动画包括早年的迪士尼系列、中国的传统水墨动画、日本宫崎骏的动画作品等。到了后来的 Flash 时代，我们使用顶点动画中所谓的“关键帧”让画面看起来具有连贯性，但基本原理还是视觉暂留 。如今大家很熟悉的 gif 动图还是基于这个原理。

所谓的“顶点动画”，其本质就是让每帧动画对应人物或角色模型特定姿态的一个快照，然后通过在关键帧之间插值计算的方法，得到平滑的动画效果。

Unity3D 的早期版本中主要也是基于顶点动画的关键帧技术来生成常规动画的。其动画系统被称为 Animation。但是，这类动画对于 3D 的人物角色来说是远远不够的。

从 20 世纪 90 年代开始，以皮克斯为代表的美国动画巨头开始采用计算机技术替代传统的手绘动画。它的基本原理是为角色设置以互相连接的骨骼组成的骨架结构，然后改变骨骼的朝向和位置生成动画。

通过骨骼动画系统，可以轻松创建人形角色的动画，并让角色具备更灵活复杂的姿态。部分引擎还支持面部动画系统，通过音位和情绪来修改骨骼集合，从而呈现栩栩如生的面部表情和嘴部动作。

除此之外，骨骼动画系统与动捕设备配合可以将所获取的真实人类的角色动作和表情重现在游戏世界之中。

几乎所有的引擎都支持顶点动画，但只有部分引擎才支持骨骼动画。Unity3D 是支持骨骼动画的，其动画系统被称为 Mecanim。

12. 人机接口设备

任何一个游戏都需要玩家和游戏世界产生互动，而玩家的输入需要使用人机接口设备（Human Interface Device）来实现。

为游戏而设的人机接口设备实在是太多了，最常见的就是键盘和鼠标。其他交互设备包括摇杆、游戏手柄、轨迹球、Wii 控制器、Sony PS Move、Xbox controller、模拟方向盘、鱼竿、跳舞毯、电子吉他等。对于智能手机和 AR/VR 设备来说，还包括 iPhone 和安卓设备中的加速度计、触摸屏、力反馈和震动反馈设备、手柄控制器、仿真枪、跑步机等。

未来的 AR/VR 设备则更多采用自然交互技术和多感官交互设备（手势识别、语音识别、动捕、表情捕捉、嗅觉反馈、触觉反馈、温度觉反馈、平衡觉反馈等），甚至直接使用脑机接口技术来实现对人体更多感官通道的模拟。

13. 多人在线

对于支持多人在线（Online Multiplayer）的游戏，游戏引擎必须提供对应的网络联机功能。

网络联机功能又分为局域网联机和互联网联机。对目前的大多数游戏来说，联机功能指的是互联网联机。大家熟悉的联网游戏有《魔兽世界》《王者荣耀》和《绝地求生》等。

是否联网并不是一个游戏吸引人的唯一要素，比如《GTA5》《使命召唤》等经典单机游戏也得到众多赞誉。但是，联网特性对于多人实时在线游戏来说是不可或缺的，因为玩家之间的互动和社交连接都需要基于这一点。还有部分游戏采用单机和网游结合的模式，如《暗黑破坏神 3》和《原神》。

14. 音效

好的游戏背景音乐和音效可以大大提升游戏的吸引力，因此绝大多数游戏引擎会提供音效系统。

对于部分游戏来说，人们甚至仅仅因为其中的背景音乐和互动音效就喜欢上了。在音乐方面表现突出的游戏推荐有《仙剑奇侠传》《魂斗罗》《大话西游 2》《梦幻西游》《极品飞车》《反恐精英》《寂静岭 2》《最终幻想》等。

15. 游戏性基础

除了画面、声音和对真实世界的模拟外，任何一款游戏都需要具备特定的规则，也就是游戏性基础（Gameplay Foundations）系统，其中包含游戏世界和游戏对象模型、事件系统、脚本系统等。

虽然传统的欧美 3A 大作依靠令人震撼的游戏视觉效果吸引了众多玩家，但也有很多经典游戏不是拼视觉效果，特别是任天堂出品的众多游戏，最突出的特点是游戏性，如《塞尔达传说》《蔚蓝》。

16. 系统

游戏专用子系统（Game-Specific Subsystems）处于低阶引擎组件之上，用于实现游戏本身的各种特性，包括玩家机制、游戏摄像机、武器系统、载具等。

除了用于实现游戏核心内容的运行时组件外，游戏引擎通常还提供了一些工具套件，用于丰富游戏内容。

游戏引擎需要使用各种形式的数字内容，比如 3D 模型、纹理贴图、骨骼动画、音频文件等。因此，游戏引擎中通常需要内置专用的资源管道，以便从外部的 DCC（Digital Content Creation，数字内容创作）软件中导入相关资源。

虽然有类似 Houdini 这种第三方工具，但游戏引擎并不能支持第三方工具所制作的所有效果。因此，大多数游戏引擎内置了粒子特效编辑工具。比如 Unity3D 引擎中就内置了名为 Shuriken 的粒子系统。

此外，虽然使用 3DS Max 或 Maya、Blender 等 3D 建模软件可以导出所需的游戏场景，但大部分商用游戏引擎都内置了世界编辑器。世界编辑器既可以作为资源管理工具，也可以用于创建游戏世界和场景的基础原型。

2.1.3 主流 3D 引擎对比分析

打开维基百科，在游戏引擎清单的词条下会看到长长的一串列表，比如 Unity3D、Unreal Engine（虚幻）、CryEngine、Cocos2d、Corona、Frostbite（寒霜）、Gamebryo、GameMaker、id Tech 系列、Infinity Engine、OGRE、Panda3D、Renderware、RPG Maker、Source、Torque3D 等。其中有些引擎大家可能听说过，比如 Unity3D、Unreal Engine（虚幻）和 Cocos2d，而更多的引擎则很少为常人所熟知。

虽然可供选择的游戏引擎很多，但具体到 **3D 移动游戏开发和 AR/VR 游戏应用开发**领域，最值得关注的两款商用 3D 游戏引擎莫过于 Unity3D 和 Unreal Engine。

这里先对这两款游戏引擎做一个简单的介绍和对比分析，在后面的内容中将会着重对 Unity 引擎做详细介绍。

Unreal Engine 是由 Epic Games 开发的一款商用游戏引擎，其第一个版本发布于 1998 年。Epic Games 本身也开发自己的游戏，其开发虚幻引擎最初就是为了便于开发 *Unreal*

Tournament（虚幻竞技场）这款游戏的。2020 年 6 月，Epic 在 Sony PS5 的产品发布会上展示了使用 UE5 开发的产品 demo，并透露了下一代虚幻 5 引擎的诸多新特性，引起了众多开发者的兴趣。

虽然虚幻引擎的功能很强大，但是由于需要学习 C++ 语言，且学习曲线相对比较陡峭，所以入门相对较难。

相比虚幻引擎这种专业且复杂的游戏引擎，Unity 引擎的初衷一直是：人人皆能开发游戏。Unity 的编辑器界面简洁易上手，脚本语言支持 C#，而且教程、资源非常丰富，开发者能够很轻松地上手。而且随着 Unity 的不断迭代更新，曾经为人诟病的渲染、光照、粒子特效等影响游戏视觉效果的部分已经大大提升。最新的 Unity 2020 版本更是有了质的飞跃。

也许你已经发现，对于新手来说，如果希望尽快完成自己的第一款游戏作品或 AR/VR 作品，那么 Unity 无疑是最好的选择。其不需要太高的成本，也不需要太多精力，只要你有丰富的创意，就可以立即动手开发游戏和 AR/VR 作品。

相信看到这里，大家已经迫不及待地想要学习和掌握这款强大的游戏引擎了。别着急，从下一节开始，我们将正式开始对 Unity 的学习，首先从 Unity 的授权、服务和安装开始。

2.2　Unity 的授权、服务与安装

本节将简单介绍一下 Unity 的授权、服务与安装，为正式开始学习 Unity 做好准备。

2.2.1　Unity 的授权类型和服务

通过前面的介绍，我们已经了解到 Unity 的强大。那么，一款优秀的游戏引擎是否会需要开发者花费天价来购买呢？ Unity Technologies 为我们提供了 3 种基本类型的授权服务，分别是个人版（Personal）、加强版（Plus）和专业版（Pro）。

但不管选择哪种版本，Unity 都提供了基础服务，包括完整引擎功能、全平台支持、更新支持、Unity 广告、应用内购功能插件、测试版本的获取。

令人振奋的是，Unity 的个人版是免费使用的，不需要支付任何费用。而加强版和专业版具备更多的软件服务内容，从而为更灵活、高度自定义的开发提供了极大的便利。

Unity 的初学者直接使用免费的个人版即可。它具备 Unity 引擎的全部基础功能。

下一节我们将真正步入 Unity 的世界，学习如何下载和安装 Unity。

2.2.2　Unity 的安装

接下来介绍如何在 Windows 操作系统下安装 Unity 软件。

1. 创建 Unity ID

在安装 Unity 之前，开发者首先需要创建一个 Unity 开发者账号。在浏览器中打开官方网址（https://id.unity.com），进入页面中点击 create one 按钮，然后输入 Email、用户名、密码和昵称等，最后勾选所有的复选框，点击 Create a Unity ID 按钮即可，如图 2-2 所示。

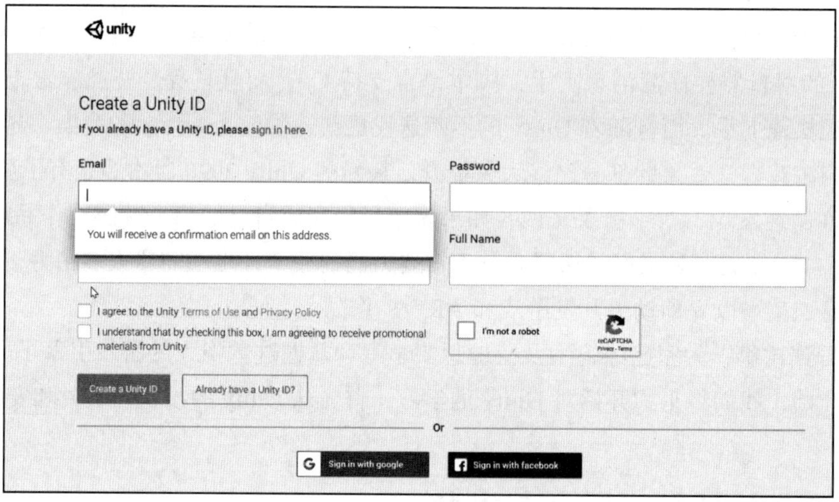

图 2-2 注册 Unity ID

打开自己的邮箱，并在收件箱中打开 Unity Technologies 的邮件，确认创建账号，跳转回登录页面。

使用刚刚创建的账号和密码登录，点击 Sign in 按钮，就完成了 Unity ID 的创建。

2. 下载 Unity Hub

使用浏览器登录 Unity 官方下载页面（https://store.unity.com/download?ref=personal）。Unity 官方提供了一个名为 Unity Hub 的桌面应用程序，目前提供测试版本，可以简化下载、查找以及安装多个 Unity 版本。而且 Unity Hub 可以帮助开发者快速了解相关功能，比如新出的模板功能。勾选同意相关条款，然后点击 Download Unity Hub 按钮，就可以下载 Unity Hub 了，如图 2-3 所示。

右击下载的 UnityHubSetup.exe 文件，在快捷菜单中选择“以管理员身份运行”命令，在弹出的对话框中点击协议下方的“我同意”按钮即可。

3. 安装 Unity

接下来选择安装 Unity Hub 的目标文件夹，然后点击“安装”选项。安装完成后默认勾选“运行 Unity Hub（R）”，此时直接点击“完成”按钮，打开 Unity Hub，如图 2-4 所示。

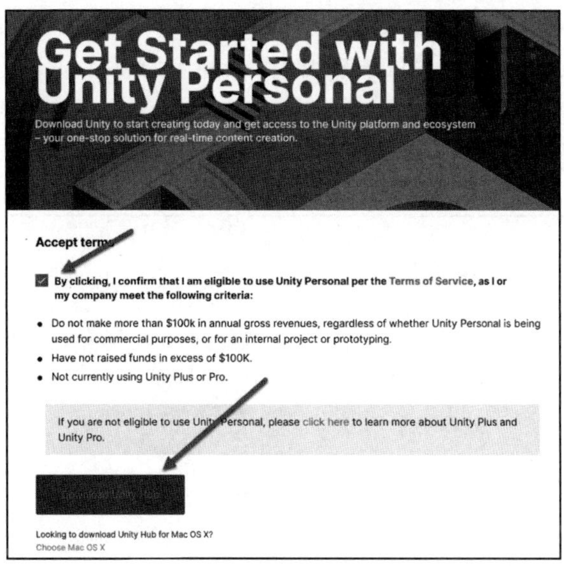

图 2-3　下载 Unity Hub

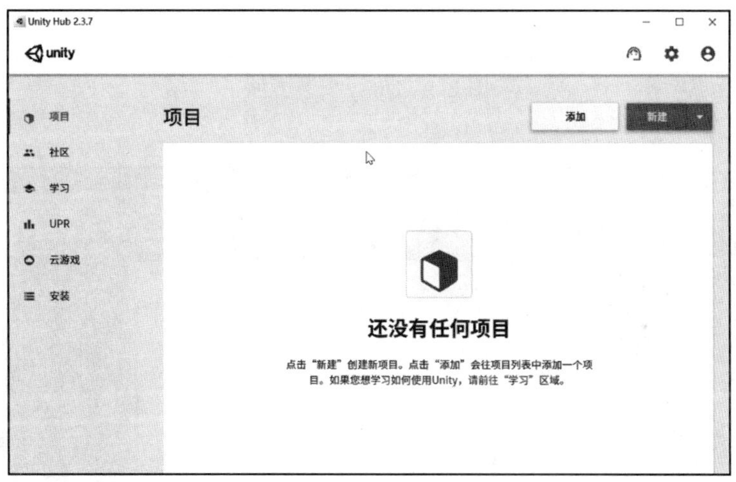

图 2-4　Unity Hub 界面

4. 版本选择

点击右上角的小人图标，使用此前注册的 Unity 账号登录。登录完成后，切换到“安装”选项卡，可以看到已安装的版本，如图 2-5 所示。

初次使用时，这里可能显示一片空白。我们只需要点击右上角的“安装”按钮就可以看到安装的版本列表。

需要特别说明的是，初学者应选择下载最新的稳定版本，以便了解 Unity 最新的功能特性。但是在实际的项目开发中，通常并不推荐最新的版本，而是由项目负责人根据实际需要确定某个相对稳定的版本。在涉及团队协作开发的项目中，由于不同版本的开发会引起未知的兼容问题和 Bug，因此必须在开始项目之前选择并安装相同版本的 Unity，如图 2-6 所示。

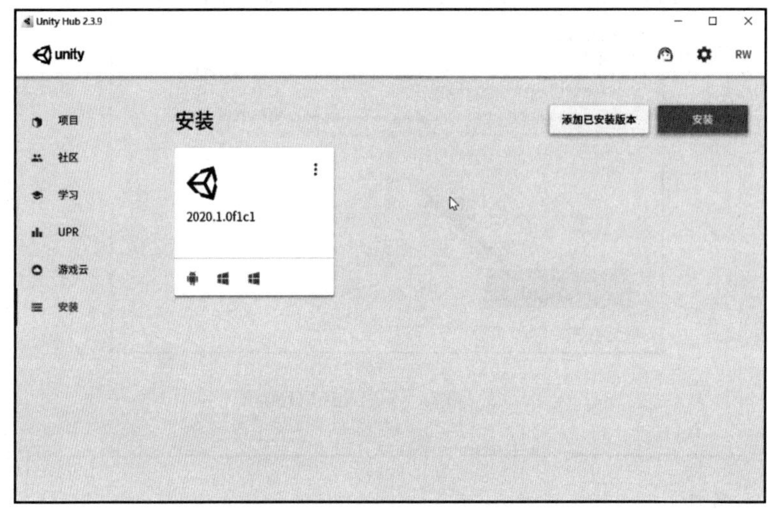

图 2-5 Unity 安装界面

图 2-6 选择 Unity 版本

此外，Unity 官方每年都会发布一个 LTS 版本（Long Term Support），并在发布后对其维护两年。比如 Unity 2019.4.x(LTS) 版本可以在 2020 年和 2021 年放心使用，直到 2022 年官方才会停止对相关版本的支持，如图 2-7 所示。

在对本书的学习中，根据对第三方设备平台的支持需要，不同的章节可能会采用不同版本的 Unity，这一点在每一章的内容中都会明确列出版本号。在基础章节部分，为了让大家了解更多的功能特性，我们将使用 Unity 2020.1.x 版本。在 AR/VR 开发部分，为了保证硬件设备和 Unity 版本的兼容性和稳定性，我们统一采用 Unity 2019.4.x LTS 版本。

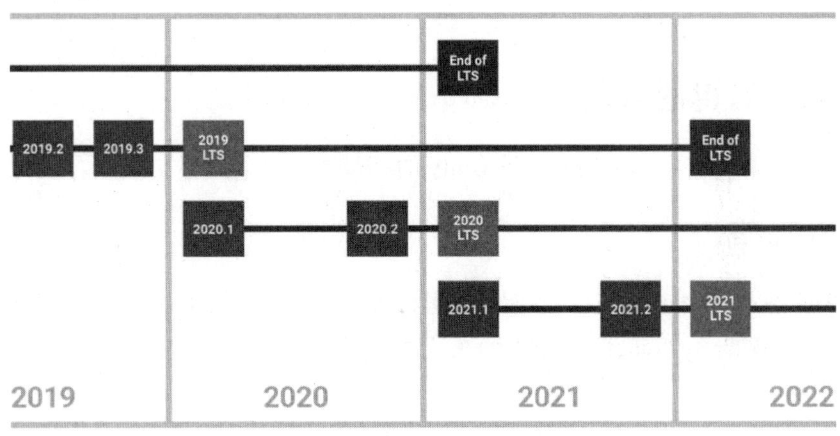

图 2-7　Unity 版本规划路线图

5. 选择安装内容

选好版本后，点击“下一步”按钮，此时可以选择需要下载的组件，右边会显示已选中的组件的简介和大小。如果需要开发 Android 平台的游戏或应用，需要勾选 Android Build Support 复选框，如图 2-8 所示。

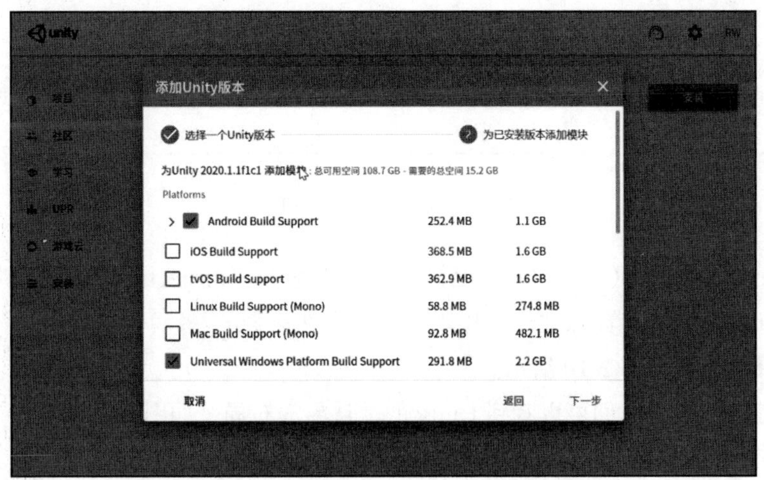

图 2-8　Unity 安装内容选择

6. 完成安装

点击“下一步”按钮，然后勾选对协议的许可，最后点击“完成”按钮，等待安装。等待进度条走完之后，所选版本的 Unity（或模块）就安装成功了。

在 Mac 下安装 Unity 的过程和在 Windows 下类似，这里不再赘述。

2.3 Unity 编辑器入门

在本节中，我们将一起来快速熟悉 Unity 的编辑器界面。

2.3.1 界面布局

为了快速熟悉 Unity 的编辑器界面，这里将带领大家从零创建一个全新的项目。

1）双击打开 Unity Hub，点击图 2-9 右上角所示的“新建”按钮。

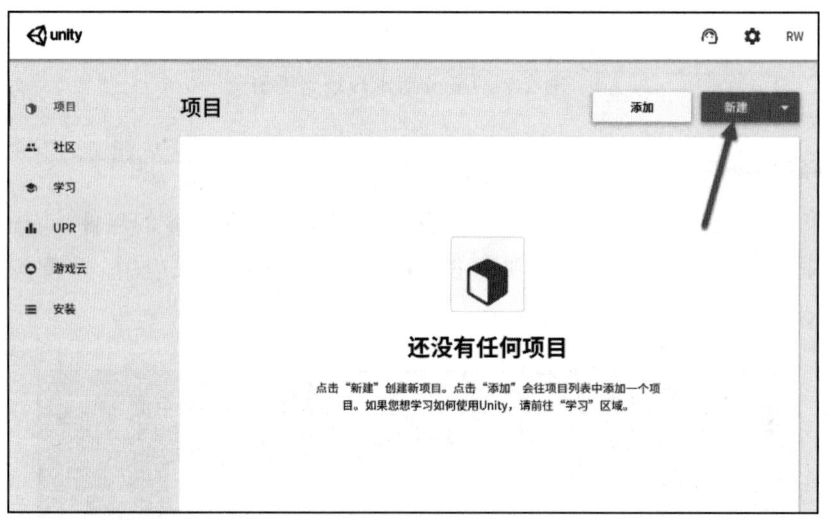

图 2-9 创建新项目

2）在 Project Name（项目名称）处输入项目名称 FirstProject，然后在“位置”处选择项目的路径（项目的所有资源文件和代码都会存放在里面），最后点击“创建”按钮即可成功创建一个新项目，如图 2-10 所示。

项目创建完成后，我们可以看到 Unity 的默认界面布局，如图 2-11 所示。

Unity 编辑器的软件界面主要由如下几个视图选项卡组成。每个视图都可以实现不同的功能。

1）场景（Scene）视图：用来放置游戏场景中的各种游戏对象，如图 2-12 所示。

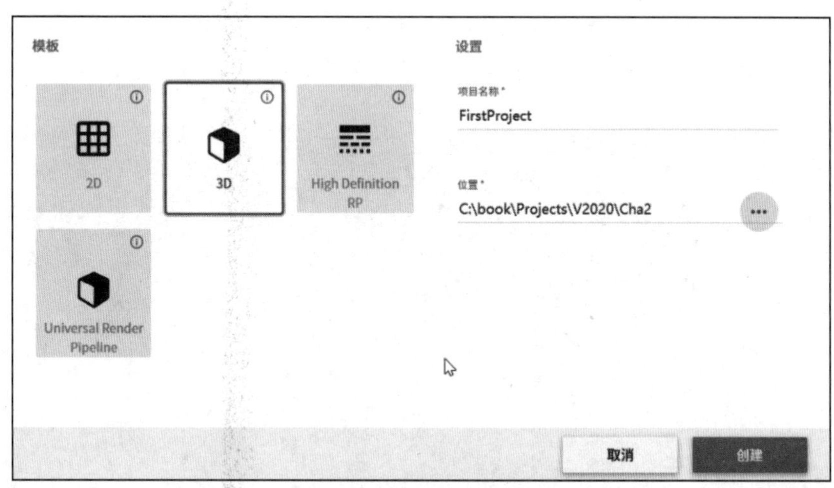

图 2-10　设置项目名称和路径

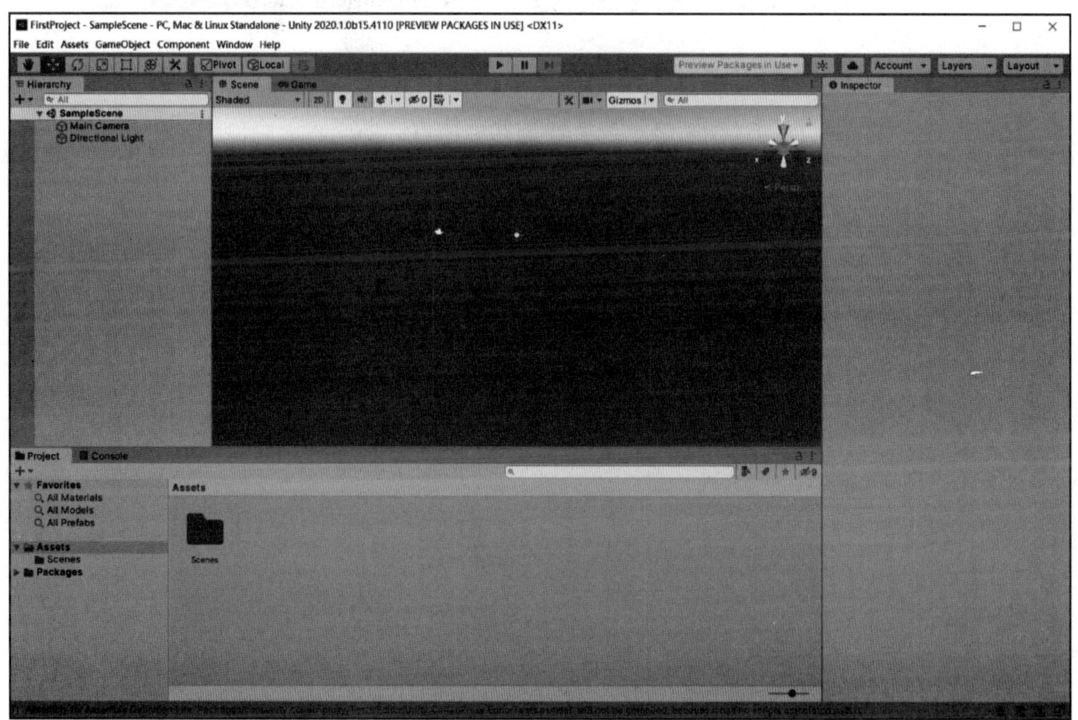

图 2-11　Unity 的默认界面布局

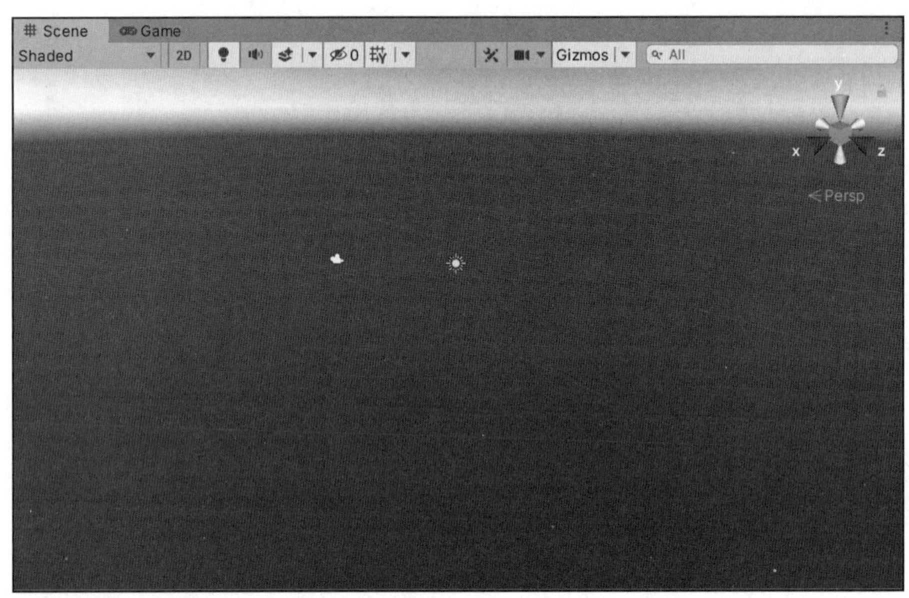

图 2-12 场景视图

2）游戏（Game）视图：用来显示玩家在游戏中所看到的内容，画面经过场景中的相机渲染后呈现在视图上，如图 2-13 所示。

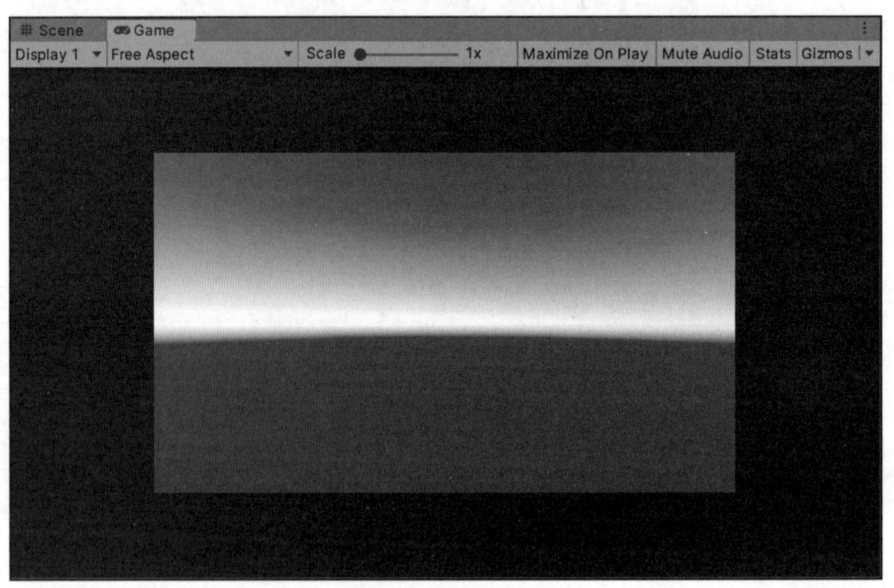

图 2-13 游戏视图

3）层级（Hierarchy）视图：用来显示当前场景中所有的游戏对象及其层级关系，如

图 2-14 所示。

4）项目（Project）视图：用来放置整个项目所用的所有资源和脚本，通常创建多个文件夹放置不同类型的文件以便于开发，如图 2-15 所示。

5）检视（Inspector）视图：用来显示当前在层级视图选中的游戏对象，在此还可对选中的游戏对象的属性和信息进行设置与修改，如图 2-16 所示。

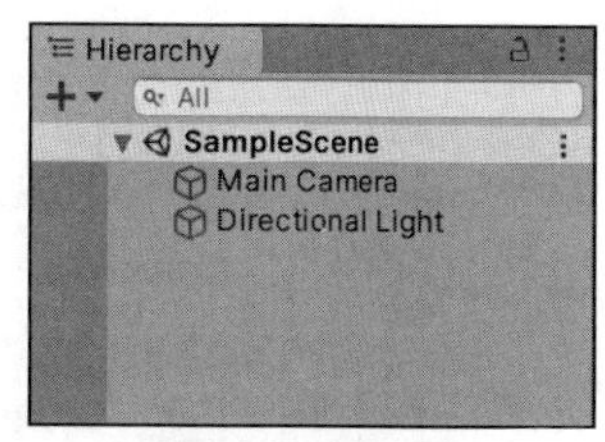

图 2-14　层级视图

图 2-15　项目视图

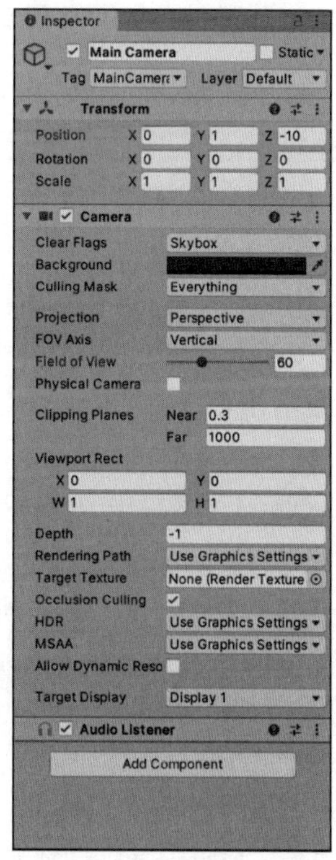

图 2-16　检视视图

6）控制台（Console）视图：用来显示脚本调试信息，如图 2-17 所示。

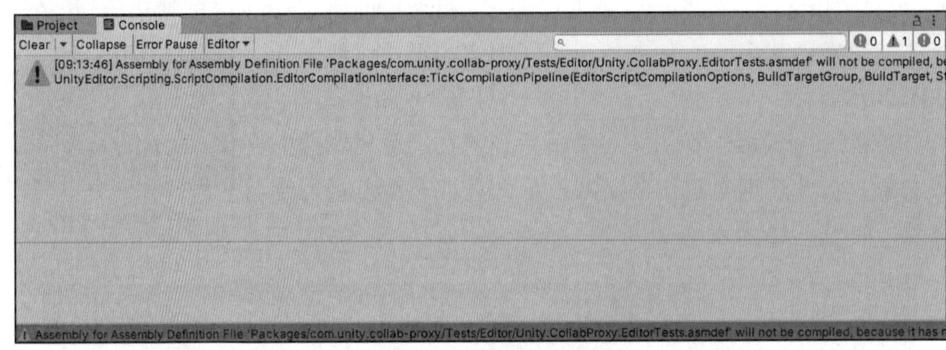

图 2-17　控制台视图

除此之外，通过顶部菜单栏，我们还可以打开更多的功能视图，如 Asset Store（资源商城）、Lighting（光照设置视图）、Animation（动画视图）、Animator（动画控制器视图）、Profiler（性能监测视图）等。这些将在后续的学习中逐渐带大家了解。

2.3.2　Unity 的工具栏

Unity 的工具栏由 5 大块组成，为我们提供了常用功能的便捷访问方式，如图 2-18 所示。

图 2-18　Unity 的工具栏

1. 变换工具

变换工具（Transform Tools）主要针对 Scene 视图，用于实现对游戏对象方位的控制，包括位置、旋转、缩放等，如图 2-19 所示。

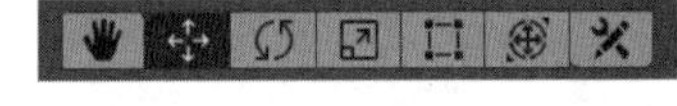

图 2-19　Transform Tools

变换工具是一组工具的集合，按其在工具栏中的位置从左到右依次介绍如下。

（1）手型工具（Hand Tools）

手型工具可以在场景视图中进行视场的平移，快捷键为 Q。选择手型工具并按住 Alt 键可以旋转当前的场景视角。另外，按住 Alt 键并且用鼠标右键左右拖动可以缩放和拉近场景，通过鼠标的滚轮可以实现相同的效果。

（2）移动工具（Translate Tools）

移动工具用来更改场景中游戏对象的位置，快捷键为 W。在层级视图选择任意游戏对象，该物体上会出现一个三维坐标轴，通过拖动坐标轴的箭头可以更改游戏对象在对应轴向的位置。如果明确要将它放置到哪个位置，也可以直接修改物体检视视图中 Transform 的数值来达到相同的效果。

（3）旋转工具（Rotate Tools）

旋转工具可以修改游戏对象在三个坐标轴上的旋转角度，快捷键为 E。如果清楚需要旋转的角度值，可以直接在物体检视视图中的 Transform 组件对 Rotation 进行修改，来达到相同的效果。

（4）缩放工具（Scale Tools）

缩放工具用于修改游戏对象的大小，快捷键为 R。选中游戏对象并且使用缩放工具的时候，坐标轴的箭头变成红色、绿色、蓝色三个小方块，以及代表物体中心点的灰色小方块，拖动红色、绿色、蓝色三个小方块可以对游戏对象沿着某一轴向进行缩放调整。按住坐标轴原点的灰色方块进行拖动，可以调整整个游戏对象的大小。

（5）矩形工具（Rect Tools）

矩形工具用于查看和编辑 2D 或 3D 游戏对象的矩形手柄（Rect Handles），快捷键为 T。矩形工具在 2D 游戏中的主要作用是调整 UI 的位置，在 3D 游戏中可以可视化地调整 3D 物体的位置和大小。

（6）综合调整工具

我们可以使用该工具来移动、旋转、缩放所选择的游戏对象。

（7）自定义编辑器工具

Unity3D 最新版本提供了自定义编辑器工具，以便开发者更为灵活地设置编辑器。

2. 变换辅助工具

变换辅助工具（Transform Gizmo Tools）的功能是对游戏对象进行位置变换，如图 2-20 所示。

1）Center/Pivot 按钮：Center 是以所有选中的对象所组成的轴心为游戏对象的轴心参考点，通常用于大量对象的整体移动；而 Pivot 则是以最后一个选中的游戏对象的轴心为游戏对象的轴心参考点。默认状态下，此处会显示 Center。

2）Global/Local 按钮：该按钮显示物体的坐标。当选择 Global 时，所选中的游戏对象使用世界坐标；当选择 Local 时，所选中的游戏对象使用自身坐标。

3）网格吸附工具：开启或关闭网格吸附功能。

3. 播放控制

播放控制（Play）按钮应用于 Game 视图，如图 2-21 所示。

图 2-20 Transform Gizmo Tools ⊖

图 2-21 播放控制按钮

点击图 2-21 所示的最左边的"播放"按钮，Game 视图会被激活并实时显示游戏运行的画面。需要注意的是，在单击"播放"按钮后，虽然开发者可以继续在 Inspector 视图中对游戏对象的属性进行修改，但是在项目运行结束后之前所做的操作会被重置。中间的"暂停"按钮用于暂停游戏的运行状态，通常配合第三个按钮使用。在游戏暂停情况下，我们可以在特定的运行时间对游戏进行检查，加强对游戏的调试。

4. 协作开发、云服务和账户

图 2-22 所示为工具栏上的协作开发、云服务和账户设置。

图 2-22 协作开发、云服务和账户设置

图 2-22 最左侧所示的按钮是"协作开发"，它是 Unity 推出的用于团队协作开发（Collab）的工具，目前仍然是 Beta 版本。这里我们暂且跳过。

图 2-22 中间所示的按钮是"云服务"，通过它可以开启 Unity 推出的云服务（Cloud Services），包括广告、在线分析、在线编译、协作开发、性能分析、应用内购（IAP）等。这里我们暂且不必研究其中的细节。

图 2-22 最右侧所示的按钮是"账户设置"，点击下拉菜单可以登录官网进行账户（Account）设置、登入 / 登出账户以及升级为 Pro 版本。

5. 分层下拉菜单

分层下拉菜单（Layers）用于控制游戏对象在 Scene 视图中的显示。在下拉列表框中，右侧眼睛为睁开的图层对象将会显示在 Scene 视图中，否则将会隐藏，如图 2-23 所示。

6. 布局下拉菜单

布局下拉菜单（Layout）用来切换视图的布局，同时也可以自定义自己习惯的界面布局，如图 2-24 所示。

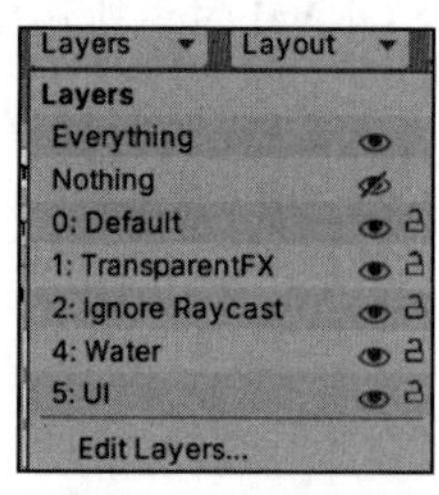

图 2-23 分层下拉菜单

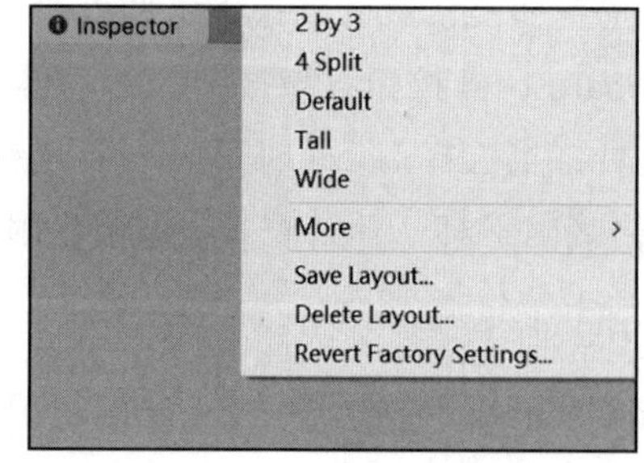

图 2-24 布局下拉菜单

⊖ 图 2-20 中所示的 Genter/Pivot、Global/Local 属于同一个按钮，同一时间只能显示一种状态。——编辑注

2.3.3　顶部菜单栏

与其他软件一样，顶部菜单栏集成了 Unity 主要的功能设置，如图 2-25 所示。本节将简单介绍菜单项的功能设置。

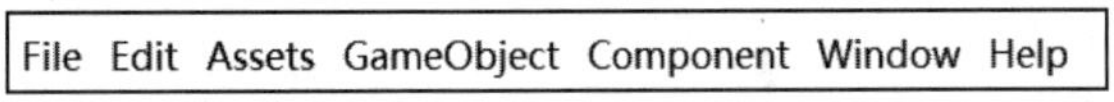

File　Edit　Assets　GameObject　Component　Window　Help

图 2-25　顶部菜单栏

1. File 菜单

File（文件）菜单主要用于项目和场景的创建、存储和输出，如图 2-26 所示。

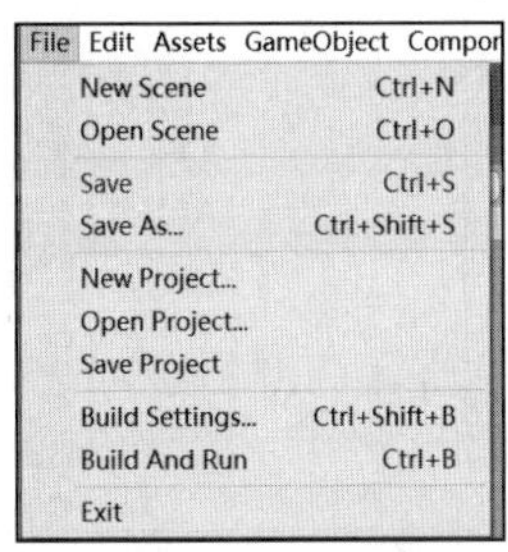

图 2-26　File 菜单

2. Edit 菜单

Edit（编辑）菜单主要用于场景内部的编辑设置，例如工具栏的播放器选项就在 Edit 菜单中，如图 2-27 所示。

3. Assets 菜单

Assets（资源）菜单则是 Unity 提供的用来管理游戏资源的工具。该菜单下的命令可以实现在场景中添加新的游戏对象，还可以导入或者导出所需要的资源包，如图 2-28 所示。

4. GameObject 菜单

GameObject（游戏对象）菜单主要用来在场景中添加游戏对象，以及进行一些相关的设置。选择需要的游戏对象，并修改它的位置，就能将游戏对象应用到游戏场景内，如图 2-29 所示。

5. Component

Component（组件）菜单是用于进行内置系统设置，比如灯光、寻路和光照等。每个系统对应一项特殊功能，如图 2-30 所示。

Edit Assets GameObject Component Window
Undo Selection Change Ctrl+Z
Redo Ctrl+Y
Select All Ctrl+A
Deselect All Shift+D
Select Children Shift+C
Select Prefab Root Ctrl+Shift+R
Invert Selection Ctrl+I
Cut Ctrl+X
Copy Ctrl+C
Paste Ctrl+V
Paste As Child Ctrl+Shift+V
Duplicate Ctrl+D
Rename
Delete
Frame Selected F
Lock View to Selected Shift+F
Find Ctrl+F
Play Ctrl+P
Pause Ctrl+Shift+P
Step Ctrl+Alt+P
Sign in...
Sign out
Selection >
Project Settings...
Preferences...
Shortcuts...
Clear All PlayerPrefs
Graphics Tier >
Grid and Snap Settings...

图 2-27 Edit 菜单

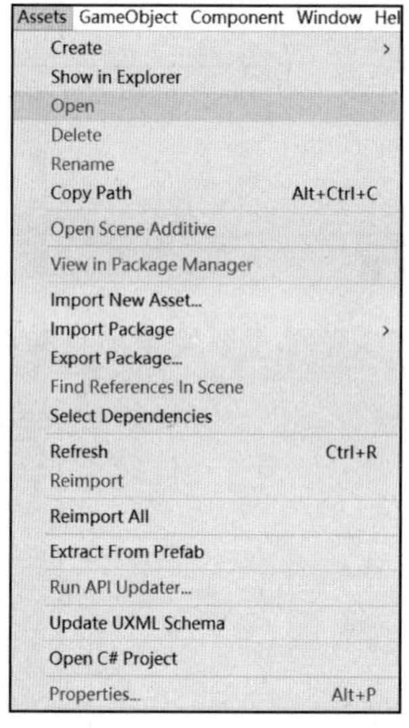

图 2-28 Assets 菜单

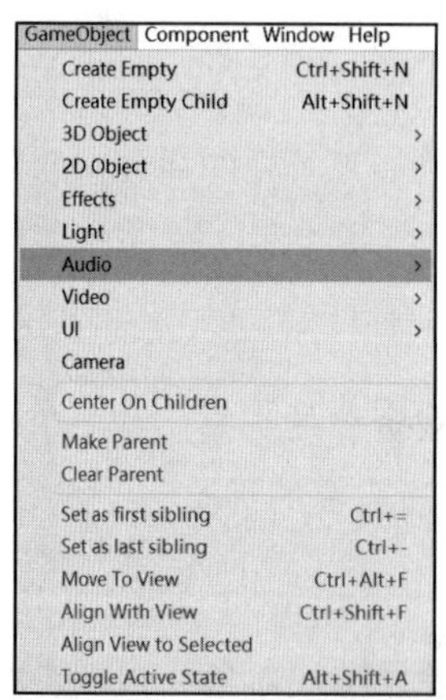

图 2-29 GameObject 菜单

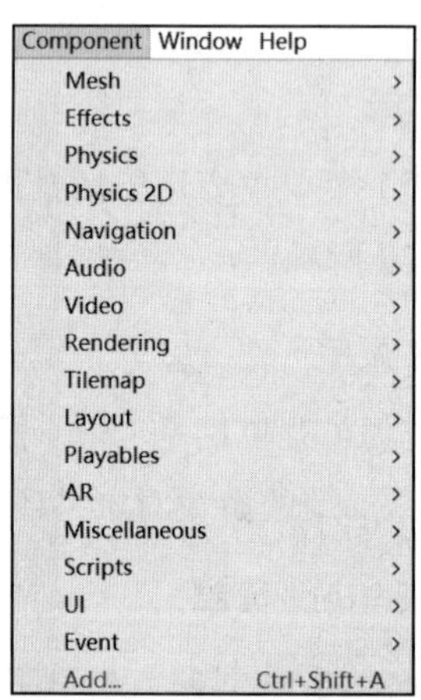

图 2-30 Component 菜单

6. Window

Window（窗口）菜单可以控制整个编辑器的页面布局以及各种视图窗口的开关，同时提供对 Asset Store 的访问。笔者建议牢记菜单的快捷键，以便提高开发效率，如图 2-31 所示。

7. Help 菜单

Help（帮助）菜单集合了所有 Unity 官方的相关资源链接，同时提供管理软件授权的方法，如图 2-32 所示。

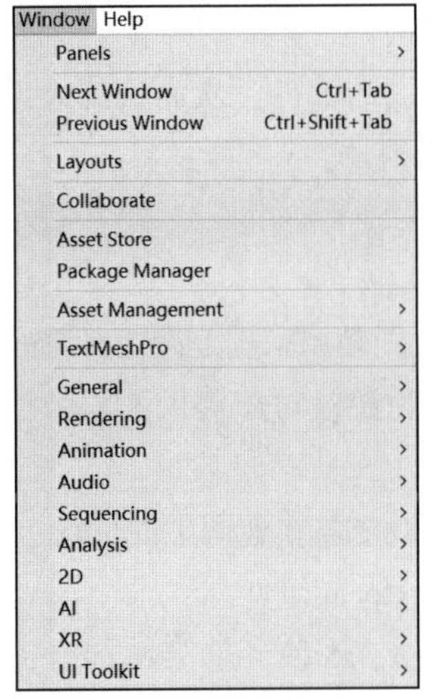

图 2-31　Window 菜单

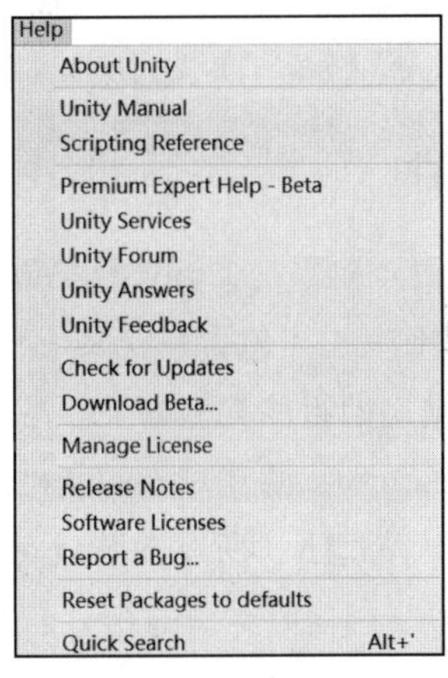

图 2-32　Help 菜单

小练习　从菜单栏中依次选择 Help → Unity Manual，我们可以看到 Unity 官方提供的各类帮助文档，在浏览器中使用收藏按钮将其收藏，以便以后随时查看。此外，从菜单栏中依次选择 Help → Scripting Reference，我们可以看到 Unity 官方提供的脚本 API 帮助文档，在浏览器中使用收藏按钮将其收藏，以便以后随时查看。

2.4　Unity3D 中的核心概念

在本节中，我们将介绍 Unity3D 中的几个核心概念和子系统。

2.4.1　场景

Unity3D 中有一些核心的概念和子系统需要了解，比如游戏场景（Scene）、游戏对象、组件、预设体等。首先我们来了解最基本也是最重要的游戏场景。

游戏场景中包含游戏中的所有对象。我们可以在场景中创建主菜单、不同的关卡等。每个场景文件可以看作一个独立的关卡。在每个独立的游戏场景中，我们可以放置环境、障碍物、装饰物等。

2.4.2 游戏对象

游戏中的每一个对象都是游戏对象，这就意味着在游戏中所需要考虑的一切都和游戏对象有关。但单纯的游戏对象什么也不能做，我们必须赋予其特定的属性，这样它才能成为游戏角色、游戏场景，或是某种特殊的游戏效果。

游戏对象也是一种容器。我们可以向其中添加不同的部件，从而让其成为游戏角色、灯光、树木、声音等。而我们所添加的每个部件被称为组件。

2.4.3 组件

如果说游戏对象是 Unity3D 游戏的核心，那么组件则是用来构建游戏对象的基石。

游戏对象中往往包含一个或多个组件。组件可以为游戏对象提供不同的功能和特性。Unity3D 中常用的组件类型如下。

1）Transform：游戏对象的基础组件，可以修改游戏对象在地图中的位置、旋转角度和缩放值。默认情况下，所有的游戏对象都会有一个 Transform 组件。

2）Mesh（网格）类型的组件：和 Mesh 相关的组件有 5 种，包括 Mesh Filter（网格过滤器）、Text Mesh（文本网格）、Text Mesh Pro-Text（富文本网格）、Mesh Renderer（网格渲染器）和 Skinned Mesh Renderer（蒙皮渲染器）。

3）Particle System（粒子系统）：该组件可以模拟各种各样的特效，例如火焰、云彩、水流等。这是一个非常有用且较为庞大的系统，涉及非常多的数据设置，在后续章节中我们将对其进行详细介绍。

4）Physics（物理组件）：为了让创造的场景更具有真实感，我们需要让物体在虚拟世界遵循在现实世界的物理规则。为了实现这一点，Unity3D 内置了 NVIDIA PhysX 物理引擎，以此来模拟真实的物理行为。

5）Scripts（脚本组件)：该组件由开发者自行编写，用于实现较为灵活与定制化的功能。Unity3D 支持 C# 语言。

6）Audio（音频组件)：用于设置音效或背景音乐的各种属性，从而打造更好的游戏氛围。

7）Video（视频组件)：用于添加 Unity3D 内置的视频播放器。

8）Rendering（渲染）：和视觉渲染相关的组件有很多，包括摄像机、天空盒、灯光、遮挡剔除等。

9）Event（事件)：用于设置和响应各种事件。

10）Network（网络)：用于设置游戏对象中与网络相关的属性。

11）UI（界面)：和 UI 相关的组件。

12）AR（增强现实)：增强现实相关的组件，主要是 World Anchor。

除了上述提到的组件之外，还有其他类型的组件。这里只是让大家有一个初步的印象，在后续的学习中会逐步介绍。

2.4.4　预设体

预设体（Prefab）是一个游戏对象及其组件的集合，目的是使游戏对象可以被重复使用。一个形象的比喻是，预设体就好比模板，我们可以使用预设体在场景中快速创建一个具有特定组件属性值的游戏对象。

2.5　实战项目：《梦幻天堂》游戏的设计与实现

在本节中，我们将带领大家开发一款名为《梦幻天堂》的小游戏。

2.5.1　《梦幻天堂》的策划与设计

开发任何一款产品，无论是游戏还是行业应用，首先要做的事情不是直接打开开发工具，而是先进行产品的策划与设计。

接下来，我们会用简单的几句话描述一下这款游戏产品的策划和设计。

1. 游戏背景

这里简单创建了一个原创的游戏背景。

在另一个平行宇宙之中，有一个名为阿斯塔诺的星球。阿斯塔诺星球上有一块名为赛比安的大陆。在赛比安大陆上居住着各种充满智慧的精灵生物，它们无忧无虑地生活在这块广袤的大陆上。

直到有一天，某种邪恶的暗黑生物从天而降，夺走了精灵圣堂传承的宝物，想要用暗黑能量毁灭整个大陆，从而为自己的位面注入暗黑能量。危急时刻，赛比安大陆的精灵生物团结起来，和暗黑生物展开了生死搏斗。幸运的是，暗黑生物最终被击溃，四散逃去。不幸的是，圣堂神器在战斗中损毁了，化为 7 个碎片遁入阿斯塔诺星球的各个角落。

失去了圣堂神器的精灵生物不再像以往那样爱好和平，也不再像以前那样无忧无虑，部分精灵甚至因为吸收了暗黑生物的暗黑能量而变得凶残。但赛比安大陆大体上还是一片乐土。

数千年后，一个名叫卡萨的精灵生物因为向往暗黑能量的强大，选择了投靠暗黑生物。他试图召集大陆上所有残存的暗黑生物，重新打开通往暗黑位面的时空传送门。在发现了卡萨的行为之后，精灵生物们一片恐慌。危难之际，作为阿斯塔诺的拯救者，你必须和自己的队友一起探索整个大陆，尽快找回失落的圣堂神器碎片。在这个过程中，你还要尽可能阻止卡萨的阴谋，以免整个星球陷入暗黑生物的魔爪。

《梦幻天堂》这个小游戏就发生在这样的故事背景下。

2. 游戏概述

《梦幻天堂》游戏是一款第一人称视角的冒险游戏。玩家进入游戏之后，会发现自己身处迷雾森林的边缘。在这里，玩家需要尽快找到失落的神器碎片，并击败任何你所碰到的暗黑生物。简单起见，我们在这部分内容中只需要实现让玩家探索自己所在的区域，并抵达指定的位置即可。

3. 游戏场景

《梦幻天堂》游戏只有一个主场景，但是后续可以根据需要添加更多的子场景，如图 2-33 所示。

图 2-33 《梦幻天堂》游戏场景

4. 游戏规则

《梦幻天堂》的游戏规则很简单：在当前的自由模式下，只需要在场景中自由探索并找到目标地点。在后续的生存模式下，可以添加倒计时机制以及可能会攻击玩家的 NPC 角色等。

好了，我们的第一款游戏的策划就这样完成了。

2.5.2 创建一个新项目

打开 Unity Hub，在左侧选项卡中切换到“项目”选项卡，然后点击右上角的“新建”按钮。在项目名称处输入项目名称 MyParadise。在“位置”处选择项目的路径，项目的所有资源文件和代码都会存放在里面。

项目模板选择默认的 3D（此设置在项目开发过程中可以修改），点击“创建”按钮即可成功创建一个新项目。

2.5.3　搭建游戏场景

《梦幻天堂》这款游戏是唯美魔幻题材，所以我们选择的美术资源画风也得符合游戏背景的设定。

在正常的游戏开发流程中，我们需要先绘制纸面原型（也可是电子版本），然后使用 Unity3D 中内置的几何体搭建一个原型场景进行测试，最后使用美术人员通过 3DS Max 或 Maya 等建模软件所创建的正式场景来替代。简单起见，我们将直接从 Unity3D 内置的资源商城下载和导入游戏场景的美术资源。

Unity Asset Store 游戏资源商城是目前世界上所有商业 3D 游戏引擎中资源数量最丰富的。它囊括了 3D 模型、第三方应用、动作、声音、完整项目、服务、着色器、粒子系统、编辑器扩充、脚本、贴图和材质以及 Unity Essentials 等多种类型的资源素材。

1. 打开 Unity Asset Store

从 Unity 2020.x.x 版本开始，Asset Store 不再内置集成到 Unity3D 编辑器中，因此我们需要在浏览器中打开 Unity3D 商城的网址（https://assetstore.unity.com/）。

注意，进入 Asset Store 之后一定要使用之前注册的 Unity ID 登录，点击右上角的小人图标，然后点击 Sign In 选项，并使用自己的 ID 和密码登录，如图 2-34 所示。

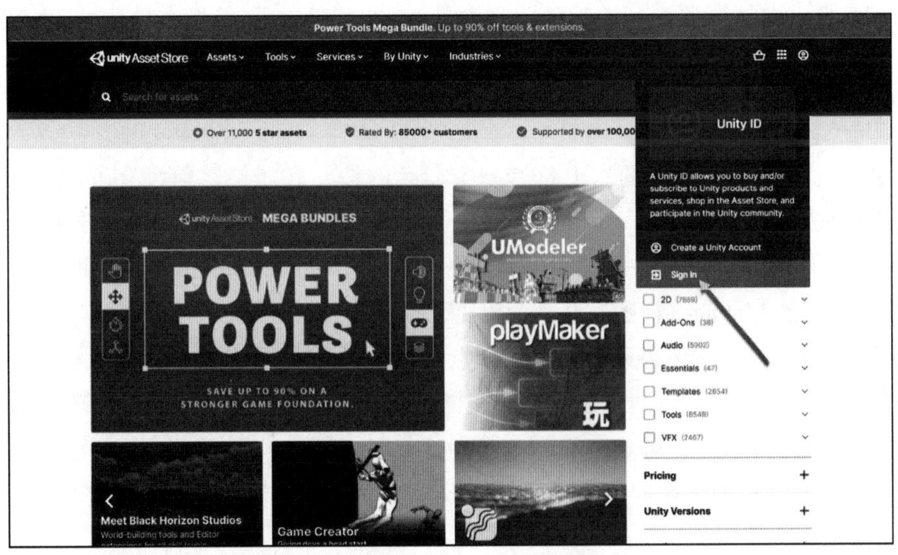

图 2-34　使用 Unity ID 登录 Asset Store

2. 搜索所需要的资源

接下来我们在顶部的搜索栏中输入 Fantasy Forest Environment-Free Demo，即我们想要用的资源名称。点击搜索的结果进入，就可以看到详细介绍，如图 2-35 所示。

图 2-35 在 Asset Store 中找到所需的资源包

和苹果 App Store 以及安卓商城类似，Unity Asset Store 对于每个游戏资源都提供了详细的介绍信息，包括资源的基本功能、版本号、文件大小、初始发布日期、适配 Unity3D 版本、文件包中的具体内容等信息。部分资源还提供了示例视频和效果截图等。

3. 下载并导入资源包

大家可以看到，在资源的右上角有一个蓝色的按钮。如果之前没有下载过，那么这里显示的就是 Add to My Assets。点击之后，会看到按钮上显示的是 Open in Unity。点击 Open in Unity 按钮，会看到一个对话提示框，点击打开 Unity Editor 即可。此时，Unity 会自动打开 Package Manager 视图，并显示想要下载和导入的资源，如图 2-36 所示。

先点击 Download 按钮下载资源，然后点击 Import 按钮导入项目。点击 Import 按钮后可以看到一个弹出窗口，里面列出了这个资源包里面包含的所有资源。为了确保导入不遗漏，我们先点击 All 按钮，再点击 Import 按钮就好了，如图 2-37 所示。

导入完成后，在 Unity3D 编辑器的 Project 视图区，可以看到已经导入完成的资源。点击三角符号可以查看里面的具体内容。

图 2-36　Package Manager 视图

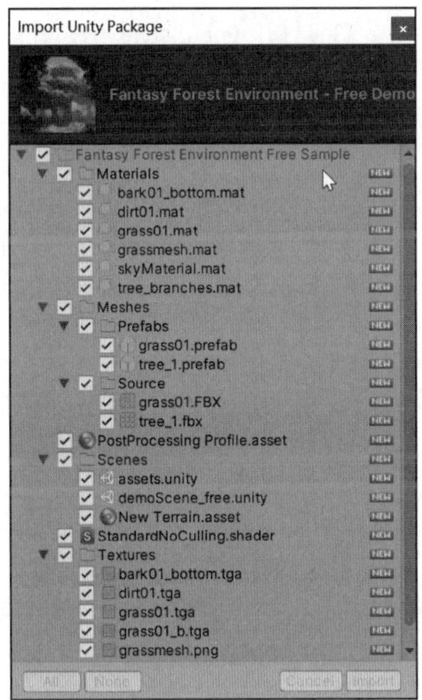

图 2-37　导入已下载的资源包

在 Assets\Fantasy Forest Environment Free Sample Scenes 中找到 demoScene_free，双击将其打开，把它作为游戏的主场景，如图 2-38 所示。

图 2-38 打开 demoScene_free 场景

2.5.4 添加游戏角色

简单起见，我们仍然从 Unity Asset Store 中下载所需的角色资源。

打开 Unity Asset Store，在里面搜索 Standard Assets，然后下载并将其导入当前的项目之中。整个过程和刚才下载并导入游戏场景类似。

注意，因为所使用 Unity3D 版本的问题，在编辑器的最下面可能会有一些红色的错误警告，这会影响到项目的正常运行。为此，我们需要手动将 Assets\Standard Assets\Utility\SimpleActivatorMenu.cs 删除。

考虑到这款游戏是第一人称视角，我们需要找到一个第一人称视角的游戏角色，然后把它放到游戏场景之中。

在 Project 视图中找到 Standard Assets\Characters\FirstPersonCharacter\Prefabs 目录，里面有两个蓝色图标的文件，分别是 FPSController 和 RigidBodyFPSController 两个预设体。此前提到过，预设体是一个游戏对象及其组件的集合，目的是使游戏对象可以被重复使用。一个形象的比喻是，预设体就好比模板，我们可以使用预设体在场景中快速创建一个具有特定组件属性值的游戏对象。这里的 FPSController 就是一个第一人称视角的预设体。

如何在游戏场景中使用预设体呢？

有两种方式：一种是所见即所得，只需要将预设体从 Project 视图中拖动到场景中即可；另一种方式是通过代码手动生成预设体的实例对象。这里采用第一种方式。

使用 Unity3D 编辑器工具栏中的手型工具，配合鼠标定位到场景中的某个合适的位置。左键按住 FPSController 不放，将其拖动到场景视图或是层级视图中，然后松开鼠标。可以在场景中看到一个绿色线框一样的东西，上面还有一个喇叭图标和一个摄像机图标。这就是我们的游戏主角了，如图 2-39 所示。

图 2-39　角色添加到场景后的场景视图

需要注意的是，FPSController 这个游戏对象是有高度的，在 Character Controller 组件的 Height 属性中可以看到其高度是 1.8。我们需要在 Transform 组件的 Position 里面把 Y 设置成 0.9, 让角色正好站在地面上。

设置的方法很简单，在层级视图中选中刚刚添加的 FPSController 游戏对象，然后在检视视图中修改对应的属性就好了，如图 2-40 所示。

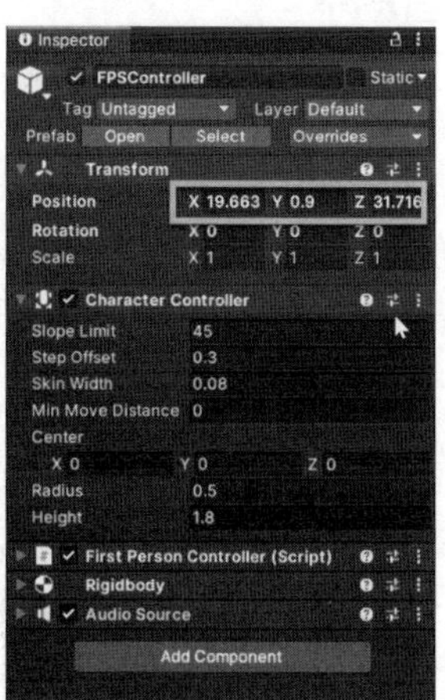

图 2-40　设置角色的高度

2.5.5 预览游戏效果

现在场景已经有了，角色也有了，那么怎么才能预览游戏的效果呢？

首先要从 Hierarchy 视图中删除 Camera 对象，因为在 FPSController 预设体上已经自带一个摄像机。然后点击菜单栏上的 GameObject → Align With View，从而将视角切换到更合适的位置。最后点击编辑器中间上方的播放控制按钮就好了。

左右移动鼠标，发现角色看到的场景发生了变化。按下电脑键盘上的 A、W、S 和 D 键，配合鼠标可以实现前进、后退、左转、右转等操作，并且可以在场景之中任意漫游。除此之外，还可以听到角色的脚步声，如图 2-41 所示。

图 2-41 预览游戏效果

2.5.6 在 Windows 平台编译运行

当前，我们只是在 Unity3D 编辑器的游戏视图中预览了游戏效果。如果希望向其他人分享自己的作品，甚至发布到各种应用商城，就需要做一些配置工作。

这里我们以 Windows 平台为例来说明如何发布。

1）保存游戏。首先保存之前的游戏场景，从菜单栏中依次选择 File → Save 命令，保存当前场景所做的修改。

2）进行平台配置。在菜单栏中依次选择 File → Build Settings 命令，在 Platform 选项区域选择默认的 PC,Mac&Linux Standalone 选项，如果之前选择的是其他类型的 Platform，那么此时需要单击下方的 Switch Platform 按钮，然后单击 Add Open Scenes 按钮将当前场景添加进来。单击 Build 按钮后选择可执行文件保存的路径，然后等待生成可执行文件，如图 2-42 所示。

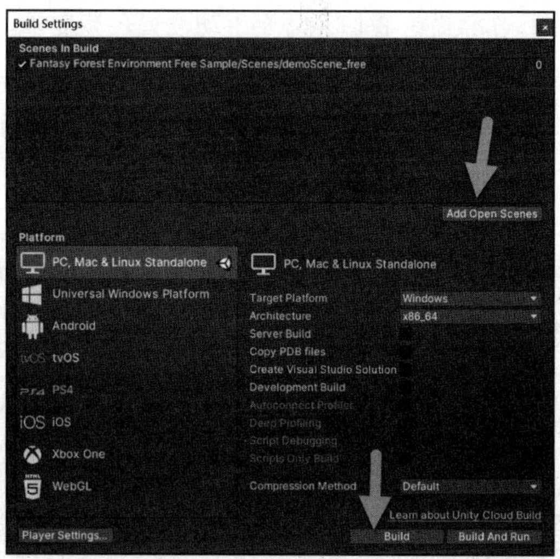

图 2-42　进行发布平台的设置

3）试运行。在输出的目录中找到 MyParadise 这个可执行文件，如图 2-43 所示。

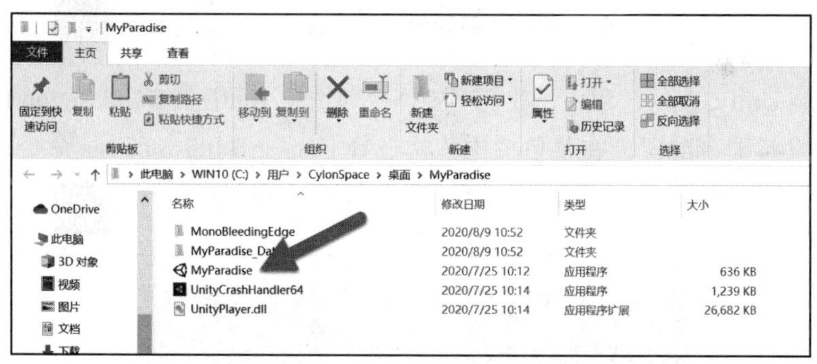

图 2-43　找到 MyParadise 可执行文件

双击打开文件，使用键盘上的 A、W、S、D 键在场景中自由行走。点击 Esc 键关闭窗口即可退出游戏。

在 Mac 平台或 Linux 平台上编译运行和在 Windows 平台上几乎没有区别，只是生成的可执行文件格式不同而已。

2.5.7　在 Android 平台编译运行

为了将作品发布到 Android 平台，首先要做的事情是完善交互，使用触摸交互替代单击 A、W、S、D 键方式。除此之外，我们还要完成以下基本操作。

1）在开发设备的操作系统上安装 Java 开发环境，也就是 JDK 和 JRE。

2）如果是 Windows 操作系统，我们还需要手动设置环境变量。

如果一切顺利，使用 WIN+R 快捷键打开 Windows 的控制台，然后输入 CMD 命令。在打开的命令提示符窗口中依次输入两行命令，即 java -version 和 javac 命令，如果看到如图 2-44 所示的输出，则表示配置成功了。

```
命令提示符
Microsoft Windows [版本 10.0.17763.1339]
(c) 2018 Microsoft Corporation。保留所有权利。

C:\Users\CylonSpace>java -version
java version "1.8.0_231"
Java(TM) SE Runtime Environment (build 1.8.0_231-b11)
Java HotSpot(TM) 64-Bit Server VM (build 25.231-b11, mixed mode)

C:\Users\CylonSpace>javac
用法: javac <options> <source files>
其中, 可能的选项包括:
  -g                         生成所有调试信息
  -g:none                    不生成任何调试信息
  -g:{lines,vars,source}     只生成某些调试信息
  -nowarn                    不生成任何警告
  -verbose                   输出有关编译器正在执行的操作的消息
  -deprecation               输出使用已过时的 API 的源位置
  -classpath <路径>            指定查找用户类文件和注释处理程序的位置
  -cp <路径>                   指定查找用户类文件和注释处理程序的位置
  -sourcepath <路径>           指定查找输入源文件的位置
  -bootclasspath <路径>        覆盖引导类文件的位置
  -extdirs <目录>              覆盖所安装扩展的位置
  -endorseddirs <目录>         覆盖签名的标准路径的位置
  -proc:{none,only}          控制是否执行注释处理和/或编译。
  -processor <class1>[,<class2>,<class3>...] 要运行的注释处理程序的名称; 绕过默认的搜索进程
  -processorpath <路径>        指定查找注释处理程序的位置
  -parameters                生成元数据以用于方法参数的反射
  -d <目录>                    指定放置生成的类文件的位置
  -s <目录>                    指定放置生成的源文件的位置
  -h <目录>                    指定放置生成的本机标头文件的位置
```

图 2-44 在 Windows 控制台中查看 java 开发环境的配置

3）在安装 Unity3D 的过程中，我们需要确保勾选了 Android Build Support。

4）进行发布平台配置。在菜单栏中依次选择 File → Build Settings 命令，在 Platform 选项区域选择 Android 选项，然后点击右下角的 Switch Platform 按钮，如图 2-45 所示。

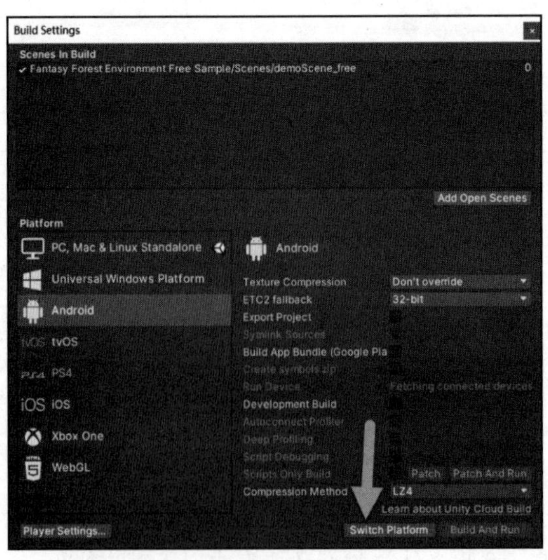

图 2-45 切换发布平台

在完成这步操作后，Switch Platform 按钮会变成 Build 按钮，点击 Build 按钮，可以生成 apk 文件并保存到本地。开发者也可以点击 Build And Run 按钮直接编译到安卓智能手机或平板上，但是要提前开启设备上的开发者模式。关于如何开启设备上的开发者模式，不同品牌的手机或平板会有差异，这里就不再赘述了。

2.5.8　在 iOS 平台编译运行

Unity3D 之所以是一款受欢迎的 3D 引擎，就在于它强大的跨平台开发支持特性。为了将作品发布到 iOS 平台，我们需要完成以下步骤。

1）在 Mac 系统中打开项目。因为 Unity3D 是一款跨平台的引擎，因此我们可以直接在 Mac 系统中创建项目，也可以在 Mac 系统所安装的 Unity3D 中打开在 Windows 系统中创建和开发的项目。

2）确保 Mac 系统中已经安装 Xcode 开发工具。

3）进行发布平台配置。在菜单栏中依次选择 File → Build Settings 命令，在 Platform 选项区域选择 iOS，然后点击右下角的 Switch Platform 按钮，如图 2-46 所示。

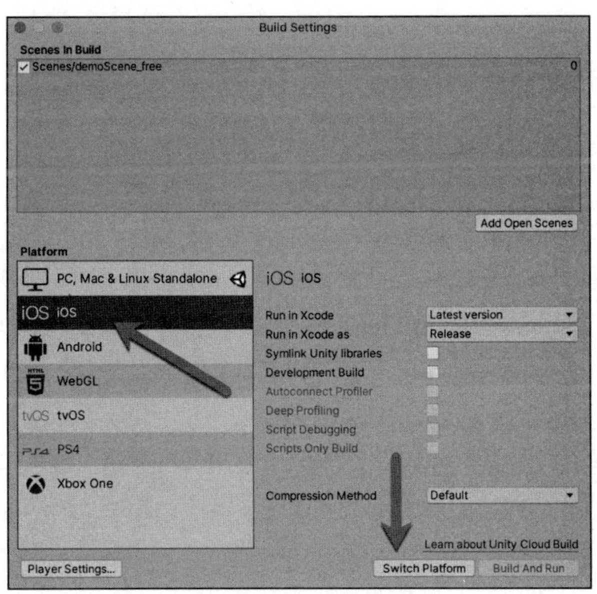

图 2-46　切换到 iOS 平台配置发布

4）生成 Xcode 项目。在完成前一步操作后，Switch Platform 按钮会变成 Build 按钮，点击该按钮，选择保存的目录，会生成一个 Xcode 项目。

5）打开 Unity-iPhone.xcodeproj，即可在 Xcode 中打开项目，如图 2-47 所示。

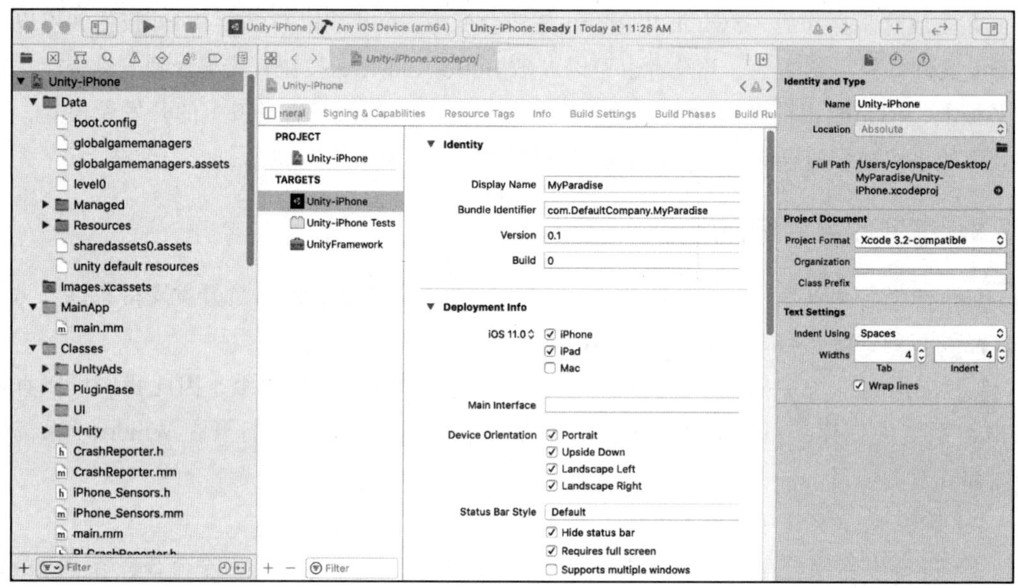

图 2-47 在 Xcode 中打开项目

6）使用 Xcode 来编译，并在 iPhone/iPad 等 iOS 设备中进行测试。

2.6 本章小结

在本章中，我们首先介绍了游戏引擎发展历程、游戏引擎架构的基础以及最主流的 3D 商业引擎 Unity3D 和 Unreal Engine，借此了解了 Unity 的授权类型服务，并学习了下载和安装 Unity 的方法，然后介绍了 Unity 的基础使用知识，包括 Unity 的编辑器界面、Unity 中的核心概念和子系统，最后通过一个小的实战游戏项目让大家对 Unity3D 有了一个更为直观的认识。

在下一章中，我们将学习 Unity3D 中所使用的主要脚本语言 C#，以及如何在 Unity3D 中使用 C#，从而为进一步使用 Unity 开发游戏和应用打下良好的基础。

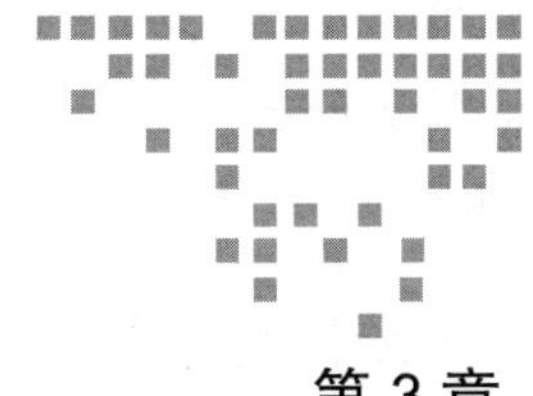

第 3 章 Chapter 3

无往不利：在 Unity 中使用 C# 进行编程

在第 2 章中，我们已经使用 Unity3D 开发了一款游戏。虽然这款游戏并不完美，但是在这个过程中我们熟悉了 Unity 编辑器的构成和各个部分的作用。然而，如果仅使用 Unity 编辑器的图形用户界面，是无法开发出一款令人满意的游戏的，我们还需要借助游戏脚本语言的帮助。

在本章中，我们将了解游戏脚本语言的基础知识、C# 语言的基本语法及其使用方法，同时学习如何在 Unity 中使用 C# 进行编程。

3.1 游戏脚本语言概述

本节将介绍游戏脚本语言的诞生、Unity3D 所使用的脚本语言以及 C# 的常用开发环境配置。

3.1.1 游戏脚本语言的诞生

第 2 章介绍过游戏引擎的诞生和发展过程。在游戏引擎出现之前，游戏开发者需要在与游戏体验无关的底层开发工作上消耗大量的时间，比如图形渲染、音效播放、动画生成、网络实现等。

随着商业游戏引擎的出现，所谓的 GPP(Game Play Programmer) 职位出现。与此同时，游戏策划与美术设计人员不再被排除在游戏开发的流程之外。

大多主流的游戏引擎是使用 C/C++ 实现的，包括一些大厂的自有游戏引擎。但是 C/C++ 语言属于相对难以精通的语言，相应的开发人才难以培养。在游戏引擎兴起之后，与性能和运行效率相关的工作基本上由游戏引擎解决，开发团队更关注的是游戏内容和游戏逻辑的实现。而实现这些东西可以使用相对开发者而言更友好的脚本语言，如 Lua、Python、JavaScript、Java、C# 等。

3.1.2 Unity3D 所使用的脚本语言

Unity3D 引擎本身是使用 C/C++ 语言开发的。但是，我们使用 Unity3D 引擎来开发游戏时，不需要使用 C/C++ 语言，而是使用 Unity3D 支持的脚本语言 C#。

C# 是一种安全、稳定、简单、优雅的，由 C 和 C++ 衍生出来的面向对象的编程语言。它在继承 C 和 C++ 强大功能的同时去掉了一些复杂特性（例如没有宏以及不允许多重继承）。C# 综合了 VB 简单的可视化操作和 C++ 的高运行效率的特点，以其强大的操作能力、优雅的语法风格、创新的语言特性和便捷的面向组件编程的支持成为 .NET 开发的首选语言。

3.1.3 C# 的开发环境

从 Unity 2018.1 版本开始，对于 Mac 系统，Unity 将 Vistual Studio for Mac 作为 macOS 上的 C# 开发环境。对于 Windows 系统，Unity 则默认将 Visual Studio Community 作为 C# 的开发环境。

当然，除了使用 Visual Studio 这种功能强大而复杂的集成开发环境外，我们还可以使用其他简单的代码编辑器来编写代码，比如 Vim、Emac、Atom、Sublime Text，甚至是普通的文本编辑器。但是对于初学者，强烈推荐使用默认的 Visual Studio。

3.2 C# 的基本语法和使用

本节将通过一系列示例介绍 C# 语言的基本语法及其使用方法。

3.2.1 变量和数据类型

在编程语言的世界，变量由变量名称和数据类型构成。变量的数据类型决定了我们可以在其中存储哪种类型的数据。我们可以把变量看作存储某个数据的临时储物箱。正如储物箱有各种类型和尺寸一样，数据也五花八门。

你不能把东西扔到储物箱里面后就撒手不管了，因为储物箱经常会放入一些新的东西。当你的应用需要记住一些变化时，就需要把旧的数据拿出来，然后把新的数据放进去。

这就是变量（Variable）的本质——变（Vary）。变量就像小孩的玩具积木一样，如图 3-1 所示。

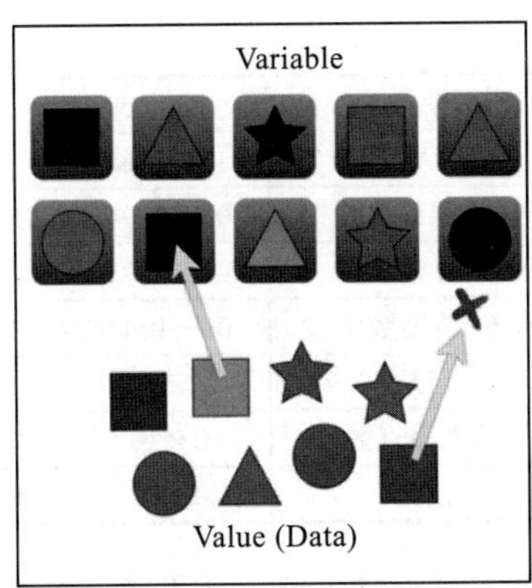

图 3-1　变量的例子

我们需要把正确的形状放到正确的储物箱里。储物箱就是变量，而它的数据类型（Datatype）决定了里面能放什么形状的东西。形状就是你可以放入变量的可能数值。

我们可以更换每个箱子里面的东西，比如可以拿出蓝色的方形积木，然后放进红色的方形积木，但前提是它们都是方形。我们不能把方形积木放到一个圆孔里面，因为数值的数据类型和变量的数据类型必须是匹配的。

常见的数据类型有如下几种。

1. 数字型的变量

在 C# 中，数字型的变量主要包括整数（int）、单精度浮点数（float）和双精度浮点数（double）。float 和 double 类型变量的区别是：float 是单精度类型，有效位数是 6 位，占用 4 字节的存储空间；而 double 是双精度类型，有效位数是 15 位，占用 8 字节的存储空间。默认情况下，小数使用 double 来表示。如果需要使用 float，需要在末尾加上 f。比如：

```
float myNumber = 1.23f;
```

在上面这行代码中，我们定义了一个名为 myNumber 的变量，其类型是 float（单精度浮点数），初始值是 1.23。

除了以上 3 种常用的数字变量类型外，在 C# 中还有其他类型的数字型变量，如表 3-1 所示。

表 3-1　基本变量及其取值范围

变量类型	说　明	范　围
sbyte	有符号 8 位整数	–128 ～ 127
byte	无符号 8 位整数	0 ～ 255
short	有符号 16 位整数	–32768 ～ 32767
ushort	无符号 16 位整数	0 ～ 65535

（续）

变量类型	说 明	范 围
int	有符号 32 位整数	–2147483648 ～ 2147483647
uint	无符号 32 位整数	0 ～ 4294967295
long	有符号 64 位整数	–9223372036854775808 ～ 9223372036854775807
ulong	无符号 64 位整数	0 ～ 18446744073709551615
float	32 位单精度浮点数	$\pm 1.5 \times 10^{-45}$ ～ $\pm 3.4 \times 10^{38}$
double	64 位双精度浮点数	5.0×10^{-324} ～ 1.7×10^{308}
decimal	128 位二进制数	$1.0 \times e^{-28}$ ～ $7.9 \times e^{28}$

表 3-1 中所示变量使用方法大同小异，这里就不再一一赘述了。

2. 文本型的变量

文本型的变量主要是 char 和 string，其中 char 类型变量用于保存单个字符的值，而 string 类型变量则用于保存字符串的值。

比如：

```
string playerName = "Steve Jobs";
```

在上面这行代码中，我们定义了一个名为 playerName 的变量，其类型是 string（字符串），初始值是 Steve Jobs。

也可以用 string 类型保存数字：

```
string myString = "1";
```

不过此时，myString 中保存的数据是字符串“1”，并不是数字 1。

3. 布尔型的变量

在 C# 中，布尔型的变量是 bool，用于保存逻辑状态的变量，包含两个值——true 和 false。比如：

```
bool isPlayerDead = true;
```

在上面这行代码中，我们定义了一个名为 isPlayerDead 的变量，其类型是 bool（布尔），初始值是 true。需要注意的是，C# 是大小写敏感的，不能将大小写混淆。比如：

```
Bool bool1 = true;
```

该语句会报错，因为 C# 中并没有 Bool 类型的变量，只有 bool 类型。

关于变量命名需要提醒大家的是，在 C# 中允许字母、数字、下划线“_”出现在变量名中，但不能以数字开头，也不允许以 int、bool 这些系统保留字作为变量名。

除了以上 3 种基本类型的变量外，在 C# 中还支持引用类型、枚举类型等数据类型，在后续的实战学习中我们会逐渐接触到。

此外，C# 还支持一种特殊的变量——常量。所谓的“常量”，是指在程序运行过程中值不会发生变化的量。在声明变量时，在变量的前面加上关键字 const 或 readonly 即可把该变量指定为一个常量。比如：

```
const int constNum = 2;
readonly int readonlyNum = 3;
```

常量必须在声明时赋值，且赋值后通常不允许再改变其值。如果将其他值赋给常量，编译器就会报错。

3.2.2　表达式与运算符

表达式与运算符的作用是对数据或信息进行各种形式的运算处理，这构成了程序代码的主体。

表达式由运算符和操作数组成。其中，运算符比较好理解，用于设置对操作数的运算，例如 +、–、* 和 / 分别代表加、减、乘、除 4 种运算。而操作数是运算符作用的实体，指出指令执行的操作所需要的数据来源。操作数的概念最早来源于汇编语言，其代表参与运算的数据及其单元地址。在 C# 中，操作数可以简单地理解为参与运算的各类变量和表达式等。

在 C# 中，我们需要了解以下几种主要的运算符。

1. 算术运算符

算术运算符是我们都很熟悉的基本数学运算，主要是加、减、乘、除、求余。

【示例 3-1】基本数学运算

打开 Unity，新建一个项目，将其命名为 BasicMath。使用快捷键 Ctrl+N 新建一个场景，然后使用 Ctrl+S 保存场景，将其命名为 MainScene。在 Project 视图中右击空白处，在弹出的快捷菜单中依次选择 Create → Folder 命令，将项目命名为 Scripts。

双击进入项目文件夹并右击，在快捷菜单中依次选择 Create → C# Script 命令，如图 3-2 所示。

将上述创建的脚本命名为 BasicCalculator，双击该脚本在 Visual Studio 中打开，并更改其中的代码，如代码清单 3-1 所示。

代码清单 3-1　基础数学运算

```
using System.Collections;
using System.Collections.Generic;
using UnityEngine;

public class BasicCalculator : MonoBehaviour
{
```

```
    // 初始化方法
    void Start()
    {
        //1.这是一行注释，解释了下面代码的作用，即定义两个整型变量

        int firstNumber = 1;    //第1个数
        int secondNumber = 5;   //第2个数
        //2.求二者的和
        int sumOfNumbers = firstNumber + secondNumber;
        //3.求二者的积
        int mulOfNumbers = firstNumber * secondNumber;
        //4.求二者的差
        int difOfNumbers = firstNumber - secondNumber;
        //5.求二者的商并进行强制类型转换
        double divOfNumbers = (double)firstNumber / secondNumber;
        //6.求二者的余数
        int remOfNumbers = firstNumber % secondNumber;
        //7.输出以上计算结果到Console中
        Debug.Log("两个数字的和是: " + sumOfNumbers);
        Debug.Log("两个数字的乘积是: " + mulOfNumbers);
        Debug.Log("两个数字之间的差是: " + difOfNumbers);
        Debug.Log("两个数字相除的商是: " + divOfNumbers);
        Debug.Log("两个数字相除的余数是: " + remOfNumbers);

    }
}
```

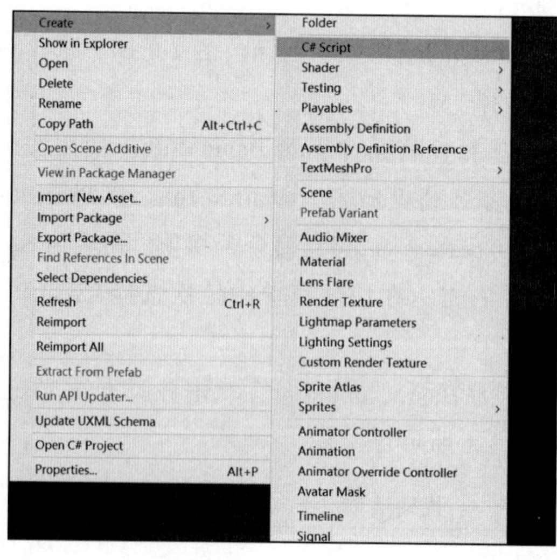

图 3-2 创建新脚本

下面我们按照数字编号简单解释上述代码的作用。

首先要说明的是，在 C# 中 //（双斜杠）的作用代表注释。那么，什么是注释呢？在开

发产品的时候，我们需要借助注释提高代码的可读性，从而让接手项目的其他人，或者自己在若干天、若干周、若干月之后能看得懂当初的创作。单行注释用双斜杠“//”即可，如果是多行注释，就需要用 /* */ 的形式，所有的注释内容都在星号中间。

下面对上述代码进行简单分析。

第 1 处：分别定义了两个整数变量 firstNumber 和 secondNumber。

第 2 处：定义了一个名为 sumOfNumbers 的整数变量，用来保存两个整数的和。

第 3 处：定义了一个名为 mulOfNumbers 的整数变量，用来保存两个整数的乘积。

第 4 处：定义了一个名为 difOfNumbers 的整数变量，用来保存两个整数的差值。

第 5 处：定义了一个名为 divOfNumbers 的浮点型变量，用来保存两个整数相除的商，并将运算结果强制转换成浮点数。

第 6 处：定义了一个名为 remOfNumbers 的整数变量，用来保存两个整数相除的余数。

第 7 处：分别输出上述 5 种计算结果。

通过 Ctrl+S 组合键保存代码修改，回到 Unity 编辑器主界面。

在层级视图中勾选 Main Camera 复选框，然后在检视视图中点击 Add Component 按钮，在下拉列表中搜索刚才添加的 Basic Calculator 脚本，最后单击回车键以确定，如图 3-3 所示。

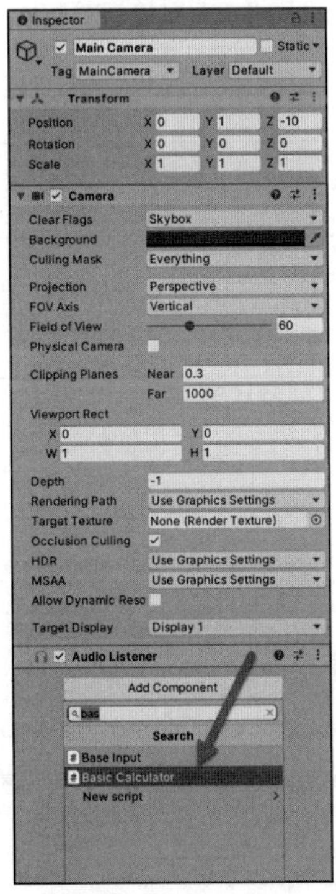

图 3-3　添加 Basic Calculator 脚本

需要特别说明的是，Script 脚本的文件名和 Visual Studio 中的类名必须完全一致，否则在这里是找不到对应的脚本的。如果因为误操作使脚本文件名和类名不一致，就需要手动在代码中更改类名，以保持一致。

单击工具栏上的“播放”控制按钮，即可在 Console 里面看到输出的结果，如图 3-4 所示。

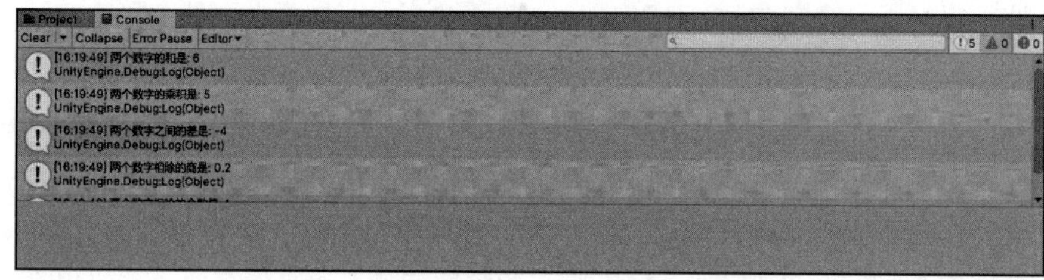

图 3-4　Console 视图中输出的运算结果

2. 赋值运算符

在 C# 中，赋值运算符用于将一个数据赋予一个变量、属性或者引用。数据本身是常量、变量或者表达式。赋值运算符本身又分为简单赋值和复合赋值。其作用如表 3-2 所示。

表 3-2　赋值运算符

<table>
<tr><th>赋值运算符</th><th>表达式示例</th><th>含　义</th></tr>
<tr><td>=</td><td>x = 10</td><td>将 10 赋给变量 x</td></tr>
<tr><td>+=</td><td>x += y</td><td>x = x + y</td></tr>
<tr><td>–=</td><td>x –= y</td><td>x = x – y</td></tr>
<tr><td>*=</td><td>x *= y</td><td>x = x * y</td></tr>
<tr><td>/=</td><td>x /= y</td><td>x = x / y</td></tr>
<tr><td>%=</td><td>x %= y</td><td>x = x % y</td></tr>
<tr><td>>>=</td><td>x >>= y</td><td>x = x >>= y</td></tr>
<tr><td><<=</td><td>x <<= y</td><td>x = x <<= y</td></tr>
<tr><td>&=</td><td>x &= y</td><td>x = x & y</td></tr>
<tr><td>|=</td><td>x |= y</td><td>x = x | y</td></tr>
<tr><td>^=</td><td>x ^= y</td><td>x = x ^ y</td></tr>
</table>

【示例 3-2】使用赋值运算符进行计算

回到 BasicMath 项目，打开 MainScene 场景，在 Project 视图中的 Scripts 子目录下创建一个新的 C# script，将其命名为 AssignmentCal。双击在编辑器中打开该脚本文件，并输入代码清单 3-2 所示的代码。

代码清单 3-2　使用赋值运算符

```
using System.Collections;
using System.Collections.Generic;
using UnityEngine;

public class AssignmentCal : MonoBehaviour
{
    // 初始化方法
    void Start()
    {
        //1.定义一个常数变量
        const int basicNumber = 10;
        //2.定义一个普通的整型变量
        int x = basicNumber;

        //3.输出不同赋值计算的结果
        Debug.Log("x=" + x);
        Debug.Log("x+=2的运算结果为: " + (x += 2));

        x = basicNumber;
        Debug.Log("x-=2的运算结果为: " + (x -= 2));
        x = basicNumber;
        Debug.Log("x*=2的运算结果为: " + (x *= 2));
        x = basicNumber;
        Debug.Log("x/=2的运算结果为: " + (x /= 2));
        x = basicNumber;
        Debug.Log("x%=2的运算结果为: " + (x %= 2));
        x = basicNumber;
        Debug.Log( "x >>= 2的运算结果为: " + (x >>= 2));
        x = basicNumber;
        Debug.Log("x<<=2的运算结果为: " + (x <<= 2));
        x = basicNumber;
        Debug.Log("x&=2的运算结果为: " + (x &= 2));

        x = basicNumber;
        Debug.Log("x|=2的运算结果为: " + (x |= 2));
        x = basicNumber;
        Debug.Log("x^=2的运算结果为: " + (x ^= 2));

    }
}
```

需要注意的是，我们仅仅修改了 void Start(){} 方法里花括号中的代码，其他地方的代码并没有做任何调整。

另外，需要特别注意的是，对于初学者来说，以上代码中所用到的双引号和分号必须采用半角输入，如果使用全角输入，则没办法得到想要的结果。

小练习 给以上代码添加完整的注释。从 Hierarchy 视图中选中 Main Camera 对象，取消对 Numbers Operation 组件的勾选，然后关联 AssignmentCal 组件，并点击 Play 按钮，在 Console 中查看计算结果。

注意 为了不影响查看计算结果，我们需要在测试运行之前手动切换到 Console 视图，点击 Clear 按钮以清除之前的显示内容。

3. 关系运算符

关系运算符用于比较两个值之间的关系，并在比较之后返回一个布尔类型的运算结果。常用的关系运算符如表 3-3 所示。

表 3-3 关系运算符

关系运算符	作用说明	关系运算符	作用说明
==	等于	>	大于
<	小于	>=	大于或等于
<=	小于或等于	!=	不等于

【示例 3-3】使用关系运算符

回到 BasicMath 项目，打开 MainScene 场景，在 Project 视图中的 Scripts 子目录下创建一个新的 C# script，将其命名为 RelationCal。双击在编辑器中打开该脚本文件，并输入代码清单 3-3 所示的代码。

代码清单 3-3 使用关系运算符

```
using System.Collections;
using System.Collections.Generic;
using UnityEngine;

public class RelationCal : MonoBehaviour {

  // 初始化方法

  void Start () {
      int firstNumber = 3;
      int secondNumber = 5;

      if (firstNumber == secondNumber) {
        Debug.Log ("The First number is equal to the second number.");
      }
      if (firstNumber < secondNumber) {
```

```
            Debug.Log ("The First number is smaller than the second number.");
        }
        if (firstNumber <= secondNumber) {
            Debug.Log ("The First number is smaller or equal to the second number.");
        }
        if (firstNumber > secondNumber) {
            Debug.Log ("The First number is bigger than the second number.");
        }
        if (firstNumber >= secondNumber) {
            Debug.Log ("The First number is bigger or equal to the second number.");
        }
        if (firstNumber != secondNumber) {
            Debug.Log ("The First number is not equal to the second number.");
        }
    }
}
```

以上代码比较简单，我们使用了逻辑判断，比较 firstNumber 和 secondNumber 的大小，并根据比较的结果输出不同的内容。

小练习　给以上代码添加完整的注释，解释各行代码的作用。从 Hierarchy 视图中选中 Main Camera 对象，取消对 Numbers Operation 组件和 AssignmentCal 的勾选，然后关联 RelationCal 组件，并点击 Play 按钮，在 Console 视图中查看计算结果。

4. 条件运算符

条件运算符用于进行逻辑判断，并返回一个布尔类型的运算结果。常用的条件运算符如表 3-4 所示。

表 3-4　条件运算符

条件运算符	作用说明	条件运算符	作用说明
&&	与	!	非
||	或	?:	三目运算符

【示例 3-4】使用条件运算符

回到 BasicMath 项目，打开 MainScene 场景，在 Project 视图中的 Scripts 子目录下创建一个新的 C# script，将其命名为 ConditionalCal。双击在编辑器中打开该脚本文件，并输入代码清单 3-4 所示的代码。

代码清单 3-4　使用条件运算符

```
using System.Collections;
using System.Collections.Generic;
```

```
using UnityEngine;

public class ConditionalCal : MonoBehaviour {

    // 初始化方法
    void Start () {
     //定义了两个布尔类型变量
    bool isPlayer1Dead = true;
    bool isPlayer2Dead = false;
    //定义了3个整型变量
    int player1KilledLives = 1;
    int player1InitialLives = 5;
    int player1CurrentLives;

    //如果两个玩家角色都已死亡
    if (isPlayer1Dead && isPlayer2Dead) {
        Debug.Log ("所有玩家角色均已死亡");
        }
        //如果至少有一个玩家角色已经死亡
        if (isPlayer1Dead || isPlayer2Dead) {
                    Debug.Log ("至少有一个玩家角色已死亡");
        }
        //如果第一个玩家角色还没有死亡
        if(!isPlayer1Dead == true){
                    Debug.Log ("第一个玩家角色还没有死亡");
        }
        /*如果第一个玩家角色已经死亡，那么他当前的生命值等于初始生命值减1，如果玩家角色还没有
          死亡，那么他当前的生命值等于初始生命值*/
        player1CurrentLives = isPlayer1Dead ? (player1InitialLives -
            player1KilledLives) : player1InitialLives;
        Debug.Log ("第一个玩家还剩下的重生机会是：" + player1CurrentLives);
    }

}
```

小练习 从 Hierarchy 视图中选中 Main Camera 对象，取消对 Numbers Operation、AssignmentCal 和 RelationCal 组件的勾选，然后关联 ConditionalCal 组件，并点击 Play 按钮，在 Console 中查看计算结果。

3.2.3 流程控制

C# 中的流程控制方法和其他语言基本相同，支持 if…else、while、do…while、for、foreach、switch 这些流程控制语句。

所谓的流程控制，就是对某个条件进行判断，如果判断通过，就执行对应的语句。

1. if…else

if…else 是最基本也是最常用的流程控制语句，表示在满足某种特定条件的情况下，执行某种操作，否则执行 else 后面的操作。例如：

```
int num1 = 3;
if(num1 == 3){
    Console.WriteLine("你好呀");
}
```

在以上的代码中，我们首先定义了一个 int 类型的变量，值为 3。随后判断 num1 的值是否等于 3，如果判断成立，则执行花括号中的语句。执行 num1 == 3 得到的结果会是一个布尔类型的值。

在这里，num1 ==3 结果成立，所以得到的值为 true 。如果我们想让判断更清晰，执行逻辑可以进一步优化，比如如果条件成立，就去做第一件事，否则就去做第二件事：

```
int num1 = 3;
if(num1 == 4){
    //如果判断成立，会执行该语句
    Console.WriteLine("你好呀");
} else {
    //如果判断不成立，会执行该语句
    Console.WriteLine("我不好");
}
```

此时，num1 == 4 的判断并不成立，所以会执行 else 之后花括号中的语句，也就是输出“我不好”。

2. while

while 和 if…else 语句相似，表示当满足某个条件的情况下将执行某些操作。注意，while 没有 else 部分。例如：

```
int num1 = 3;
while(num1 <= 4){
    Console.WriteLine("你好呀");
}
```

在以上代码中，我们首先定义了一个整型变量，然后将其和 4 进行比较，最后根据比较的结果来决定是否执行花括号中的代码。

通过 if 进行的判断，语句只会执行一次。而使用 while 后，如果结果为 true，那么该语句会一直重复执行，直到判断不成立。所以这里的“你好呀”会执行无数次。

3. do…while

do…while 和 while 的区别在于，do...while 语句并不会先进行判定，而是会先执行一次括号中的语句，再进行判定，如果判定成立，再继续执行括号中的语句。例如：

```
int num1 = 3;
do{
    Console.WriteLine("你好呀");
}while(num1 > 5);
```

在以上代码中，首先输出一次“你好呀”，然后再判断 num1 > 5 是否成立，如果成立，重复输出“你好呀”。

4. for

for 循环的语法示例如下：

```
for(int i = 0; i <= 10 ; i++){
    Console.WriteLine("你好呀"):
}
```

该示例的执行顺序为：首先执行 int i = 0，然后判断 i ≤ 10 是否成立，如果成立则执行花括号中的语句，执行完花括号中的语句后，执行 i++，然后再判断 i ≤ 10 是否成立，如果不成立则跳出循环。

```
for(初始值; 判断语句; 值变化语句){}
```

也就是说，初始值语句只会执行一次，随后进行判断，如果判定成立，执行花括号中的语句，再执行值变化语句，然后执行判断，如果判断不成立，跳出循环。

5. foreach

foreach 并不算严格意义上的流程控制语句，它的作用是依次遍历集合中的数据。例如：

```
//定义数组
int[] numbers = new int[10];
//遍历数组中的每一个元素
foreach(var num in numbers){
     Console.WriteLine(num);
}
```

该示例中，首先创建一个 int 数组，然后通过 foreach 遍历数组中的每一个元素。foreach 会按顺序依次取出数组中的每一个元素。

```
foreach(类型 变量名 in 集合){}
```

上述示例中，var 是变量类型，num 为变量名，numbers 为集合名。foreach 支持对任何类型的集合进行遍历，不限于数组。foreach 的性能开销很大，在 Unity 开发中应尽量避免使用。

3.2.4　函数

在数学领域，函数的作用是让输入值根据特定的规则计算出某个结果并输出。在编程领域，函数的作用与之类似，不过不局限于计算数值，而是可以实现任何所需要的功能。简单来说，函数就是可以完成特定功能且可以重复执行的代码块。

为了说明函数的作用，我们把 3.2.2 节中的所有代码重构，使用函数的方式来实现所需要的功能。

【示例 3-5】使用函数重构 3.2.2 节中的所有运算

回到 BasicMath 项目，打开 MainScene 场景，在 Project 视图中的 Scripts 子目录下创建一个新的 C# script，将其命名为 FunctionCal。双击在编辑器中打开该脚本文件，并输入代码清单 3-5 所示的代码。

代码清单 3-5　使用函数重构运算

```
using System.Collections;
using System.Collections.Generic;
using UnityEngine;

public class FunctionCal : MonoBehaviour {

    //初始化方法
    void Start () {

        //分别调用每个函数
        AssignmentCal();
        MathCal ();
        ConditionalCal ();
        RelationCal ();
    }

    void AssignmentCal(){

        const int basicNumber = 10;
        int x = basicNumber;

        Debug.Log("x=" + x);
        Debug.Log("x+=2的运算结果为: " + (x += 2));

        x = basicNumber;
        Debug.Log("x-=2的运算结果为: " + (x -= 2));

        x = basicNumber;
        Debug.Log("x*=2的运算结果为: " + (x *= 2));

        x = basicNumber;
        Debug.Log("x/=2的运算结果为: " + (x /= 2));
```

```
        x = basicNumber;
        Debug.Log("x%=2的运算结果为: " + (x %= 2));

        x = basicNumber;
        Debug.Log("x>>=2的运算结果为: " + (x >>= 2));

        x = basicNumber;
        Debug.Log("x<<=2的运算结果为: " + (x <<= 2));

        x = basicNumber;
        Debug.Log("x&=2的运算结果为: " + (x &= 2));

        x = basicNumber;
        Debug.Log("x|=2的运算结果为: " + (x |= 2));

        x = basicNumber;
        Debug.Log("x^=2的运算结果为: " + (x ^= 2));
    }

    void ConditionalCal(){

        bool isPlayer1Dead = true;
        bool isPlayer2Dead = false;

        int player1KilledLives = 1;
        int player1InitialLives = 5;
        int player1CurrentLives;

        //如果两个玩家都已死亡

        if (isPlayer1Dead && isPlayer2Dead) {
            Debug.Log ("所有玩家均已死亡");
        }
        //如果至少有一个玩家已经死亡
        if (isPlayer1Dead || isPlayer2Dead) {
            Debug.Log ("至少有一个玩家已死亡");
        }
        //如果第一个玩家还没有死亡
        if(!isPlayer1Dead == true){
            Debug.Log ("第一个玩家还没有死亡");
        }
    /*如果第一个玩家已经死亡，那么他当前的生命值等于初始生命值减1，如果还没有死亡，那么他当前的
      生命值等于初始生命值*/
        player1CurrentLives = isPlayer1Dead ? (player1InitialLives -
            player1KilledLives) : player1InitialLives;

        Debug.Log ("第一个玩家还剩下的重生机会是: " + player1CurrentLives);
    }

    void MathCal(){
```

```
        int firstNumber = 1;
        int secondNumber = 5;

        //求二者的和
        int sumOfNumbers = firstNumber + secondNumber;
        //求二者的积
        int mulOfNumbers = firstNumber * secondNumber;
        //求二者的差
        int difOfNumbers = firstNumber - secondNumber;
        //求二者的商
        double divOfNumbers = (double)firstNumber / secondNumber;
        //求二者的余数
        int remOfNumbers = firstNumber % secondNumber;
        //输出以上计算结果到Console中
        Debug.Log ("The sum of two numbers is: " + sumOfNumbers);
        Debug.Log ("The multiply of two numbers is: " + mulOfNumbers);
        Debug.Log ("The difference of two numbers is: " + difOfNumbers);
        Debug.Log ("The division of two numbers is: " + divOfNumbers);
        Debug.Log ("The remainder of two numbers is: " + remOfNumbers);
    }

    void RelationCal(){
        int firstNumber = 3;
        int secondNumber = 5;
        if (firstNumber == secondNumber) {
            Debug.Log ("The First number is equal to the second number.");
        }
        if (firstNumber < secondNumber) {
            Debug.Log ("The First number is smaller than the second number.");
        }

        if (firstNumber <= secondNumber) {
            Debug.Log ("The First number is smaller or equal to the second number.");
        }
        if (firstNumber > secondNumber) {
            Debug.Log ("The First number is bigger than the second number.");
        }
        if (firstNumber >= secondNumber) {
            Debug.Log ("The First number is bigger or equal to the second number.");
        }
        if (firstNumber != secondNumber) {
            Debug.Log ("The First number is not equal to the second number.");
        }
    }
}
```

在以上代码中，我们分别用4个不同的函数来替代之前想要实现的数学运算，然后调用每个函数，并输出结果。当然，严格来说这里的函数其实属于方法。关于函数和方法的区别，我们将在下一节进一步说明。

小练习 给以上代码添加完整的注释，然后将 FunctionCal 脚本关联到 Main Camera 对象，并取消之前对几个脚本组件的勾选，点击工具栏上的 Play 按钮，在 Console 视图中查看函数运行结果。

3.2.5 类、对象和方法

C# 是一门面向对象的编程语言，类、对象和方法则是面向对象的语言中重要的概念。具有相同属性和功能的一组对象的集合就是一个类，比如人是一个类，猫是一个类。类的一个实体就是对象。类和对象的示意如图 3-5 所示。

图 3-5 类和对象

至于方法，其形式和函数类似，也是为了实现某些特定功能的代码块。但是方法和函数的区别在于，方法通常是某个对象所特有的。换言之，函数是代码世界里独立的生命体，它不依赖于某个对象而存在。但方法不同，任何一个方法都是某个对象的附属生命，同时只有它的宿主对象才能调用这个方法。

这么说有点抽象，我们以实际的例子来说明。比如某个幻想类 RPG 游戏中有多种角色，如刺客、战士、法师、术士、弓箭手等。以弓箭手为例，他有一些基本的属性，比如昵称、生命值、法术值、法术攻击力、耐力、敏捷等。这些属性值通常是以变量的形式来保存的。与此同时，弓箭手具备很多技能，比如后羿射日、元气弹、时空穿梭等。而这些技能通常体现在特定的方法中。通过将这些变量和方法放在一起，我们就创造了一个弓箭手的类，这个过程称为封装。而该弓箭手的类代表了一个抽象的弓箭手。

在 Unity 中，每个脚本文件都对应一个对象。如果想要在游戏中初始化某个对象，需要将其添加到 GameObject 中。正如我们之前所看到的，Unity 中的类以组件的形式附着在游戏对象上。每个组件都是一个对象，而多个组件共同组成了一个 GameObject。关于这一点，下一节将进一步说明。

【示例 3-6】创建并引用一个弓箭手类

回到刚才的 BasicMath 项目，在 Project 视图中的 Scripts 子目录下创建一个新的 C# script，将其命名为 ArcherClass。双击在代码编辑器中将其打开，并输入代码清单 3-6 所示代码。

代码清单 3-6　创建弓箭手类

```
using System.Collections;
using System.Collections.Generic;
using UnityEngine;

public class ArcherClass {
    //定义弓箭手的各种属性

    public string playerName;
    private int lifeLeft = 5;
    public int attackForce = 15;
    public int magicForce = 20;
    public float playerSpeed = 5.0f;
    public bool isPlayerDead = false;
    //定义弓箭手的各种技能
    //范围攻击
    public void AttackRange(){
        Debug.Log ("开始范围攻击");
    }

    //单体攻击
    public void AttackSingle(){
        Debug.Log ("开始单体攻击");
    }

    //打招呼
    public void SayHello(){
        Debug.Log ("我是弓箭手");
    }

    //显示弓箭手的状态
    public void ShowStatus(){
        Debug.Log ("弓箭手的生命值是： " + lifeLeft);
        Debug.Log ("弓箭手的移动速度是： " + playerSpeed);
    }

}
```

在 Project 视图中的 Scripts 子目录下创建一个新的 C# script，并将其命名为 ArcherCommand。双击在代码编辑器中将其打开，并更改代码。更改后的代码如代码清单 3-7 所示。

代码清单 3-7 调用弓箭手类

```
using System.Collections;
using System.Collections.Generic;
using UnityEngine;

public class ArcherCommand : MonoBehaviour {

    // 初始化方法
    void Start () {
        ArcherClass myArcher = new ArcherClass();
        myArcher.SayHello ();
        myArcher.ShowStatus ();
        myArcher.playerSpeed = 10.0f;
        myArcher.ShowStatus ();
    }

}
```

在 Hierarchy 视图中选中 Main Camera 选项，然后在 Inspector 视图中单击 Add Component 按钮，最后从下拉列表框中依次选择 Script → ArcherCommand 选项，将 ArcherCommand.cs 脚本添加为 Main Camera 对象的组件，同时取消对其他代码组件的勾选。

点击工具栏上的“播放”按钮，就可以在 Console 面板中看到对应的输出结果了。

在以上代码中，ArcherClass.cs 脚本文件中定义了弓箭手类，而在 ArcherCommand.cs 脚本文件中创建了一个新的弓箭手，并调用其 SayHello() 方法和 ShowStatus() 方法，然后访问了 public 类型的属性变量 playerSpeed，更改其数值为 10.0f，最后再次调用 ShowStatus() 方法。

需要注意的是，在 C# 中，类名需要和文件名保持一致，如果文件名为 Archer.cs，那么类名应该为 Archer。根据代码规范可知，类名和方法名的首字母都应该大写。此外，在 Archer 类的定义中，我们看到变量前面有一个修饰符 public。实际上，C# 中共有 5 种修饰符：public、private、protected、internal、protected internal。

如果不给属性指定访问修饰符，默认使用 private。private 类型的变量只有在类的内部才能够被访问。如果希望在外部能够直接对属性进行修改，那么需要指定变量为 public 类型。

比如在示例 3-6 中，我们在 ArcherCommand 类中对 Archer 对象的 playerSpeed 属性成功进行了修改。而使用 private 修饰符定义的变量 lifeLeft 则无法在 ArcherCommand 中被访问并修改。

Unity 中有一些非常重要的类，其中最为重要的就是 MonoBehaviour。它是所有 Unity 脚本的基类。关于 Unity 中这些重要类的详细信息，请参考 Unity3D 的官方文档[⊖]。

通过对本节的学习，我们掌握了 C# 的基本语法和使用方法。在下一节中，我们将继续学习如何在 Unity 中进行 C# 脚本的开发。

3.3　Unity 的脚本系统

Unity 的脚本系统在开发过程中十分重要，哪怕是最简单的游戏项目都需要使用脚本对用户的操作进行反馈。脚本可以用于场景中几乎所有的事件触发、游戏对象的移动和玩家的交互。本节将介绍关于 Unity 脚本创建、使用和命名等的内容。

3.3.1　创建脚本

在 Unity 中，创建脚本的方式通常有两种。

第一种方式：在 Project 面板中单击右键，依次选择 Create → C# Script 命令，如图 3-6 所示。

第二种方式：在顶部菜单依次选择 Assets → Create → C# Script 命令，如图 3-7 所示。

图 3-6　在 Unity 中创建 C# 脚本

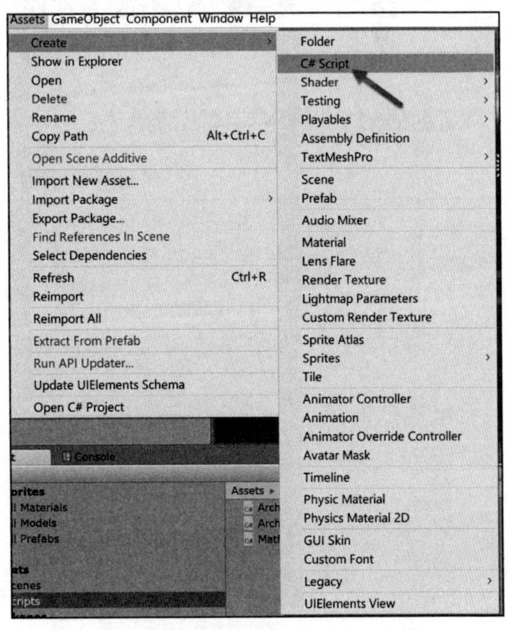

图 3-7　在 Unity 中创建 C# 脚本

⊖ 参见 https://docs.unity3d.com/Manual/ScriptingImportantClasses.html。

除此之外，我们还可以在 Inspector 视图中通过 Add Component 方式直接创建 C# 脚本。

【示例 3-7】创建新脚本

在 Unity 中，使用上述任意一种方法创建一个名为 FirstTest 的脚本文件。双击该脚本文件，默认会通过 Visual Studio 打开，如图 3-8 所示。

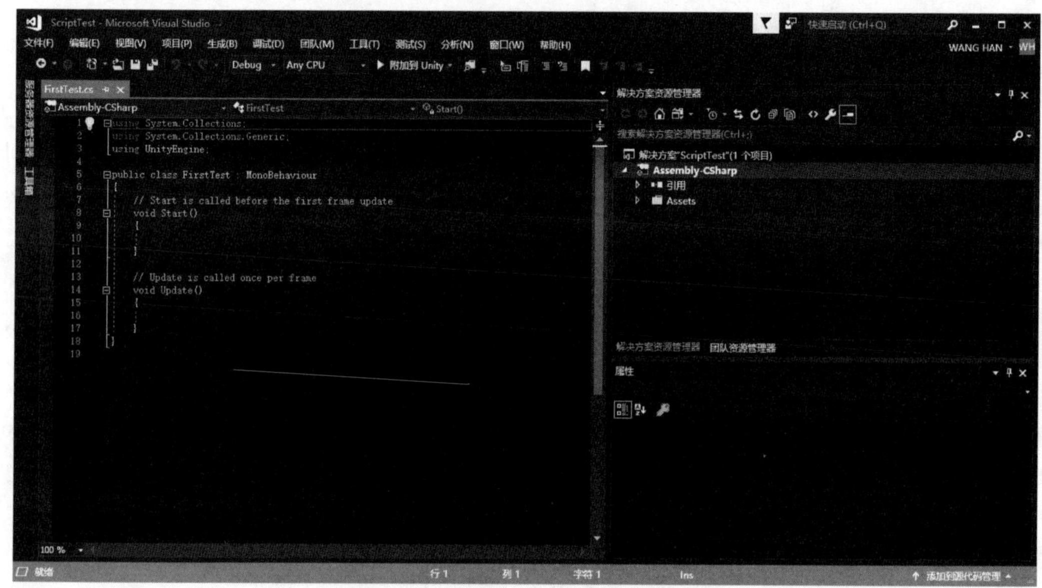

图 3-8 Visual Studio 编辑器界面

新创建的 C# 脚本如代码清单 3-8 所示。

代码清单 3-8 新创建的 C# 脚本

```
using System.Collections;
using System.Collections.Generic;
using UnityEngine;

public class FirstTest : MonoBehaviour {

    // 初始化方法
    void Start () {

    }

    // 在游戏的每一帧调用
    void Update () {

    }
}
```

在以上代码中，public class FirstTest : MonoBehaviour 表示该脚本名为 FirstTest，继承

自 MonoBehaviour。只有继承自 Monobehaviour 的脚本，才能够使用 Unity 提供的 API。

脚本中默认提供了 Start 和 Update 两个方法。这两个方法都是 Unity 生命周期的一部分，为 private 类型。Unity 生命周期相关的方法在运行时由 Unity 自己调用。

其中，Start 方法会在脚本第一次激活的时候调用，而 Update 方法在每一帧画面中都会被调用。

3.3.2　事件函数

Unity 中的脚本和一般计算机程序的运行方式略有不同。一般的计算机程序会在某个循环内持续执行，直到完成任务。而 Unity 会通过调用事件内部事先声明的函数，把控制权交给某个脚本。每当某个函数执行完自己的任务后，控制权就会交回给 Unity。这些函数被称为事件函数。当 Unity 响应游戏中的事件时，事件函数会被调用。

Unity 使用了特定的命名机制，以识别响应特定事件的函数。以下列出了 Unity 中最常见也是最重要的一些事件函数。

1. 更新事件函数

在 Unity 中创建脚本时，脚本中会默认添加更新事件函数。

游戏在某种程度上可以看作一个动画，其中的每一帧图像都是事先设置好的。在游戏中，在渲染每一帧画面之前都需要改变游戏对象的位置、状态和行为。而 Update 函数的作用正是执行此类任务。例如：

```
void Update() {
    float distance = speed * Time.deltaTime * Input.GetAxis("Horizontal");
    transform.Translate(Vector3.right * speed);
}
```

和帧的渲染类似，物理引擎也需要断断续续更新。FixedUpdate 事件函数会在每次物理更新前调用。例如：

```
void FixedUpdate() {
    Vector3 force = transform.forward * driveForce * Input.GetAxis("Vertical");
    rigidbody.AddForce(force);
}
```

除了 Update 和 FixedUpdate 函数，还有一个 LateUpdate 函数，感兴趣的读者可以查询官方文档了解其作用。

2. 初始化事件函数

每个新创建的脚本中都有一个 Start 函数，其作用是在游戏的第一帧更新前被调用。

当某个游戏场景开启的时候，会调用 Awake、OnEnable、OnLevelWasLoaded 等函数。

3. 界面事件函数

Unity 中有一个 OnGUI 系统用来渲染并响应 GUI 控件。不过在 UGUI 系统推出后，GUI 系统的使用频度和作用相对小了。以下代码在屏幕中显示一个 Game Over 的标签：

```
void OnGUI() {
    GUI.Label(labelRect, "Game Over");
}
```

4. 物理事件函数

物理引擎通过特定的事件函数来判断碰撞、触发等事件，比如 OnCollisonEnter、OnCollisonStay、OnCollisionExit 分别在碰撞开始、持续与结束时被调用。如果碰撞体设置为触发器，则可以调用对应的 OnTriggerEnter、OnTriggerStay、OnTriggerExit 函数。例如：

```
void OnCollisionEnter(otherObj: Collision) {
    if (otherObj.tag == "Arrow") {
        ApplyDamage(10);
    }
}
```

Unity 脚本中有非常多的事件函数，它们的执行顺序是 Unity 预先确定的。其执行顺序可以参考图 3-9 所示。

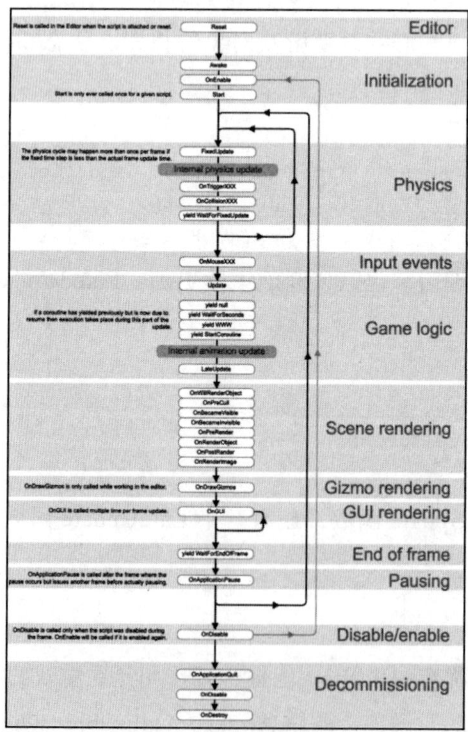

图 3-9 Unity 中的脚本生命周期

【示例 3-8】测试事件函数的执行顺序

创建一个名为 LifeCyleTest 的 Script 脚本，测试事件函数执行顺序的实现代码如代码清单 3-9 所示。

代码清单 3-9 测试事件函数的执行顺序

```
using System.Collections;
using System.Collections.Generic;
using UnityEngine;
public class LifeCycleTest : MonoBehaviour {
    void Awake () {
        Debug.Log("Awake");
    }

    void Start () {
        Debug.Log("Start");
    }

    void FixedUpdate(){
        Debug.Log("FixedUpdate");
    }

    void Update () {
        Debug.Log("Update");
    }

    void LateUpdate () {
        Debug.Log("LateUpdate");
    }

    void OnDestroy () {
        Debug.Log("Destroy");
    }
}
```

接下来在场景中新建一个空白游戏物体，并将上述脚本挂载到该对象上。

在运行场景之前，确保选中 Console 窗口的 Collapse 选项，如图 3-10 所示。

运行场景，Console 面板会输出各个生命周期函数的执行次数，如图 3-11 所示。

场景运行结束后，可以清楚看到最先执行的是 Awake 函数，随后是 Start 函数，这两个方法都执行了一次；接下来调用的是 FixedUpdate 函数。Update 和 LateUpdate 函数，这三个函数的执行频率一样，都是在每帧图像更新时执行一次；最后在结束场景运行时，调用 Destroy 函数。

这些事件函数只是 Unity 生命周期的一部分，其他部分会在后续章节详细讲解。

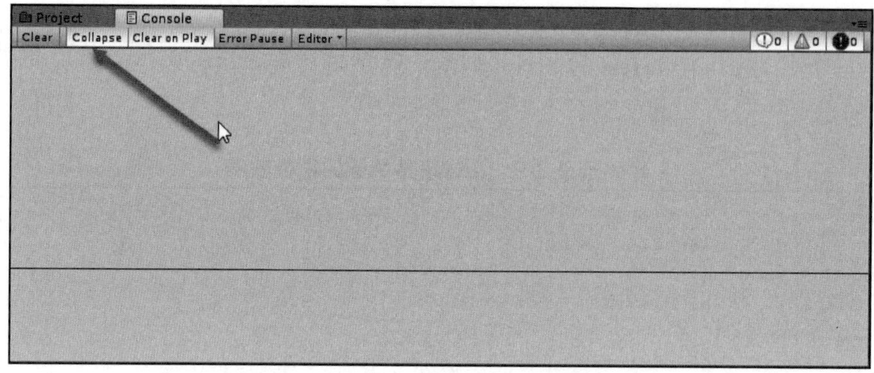

图 3-10 选中 Collapse 选项

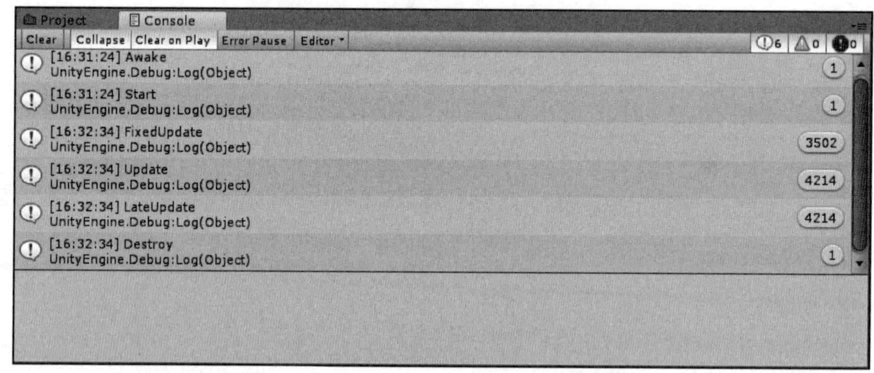

图 3-11 Console 面板输出的结果

Unity Events 不仅包含脚本的生命周期函数，还包含一些由系统自动调用的函数，也就是回调函数。限于篇幅，此处不详细讲解回调的概念，读者只需要明白，这些函数是由 Unity 在适当的时候自行调用。

3.4 本章小结

在本章中，我们介绍了常用的编程语言，特别是 C# 语言的基本语法和使用，以及如何在 Unity 中使用 C# 进行脚本开发。读者仔细阅读并实际尝试每一个示例，会对 Unity 中 C# 语言的使用形成一个系统的认知。

当然，在 Unity 脚本开发方面还有很多知识需要学习。限于篇幅，本章只选择了其中最为重要的一些知识进行介绍。读者如果想深入学习相关的知识，可以进一步阅读官方的 API 文档（https://docs.unity3d.com/ ）。

从下一章开始，我们将进入本书的第二部分，进一步深入学习 Unity3D 的各个子系统。

第二部分 *Part 2*

Unity 开发核心技能

Chapter 4 第4章

创建一个虚拟的新世界

在上一部分中，我们对Unity有了基本的认识。从本章开始，我们将从实战项目开发的角度来学习Unity的更多知识。

要创建一个新的游戏或应用，首先要创建一个全新的虚拟世界。对此，Unity提供了丰富的选择。我们既可以使用其内置的基本游戏对象和编辑器来创建场景，也可以直接使用Asset Store中丰富的游戏资源来制作场景，或者直接将其他软件所生成的游戏资源导入项目来生成场景。

在创建了基础的场景之后，我们还可以使用光照系统、粒子系统和Shader等美化游戏场景，从而实现预期的视觉效果。

4.1 创建基础的游戏场景

我们先了解如何使用Unity内置的基本游戏对象和编辑器来创建场景，以及如何充分利用Asset Store中的游戏资源。

4.1.1 Unity中的地形引擎

Unity中内置了一个地形引擎系统，可以让开发者快速给游戏添加基础的地形和地貌。在游戏运行时，Unity内置的编辑器中的地形渲染经过了高度优化，减少了对系统资源的消耗。当然，这套地形引擎系统对开发者也是十分友好的。通过使用内置的相关工具，开发者可以在很短的时间内快速创建大场景的地形。图4-1显示了使用Unity内置地形引擎所创建的游戏场景。

图 4-1　使用 Unity 内置地形引擎所创建的场景

我们接下来学习如何具体使用地形引擎。

1. 创建基础地形

打开 Unity，创建一个新的项目，并将其命名为 MyWorld。

在浏览器中打开 Unity Asset Store（https://assetstore.unity.com/），在搜索栏中搜索 Standard Assets，然后下载并导入当前的项目。具体操作步骤可以参考第 2 章的相关内容，这里不再赘述。

接着用类似的方式在 Asset Store 中搜索 Terrain ToolKit 2017，从而找到官方提供的地形资源包，下载并导入项目。最后在 Asset Store 中搜索 Terrain Tools Sample Asset Pack，用相同的方式将该资源包下载并导入项目，如图 4-2 所示。

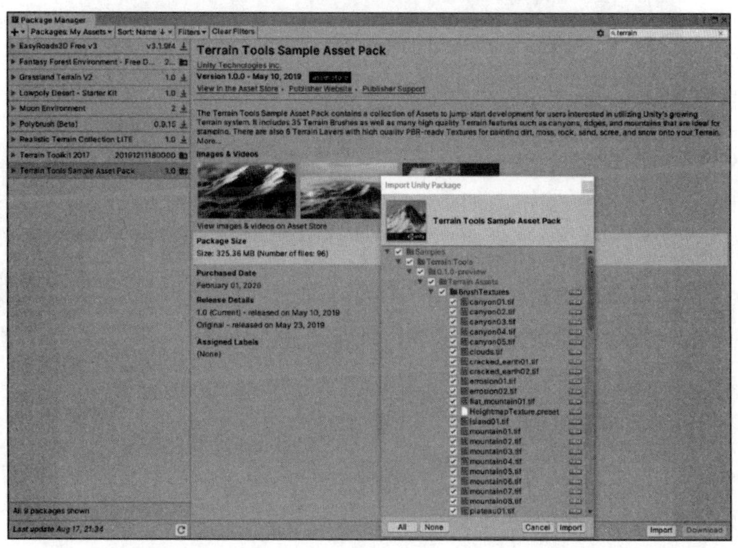

图 4-2　导入 Terrain Tools Sample Asset Pack

注意 为了确保所有资源导入成功并且没有出现版本冲突，我们可以尝试切换到默认的 SampleScene 场景，然后点击工具栏上的“播放”按钮进入游戏预览模式。如果 Console 视图中没有出现任何红色错误提示，就说明资源导入成功了。

在 Project 视图中的 Assets 文件夹下创建一个子文件夹，将其命名为 Scenes。在菜单栏中依次选择 File → New Scene 命令（或快捷键 Ctrl+N）创建一个新的场景，然后选择菜单栏中的 File → Save Scene 命令，将其保存在 Assets 文件夹下的 Scenes 子文件夹中，并将其命名为 MainScene。

在 Hierarchy 视图中右击，随后选择 3D Object → Terrain 命令，此时可以看到在 Scene 视图中出现一个空白的地形，如图 4-3 所示。

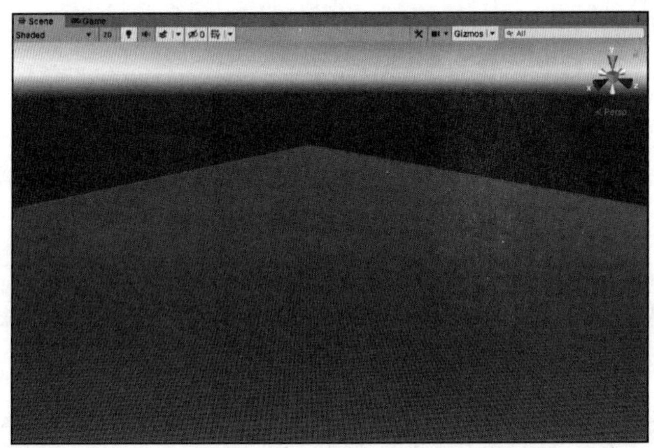

图 4-3 创建的空白地形

在 Hierarchy 视图中选择 Terrain 对象，在 Inspector 视图中查看 Terrain 组件下的相应设置按钮，如图 4-4 所示。

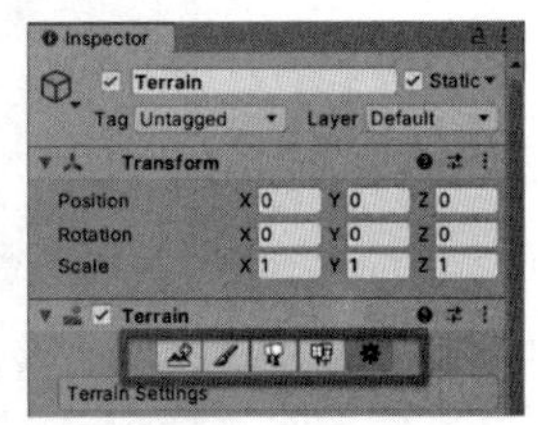

图 4-4 Terrain 组件下的设置按钮

在这里可以看到有 5 个基本的按钮：第 1 个用于创建临近地形；第 2 个用于绘制地形；第 3 个用于绘制树木；第 4 个用于绘制细节；第 5 个用于设置地形的一些属性，比如长宽比例和分辨率等。我们来看一下效果。

点击第 1 个按钮，可以在当前地形的周围看到黄色的线框，用鼠标点击任何一个线框，就会在当前地形的附近添加一个新的地形。通过这种方式，我们可以快速创建更多地形，如图 4-5 所示。

点击第 5 个设置按钮，将 Mesh Resolution 下的 Terrain Width（地形宽度）和 Terrain Length（地形长度）均设置为 1200，将 Terrain Height（地形高度）设置为 600，如图 4-6 所示。

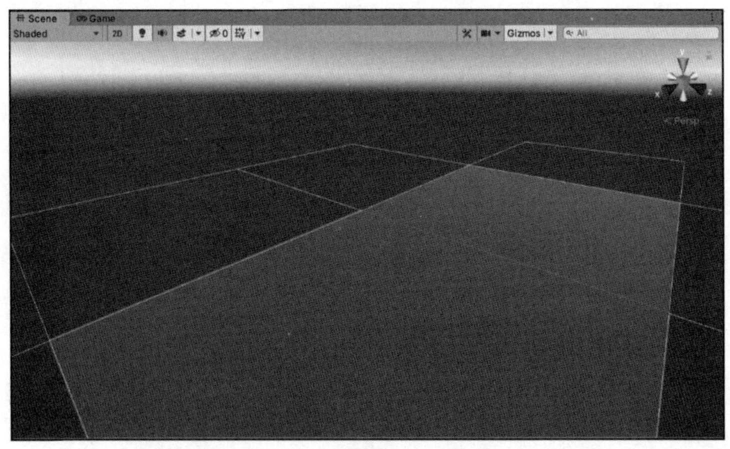

图 4-5　创建邻近地形

点击第 2 个按钮可以绘制地形。首先从下拉列表框中选择 Raise or Lower Terrain，然后在 Brushes 中选择第 3 个圆形的画笔，将 Brush Size（画笔尺寸）设置为 50，Opacity（透明度）保持默认值 50，如图 4-7 所示。

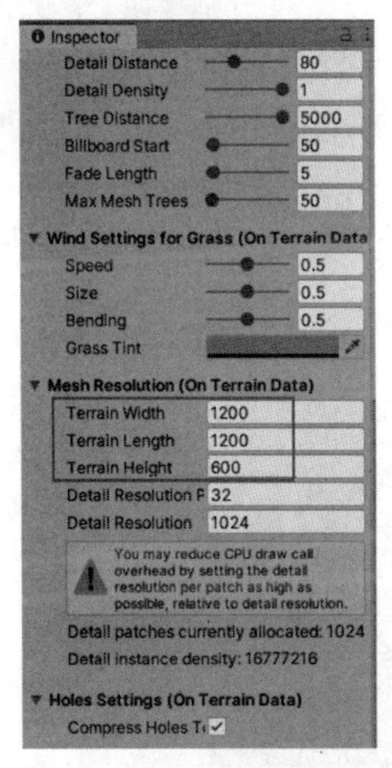

图 4-6　设置地形属性

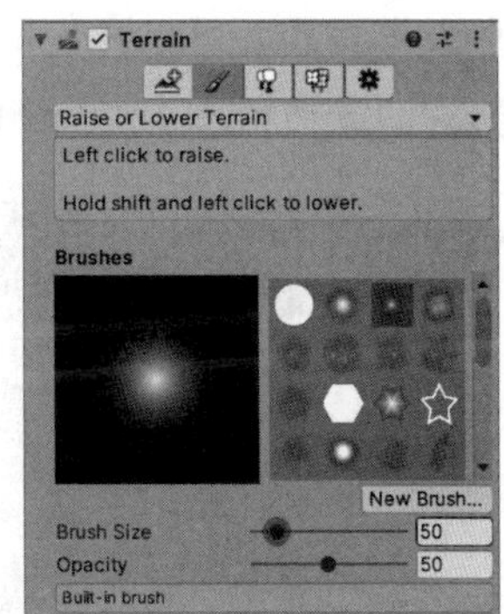

图 4-7　设置地形绘制画笔的属性

将鼠标移动到场景视图中的地形上，可以看到地形上出现一个蓝色的圆形区域，长按鼠标左键可以绘制类似山脉的地形。如果同时按住 Shift 键和鼠标左键并拖动，即可降低特定区域的地形高度，制作出湖泊的地形，如图 4-8 所示。

当然，大家也可以在 Inspector 视图中选择 Brushes 的样式，设置 Brushes 的大小。我们可以在 Scene 视图中绘制出不同的山脉和细节。这里不再一一赘述，读者可以自行尝试。

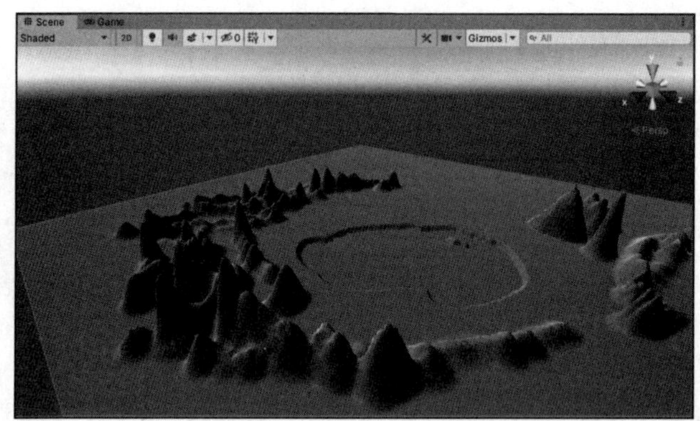

图 4-8 绘制基础地形

在下拉列表框中选择 Paint Texture 选项，然后点击 Edit Terrain Layers... 按钮，选择 Create Layer 选项，在弹出的对话框中选择 GrassRockyAlbedo，就添加了新的地形纹理，如图 4-9 所示。

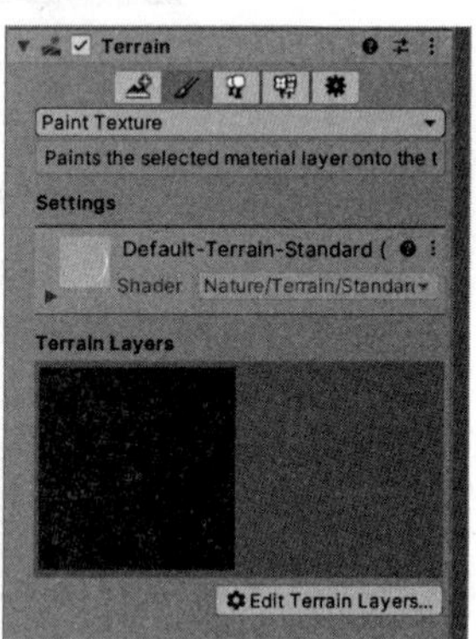

图 4-9 添加地形纹理

2. 添加树木和植被

仅仅有地表还不够，环境还是显得有点单薄。使用 Unity 的地形引擎可以轻松地向地表添加各类树木，添加的方式和用笔刷创建地形的方式类似，但注意所添加的树木是 3D 对象。Unity 使用了特殊的优化技巧，可以在场景中添加数以千计的树木，但仍然能保证游戏的运行帧速。图 4-10 显示了一个有非常多树木和植被的场景。

图 4-10 添加了很多树木和植被的场景

在地表添加树木很简单，首先在 Hierarchy 视图中选中刚才的 Terrain 对象，然后在 Inspector 视图中的 Terrain 组件下点击第 3 个图标，如图 4-11 所示。

接下来点击 Edit Trees...，选中 Add Tree，点击 Tree Prefab 右侧的小圆圈，选中刚才所导入的 Unity 标准游戏资源中的树木预设体，比如 Broadleaf_Desktop，最后点击 Add 按钮确认，如图 4-12 所示。

图 4-11　点击第 3 个图标以添加树木

在绘制之前，我们可以调整 Brush Size（笔刷大小）和 Tree Density（密度）等参数，然后使用类似笔刷创建地形的方式在地表上添加树木。我们也可以单击某个空白区域种下一棵树，然后按住鼠标左键拖出一排树，如图 4-13 所示。

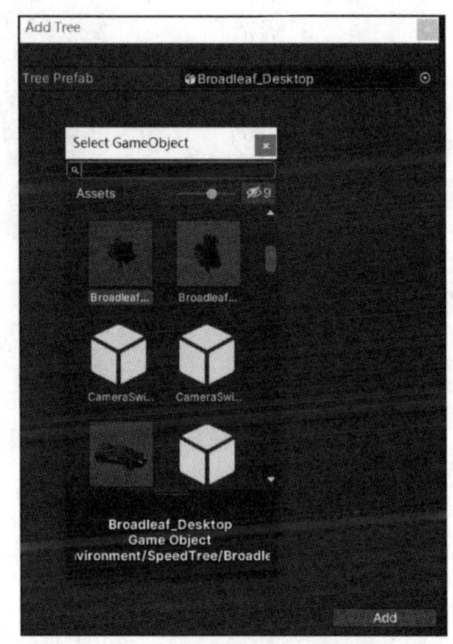

图 4-12　添加树木预设体对象

图 4-13　在地表上添加树木

添加植被的方式也很简单，在 Inspector 视图的 Terrain 下单击第 4 个小图标，如图 4-14 所示。

在 Inspector 视图的 Details 部分单击 Edit Details 按钮，从下拉列表中选中 Add Grass Texture，然后点击 Detail Texture 旁边的小圆圈，选中之前导入的植被纹理，比如 Grass-Frond01AlbedoAlpha，最后点击 Add 按钮，如图 4-15 所示。

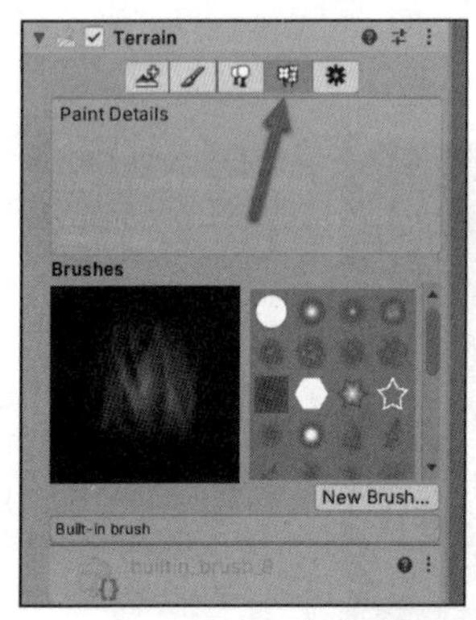

图 4-14 点击第 4 个小按钮以添加植被

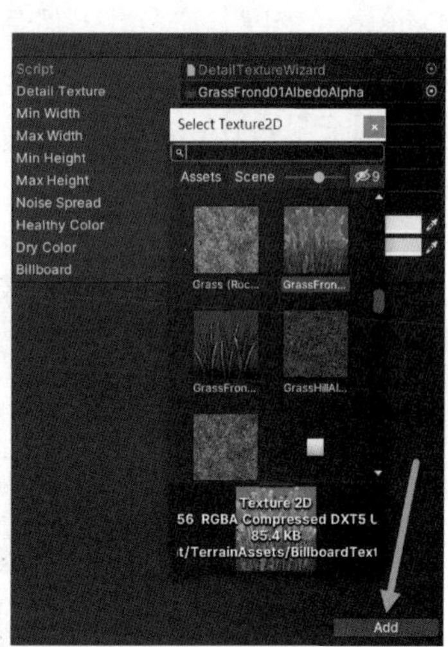

图 4-15 设置要添加的植被

在绘制之前，同样可以调整相关的参数，然后在地形上单击或按住鼠标左键拖动添加植被，如图 4-16 所示。

图 4-16 添加植被后的效果

除了使用 Unity 自带的树木和植被，我们还可以使用第三方工具 SpeedTree 创建更丰富多彩的树木和植被。关于该工具的详细介绍，读者请参考链接：http://www.speedtree.com/unity/。

3. 添加水

在之前绘制地形的时候，我们曾绘制了一个大坑，此时可以将水的效果添加到这个坑中。

在 Project 视图中依次选择 Assets → Standard Assets → Environment → Water(Basic)，找到 Prefabs 子文件夹，将其中名为 WaterBasicDaytime 的预设体拖到 Scene 视图下的坑中。

接着在 Hierarchy 视图中选中刚才添加的水预设体，然后使用工具栏中的缩放工具使其覆盖整个坑，最后使用移动工具调整水的高度，使其移动到合适的高度，如图 4-17 所示。

图 4-17　添加了水预设体后的效果

除了使用 Unity 内置的地形引擎，在 Asset Store 中还有一些非常优秀的第三方地形编辑插件，如 Gaia。我们可以使用该插件快速创建复杂但效果很接近真实的地形。图 4-18 显示了使用 Gaia 插件所生成的地形。

图 4-18　使用 Gaia 插件生成的地形

4.1.2 基本几何体的使用

除了地形编辑器，Unity 还提供了一些基本几何体。我们可以使用这些基本几何体快速制作游戏的基本原型，包括物品和场景等。

接下来，我们通过一个简单的示例学习如何创建和使用基本几何体。

在 Unity 中打开此前创建的 MyWorld 项目，使用快捷键 Ctrl+N 新建一个场景，保存该场景，并将其命名为 BasicObjectScene。在 Hierarchy 视图中依次选择 BasicObject-Scene → Sphere 命令，在场景中新建一个球体，如图 4-19 所示。

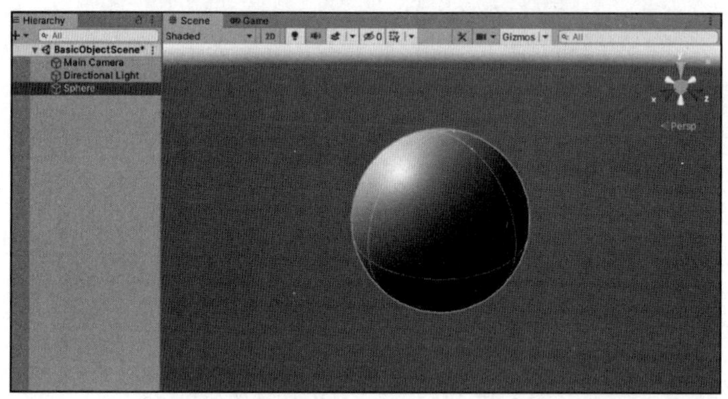

图 4-19 在场景中新建一个球体对象

在 Project 视图中右击 Assets 文件夹，选择创建一个新的子文件夹，将其命名为 Materials。然后右击该子文件夹，在快捷菜单中依次选择 Create → Material 命令，将其命名为 MyMaterial，如图 4-20 所示。

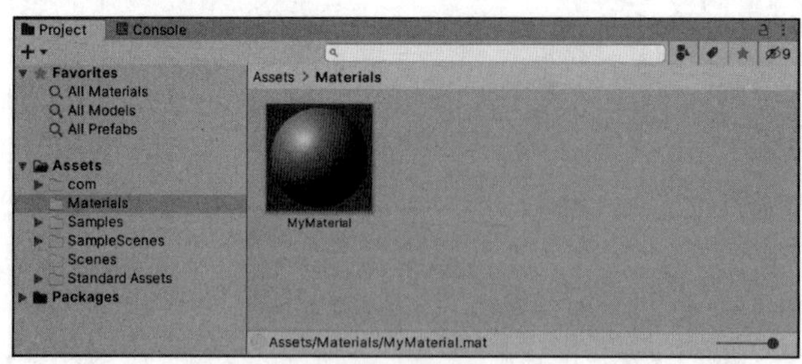

图 4-20 新建一个材质 MyMaterial

单击选中 MyMaterial，在 Inspector 视图中点击 Albedo 左边的小圆圈，在弹出的 Select Texture 对话框中选择所需的材质贴图，比如这里选择的 GlassStainedAlbedo。

按住鼠标左键不放，把 MyMaterial 材质拖动到 Scene 场景中的小球上，此时小球会显示添加了材质后的效果，如图 4-21 所示。

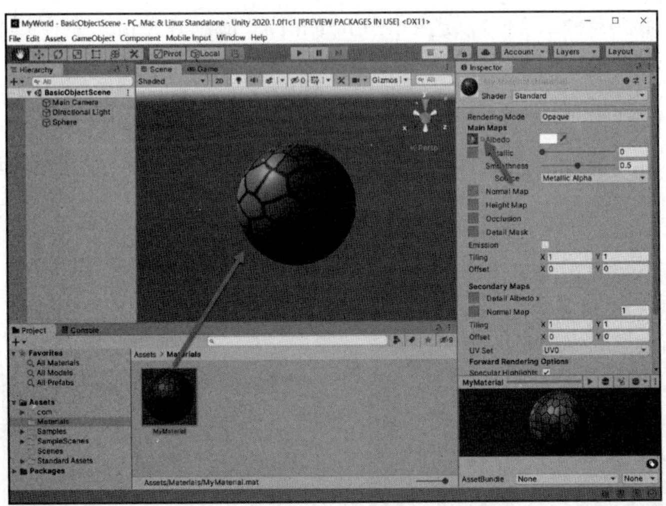

图 4-21　将材质赋予小球后的效果

注意　在对场景做了调整之后，请记住养成随时使用快捷键 Ctrl+S 保存修改的习惯。

4.1.3　添加天空盒

Unity 新建的项目场景中默认提供一个基本的天空盒效果。我们可以将其更改为自己想要的天空盒。

回到 Unity，在浏览器中打开 Unity Asset Store（https://assetstore.unity.com/），在搜索栏中输入 skybox，然后按回车键，可以看到大量的天空盒。这里选择 Fantasy Skybox FREE 插件添加天空盒，如图 4-22 所示。

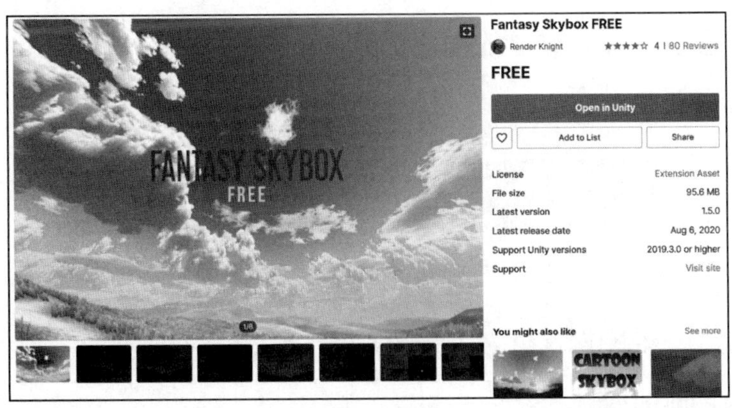

图 4-22　在 Asset Store 中找到 Fantasy Skybox FREE 插件

点击 Add to My Assets，然后点击 Open in Unity，最后在 Unity 中打开 Package Manager，下载并导入项目。

在菜单栏中依次选择 Window → Rendering → Lighting Settings 命令，在 Environment 下的 Skybox Material 部分点击右侧的小圆圈，选择刚才导入的天空盒，如 FS000_Day_02，可以看到场景发生了明显的变化，如图 4-23 和图 4-24 所示。

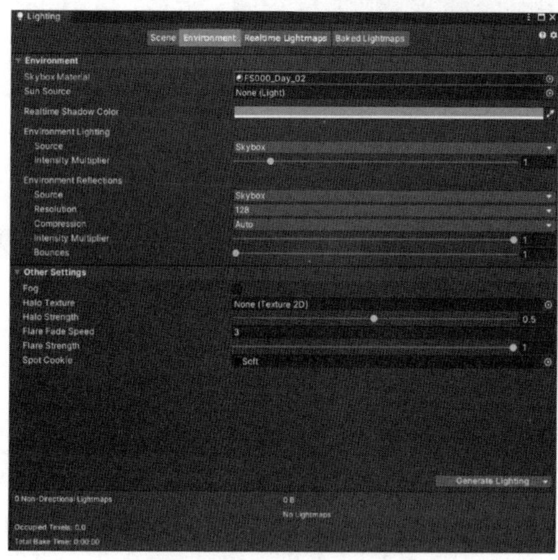

图 4-23 设置天空盒

图 4-24 更改天空盒后的场景

4.2 创建 Unity 之外的游戏资源

Unity 支持导入多种外部游戏资源，包括图片、3D 模型、动画、音效、字体、视频等。这些游戏资源大多是通过 Unity 之外的第三方软件创建的。接下来，我们了解一些相关的第三方软件。

4.2.1 3D 模型、材质和动画的创建工具

在实际的产品开发过程中，3D 美术资源的常见制作流程如图 4-25 所示。

图 4-25 3D 美术资源的常见制作流程

接下来，我们介绍制作流程中相关的软件。

1. 3D 模型的创建工具

目前，创建 3D 模型的方式主要有 3 种。第一种创建 3D 模型的方式是使用主流的 3D

建模软件，如 3DS Max、Maya、Blender、Cinema4D、ZBrush 等。关于这些建模软件的具体使用，市面上有很多成熟的教程可以参考。如果你有志于成为独立开发者，还是可以花上一些时间来学习的。图 4-26 显示了常用的 3D 建模软件。

图 4-26　常用的 3D 建模软件（3DS Max/Maya/Blender）

第二种创建 3D 模型的方式则是通过 3D 扫描。对于普通大众来说，这种方式还有些陌生。目前，基于结构光的 3D 扫描设备已经可以达到比较高的精度，对物品和环境的写实模型创建有很好的效果，如图 4-27 所示。

图 4-27　使用 3D 扫描设备生成物品的 3D 模型

第三种创建 3D 模型的方式则是光场捕捉技术，即使用上百个同步 RGB 和深度相机同时拍摄角色的动作，并利用摄影测量学和计算机视觉算法生成 3D 角色模型。众多知名大厂在制作 3A 级游戏时都在采用光场捕捉技术来创建人物角色模型，如图 4-28 所示。

对于 3D 动画（特别是角色动画）的创建，目前来看主要有两种方式。

一种是传统的基于关节和骨骼绑定的手动动画设计模式，需要动画师使用 Maya 等软件手动创建角色的动画。但这种传统的方式既费时、费力，又无法做到精巧、灵活。特别是对于人形角色动画，人物表情和动作显得僵硬，很容易产生“恐怖谷”效应。

图 4-28 使用光场捕捉技术来创建人物角色模型

另一种是未来的发展趋势，即使用表情和动捕设备配合 AI 算法自动生成角色的动作动画。为了让游戏中的角色表现出如真人一样的动作和表情，目前有很多大型游戏开发团队开始使用表情和动捕设备。知名的动捕设备包括 Noitom 的基于惯性技术的动捕设备)、瑞立视和 Optitrack 的基于光学的动捕设备等。以 Noitom Perception Neuron 为例，开发者使用该设备获取演员的身体动作后，可以将其实时或之后导入 Motion Builder 软件，再导出为 Unity 和 UE4 引擎所用的动画，如图 4-29 所示。

图 4-29 使用动捕技术让虚拟角色拥有真人一样的表情和动作

当然，需要特别说明的是，在现阶段使用 3D 扫描、光场捕捉和表情 / 动作捕捉等方式所获取的 3D 模型和动画，仍然需要 3D 设计师在设计软件和引擎中手动进行优化与调整。

不过随着 AI 和计算机视觉技术的飞速发展，写实型的场景和角色模型动画的创建将不可避免地采用更加智能和自动化的方式。

2. 重拓扑工具

在创建 3D 模型后，根据产品的具体需要，我们可能还需要减掉模型面数，把高模转换成低模。此时，我们需要使用重拓扑相关的工具。虽然类似 3DS Max 之类的建模软件中也内置了相关工具，但是也有一些第三方工具值得关注，如 3D-Coat、Topogun、zRemesher 等。当然，重拓扑工具主要作用是在保证游戏帧数的前提下调整模型面数。我们可以根据目标设备的性能来决定是否使用高模。

3. 展 UV 和绘制纹理贴图工具

使用建模软件创建 3D 模型后，我们还需要给模型添加贴图。通常的流程是先创建模型，然后在 3DS Max 等工具中展开模型的 UV，并保存为位图，最后使用 PhotoShop 来绘制纹理贴图。

此外，Unity 从 5.0 版本之后开始支持 PBR（基于物理渲染）的纹理贴图。PBR 的纹理贴图可以大大提升游戏的视觉效果，让游戏画面更加真实。这里推荐两款可以完美支持 PBR 的纹理贴图制作工具，即由 Allegorithmic 出品的 Substance Designer 和 Painter（https://www.allegorithmic.com）。

图 4-30 显示了使用 Substance Designer 制作的贴图效果。

图 4-30　使用 Substance Designer 制作的贴图效果

除了 Substance 系列软件，我们还可以考虑其他的一些贴图工具，如 Quixel 系列、xNormal 等。感兴趣的读者可以自行去搜索。

4.2.2　音效创建工具

游戏和应用中的背景音乐、音效和对白等除了可以外包给专业的音效制作团队外，有时候也需要自己录制或制作。

为此，我们需要使用特定的音效创建工具来录制或制作所需的音效资源。常用的软件有 Adobe Audition、Adobe SoundBooth、Sony Soundforge、Protools、Studio One、Sonar 等。这些软件的使用大同小异，开发者通常选择其中一种即可。

4.2.3 其他资源创建工具

除了 3D 模型、动画和音效，游戏中还会使用到其他资源，如图片、字体、视频等。

其中，最常用的图片修剪工具包括 Adobe PhotoShop 和 Illustrator。而视频编辑的主流软件包括 Adobe Premiere、After Effects、Final Cut 等。

需要特别强调的是，除了第三方软件之外，Unity Asset Store 中有大量第三方插件或工具可以实现类似的功能，建议开发者充分利用。

4.3 导入外部的游戏资源

如果要使用在 Unity 之外所创建的各类游戏资源，我们就必须把这些资源直接保存或复制到项目的 Assets 文件夹中。Unity 支持将很多种常见格式的资源直接保存到 Assets 文件夹，无须做任何转换工作。

每当新建一个项目时，Unity 会自动创建一个名为 Assets 的文件夹，如图 4-31 所示。

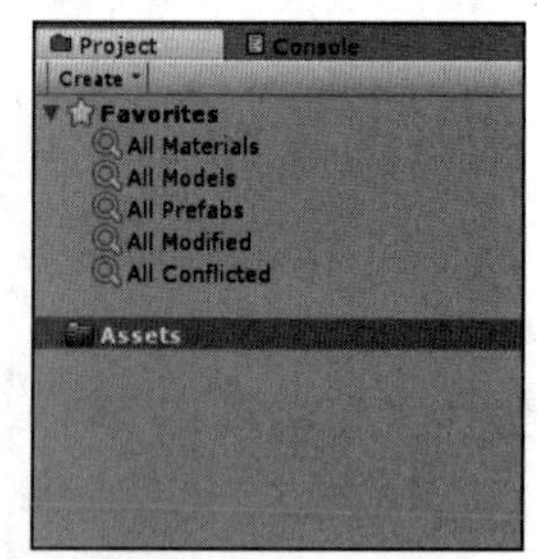

图 4-31 Project 视图中的 Assets 文件夹

在 Unity 编辑器中，每当将文件保存或复制到 Assets 文件夹时，都会在 Project 视图的 Assets 文件夹中显示。此外，当我们把文件从电脑硬盘拖到 Unity 编辑器的 Project 视图时，该文件会自动复制到 Assets 文件夹，并显示在 Project 窗口中。同样，当从 Unity 编辑器的 Project 视图中删除某个文件时，电脑硬盘上对应位置的文件也会被直接删除。简单来说，Project 视图中的所有文件与电脑硬盘上的文件对应。

需要注意的是，在电脑硬盘的对应位置会有 .meta 文件，但是在 Unity 的 Project 视图中却看不到。Unity 会为每一个游戏资源创建 .meta 文件，如图 4-32 所示。

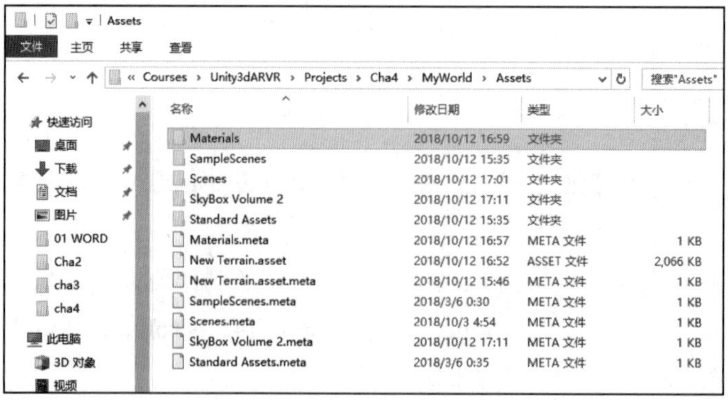

图 4-32 项目所在文件夹对应位置的 .meta 文件

这些 .meta 文件保存了游戏资源的重要信息，因此其名称和路径不能轻易改变。当我们在文件管理器中更改了某个资源文件的名称和路径时，必须更改对应 .meta 文件的名称和路径。

最简单的方式是直接在 Unity 的 Project 视图中更改资源的名称和路径。如果你对其背后的原理感兴趣，可以参考官方文档中的相关说明。

4.3.1　2D 图像文件的导入和设置

Unity 支持大多数的常规图像文件格式，如 BMP、TIF、TGA、JPG 和 PSD。如果我们将分层 psd 文件直接拖到 Assets 文件夹中，该文件将会自动合并。

这里需要特别注意的是，如果我们希望在 2D 游戏中将 2D 图像文件作为精灵，或者作为 3D 游戏中的 UI 图片元素，必须手动将其 Texture Type 更改为 Sprite(2D and UI)。

另外需要强调的是，为了提高运行效率，Unity 所使用的图片的尺寸通常是 2 的 *n* 次幂，例如 32、64、256、1024 等。对于非 2 的 *n* 次幂尺寸的图片，Unity 会将其转化为非压缩的 RGBA32 位格式，这大大降低了加载速度，增大了游戏发布包的大小。对于非 2 的 *n* 次幂尺寸的图片，我们需要在导入设置中使用 NonPower2 Sizes Up 将其调整到 2 的 *n* 次幂尺寸，但这可能会导致图片质量下降。因此，强烈建议开发者按照 2 的 *n* 次幂尺寸规格来制作图片。

关于导入 2D 图片文件的更多内容，读者还可以参考以下两个官方链接：

- https://docs.unity3d.com/Manual/HOWTO-alphamaps.html
- https://docs.unity3d.com/Manual/SpriteEditor.html

4.3.2　3D 模型的导入和设置

通常，将 3D 模型文件导入 Unity 有如下两种方式。

1）直接将 3D 模型文件拖到 Unity 的 Project 视图对应的文件夹中。

2）将 3D 模型文件复制到项目所在的 Assets 文件夹下。

Unity 支持使用大多数常规 3D 建模软件（包括 Maya、Cinema4D、3DS Max、Cheetah3D、Modo、Lightwave、Blender 和 SketchUp 等）来创建模型。

Unity 支持两种不同类型的网格模型文件：一种是从 3D 建模软件中导出的 .fbx 或 .obj 格式的文件，这类文件可以在很多第三方软件中导入和编辑；另一种则是部分 3D 建模软件的原生格式，如 3DS Max 中的 .max 文件或是 Blender 中的 .blend 文件，这类文件在导入 Unity 时需要经过一定的转换。当然，有一种例外是 SketchUp 的 .skp 文件，其可以在 SketchUp 和 Unity 中随意打开和编辑。

目前，Unity 所支持的导出模型文件的通用格式包括 .fbx、.dae(Collada)、.3ds、.dxf、.

obj、.skp。使用通用格式的好处在于：

1）无须将整个模型导入 Unity，只需将项目中所需的那一部分导入即可；

2）所导出的通用格式文件相比原生格式文件体积通常要小一些；

3）可以导入 Unity 自身不支持的一些 3D 建模软件；

4）.fbx/.obj 格式的文件后续可以重新导回到 3D 建模软件，以确保所导出的信息正确无误。

当然，使用通用格式不好的地方也很明显：

1）原始文件只要发生改变，就必须重新导出；

2）需要随时跟踪源文件版本和导入 Unity 的资源的文件版本信息。

目前，支持原生格式的 3D 建模软件包括 3DS Max、Maya、Blender、Cinema4D、Modo、Lightwave & Cheetah3D。在将原生格式文件导入 Unity 的过程中，Unity 会自动将其转换成 .fbx 文件。

使用原生格式的好处是：

1）原始模型的任何改变将自动导入 Unity；

2）操作起来比较简单。

使用原生格式不方便的地方是：

1）必须在所有开发此 Unity 项目的电脑上安装对应建模软件的授权版本；

2）所有开发此 Unity 项目的电脑上的建模软件版本必须完全一致，否则会导致严重的错误发生；

3）文件中会存在一些不必要的冗余信息；

4）如果原生格式文件过大，Unity 项目和资源的导入速度会大大下降，因为我们需要在导入模型的同时打开对应的建模软件；

5）Unity 自身需要将这些文件转换成 .fbx 文件，从而会出现一些未知的错误。

笔者从自身经验来看，建议采用第一种方式，也就是先从 3D 建模软件中导出通用的 .fbx 格式文件，然后导入 Unity。

关于该部分更详细的内容，读者请参考：https://docs.unity3d.com/Manual/HOWTO-importObject.html。

4.3.3 3D 动画的导入和设置

将第三方软件所制作的动画导入 Unity 的过程和普通的 3D 模型文件类似，我们可以考虑使用通用的 .fbx 格式文件。

要想将某个动画导入 Unity，只需要从文件管理器中把该文件拖到 Unity 编辑器的 Project 视图中的 Assets 文件夹中。

在有些情况下，我们需要将使用动画的游戏对象和动画本身存放在同一个文件中。而在有些情况下，动画可能和 3D 模型本身是分开的。这是因为某些动画只能被某个特定的 3D 模型所使用。

但有时候我们希望有一个动画库，其中的动画可以被不同的 3D 模型所使用。比如不同的人类角色都可以使用相似的行走和奔跑动作。此时，我们通常在动画文件中使用一个简单的占位模型，以预览其效果。我们甚至还可以使用完全没有网格的模型——只有动画数据的动画文件（包含动捕技术所得到的信息）。

在导入多个动画时，这些动画可以使用单独的文件存放在项目文件夹中，或者是保存在 .fbx 格式的单个文件中。当我们使用 Motion Builder 或 Maya/3DS Max 等软件制作动画时，通常会在 .fbx 格式的单个文件中保存多个动画片段。Unity 内置了动画裁剪工具，便于我们轻松地将不同的动画片段分割开使用。

关于该部分更详细的内容，读者请参考：https://docs.unity3d.com/Manual/Importing-ModelFiles.html。

4.3.4　音频和视频的导入和设置

Unity 支持导入几乎所有的通用音乐格式文件，具体如表 4-1 所示。

表 4-1　Unity 所支持导入的音乐文件格式

格　式	文件名后缀
MPEG layer 3	.mp3
Ogg Vorbis	.ogg
Microsoft Wave	.wav
Audio Interchange File Format	.aiff / .aif
Ultimate Soundtracker module	.mod
Impulse Tracker module	.it
Scream Tracker module	.s3m
FastTracker 2 module	.xm

任何导入 Unity 的音效资源文件都可以在脚本中以 Audio Clip 的实例形式被调用，从而实现播放、暂停和停止音效。

关于该部分内容，更详细的知识请参考：https://docs.unity3d.com/Manual/AudioFiles.html。

4.3.5　Unity 资源包的导入和导出

Unity 资源包对于分享和重用 Unity 项目中的游戏资源非常有帮助。我们之前所导入的 Unity Standard Assets（Unity 标准资源包）和 Asset Store 中的游戏资源都是以 Unity 资源包的形式提供的。

Unity 资源包是 Unity 项目中若干文件和数据的集合，经过压缩后存储在一个独立的文件中。Unity 资源包中存储了原始数据的目录结构以及资源的相关数据文件（比如导入设置以及到其他游戏资源的链接）。

在 Unity 的菜单栏中依次选择 Asset → Export Package 命令即可压缩和存储所选的游戏资源，而依次选择 Asset → Import Package 命令则可以将 Unity 资源包导入当前的项目。

关于该部分更详细的内容，读者请参考：https://docs.unity3d.com/Manual/AssetPackages.html。

在 4.4 节中，我们将学习如何给游戏场景添加光照效果。

4.4 Unity 光照系统

光是这个世界上最神奇的事物之一。没有光，整个世界都会变得暗淡无色，了无生趣。而有了光之后，一切都会变得不同。光不仅仅在现实世界中很重要，对于游戏场景更是不可或缺。合理用光和设置光照系统可以化腐朽为神奇，让平凡的世界充满乐趣。

本节将学习 Unity 中的光照系统及其设置原理，并通过实战进一步了解其具体的使用技巧。本节将介绍游戏中至关重要的光照系统。从一定层面上说，光照效果直接决定了游戏所表达的情绪。场景中明亮、通透的灯光能给玩家舒缓、放松的感觉，而阴暗、低沉的灯光则能很好地营造紧张、阴郁的氛围。光照系统可以让场景更加贴近现实世界，如图 4-33 所示。

图 4-33 使用光照系统让虚拟场景更贴近现实世界

Unity 提供的光照系统叫作 Enlighten。它作为引擎渲染功能的一部分，负责构建场景中的灯光。

4.4.1 灯光组件简介

Unity 中的灯光系统并不复杂，不同类型的灯光组件可实现不同的光效。Unity 的灯光组件大致分为两个类别：光源组件和烘焙组件。

光源概念应该非常容易理解，即只有能自己发出光的物体，才能被称作光源。在 Unity 中，光源包括 Directional Light（平行光光源）、Point Light（点光源）、Spot Light（聚光灯光源）、Area Light（区域光源）。关于这 4 种光源的特性和具体使用，我们将在接下来的内容中具体讲述。

4.4.2 常见的光源类型

本节具体介绍常见的光源类型。

（1）Directional Light

Directional Light 是几乎每一个场景中都会使用到的光源对象，常用于模仿太阳光的效果。

它与 Point Light 和 Spot Light 最大的不同在于，Directional Light 并没有真正的“源”。在游戏中，Directional Light 从同一个角度照射场景。也就是说，在 Directional Light 场景中，任何一个角落的光照强度都是相同的。

在 Unity 中新建一个项目，将其命名为 MyLights。使用快捷键 Ctrl+N 创建一个新的场景，将其保存并命名为 LightTestScene，此时可以看到场景中默认有一个 Directional Light 和一个 Main Camera，如图 4-34 所示。

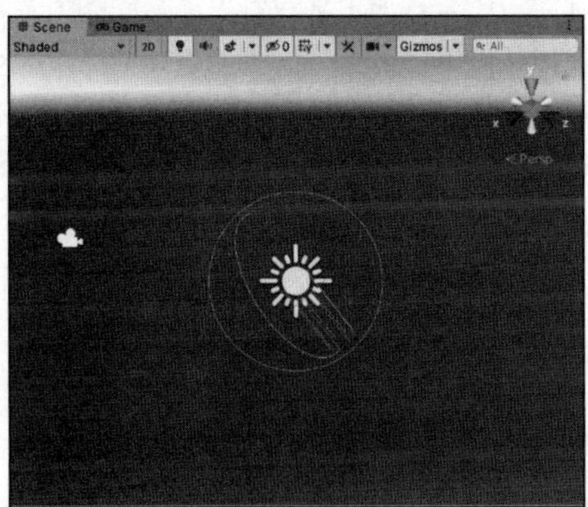

图 4-34　新创建场景中默认的 Directional Light

各个光源对象在 Scene 视图中的图标不同，如 Directional Light 的图标是一个太阳，因为太阳光是最典型的平行光。大家可以自行尝试调整 Directional Light 的位置来观察它对场景的影响。

事实上，Directional Light 的光照效果完全不受位置的影响，最直观影响 Directional Light 效果的是角度，如图 4-35 所示。在场景中调整 Directional Light 的角度为朝正上方，我们可以很明显地看到整个场景变成了黑色，不再有光照的效果。

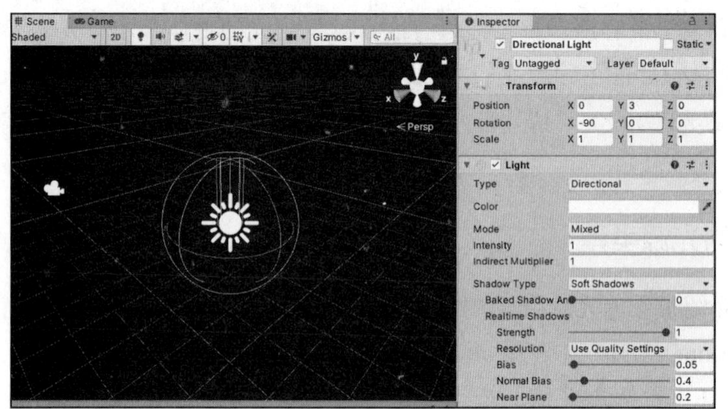

图 4-35 调整 Directional Light 角度后的场景效果

图 4-36 是在 Unity 中使用 Directional Light 和地球模型来模拟宇宙中太阳光照的效果。

图 4-36 使用 Directional Light 和地球模型模拟宇宙中太阳光照的效果

（2）Point Light

Point Light 顾名思义就是点光源。点光源从中心呈球形向四周扩散，如火把、室内灯具等光照效果通常使用 Point Light 实现。

Point Light 的光照效果受范围（Range）和强度（Intensity）的影响，如图 4-37 所示。和 Directional Light 不同，Point Light 的光照效果会受到位置影响。

（3）Spot Light

Spot Light 从中心呈扇形向某一个方向发出，受扇形角度（Angle）和范围（Range）的影响，如图 4-38 所示。Spot Light 可用于模拟手电筒和车灯等的光照效果。

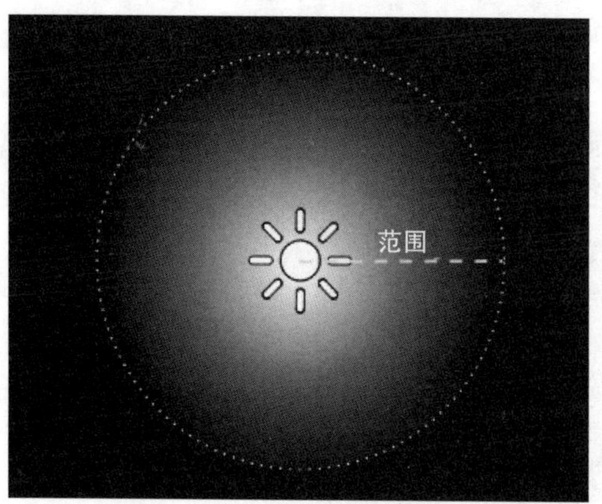

图 4-37 Point Light 的光照效果受范围和强度的影响

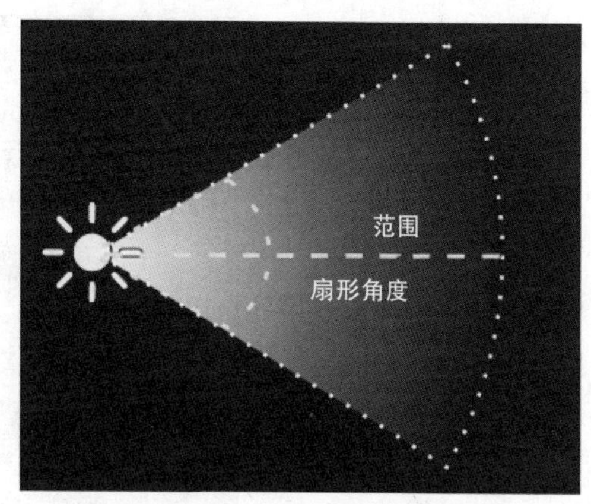

图 4-38 Spot Light 受角度和范围的影响

（4）Area Light

Area Light 和以上 3 种灯光最大的不同在于，它只能在烘焙的情况下使用，而 Directional Light、Point Light、Spot Light 能够在实时（Realtime）和烘焙（Bake）两种情况下使用。实时和烘焙的具体含义将在后续章节详细说明。Area Light 用于一些较为特殊的场景，如在室内，以上 3 种灯光都无法较好地实现光照效果，此时我们就可以使用 Area Light 实现，如图 4-39 所示。

图 4-39 Area Light 的光照效果示例

4.4.3 灯光组件属性简介

光照效果的设置依赖于开发者的个人审美，同时开发者应该了解灯光组件中各个参数的用处，这样才能调试出理想的灯光。

接下来，我们将通过具体的示例来说明。

1）在 Hierarchy 视图中右击，在弹出的快捷菜单中选择添加一些简单的几何体对象，如图 4-40 所示。

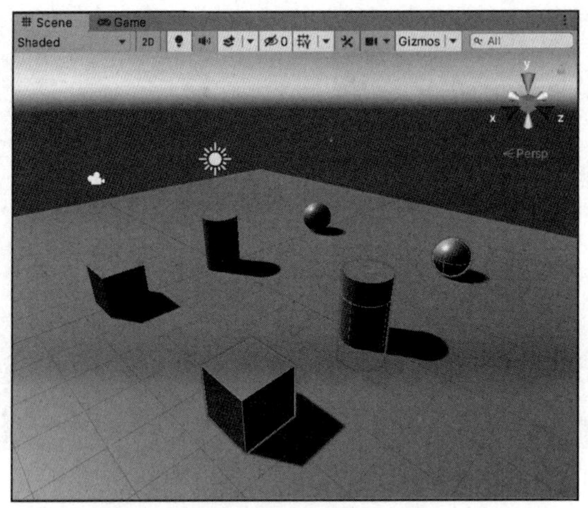

图 4-40 新创建的游戏测试场景

对于这种简单的操作大家应该已经比较熟悉，这里不再一步步讲解如何添加几何体对象。在第一步中，我们新建了一个 Plane 对象，并在 Plane 对象上放置一些基本几何体对象。大家可根据自己的想法放置物体，并适当调整各个游戏对象的比例和位置。

2）在 Hierarchy 视图中选择 Directional Light，在 Inspector 视图中确认 Directional Light 组件下的 Shadow Type 设置为 Soft Shadow。阴影的其他参数保持默认值即可。Soft Shadow 所呈现的阴影比较柔和，更接近真实世界，但性能开销也更大。Hard Shadow 所呈现的阴影更硬朗，锯齿感也更强。

3）接下来使用旋转工具调整 Directional Light 的旋转角度，或是直接在 Inspector 视图中更改 Transform 下的 Rotation 属性。我们可以很直观地看到，整个场景的色调、阴影的效果都发生了改变。大家也可以自行调整 Inspector 视图中的 Color（色彩）和 Intensity（强度），进一步改变 Directional Light 的效果。

4）接下来在 Hierarchy 视图中右键单击空白处，从弹出的菜单中依次选择 Light → Point Light 命令，从而在场景视图中添加一个 Point Light 组件。接着使用移动工具将其移动到场景的中间位置。

选中 Point Light 对象，然后在 Inspector 视图中调整 Point Light 下的 Color 属性，将 Color 设置为更显眼的颜色，比如热情洋溢的红色。

在 Inspector 视图中调整 Range（范围）的值改变范围，当 Range 值越来越大时，场景中心较明显的红色区域也会越来越大。这是因为 Point Light 的范围特性——并不是范围内所有区域的灯光强度都是相同的，而是呈从中心向边缘递减。如果大家看到的效果不是很明显，可以继续调整 Range 的值，并观察场景中红色区域的范围。此外，我们还可以调整 Intensity（强度）等参数，如图 4-41 所示。

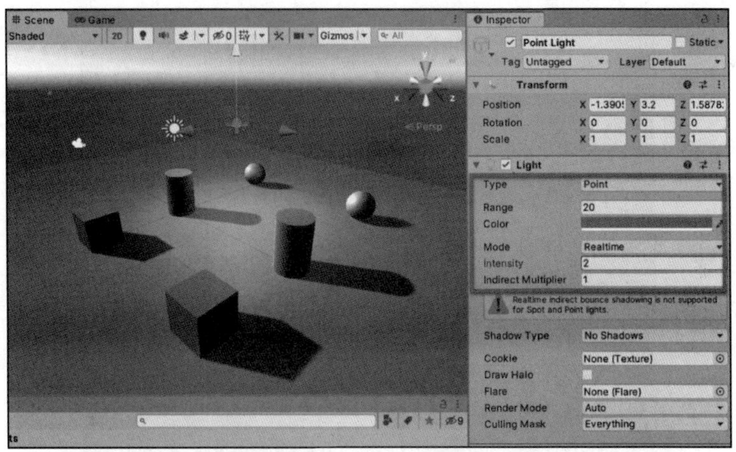

图 4-41　调整 Point Light 组件的属性

Point Light 同样支持 Hard Shadow 和 Soft Shadow。

5）在场景中添加一个 Spot Light 对象。

在 Hierarchy 视图的空白处单击右键，依次选择 Light → Spotlight，添加一个 Spot Light 聚光灯对象。

在 Inspector 视图中更改 Spot Light 对象的属性，如图 4-42 所示。

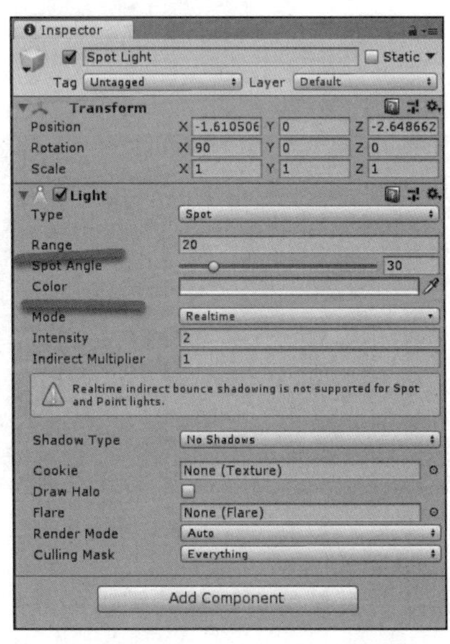

图 4-42　更改 Spot Light 对象的属性

此时，我们可以看到图 4-43 所示的效果。

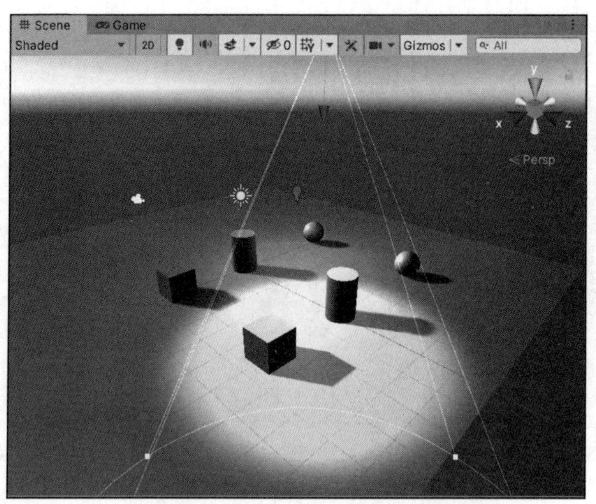

图 4-43 添加 Spot Light 对象后的场景效果

小练习 为了更清楚地看到聚光灯的效果，我们也可以在 Hierarchy 视图中选中 Point Light，然后在 Inspector 视图的顶部附近取消勾选 Point Light。

通过以上的示例，我们已经了解了 3 种基本光源的作用。

此外，灯光组件还有两个较常用的属性：Flare 和 Cookie。Flare 也就是耀斑效果，Cookie 用于显示一些特殊的阴影，如图 4-44 所示。

图 4-44 使用 Cookie 显示特殊的阴影

对于聚光灯穿透纸面，在幕布上投射出特殊的阴影的效果，开发者在图片编辑器（如 PhotoShop 等）中选好材质后，设置 Spot Light 或其他灯光组件的 Cookie 属性即可。

此外，通过勾选 Draw Halo 属性可以选择是否显示或隐藏光晕效果。

4.4.4　全局光照

前面只是介绍了各个灯光单独作用的场景。在实际开发中，大多数情况下灯光与物质是相互作用的，如灯光照射到物体 A 上，物体 A 反射的光会照射到物体 B。这种关联关系是通过全局光照（Global Illumination，GI）系统处理的。

图 4-45 显示了全局光照的作用效果，在一个封闭空间中两个玻璃球体互相反射。全局光照极大地提升了场景中光照的真实性，但这种实时计算是非常消耗资源的。

图 4-45　全局光照的作用效果

但从另外一个方面来说，我们只需要对场景中的动态物体实时计算来保证光照效果，而不应该在那些固定的物体上浪费太多资源。先想象一下，如果一个场景中所有物体全部是静止状态，那么实时计算光照效果显然是白白浪费资源的，我们只需要执行一次计算即可。

在 Unity 中，这种技术称为烘焙（Bake）。当对场景进行灯光烘焙后，场景中的光照信息就会存储在 Lightmap 中。当场景运行时，Unity 直接读取 Lightmap 中的数据，无须再进行实时计算，这样就很好地避免了不必要的资源消耗。

4.4.5　烘焙

在进行灯光烘焙前，首先需要告诉系统哪些物体需要被烘焙，哪些灯光用于烘焙。

为了方便操作，我们先对 Hierarchy 视图中的游戏对象进行简单的整理。

步骤 1：在 Hierarchy 视图中右击空白处，在弹出的快捷菜单中选择 Create Empty 命令，使用快捷键 F2，将新创建的空白游戏对象命名为 Objects，然后把 4.4.4 节的方块、球体和圆柱体等拖动为 Objects 的子物体。接下来使用类似方式创建一个新的空白游戏对象并将其命名为 Lights，然后把刚才的 Directional Light、Spot Light 和 Point Light 都拖动为 Lights 的子物体，如图 4-46 所示。

此外，为了后面演示更简单，在 Hierarchy 视图中选中 Spot Light，然后在 Inspector 视图的顶部附近取消勾选 Spot Light。

步骤 2：在 Hierarchy 视图中选中 Objects，然后在 Inspector 视图中点击 Static 右侧的下拉箭头，选择 Contribute GI 选项，如图 4-47 所示。

在弹出的对话框中选择“Yes,change children”选项，从而更改所有子物体的状态。

这样就完成了第二步，即告诉系统哪些物体需要被烘焙。

步骤 3：在 Hierarchy 视图中选中 Lights 的 3 个子物体，然后在 Inspector 视图中将 Light 下的 Mode 属性设置为 Baked，如图 4-48 所示。

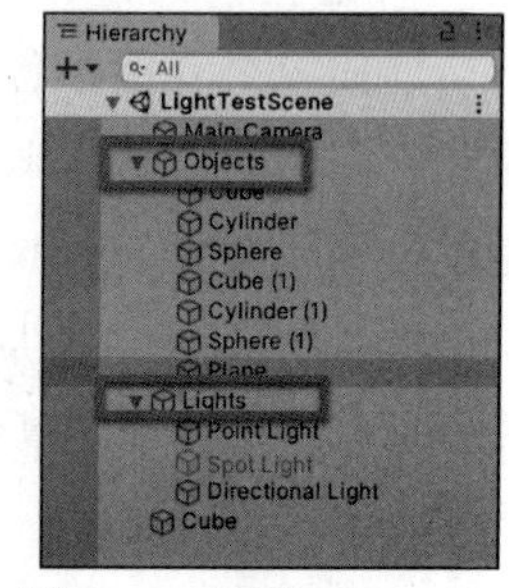

图 4-46 更改 Hierarchy 视图中的游戏对象关系

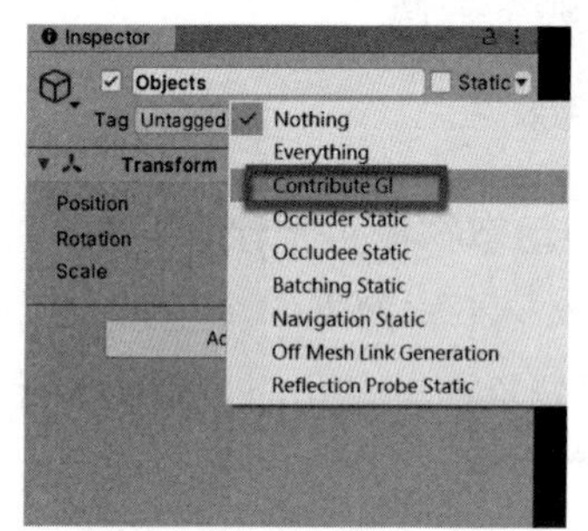

图 4-47 设置游戏对象的 Static 状态

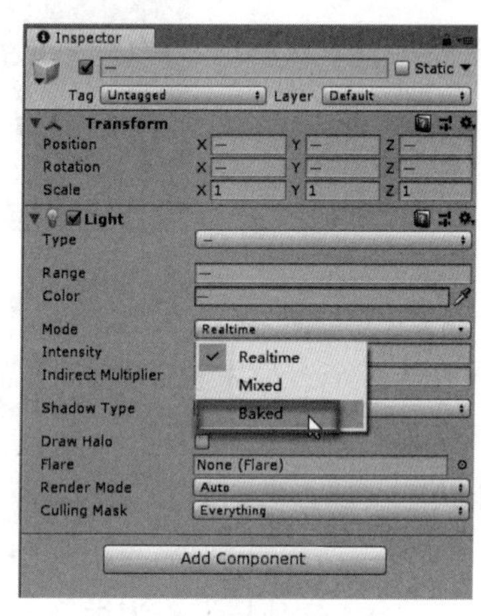

图 4-48 更改烘焙模式

现在，我们可以开始烘焙了。

步骤 4：在顶部菜单栏中依次选择 Window → Rendering → Lighting，即可打开灯光设置按钮。

初次使用时，需要点击 New Lighting Settings，然后注意取消底部 Auto Generate 选项的勾选，点击 Generate Lighting 即可开始烘焙，如图 4-49 所示。

注意，烘焙可能需要等一段时间，在编辑器的右下角会有状态提示。

等烘焙结束后，我们可以看到场景中的灯光发生了细微变化。接下来运行该场景，在 Scene 视图中修改 Directional Light 的角度发现，对象的阴影并不会改变。同样，修改 Point Light 的颜色、范围等发现，场景的光照效果不会有任何改变。

这是因为 Directional Light、Point Light 和场景中所有对象的光照信息都已经烘焙到 Lightmap 中，现在场景中的光照数据来自 Lightmap，而不是根据灯光变化实时计算的。

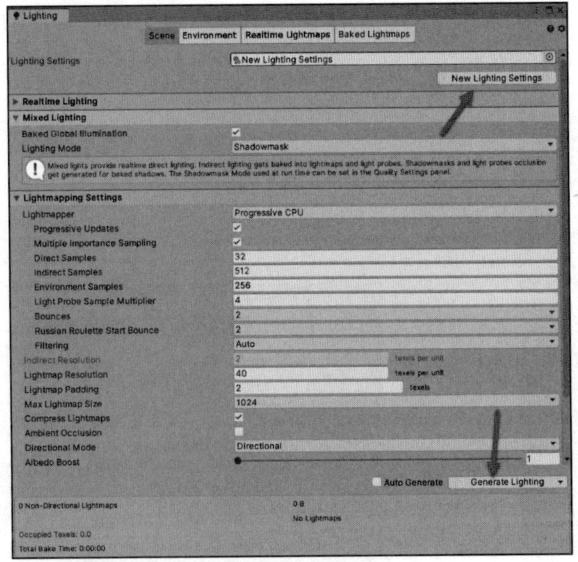

图 4-49　点击 Generate Lighting 开始烘焙

如果场景中的灯光发生了变化，开发者需要手动再次进行烘焙，这样场景中的光照效果才会发生改变。

4.4.6　Lightmap 的使用

大家现在已经知道，在进行灯光烘焙后，场景中的光照信息全部储存在 Lightmap 中。现在，在 Lighting 视图中点击 Baked Lightmaps 查看生成的灯光烘焙贴图，如图 4-50 所示。

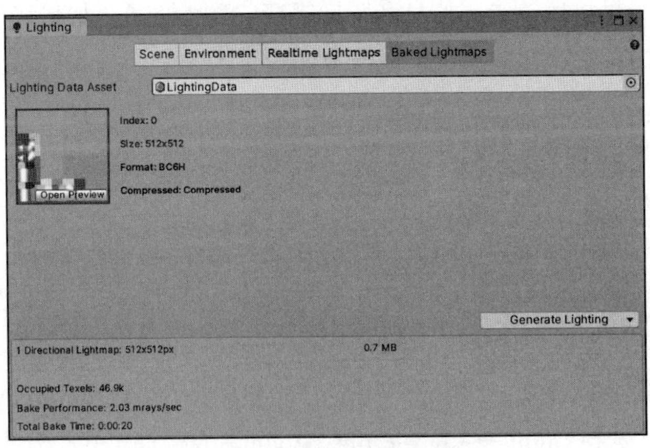

图 4-50　生成的灯光烘焙贴图

直接点击图 4-50 中的 Open Preview 即可查看灯光烘焙贴图的数据。Unity 将通过内置的图片浏览器打开烘焙文件，如图 4-51 所示。

实际上，在烘焙完成之后，在 Project 视图中会自动生成一个新的文件夹，其中存放了灯光烘焙文件，如图 4-52 所示。

图 4-51 通过图片浏览器打开灯光烘焙文件

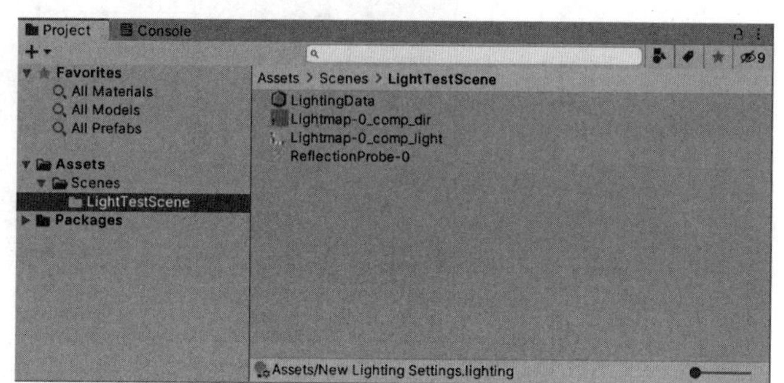

图 4-52 Project 视图中的灯光烘焙文件

我们通常不会对这些数据进行更改，但开发者有必要知道它们存放的路径，当更改场景文件的路径时需要移动这些文件。

4.4.7 Light Probe 的使用

当场景中的灯光烘焙后，光照信息和阴影都变“静止”了。如果场景中有动态的物体，比如可以自由行走的玩家，那玩家岂不是没有阴影了？这个问题我们该怎么解决呢？此时，我们就需要用到 Light Probe 和 Reflection Probe。

步骤 1：在场景中添加一个 Cube 对象，不做任何设置，重新进行一次灯光烘焙。目前场景中的灯光效果如图 4-53 所示。

新添加的 Cube 对象呈灰色，并且没有任何阴影，显然它没有受到任何光照。点击 Play 按钮运行场景，然后切换到 Scene 视图将它从一端移动到另一端。但是在整个移动过程中，它一直保持灰色，与周围的环境格格不入。

步骤 2：在场景中添加 Light Probe Group（光照探头）。在 Hierarchy 视图中右键单击，从弹出的菜单中依次选择 Light → Light Probe Group 命令，即可在场景中添加光照探头。

将灯光烘焙后，运行场景并移动新添加的 Cube 到光照探头范围内，发现其不再是灰色，如图 4-54 所示。

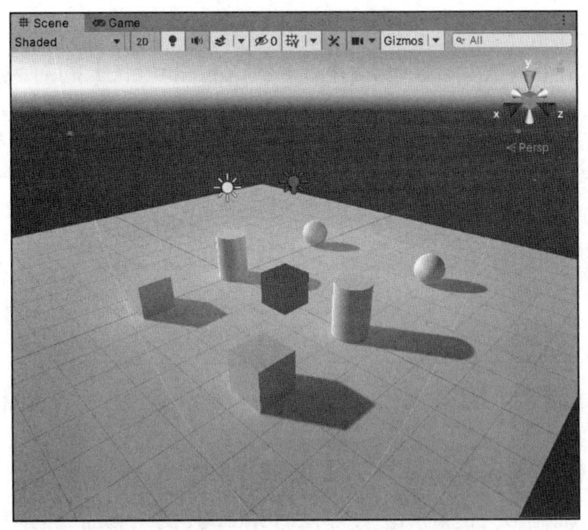

图 4-53　默认情况下的灯光烘焙效果

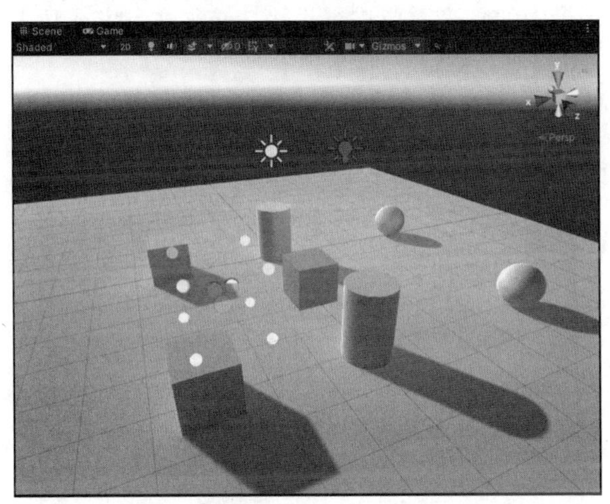

图 4-54　添加光照探头后的场景效果

Cube 附近的小圆球即光照探头。随着 Cube 的移动，负责工作的光照探头也会随之改变。

如果此时仔细观察，能够发现 Cube 虽然受到光照的影响，但没有和其他物体一样产生影子。也就是说，目前场景中的光照仍然是存在问题的。对于这种现象，我们有两种解决方法，一种是更改新添加的 Cube 对象的 Static 状态为 Contribute GI，另一种是更改光源的烘焙模式。

在灯光第一次进行烘焙前，我们将 Directional Light 和 Point Light 都设置为 Baked。Baked 模式下的灯光只会作用于标记为 Contribute GI 的对象。除了 Baked（烘焙）和 Realtime

实时模式外，Unity 还提供了第三种模式——Mixed。

Mixed 模式下的灯光依然会被烘焙并标记为 Contribute GI 的对象，同时作用于场景中的其他对象。

步骤 3：将 Directional Light 和 Point Light 模式都设置为 Mixed，如图 4-55 所示。

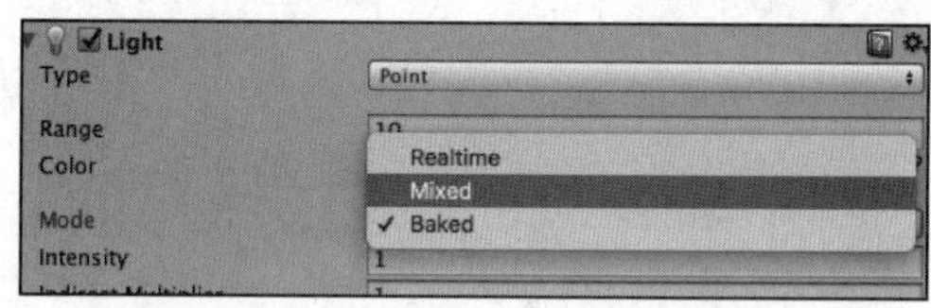

图 4-55　将 Directional Light 和 Point Light 模式都设置为 Mixed

这是因为 Mixed 模式包含 Baked 和 Realtime 两种模式的全局光照，对标记为 Contribute GI 的对象进行烘焙，而对没有被标记为 Contribute GI 的对象依然采用 Realtime 模式实时渲染。

所以，如果游戏场景中的灯光需要进行烘焙，必须在玩家或敌人移动的范围内布置光照探头，这样才能尽可能逼真地模拟光照效果。

设置完成后再次进行灯光烘焙，可以看到新添加的 Cube 对象虽然没有更改 Static 状态，但也能产生影子，如图 4-56 所示。

图 4-56　光源烘焙模式更改为 Mixed 后的场景效果

4.4.8 Reflection Probe 的使用

如果大家在添加光照探头时足够仔细，应该能发现 Lighting 下还有另外一个选择——Reflection Probe（反射探头）。光照探头的作用是收集附近的光照信息，并对探头照射范围内的对象进行实时渲染。反射探头的作用是收集附近的反射信息，并反射到探头照射范围内的对象上，以便提升场景中的灯光模拟效果。

为了更深入地了解反射探头，我们用一个新的示例来说明。

步骤 1：创建一个新场景，并将其命名为 ProbeTestScene。在 Project 视图中右击 Assets 文件夹，新建子文件夹，并将其命名为 Materials。在该文件夹下右击，创建一个新的 Material 文件，将其命名为 GreenMaterial。

步骤 2：在 Project 视图中点击刚刚创建的材质文件，在 Inspector 视图中设置 Albedo 颜色为绿色，如图 4-57 所示。

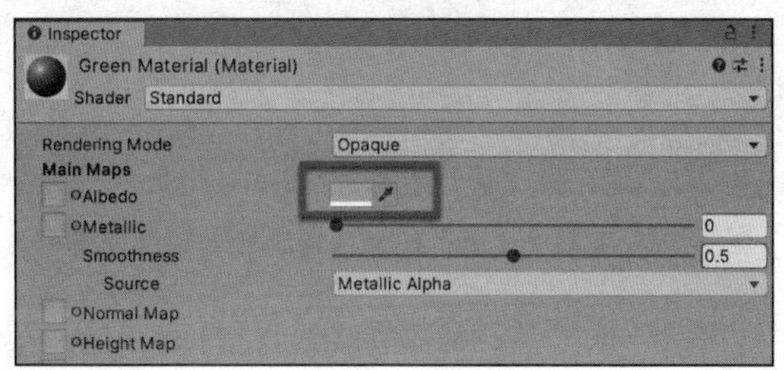

图 4-57　在 Inspector 视图中设置 Albedo 颜色为绿色

步骤 3：使用相同的方式再创建一个材质文件。接下来在场景中创建两个新的 Cube，并拉伸成长方体。随后点击其中一个 Cube，将绿色材质球拖放到 Inspector 视图中，即可将这个 Cube 对象设置为绿色。使用相同的方式将另外一个 Cube 设置为红色，如图 4-58 所示。

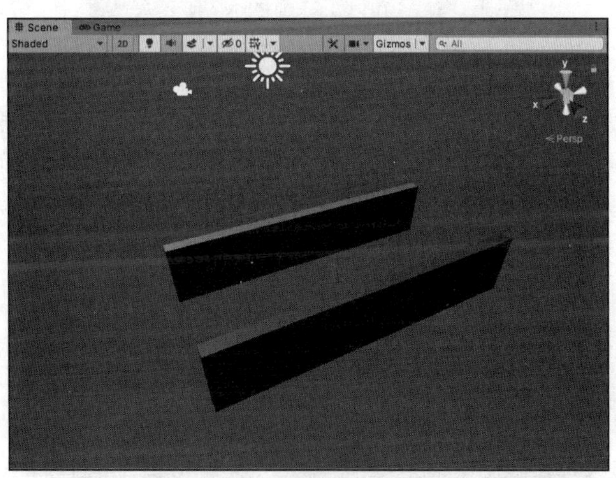

图 4-58　创建两个新的 Cube 物体并赋予不同的材质

步骤 4：在场景中添加一个 Reflection Probe，设置 Type 为 Realtime，设置 Refresh Mode 为 Every Frame，这样反射效果就会在每帧都更新。将反射探头放置于两个 Cube 之间，如图 4-59 所示。

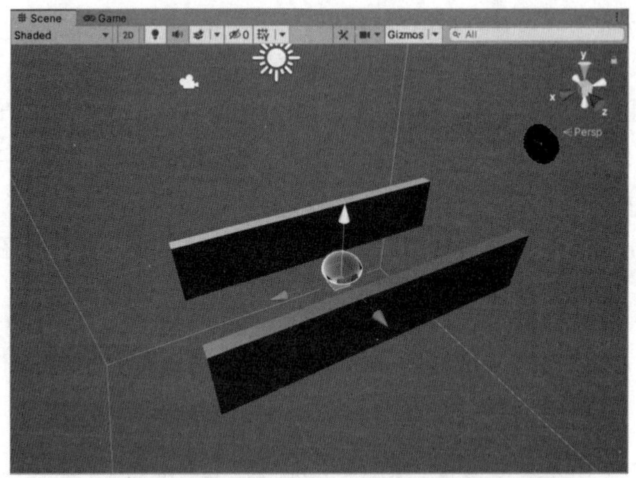

图 4-59 在两个 Cube 对象之间添加一个反射探头

步骤 5：目前反射效果并不明显，我们需要提升反射探头的反射强度，如图 4-60 所示。

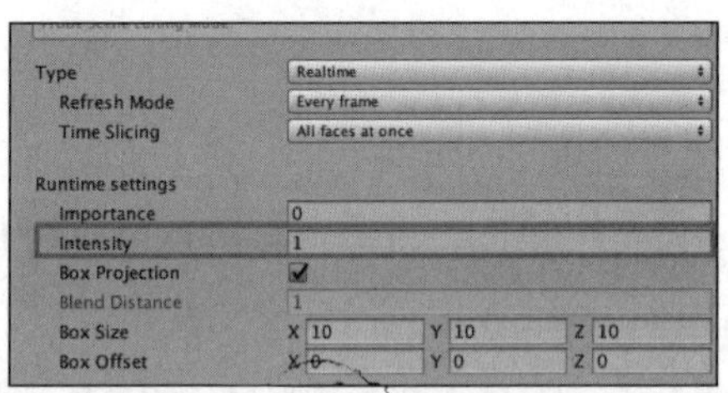

图 4-60 设置反射探头的强度

步骤 6：逐步提高 Intensity 的数值，随着数值越来越大，反射效果也越来越明显。当反射强度提升到 5 时，可以看到绿色 Cube 上反射出了红色，如图 4-61 所示。

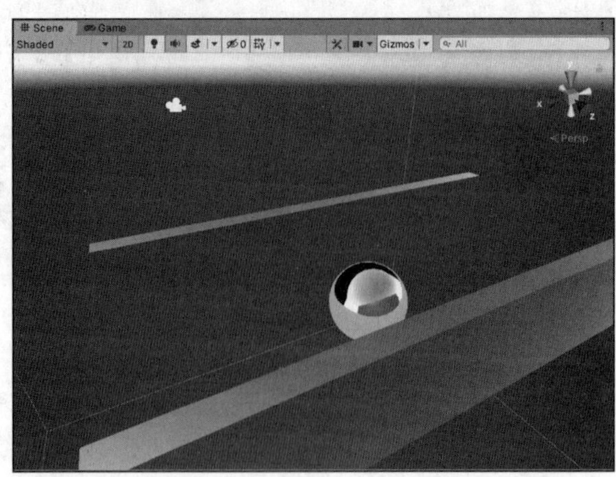

图 4-61 调整 Intensity 直到 Cube 反射出红色

目前，大家应该已经掌握 Unity 中灯光组件的使用方法，能够随心所欲地布置场景中的灯光。游戏中的灯光等艺术效果往往取决于开发者的审美能力，需要开发者多多欣赏美的作品。

在 4.5 节中，我们将学习 Unity 中的粒子系统。

4.5　粒子系统

在 3D 游戏中，大多数的游戏角色、道具和场景元素都可以使用 Meshes（网格模型）的形式来呈现。2D 游戏中的游戏角色通常使用 Sprites（精灵）来呈现。当然，对于那些有固定形状的游戏对象，网格模型和精灵的确是非常理想的视觉呈现方式。但是，在游戏中有时还需要一些其他的元素或对象，因为它们的自然形状并非固定不变的，难以使用网格模型或精灵来表现。

例如风云雷电雨雾等，这类对象的呈现通常要靠粒子特效来完成，尤其是战斗中绚丽的色彩和酷炫的魔法效果。

4.5.1　粒子系统简介

粒子系统（Particle System）中的粒子究竟指的是什么？游戏引擎中的粒子当然不是指质子、中子、电子甚至夸克这样的微观粒子，而是指很小、很简单的 2D 图像或者 3D 网格模型。在粒子系统中，通过设置让微小的粒子以某种特定的形态展示出来，形成粒子特效。从这一点来看，粒子系统中的粒子就如同空气中的灰尘或者微小颗粒。当大量的粒子聚集在一起时，就会形成我们所期待的各种酷炫效果。

当粒子被粒子系统生成之后，就会开始自己的生命周期。粒子系统会在一定的空间随机发射粒子，这种空间可以是球体、半球体、圆锥体等。粒子自生成之后就会一直在系统中显示，直到生命结束从粒子系统中删除。粒子系统的发射速率（Emission Rate）表示每秒多少个粒子被发射出去。粒子的发射速率和平均生命周期基本可以决定处于稳定状态的粒子的数量。

可以说，发射速率和粒子生命周期影响了整个粒子系统的行为表现，单个粒子的行为会在生命周期中受到其他因素的影响。比如每个粒子都有速度因子，它影响了粒子的移动方向和距离。当然，速度本身也会受到系统中力或者风区的影响。此外，每个粒子的颜色、尺寸和旋转也可以在其生命周期内发生变化。考虑到颜色包含透明度属性，所以粒子可以使用渐变的方式出现或消失。

只要我们充分利用以上设置，就可以创造出任何所需的粒子特效。例如，如果我们想模拟瀑布的效果，就可以使用一种比较窄的发射类型，让水粒子在重力的作用下倾泻而出，并在水运动的过程中加速。如果我们想模拟烟雾效果，就可以对烟雾粒子施加向上的力，并在其生命周期中调整尺寸和透明度。

图 4-62 是粒子特效的示例。

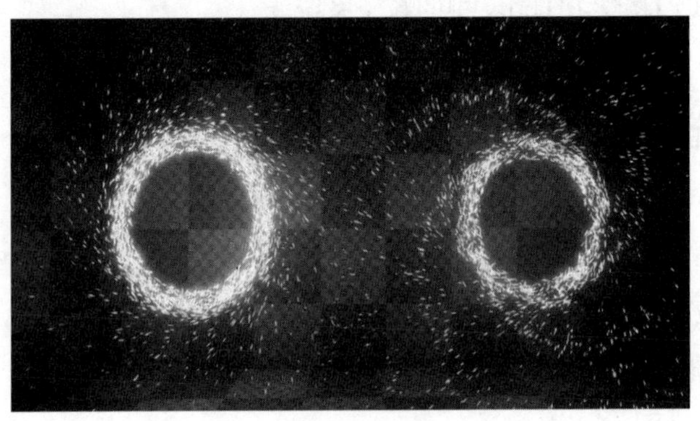

图 4-62 粒子特效的示例

目前，主流的游戏引擎基本内置了粒子系统。其原理大同小异，接下来我们将重点介绍 Unity 中的 Shuriken 粒子系统。

4.5.2 Shuriken 粒子系统

Unity 从 3.5 版本开始支持 Shuriken 粒子系统。在 Unity 中，粒子系统是以组件的形式实现的。因此，在场景中添加粒子就如同添加一个预设的游戏对象，或者向现有的游戏对象中添加组件。

当然，粒子系统的组件系统包含的属性是相当复杂的。这里还是通过示例进行说明。

打开 Unity，创建一个新的项目，将其命名为 ParticleSystem。创建一个新的场景，并保存为 MainScene。在 Project 视图中右击 Assets，在快捷菜单中选择创建一个子文件夹 Scenes，然后将默认的场景保存为 MainScene。

在 Hierarchy 视图中右击，在快捷菜单栏中依次选择 Effects → Particle System 命令，即可创建一个新的粒子系统，如图 4-63 所示。

在 Hierarchy 视图中选中所创建的 Particle System 游戏对象，即可在 Inspector 视图中看到它对应的属性。

粒子系统包含基本属性模块、其他属性模块、粒子纹理及着色器。

1. 基本属性模块

粒子系统的基本属性模块中包含影响整个粒子系统视觉效果的基本属性，其中绝大多数的属性用于控制新创建粒子的初始状态，如图 4-64 所示。

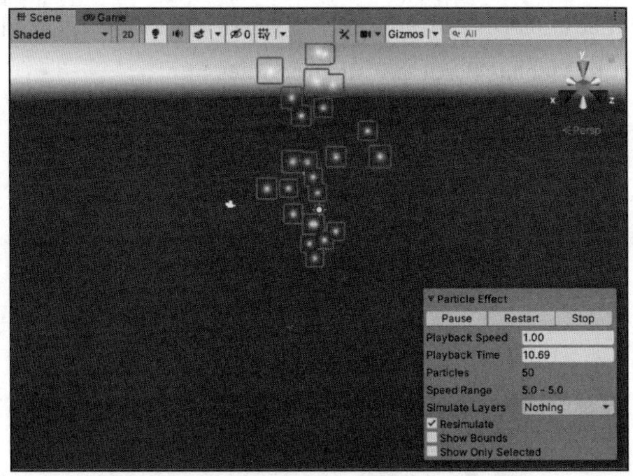

图 4-63　场景中新创建的粒子系统

这里暂且不对每种属性的用法进行详细解释，感兴趣的读者可以参考官方文档：https://docs.unity3d.com/Manual/PartSysMainModule.html

2. 其他属性模块

其他属性模块中包含的属性如图 4-65 所示。

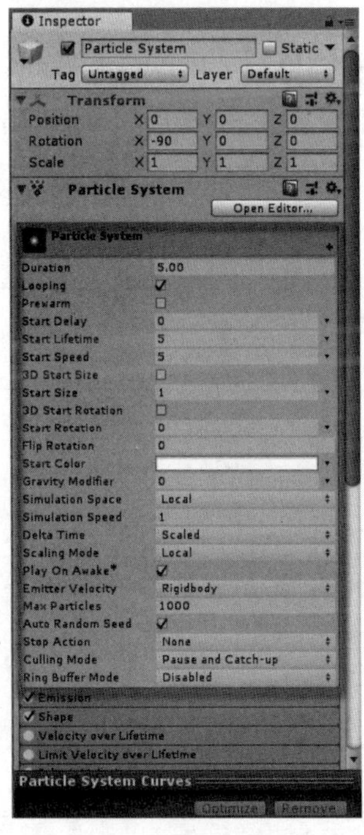

图 4-64　基本属性模块中包含的属性

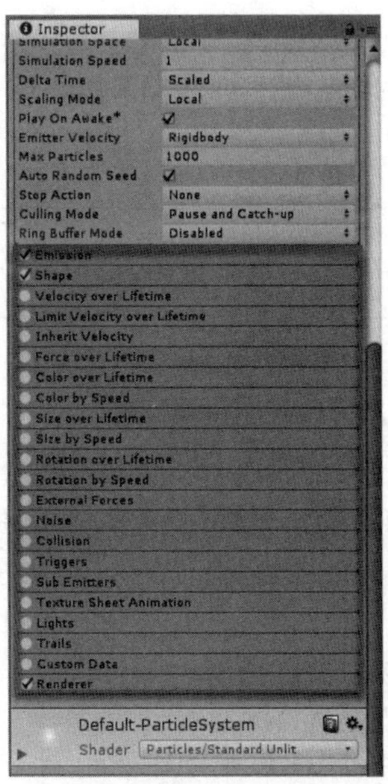

图 4-65　其他属性模块中包含的属性

这里暂不对每种属性的具体用法进行详细解释，感兴趣的读者可以参考官方文档：https://docs.unity3d.com/Manual/ParticleSystemModules.html

3. 粒子纹理及着色器

点开 Inspector 视图中 Default-Particle System 右侧的设置图标，可以选择着色器（Select Shader）或编辑着色器（Edit Shader），如图 4-66 所示。

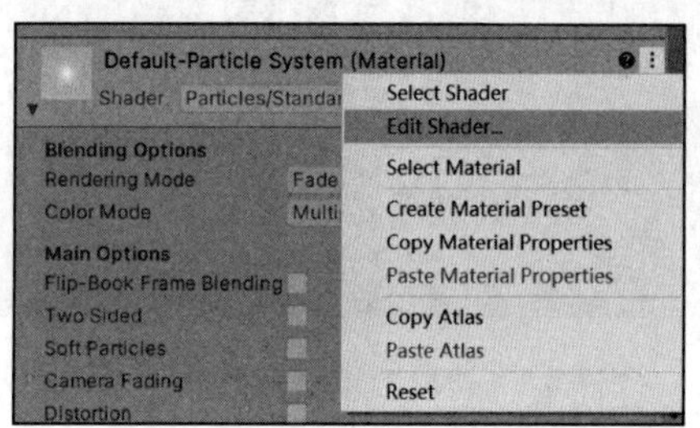

图 4-66 Default-Particle System 的设置选项

关于着色器及其作用，我们将在 4.6 节进行详细讲解。

当我们选中某个带有粒子系统的游戏对象时，在 Scene 视图中会显示一个小的粒子效果（Particle Effect）面板。其中有一些简单的控制参数可以调整，以便轻松预览粒子系统的实际视觉呈现效果。

其中，Playback Speed 可以实现加速或减慢粒子特效的模拟。Playback Time 代表从粒子系统启动后经过的时间。Particles 则显示了系统中当前有多少个粒子。Speed Range 代表单个粒子的速度。顶部的 Pause、Restart 和 Stop 按钮则可以暂停、重启或停止对粒子系统的模拟。

小练习 在场景中添加一个新的粒子系统，让它产生类似火焰的效果。

4.6 着色器

我们可以根据对着色器的熟悉程度来判断一个 Unity 开发人员是新手还是老手。如果不掌握着色器的使用方法，就不算是真正的入门 Unity。

4.6.1 着色器简介

在计算机图形学中，着色器是指专门用于渲染着色的计算机程序，作用是设置图像的光照、阴暗和色彩等。着色器通常以极高的灵活性在图形硬件上运行。大多数着色器在编码时是面向 GPU（图形处理单元）的。着色语言通常可用于编写 GPU 渲染管道。通过着色器中预定义的算法，可以动态修改图像显示的像素、纹理等元素的位置、色调、饱和度、明亮度和对比度等。着色器在计算机图形处理中有非常广泛的应用。通过合理使用着色器，可以极大地改善游戏的视觉呈现效果，提升游戏的品质。

在 Unity 中，对游戏对象的渲染是通过材质、着色器和纹理贴图共同完成的。三者的关系非常紧密，共同作用于游戏对象，形成丰富多彩的游戏世界。

1）材质用于定义物体的表面是如何渲染的，包括所使用的纹理贴图、表面铺设以及色彩变化等。材质的可用设置选项取决于我们所使用的着色器。

2）Unity 中的着色器其实是小的代码片段，其中包含了各种数学运算和算法，作用是基于材质的设置和光照的输入计算每个像素点的色彩和其他属性值。

3）纹理贴图其实就是位图。材质中可能涉及纹理贴图的引用，因此着色器可以在设置物体表面色彩的时候使用纹理贴图。除了呈现物体表面的基本色彩，纹理贴图还可以呈现材质表面的其他属性，比如反射或粗糙程度等。

简而言之，着色器决定着材质的相关可用选项着色器可用于指定一个或多个纹理变量，而材质可用于指定纹理资源。

4.6.2　Unity 中的标准着色器

对于大多数渲染来说（如角色、场景、环境、实体和透明物体、硬表面和软表面等），Unity 中内置的标准着色器（Standard Shader）就够用了。Unity 中的标准着色器是高度定制化的着色器，可以很好地呈现多种类型物体的表面。

Unity 中的标准着色器自带有一系列特性，可以用来渲染真实世界的物体，比如石头、木头、玻璃、塑料和金属等。Unity 中的标准着色器支持各种类型着色器及其组合。我们只需要在材质编辑器中简单地设置不同的纹理选项和参数即可。

标准着色器同样整合了先进的光照模型，我们将其称为基于物理的渲染（Physically Based Shading，PBS）。PBS 可以用接近真实的方式来模拟材质和光线之间的互动。其背后的思想是，通过一种对用户友好的方式实现不同光照下更为真实的效果。

Unity 中的标准着色器在设计时就考虑了硬表面（即建筑材质）的渲染需求。其可以用来处理大多数真实世界中的材质，如石头、玻璃、陶瓷、黄铜、白银或橡胶等，还可以用来处理软的材质，比如皮肤、头发和布料等。

图 4-67 显示了一个使用标准着色器渲染的场景。

我们在使用标准着色器时，可以将多个着色器类型（如 Diffuse、Specular、Bumped Specular、Reflective 等）整合进单个着色器，从而在所有的材质类型上使用。这种方法的好处是可以让所有使用该着色器的模型有真实可信的光线和阴影分布。

图 4-67 使用标准着色器渲染的场景

接下来，我们将通过一个简单的示例介绍如何在项目中使用标准着色器。

首先打开 Unity，创建一个新的项目，并将其命名为 Standard Shader。依次选择菜单栏中的 File → New Scene 命令（或快捷键 Ctrl+N），创建一个新的场景。然后选择菜单栏中的 File → Save Scene 命令保存默认的场景，并将其命名为 MainScene。

在 Hierarchy 视图中右击，在弹出的快捷菜单中选择 3D Object → Sphere 命令，创建一个球体（Sphere）对象。在 Unity 项目中，所有新创建的物体被提供默认的材质。

接下来，我们创建一个新的材质，然后将其与新创建的球体关联。

在 Project 视图中右击 Assets 文件夹，在弹出的快捷菜单中依次选择 Create → Folder 命令，创建一个子文件夹，并将其命名为 Materials。双击进入该子文件夹，然后右击，在快捷菜单中依次选择 Create → Material 命令，创建一个新的材质，将其命名为 MyMaterial。把该材质拖到刚创建的球体对象上，然后在 Hierarchy 中选中球体对象。此时，在 Inspector 视图中出现一个名为 MyMaterial 的材质组件，如图 4-68 所示。

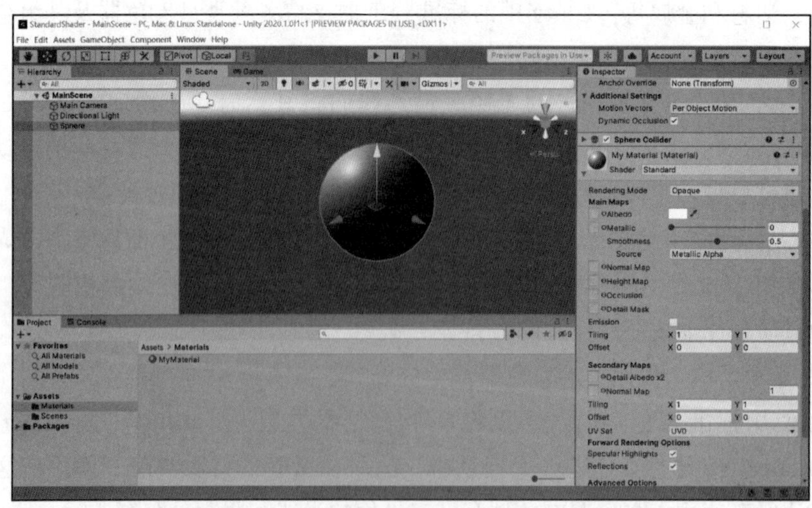

图 4-68 查看球体对象上的 Materials 属性

虽然这里我们已经切换了材质，但是看起来球体对象的外观并没有任何变化。这是因为目前新的材质也是默认设置。接下来我们做一些调整，在 Project 视图中选中 MyMaterial 材质，在右侧的 Inspector 视图中确保 Shader 右侧的下拉框所选的类型是 Standard，如图 4-69 所示。

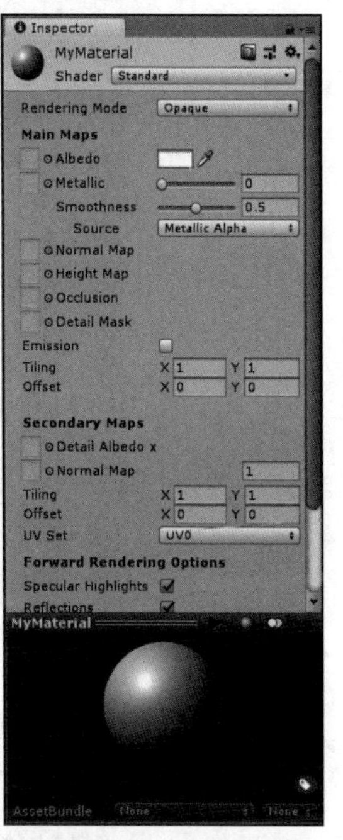

图 4-69　着色器类型设置

接下来，我们具体了解一下标准着色器的相关设置选项。

（1）Rendering Mode（渲染模式）

通常，标准着色器有 4 种不同的渲染模式，具体如下。

1）Opaque：默认的设置，适合渲染不透明的物体。

2）Cutout：允许渲染带有完全透明或完全不透明区域的物体。

3）Fade：允许通过透明度的等级实现物体的渐变显示。

4）Transparent：允许渲染一些纯透明的物体，比如玻璃、透明塑料，等等。

不过，如果只是单纯调整材质的渲染模式，并不能给视觉效果带来任何变化。这是因为渲染模式并非直接作用于材质本身，而是作用于 Main Maps 中 Albedo 参数。

（2）Main Maps（贴图）

标准着色器的贴图有 6 种类型，具体如下。

1）Albedo：英文意思是天体的反射率。材质的 Albedo 参数用于定义材质的色彩和透明度。

我们有两种方式可以用来更改材质的色彩和透明度，第一种是直接使用拾色器调整色彩和透明度，但这种做法会影响整个物体的色彩和透明度。比较推荐的方式是给某个纹理赋予 Albedo 参数，该纹理参数将定义材质的色彩和透明度。

要想设置材质的 Albedo 属性，只需点击 Albedo 标签旁边的小圆圈即可。

在 Unity 的 Project 视图中右击 Assets，创建一个新的子文件夹，并将其命名为 Textures，然后将纹理资源拖到该文件夹中。

在 Project 视图中找到所创建的材质 MyMaterial，点击 Albedo 标签旁边的小圆圈，并选择 stripe。此时可以看到，球体对象的外观立即变成了带条纹状，如图 4-70 所示。

接下来我们把 Rendering Mode 修改为 Cutout，此时并没有看到视觉效果有任何变化。这是因为该纹理并没有透明区域。在 Albedo 参数中选择 cut 纹理，可以看到球体上出现了全透明区和完全不透明区，如图 4-71 所示。

如果所使用的纹理具有不同层次的透明度，我们还可以通过更改 Alpha Cutoff 滑动条上的数据来设置 cutoff 的值。

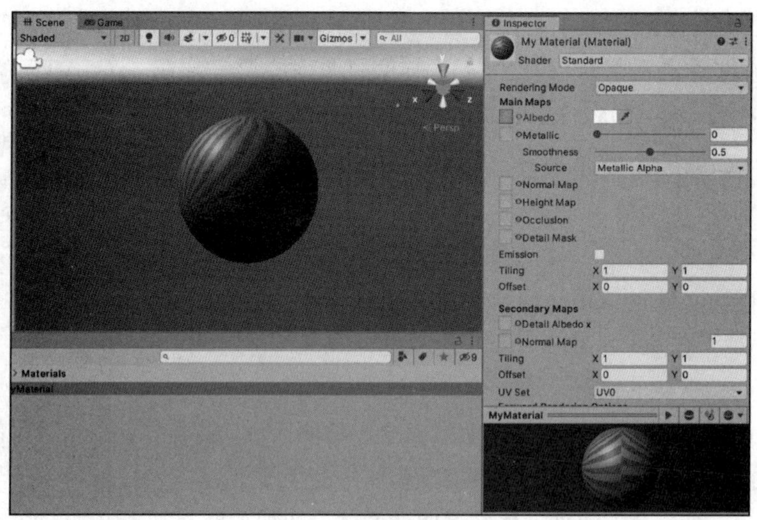

图 4-70 更改 MyMaterial 的 Albedo 属性

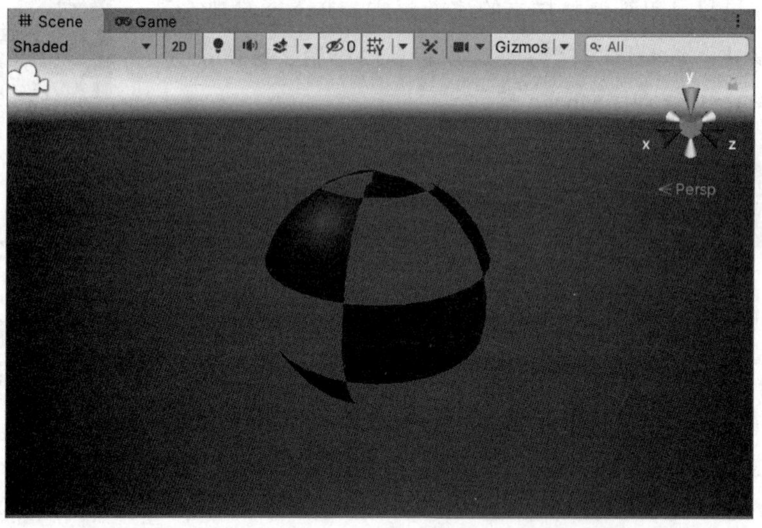

图 4-71 更改纹理和 Rendering Mode 后的效果

接下来看一下渐隐材质的视觉呈现效果。将 Rendering Mode 设置为 Fade，然后在 Albedo 中选择 camo 纹理。点击 Albedo 右侧的拾色器，降低透明度的数值（拾色器中的 A 数值）到 100。此时，效果如图 4-72 所示。

如果我们希望材质具备不同层次的透明度，可以将 Rendering Mode 设置为 Transparent，并赋予 Albedo 一个具备不同层次透明度的纹理。这里，我们选择 Transparent 纹理，如图 4-73 所示。

图 4-72　更改纹理并调整透明度后的效果

图 4-73　选择 Transparent 纹理后的效果

2)Metallic：用于定义材质表面对光的反射量。我们可以通过两种方式控制光的反射量，一种是直接拖动 Metallic 和 Smoothness 的滑动条。Metallic 数值决定了设置的材质接近金属材质的程度。Metallic 数值越接近 1，那么对光的反射量就越大。而 Smoothness 数值决定了材质表面的平滑度。另一种方式则是给 Metallic 赋予一个纹理贴图。

这里我们尝试将 Rendering Mode 设置为 Opaque，在 Albedo 属性中选择 stripe 纹理，然后在 Metallic 属性中也选择 stripe 纹理，将 Smoothness 设置为 1，将 Source 设置为 Metallic Alpha，效果如图 4-74 所示。

图 4-74 设置 Metallic 属性后的效果

> 注意 如果发现场景中的物体光照不足，可以通过更改平行光的强度或增加其他光源来解决。

3）Normal Map：即法线贴图，实际上是一种特殊类型的纹理，用于给物体表面添加类似刮痕或者凹槽的效果。从理论上来说，我们可以直接在制作 3D 模型的时候设计出类似的效果，但这样需要更多的多边形和面数，大大影响了游戏的运行效率。

如果使用 Normal Map，图形渲染硬件消耗很低的运算性能就可以实现类似的渲染效果。Normal Map 可以通过 3D 建模软件生成，也可以手动生成。关于法线贴图的更多知识，读者可以参考官方文档的相关内容（http://docs.unity3d.com/Manual/StandardShaderMaterialParameterNormalMap.html）。

为了演示，这里提供一个名为 camo_normal 的法线贴图纹理。将 Albedo 重新设置为 camo，然后将 Metallic 设置为 None，在 Normal Map 属性处选择 camo_normal 纹理，并将 Smoothness 设置为 0.15，如图 4-75 所示。

图 4-75 添加法线贴图后的效果

此时，我们会看到白色的区域凸起，整个球面不再光滑平整。

但是，在 Normal Map 的下面出现一个提示——This texture is not marked as a normal map。此时，我们可点击 Fix Now 来解决。

4）Height Map：即高度贴图，类似于法线贴图，但比法线贴图视觉效果更强。通过合理使用高度贴图，可以产生靠近摄像头的表面比远离摄像头的表面更为突出的效果。大多数情况下，高度贴图会和法线贴图配合使用。

在 Height Map 属性中选择 camo_height 纹理，可以看到图 4-76 所示的效果。

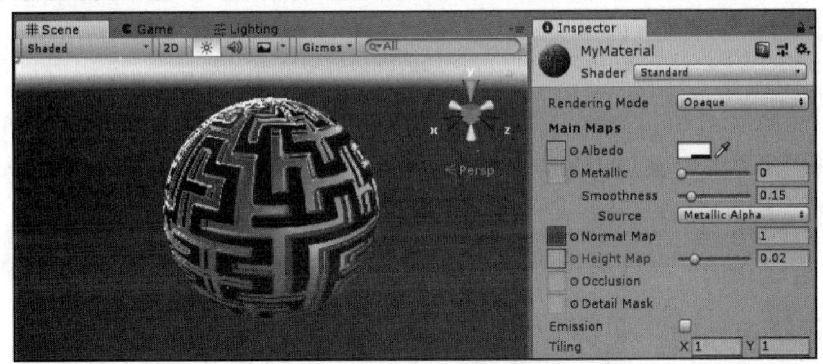

图 4-76　添加了高度贴图后的效果

5）Occlusion Map：即剔除贴图，用于定义物体特殊区域的间接光量。剔除贴图通常在 3D 建模软件中基于 3D 模型的拓扑结构创建。剔除贴图是灰度图，其中白色代表该区域接收间接光照，黑色则代表该区域不接收任何间接光照。如果合理利用剔除贴图，可以实现惟妙惟肖的视觉效果。

6）Emission：用来控制材质表面所发射光线的色彩和强度。一旦设置 Emission 值，材质看起来就好像从内部发光一样。

只要勾选 Emission 就可以启用该属性，我们可以指定一个特殊的色彩，或者设置一个纹理，或者使用两者的混合，如图 4-77 所示。

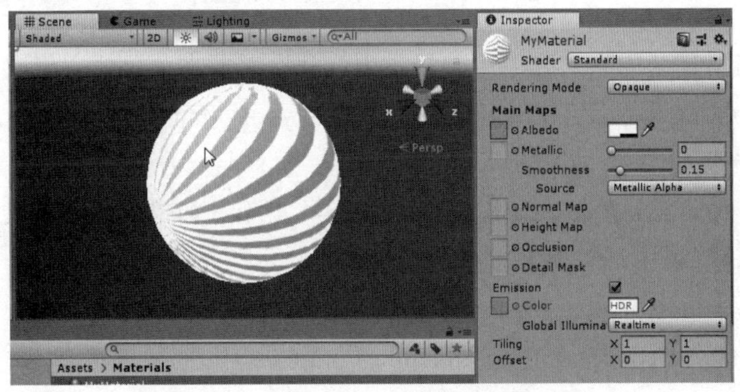

图 4-77　设置 Emission 属性后的效果

小练习 自行设置 Main Maps 中的各个属性。

（3）Secondary Maps

Secondary Maps 允许我们设置材质的第二个纹理，从而实现更为复杂的效果。

小练习 自行尝试设置第二个纹理，并查看设置之后的材质效果。

（4）Skybox

Skybox（天空盒）是一种特殊的着色器，可以应用到整个场景中。如果想创建一个天空盒材质，只需创建一个新的材质，并将着色器保存路径选择为 Skybox\Procedural 即可，如图 4-78 所示。

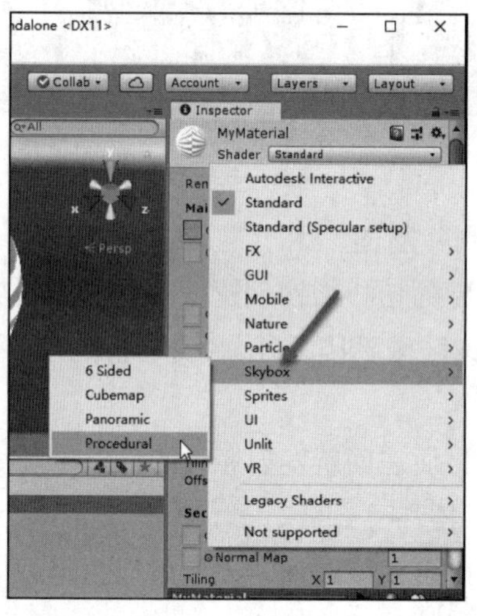

图 4-78 将材质设置为天空盒

如果想要将所创建的天空盒应用到场景中，那么需要在菜单栏中依次选择 Window → Rendering → Lighting，然后在 Environment 下的 Skybox Material 右侧选择所创建的天空盒材质，如图 4-79 所示。

关于 Unity 的标准着色器，这里只介绍了一些皮毛。如果你想了解更多相关的知识，请参考官方文档：

- ❑ http://docs.unity3d.com/Manual/Shaders.html；
- ❑ https://unity3d.com/learn/tutorials/topics/graphics。

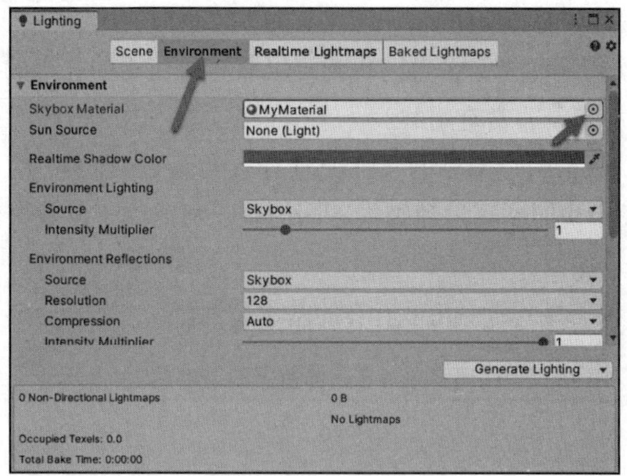

图 4-79 将天空盒应用到场景中

4.6.3 创建自定义的着色器

虽然 Unity 的标准着色器已经足够强大，但是如果想在产品中实现一些特殊的视觉效果，还是需要创建自定义的着色器。当然，与着色器相关的内容非常复杂，甚至可以单独写一门教程，这里只是粗略地介绍一下。

Unity 支持两种类型的着色器：表面着色器与顶点 / 片元着色器。不管是哪种类型的着色器，其代码结构类似代码清单 4-1。

代码清单 4-1 着色器的代码结构

```
Shader "MyShader"
{
    Properties
    {
        // shaders属性
        // - textures（材质）
        // - colours（色彩）
        // - parameters（参数）
        // ...
    }
    SubShader
    {
        // Shader相关代码
        // - surface shader（表面着色器）
        //   或
        // - vertex and fragment shader（顶点和像素着色器）
        //   或
        // - fixed function shader（固定渲染管线）
    }
}
```

Unity 中着色器的代码通常使用 Cg 语言来编写。着色器的代码中可以包括多个 SubShader 部分。Unity 将依序执行这些指令，直到找到可以兼容所使用的显卡的代码段。对于游戏的跨平台支持特性，这一点是非常有用的。

在以上代码中，Properties 部分的属性变量有点类似 C# 脚本中的 public 变量，可以在材质的 Inspector 视图中访问。不过和脚本不同的是，材质属于游戏资源，因此对材质属性的更改将在游戏停止后保留。

代码清单 4-2 涵盖了着色器中几乎所有的基本属性。

代码清单 4-2　着色器的基本属性

```
Properties
{
    _MyTexture ("My texture", 2D) = "white" {}
    _MyNormalMap ("My normal map", 2D) = "bump" {}  // Grey

    _MyInt ("My integer", Int) = 2
    _MyFloat ("My float", Float) = 1.5
    _MyRange ("My range", Range(0.0, 1.0)) = 0.5

    _MyColor ("My colour", Color) = (1, 0, 0, 1)    // (R, G, B, A)
    _MyVector ("My Vector4", Vector) = (0, 0, 0, 0) // (x, y, z, w)
}
```

当给某个材质赋予自定义的着色器后，以上属性将显示在 Inspector 视图中，如图 4-80 所示。

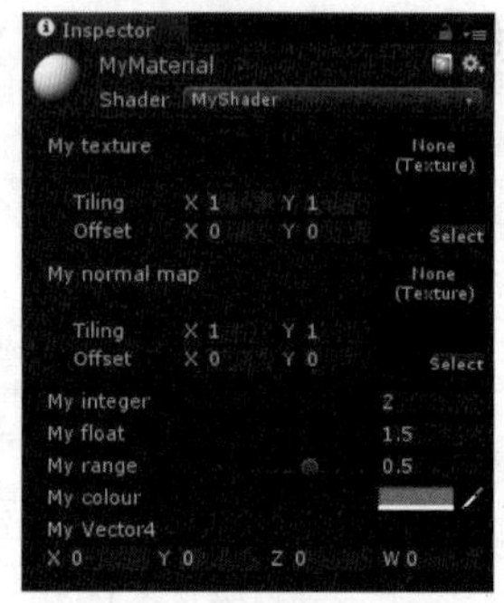

图 4-80　使用自定义着色器后的材质属性

在 Unity 中打开之前所创建的 MyShader 项目，创建一个新的场景，并将其命名为 CustomShaderTestScene。在新的场景中创建一个平面作为地面，创建两个 Sphere（球体）作为着色器的应用对象。对象创建完毕后的场景如图 4-81 所示。

在 Project 视图中创建一个新的子文件夹，并将其命名为 Shaders。右击 Shaders，在弹出的快捷菜单中依次选择 Create → Shader → Standard Surface Shader 命令，将新创建的 Shaders 更名为 BasicDiffuse。在 Project 视图中右击 Materials，在快捷菜单中选择命令来创建一个新的材质，将其命名为 BasicDiffuseMaterial。

双击 BasicDiffuse 着色器在 Visual Studio 中自动打开，看到其中已经有基本的着色器代码，如代码清单 4-3 所示。

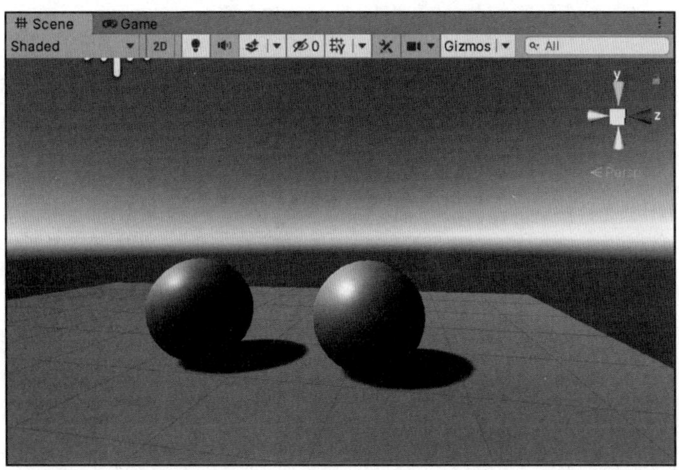

图 4-81　对象创建完毕后的场景

代码清单 4-3　基本的着色器代码

```
Shader "Custom/BasicDiffuse"
{
    Properties
    {
        _Color ("Color", Color) = (1,1,1,1)
        _MainTex ("Albedo (RGB)", 2D) = "white" {}
        _Glossiness ("Smoothness", Range(0,1)) = 0.5
        _Metallic ("Metallic", Range(0,1)) = 0.0
    }
    SubShader
    {
        Tags { "RenderType"="Opaque" }
        LOD 200

        CGPROGRAM
        // PSB标准光照模型，支持所有类型的光源
        #pragma surface surf Standard fullforwardshadows

        // 使用Shader 3.0获取更好的光照效果
        #pragma target 3.0

        sampler2D _MainTex;

        struct Input
        {
            float2 uv_MainTex;
        };

        half _Glossiness;
```

```
        half _Metallic;
        fixed4 _Color;

        UNITY_INSTANCING_BUFFER_START(Props)
        UNITY_INSTANCING_BUFFER_END(Props)

        void surf (Input IN, inout SurfaceOutputStandard o)
        {

            fixed4 c = tex2D (_MainTex, IN.uv_MainTex) * _Color;
            o.Albedo = c.rgb;
            o.Metallic = _Metallic;
            o.Smoothness = _Glossiness;
            o.Alpha = c.a;
        }
        ENDCG
    }
    FallBack "Diffuse"
}
```

在 Project 视图中找到创建的 BasicDiffuseMaterial 材质。从 Shader 下拉列表框中选择 Custom/BasicDiffuse，此时可以看到 Inspector 中的设置选项发生了变化。点击 Albedo (RGB) 右侧的 Select 按钮，选择 stripe 纹理。把 BasicDiffuseMaterial 材质拖到创建的任何一个球体上，可以看到我们所创建的自定义着色器已经起作用了，如图 4-82 所示。

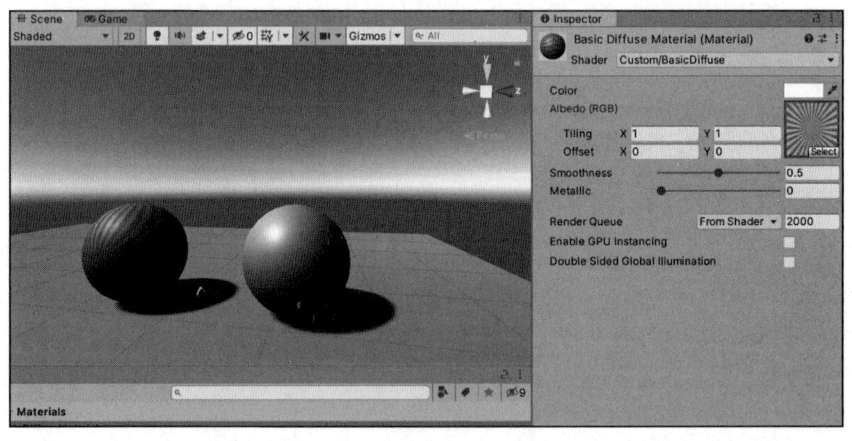

图 4-82 将使用了自定义着色器的材质赋予球体

Unity 中的着色器将 Cg 作为着色语言。关于自定义着色器，我们还有很多知识需要探索。限于篇幅，这里只能浅尝辄止。在实际的开发工作中，能否熟练掌握着色器是区分 Unity 新手和老手重要的判断标准之一。对自定义着色器感兴趣的读者可以参考 Unity 官方文档或第三方的相关教程。另外推荐两本书：《Unity Shader 入门精要》和《Unity3D ShaderLab 开发实战详解》。

4.6.4　Shader Graph

2017 年，编写自定义着色器的程序还被绝大多数 Unity 开发者畏惧。因为要自定义着色器，就必须对计算机图形学有一定的了解，还要使用偏底层的着色语言。为了让更多的人可以通过着色器提升游戏的画面表现，Unity 2018.1 版本正式推出了 Shader Graph。开发者无须写代码，用一种可视化的方式即可创建和连接节点，并形成最终期望的视觉效果，如图 4-83 所示。

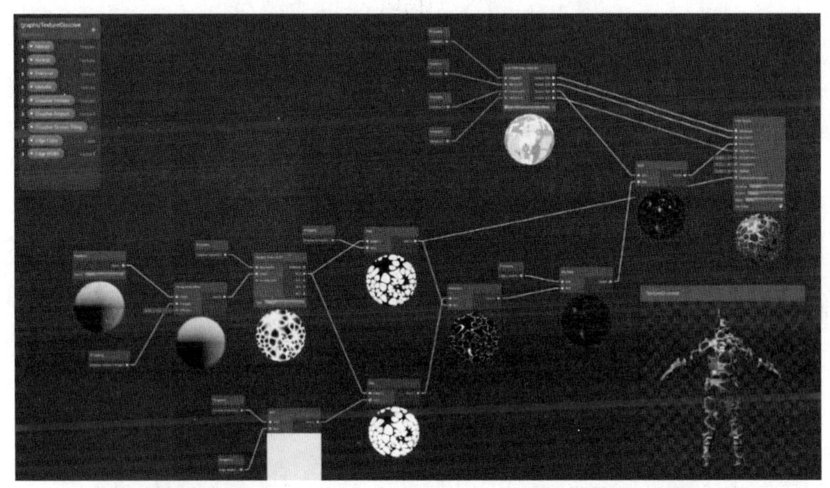

图 4-83　Shader Graph 使用可视化的方式创建着色器

这里简单介绍一下如何配置和使用 Shader Graph 工具。因为该工具目前还在预览版阶段，所以有些功能还不是很完善，需要大家自行探索。

1）安装所需的 Shader Graph 工具包。

在 Unity 编辑器的菜单栏中依次选择 Window → Package Manager 命令，在 Packages 类型中选择 Unity Registry，然后向下滚动，即可找到 Shader Graph，选中之后点击下方的 Install 按钮即可安装，如图 4-84 所示。

2）创建 ShaderGraph 文件。

在 Project 视图中进入 Shaders 文件夹并右击，在弹出的快捷菜单中依次选择 Create → Shader 命令，发现多了几个选项，如图 4-85 所示。

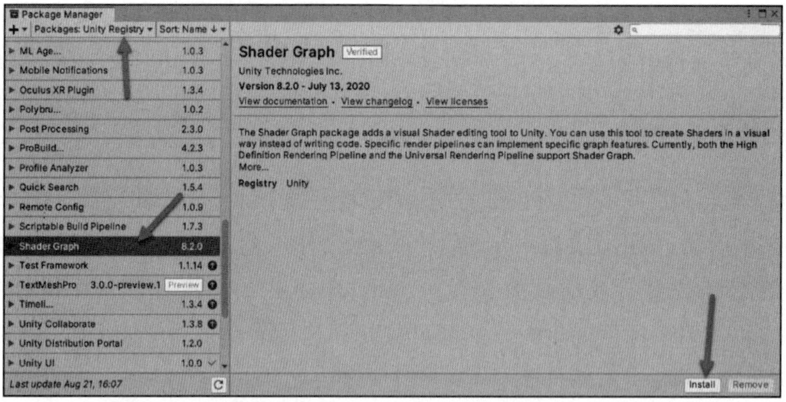

图 4-84 安装 Shader Graph 工具包

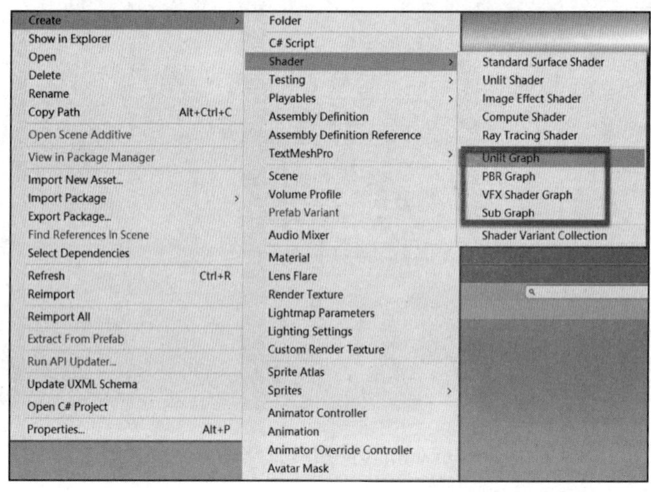

图 4-85 创建 Shader Graph 的选项

其中，PBR Graph 代表 PBR 图；Sub Graph 代表子图，用于创建一些可复用的节点；Unlit Graph 代表不受光照的图；VFX Shader Graph 代表用于创建特效相关的着色器。

这里我们选择默认的 PBR Graph，将其命名为 NewShaderGraph。双击 New Shader Graph 文件，其不会在 Visual Studio 中打开，而是在 Shader Graph 视图中打开，如图 4-86 所示。

Shader Graph 中的图是由节点和线连成的，默认创建有一个主节点（Master Node）。通过把其他节点连接到主节点，我们可以获得想要的效果。

关于 Shader Graph 使用的更多知识，读者可以参考官方文档：https://unity.com/cn/shader-graph。

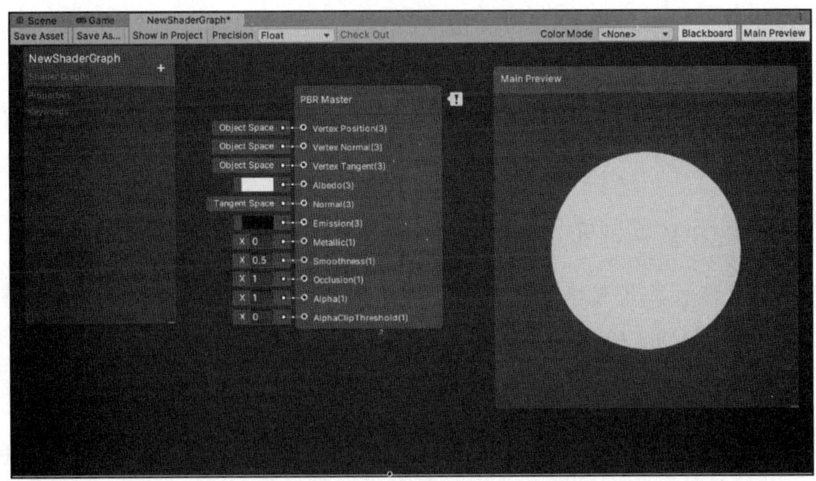

图 4-86　Shader Graph 视图

4.7　后期处理

在日常生活中，我们在使用数码相机或者手机拍照时，常常会用到各种滤镜和美化工具，从而让原本平淡的画面顿生光彩，如图 4-87 所示。Unity 也提供了类似的全屏特效工具，即 Post Processing。

图 4-87　通过后期处理让画面更吸引人

4.7.1　Post Processing 简介

Post Processing 用来产生类似照片处理的效果，可以轻松地给游戏场景添加更震撼的视觉效果，无须做很多美术方面的工作。

开发者可以使用后期处理工具来模拟物理相机和胶片的效果，例如景深效果、影像色调或色彩校正等。Unity 编辑器中内置了很多特效。开发者也可以自己编写代码来实现自己想要的效果。

Post Processing 是 Unity 5.5 版本之后推出的，其前身是很多开发者所熟悉的 Image Effects（屏幕特效）。

4.7.2 如何在 Unity 项目中添加 Post Processing

在使用任何后期处理工具之前，我们需要正确地设置摄像机。在 4.6 节中，我们了解了 Unity 的标准着色器。当我们在场景中导入一个 3D 模型或创建一个对象（如方块或球体）时，Unity 将对对象赋予一个使用了标准着色器的材质。该标准着色器基于 PBR（基于物理的渲染）生成。限于篇幅，本书没有对 PBR 的原理及使用进行详细的介绍。但我们需要知道的是，PBR 会影响 Unity 中摄像机的设置，在这里需要更改两处设置。

打开 Unity，创建一个新的项目，并将其命名为 Post-Processing，然后创建一个新的场景，保存为 MainScene。

首先，在 Hierarchy 视图中选中 Main Camera 对象，然后在 Inspector 视图中检查摄像机的 HDR（High Dynamic Range，高动态范围）选项，如图 4-88 所示。

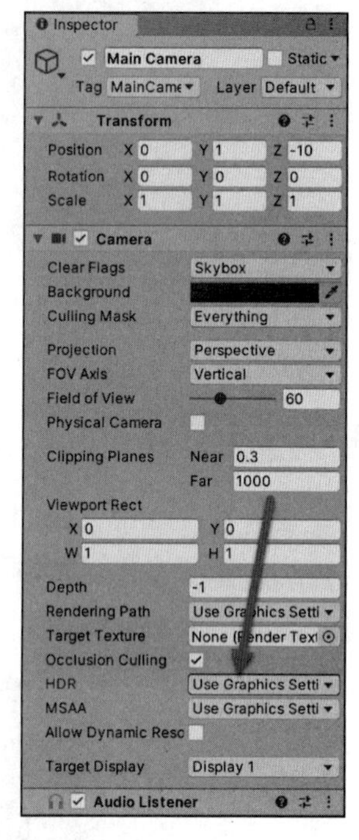

图 4-88 查看 HDR 选项设置

HDR 意味着 Unity 中的摄像机可以捕捉超出计算机屏幕显示范围的亮度值。在某些情况下，使用 PBR 的物体具有比屏幕显示范围高得多的亮度值，且许多后期处理工具将使用该数值。

其次，为了让 PBR 光照模型可以正常运作，我们需要启用 Linear Color Space（线性色彩空间）。在 Unity 的菜单栏中依次选择 Edit → Project Settings → Player 命令，打开相关的设置选项。在 Other Setting 部分找到 Color Space，然后将其属性值更改为 Linear（默认情况下为 Gamma），如图 4-89 所示。

接下来，我们需要从 Unity 官方下载最新的 Post Processing 内置效果资源包。在 Unity 编辑器的菜单栏中依次选择 Window → Package Manager 命令。在 Packages 类型中选择 Unity Registry，然后向下滚动找到 Post Processing 并选中，点击下方的 Install 按钮即可安装，如图 4-90 所示。

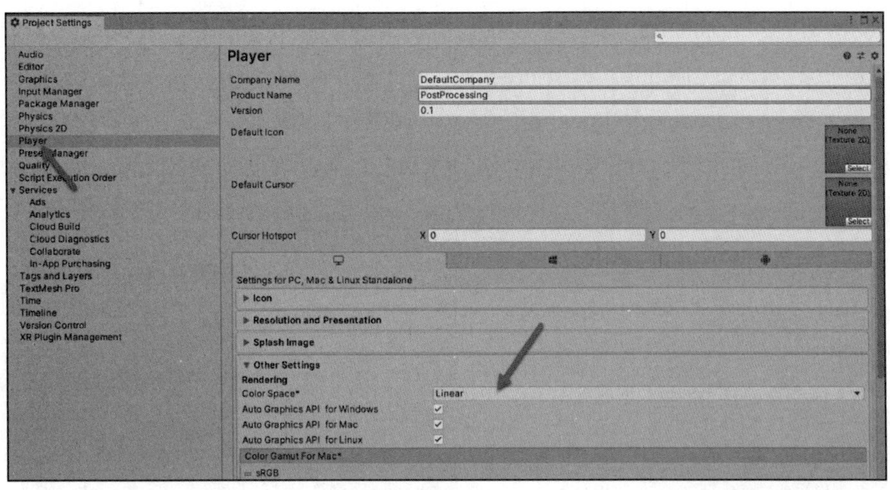

图 4-89　设置 Color Space 属性

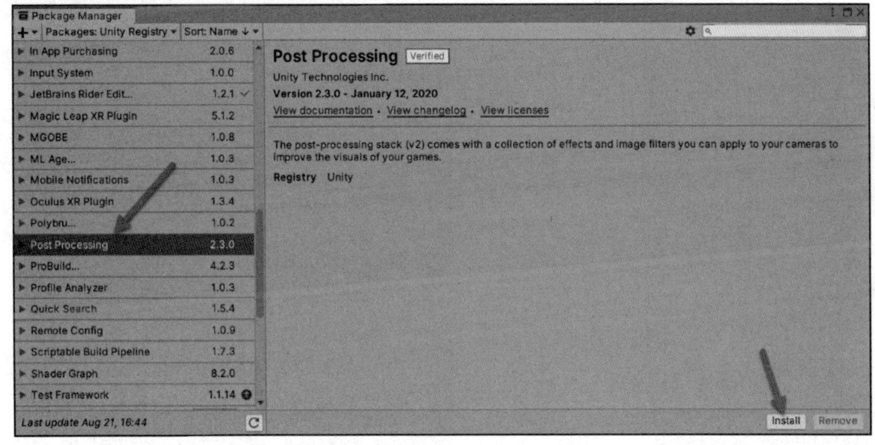

图 4-90　在 Package Manager 中找到并下载 Post Processing 工具包

接着，我们需要给主摄像机设置 Layer。

在 Hierarchy 视图中选择 Main Camera，在 Inspector 视图中依次选择 Layer → Add Layer 命令，然后在自定义的 User Layer 中任选一个，并命名为 PostProcessing，如图 4-91 所示。

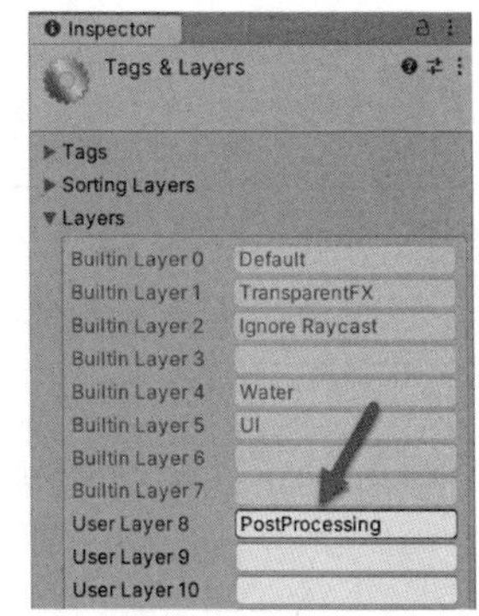

图 4-91　添加新的自定义 Layer

然后将 Main Camera 对象的 Layer 设置为刚刚添加的 PostProcessing。接下来，我们需要向主摄像机添加 Post-Processing 相关的脚本组件。

在 Hierarchy 视图中选择 Main Camera，在 Inspector

视图中点击 Add Component，在搜索栏中输入 post processing 搜索，可以看到 3 个脚本组件，分别是 Post-process Debug、Post-process Layer 和 Post-process Volume。这里选择 Post-process Layer 和 Post-process Volume 进行演示，如图 4-92 所示。

接着在 Post-process Layer 脚本组件中，将 Layer 设置为此前所创建的 PostProcessing，然后在 Post-process Volume 脚本组件中的 Profile 属性处点击 New，自动创建一个 Main Camera Profile(Post Process Profile)，如图 4-93 所示。

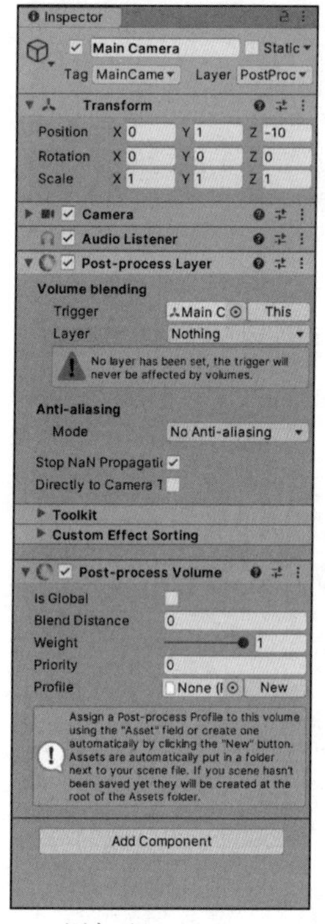

图 4-92 添加和 Post Processing 相关的脚本组件

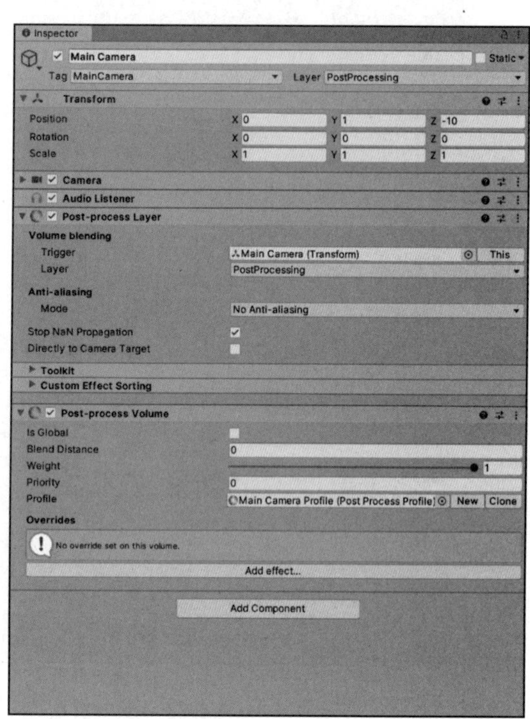

图 4-93 创建新的 Post Process Profile

注意 Post Process Profile 属于游戏资源文件，可以在不同的游戏场景中共用，甚至可以在不同的项目中共用。

点击图 4-94 中的 Profile 属性，我们可以在 Project 视图中看到对应的文件。

接下来在 Inspector 视图中的 Post-process Volume 脚本组件处勾选 Is Global，然后点击 Add effect... 按钮，就可以在弹出的列表中选择添加的特效了，如图 4-94 所示。

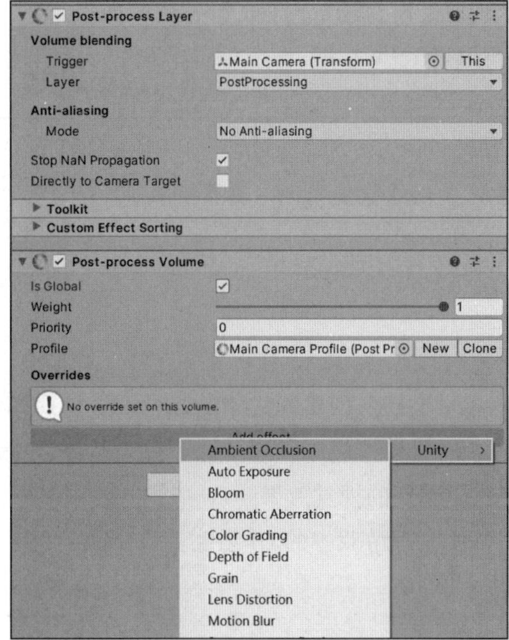

图 4-94　添加特效

在添加特效之后，可以直接在组件中设置相关属性，如图 4-95 所示。

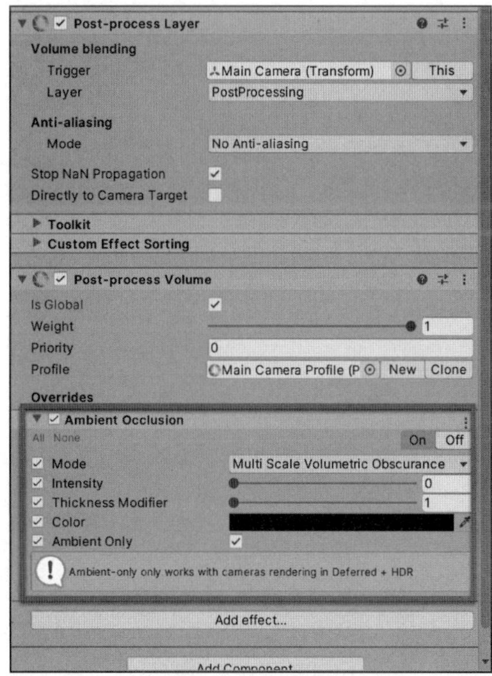

图 4-95　设置相关属性

当然，最好是在一个现成的游戏场景查看屏幕特效的效果。

Unity 提供了一系列屏幕特效供选用，限于篇幅，这里不再赘述。

小练习 从 Asset Store 中下载 Unity 官方的资源包——Book Of The Dead:Environment，尝试更改天空盒，并尝试给场景设置不同的屏幕特效。

4.8 本章小结

在本章中，我们主要介绍了如何创建和优化游戏场景，包括如何使用内置的基本游戏对象和编辑器来创建场景，以及如何使用光照系统、粒子系统、着色器和后处理工具等来美化游戏场景，从而实现我们预期的视觉效果。

在下一章中，我们将开始学习游戏中的 UI 系统。

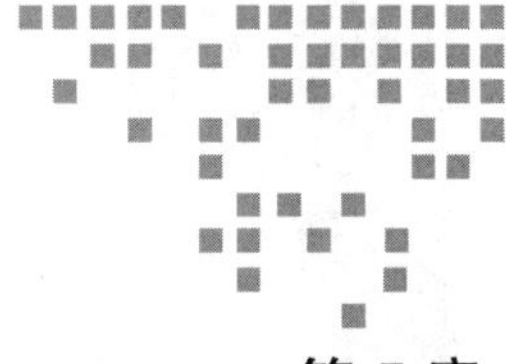

第 5 章 Chapter 5

游戏中的 UI 系统

本章将介绍游戏中的 UI 系统，即用户界面，同时通过实战让大家了解如何在实际项目中添加和设置 UI 系统。

5.1 Unity 中的 UI 系统简介

UI（User Interface，用户界面）是游戏中最常见和最直接的交互手段。它可以为玩家提供操作提示和指引，让玩家在游戏过程中和系统进行交互。

Unity 从 4.6 版本开始发布了全新的 UI 系统——UGUI。经过数十个小版本的迭代，如今的 UGUI 已经足够完善。其在功能和易用性上完全不逊于 NGUI（Unity 中一款非常流行的第三方 GUI 插件）。

UGUI 是在 Unity 4.6 版本发布的，具有以下特点。

- 开发者在 Unity 编辑器中可实时编辑 UGUI，并能立即看到修改后的效果，不必运行游戏。
- 智能化的 Sprite Packer 可以将图片按标记（Tag）自动生成图集，不需手动维护。
- 渲染顺序与 UI 对象在 Hierarchy 视图中的顺序相关。父对象将会在底层显示，子对象会在顶层显示。这样的渲染方式使得调整 UI 层级更方便和直观。
- Rect Transform 组件及锚点系统。Rect Transform 组件可以理解为 2D 化的 Transform 组件，配合锚点系统可以很方便地完成不同分辨率的屏幕适配。

图 5-1 显示了使用 UGUI 创建的游戏 UI 系统。

图 5-1 使用 UGUI 创建的游戏 UI 系统

接下来，我们了解一下 Unity 中的 UI 对象以及如何在项目中具体使用。

5.2 UGUI 中的静态视觉元素

在这部分内容中，我们将介绍 UGUI 中最常用的 3 个 UI 对象，分别是 Canvas、Image、Text。

5.2.1 Canvas

Canvas 在英语里是画布的意思。在 Unity 中，所有的 UI 对象必须作为 Canvas 的子对象存在。游戏场景中的 Canvas 对象关联着 Canvas 组件，是所有 UI 对象的容器。不过，一个场景中并不是只能存在一个 Canvas。用户可以根据设计需求使用多个 Canvas，不用把所有 UI 对象放置于同一个 Canvas 中。

在 Unity 中新建一个项目，并将其命名为 UITest。新建一个场景，保存并命名为 TestScene，在 Hierarchy 视图中的空白处右击，可以看到 Unity 中的 UI 相关对象，如图 5-2 所示。

如果场景中没有 EventSystem，Unity 还会自动创建一个 EventSystem。简单来说，EventSystem 的作用就是处理场景中 UI 的交互事件。至于 Canvas 组件本身，我们目前不需要深入了解，只需要了解 3 种不同的 Render Mode（渲染模式）。

1. Screen Space-Overlay

如图 5-3 所示，Canvas 默认的渲染模式为 Screen Space-Overlay（屏幕空间 – 覆盖），此时 Canvas 下的所有 UI 对象会被直接绘制在游戏窗口的平面上。也就是说，此时 Canvas 中的 UI 对象会优先显示在游戏场景中，不会被其他任何游戏对象所遮挡。

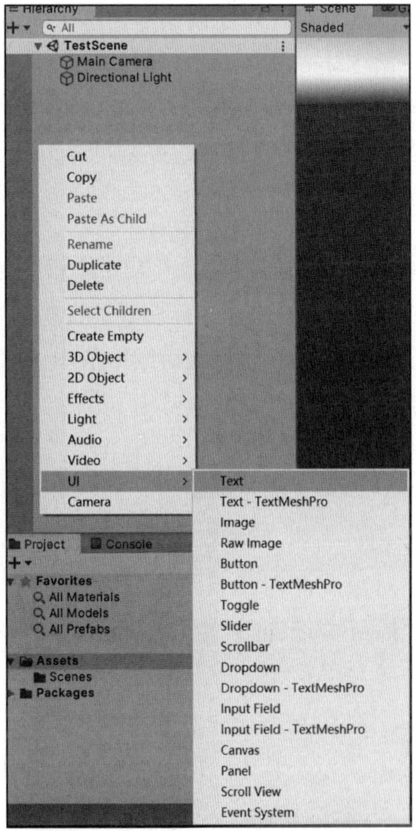

图 5-2 与 UI 系统相关的对象

在默认模式下，我们无法手动修改 Canvas 的尺寸等信息，因为 Canvas 是覆盖在整个 Game 视图之上的。它的大小由 Game 视图的大小决定。

2. Screen Space-Camera

第二种渲染模式是 Screen Space-Camera（屏幕空间 – 摄像机）。在此模式下，Canvas 的显示效果和第一种渲染模式的效果基本一致，只是在 Scene 视图中有较大区别。将 Canvas 默认的渲染模式切换为 Screen Space-Camera 后，需要手动指定 Render Camera，如图 5-4 所示。

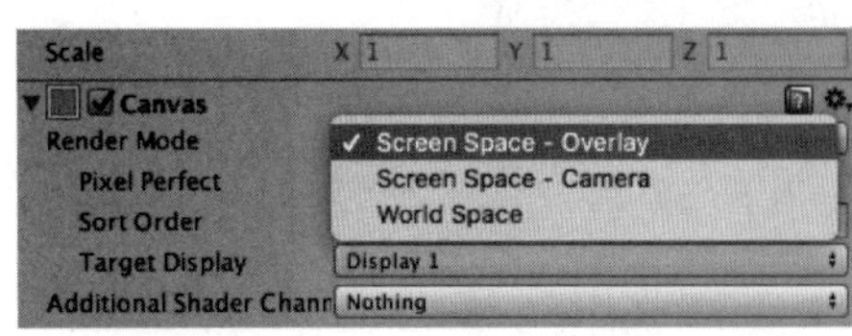

图 5-3 Canvas 的 3 种 Render Mode

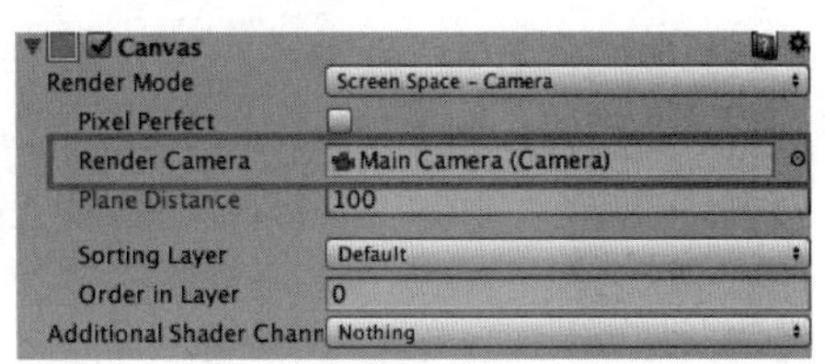

图 5-4 设置 Render Camera

此时，Canvas 会在 Camera 前方的一定距离显示，这个距离由 Plane Distance 参数决定。

在 Screen Space-Overlay 和 Screen Space-Camera 两种模式下，Canvas 的尺寸和 Game 视图的尺寸一致。Canvas 会将所有 UI 对象渲染在屏幕最顶端，不会受场景中其他任何物体的影响。如果屏幕尺寸改变，Canvas 会自动适应屏幕尺寸。

3. World Space

第三种渲染模式是 World Space（世界空间）。需要注意的是，在 VR 项目开发中，所有的 Canvas 都必须设置为 World Space 模式。在此模式下，整个 Canvas 将和其他对象一样作为 3D 对象存在于场景中。更多详细的设置将在后续章节中讲解。

5.2.2 Image

UGUI 系统可以使用图片让用户界面更加吸引人。

在 Hierarchy 视图中的空白处右击，选择 UI → Image 命令，从而添加一个 Image 对象。此时，系统会自动创建一个 Canvas 对象和一个 EventSystem 对象，如图 5-5 所示。

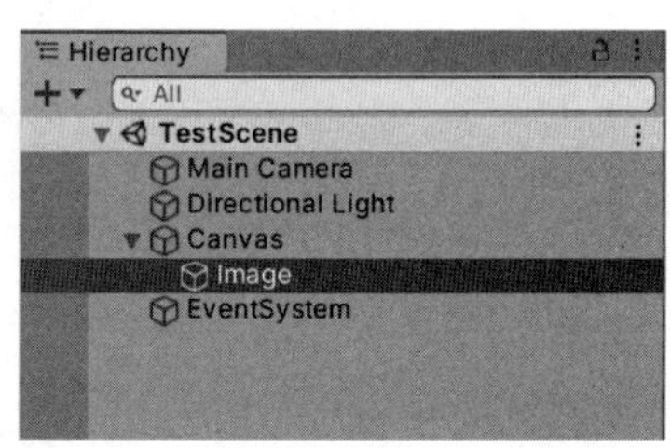

图 5-5 在 Hierarchy 视图中添加一个 Image 对象

选中 Image 对象，可以看到在 Inspector 视图中，它默认关联着 4 个组件，如图 5-6 所示。其中，Rect Transform 组件用于控制 UI 对象的位置、旋转、缩放和锚点（Anchor）等属性。

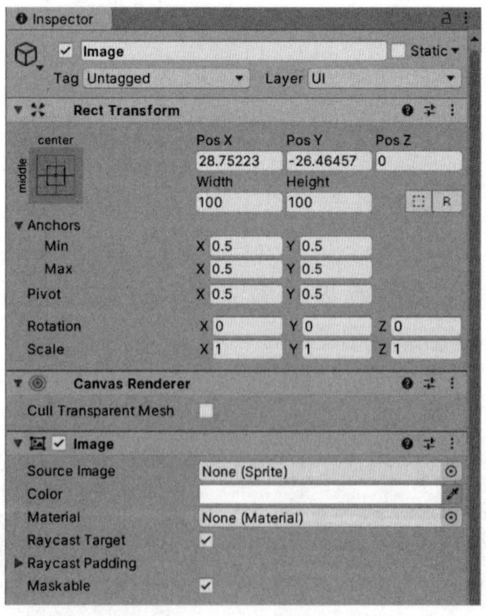

图 5-6 Image 对象的默认关联组件

Rect Transform 组件中的位置、旋转、缩放属性和 Transform 组件中的对应属性基本一样，而锚点则是一个全新的概念。

点击 Anchors 左侧的下拉列表框就可以看到锚点的具体信息，如图 5-7 所示。

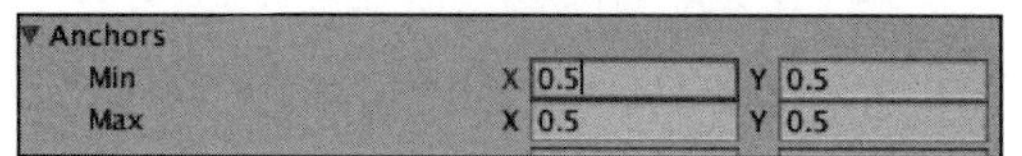

图 5-7　锚点的具体信息

其中，Min 和 Max 默认 *X*/*Y* 值都是 0.5，此时锚点的 4 个点都位于 Canvas 正中央。在顶部工具栏点击 Rect Tool（矩形工具），可以看到图 5-8 所示的锚点的位置。

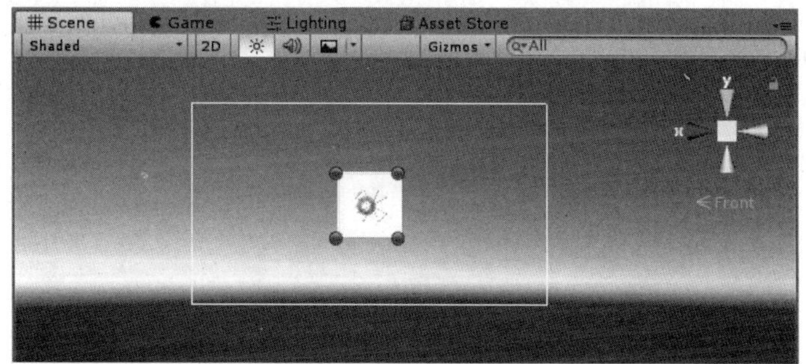

图 5-8　锚点的位置

此时，在 Rect Transform 中点击图 5-8 中红色圈出的部分，也可以看到锚点的预设 (Anchor Presets) 情况，如图 5-9 所示。

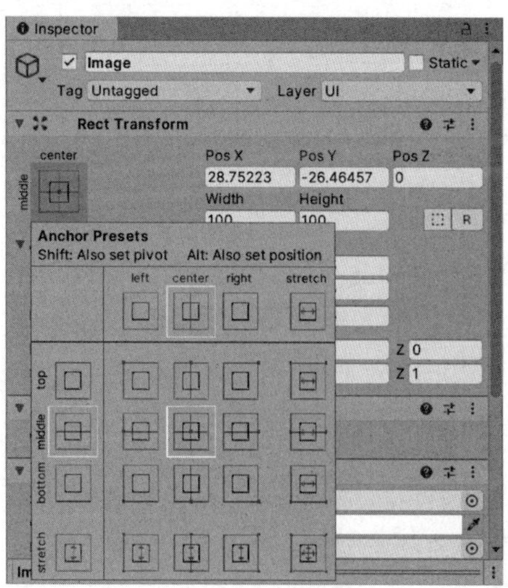

图 5-9　查看锚点预设

锚点的作用是，当游戏窗口分辨率发生变化时，UI 系统会自动根据锚点重新调整位置。

选中 Image 对象，然后在 Inspector 视图中点击 Rect Transform 右侧的设置图标并选择 Reset，然后切换到 Game 视图，可以看到 Image 对象位于视图的正中央。尝试改变 Game 视图的大小和分辨率，可以看到 Image 对象一直处于视图的正中心。

通过锚点预设将 4 个锚点移动到 Canvas 左下角，此时修改 Game 视图的大小，可发现 Image 对象会和左下角一直保持固定的距离。大家可以尝试拖动锚点的位置，观察锚点位置不同时 UI 对象位置的变化。

此时，Image 对象并没有显示任何图片。因此，我们需要设置 Image 对象的 Source Image 属性来显示自定义的图片。

首先需要将图片在 Unity 中转换为 Sprite 类型。在 Unity 编辑器的 Project 视图中选中图片资源，接着在 Inspector 视图中找到 Texture Type，从 Texture Type 的下拉列表框中选中 Sprite(2D and UI)，然后点击右下角的 Apply 按钮开始转换，如图 5-10 所示。

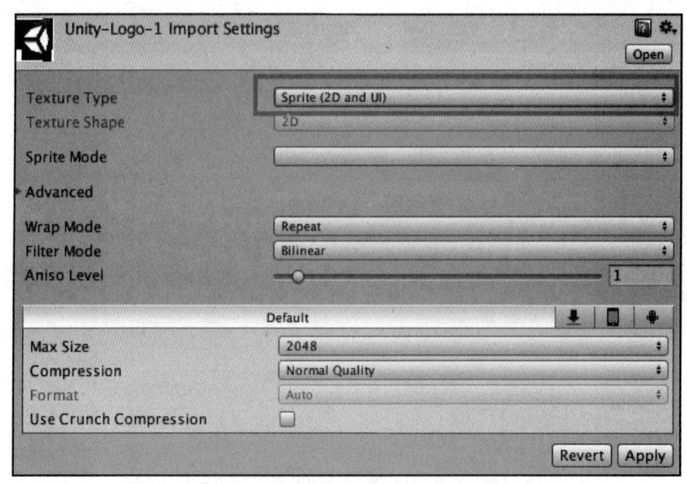

图 5-10 设置图片的纹理类型

随后将 Image 组件中的 Source Image 参数设置为该图片。

在 Hierarchy 视图中选中 Image 对象，然后在 Inspector 视图中找到 Image(Script) 组件，然后点击 Source Image 右侧的小圆点并选择刚才的图片，或者直接从 Assets 目录中将图片拖到 Source Image 属性处，如图 5-11 所示。

Color 参数可设置图片的颜色，白色为透明，大家也可以尝试设置其他颜色。Image Type 选项中有多个选项，如图 5-12 所示。

Image Type 属性值默认设置为 Simple，如果将该属性值修改为 Filled，就可以做一些有趣的事情了，比如利用图片显示载入进度。其中，Fill Amount 为填充图片的百分比，也可以理解为进度。在脚本中，我们可通过 Image 组件的 Fill Amount 属性来访问该数值。Fill Method 下有多重效果，大家可以自行尝试。

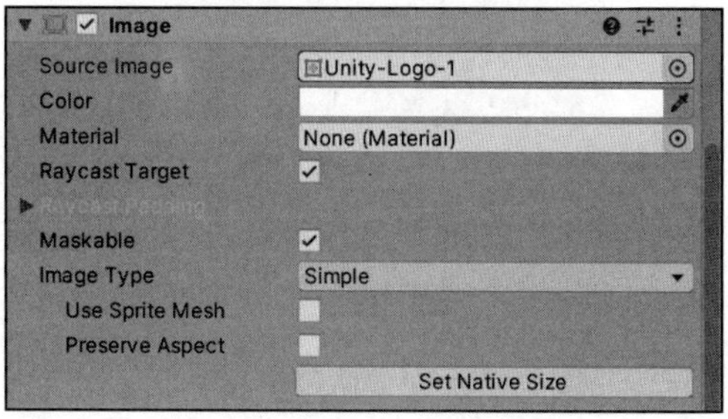

图 5-11 设置 Source Image

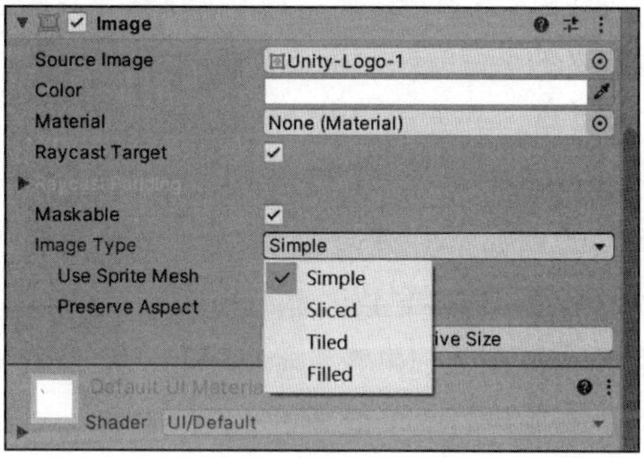

图 5-12 Image Type 的选项

5.2.3 Text

顾名思义，Text（文本）用于在 UI 中显示文字。接下来，我们通过实例介绍 Text 对象。

在 Hierarchy 视图中的空白处右击，选择 UI-Text 选项，从而添加一个新的 Text 对象。如果场景中已有其他 UI 元素，可以右击 Hierarchy 视图中的 Canvas 对象，选择 UI-Text 选项，从而在原有的 Canvas 对象下添加一个新的 Text 子对象。

在 Inspector 视图中可以看到，Text 对象下除了 Rect Transform 组件，还有一个 Text 组件。Text 组件决定了显示的文字内容和排版，如图 5-13 所示。

Text 组件的属性说明如下。

1）Text 属性的文本框中可以输入自己想要在场景中显示的文字，比如这里输入了“欢迎使用 Unity”字样。

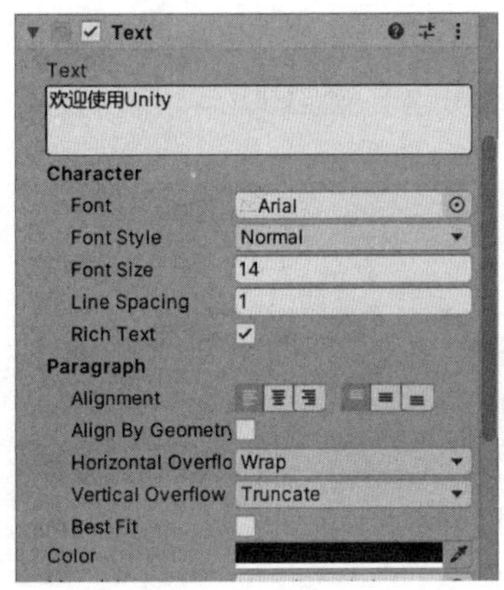

图 5-13 Text 组件的属性选项

2）Font 属性为字体。如果开发者希望使用自定义字体，只需要将字体添加到 Assets 目录中，然后在这里选择自定义的字体就好，十分方便。

3）Font Style 为字体风格。开发者可以将其设置为 Normal（正常）、Bold（加粗）、Italic（斜体）、Bold and Italic（加粗斜体）等风格。

4）Font Size 为字体尺寸。如果开发者设置的字体尺寸超过了 Rect Transform 中的 Width 和 Height 所设置的范围，可能会导致内容无法显示。

5）Line Spacing 属性为行间距。如果开发者需要在一个 Text 对象中使用多行文字，可根据需求调整此数值。最后一项为 Rich Text 属性，用于在 Text 内容中支持富文本，可以显示 HTML 标签的效果。如果大家感兴趣，可以自行在网上查询 HTML 标签的使用。

6）Alignment 属性为对齐方式，这里选择的是完全居中。需要注意的是，这里设置的效果仅对当前 Text 对象生效。场景中每个 Text 对象的对齐方式只会作用于自身。

7）勾选 Align By Geometry 属性后，Unity 会使用区段的字形几何执行水平对齐，而非使用字形结构。

8）Horizontal/Vertical Overflow 分别用于处理水平和垂直方向上文本内容超出对象显示范围时的情况，默认是隐藏超出部分。如果开发者希望正常显示超出部分，将这两个参数设置为 Overflow 即可。

9）勾选 Best Fit 时，Text 对象会自动根据其尺寸、文字内容数量调整字体。

10）Material 属性可以用于设置 Text 对象的材质，Raycast Target 属性则用于射线检测。限于篇幅，这里不做详细解释。

5.2.4 TextMeshPro

TextMeshPro 曾经是 Unity Asset Store 中一款功能强大的第三方文本 UI 对象插件，如今被 Unity 整合进官方版本，从而让 UI 文本对象的显示如虎添翼。

选中 Canvas 对象右击，选择 UI-TextMeshPro-Text，即可添加新的 TextMeshPro Text 对象。

首次添加 TextMeshPro Text 对象时，TextMeshPro 会提示导入所需要的包，如图 5-14 所示。

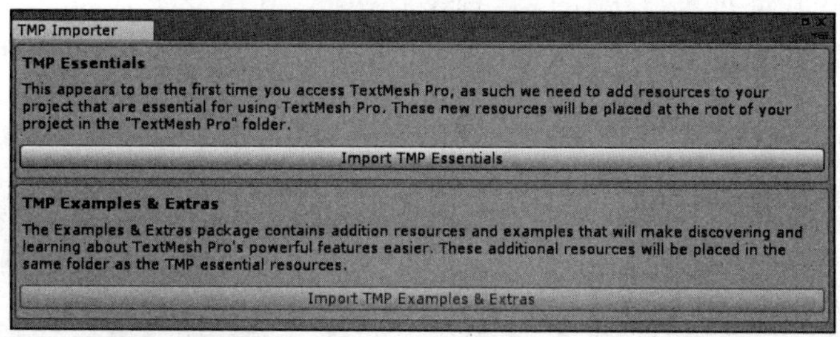

图 5-14　首次使用 TextMeshPro 添加 Text 对象时需要导入相关工具包

点击 Import TMP Essentials 先导入 TMP Essentials，然后导入所提供的示例 TMP Examples & Extras。

在 Hierarchy 视图中选中 TextMeshPro Text 对象，可以看到它相比 Text 对象多了很多属性设置，如图 5-15 所示。

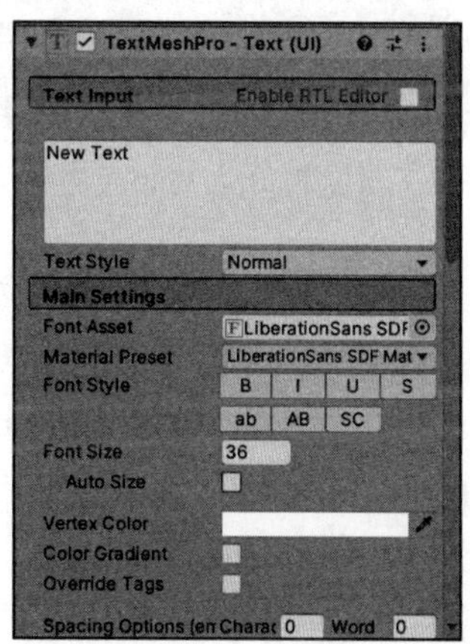

图 5-15　TextMeshPro 对象的属性设置

5.3　交互 UI 对象

5.2 节介绍的 Image 对象和 Text 对象都属于纯视觉显示，通常不适合与玩家直接交互。本节将介绍 UGUI 中常用的几种交互对象，包括 Button（按钮）、Slider（滑动条）、Toggle（切换开关）。

5.3.1 Button

首先我们了解一下 Button 的用法。在 Hierarchy 视图中右击 Canvas 对象，在弹出的菜单中选择 UI-Button 命令，即可添加一个 Button 对象，如图 5-16 所示。

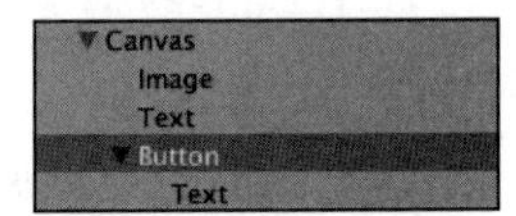

图 5-16 添加 Button 对象

可以看到，Button 对象默认有一个 Text 子对象，在游戏中默认的显示效果如图 5-17 所示。

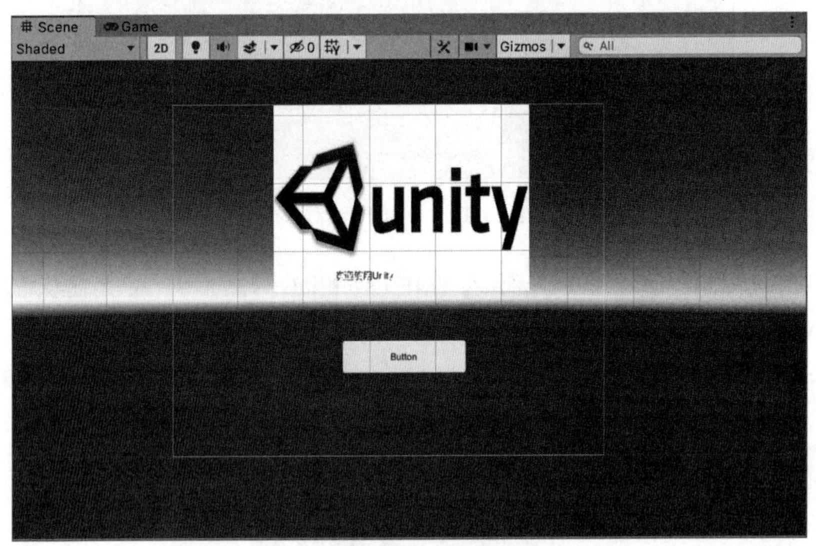

图 5-17 添加 Button 对象后的 UI 效果

运行场景后，点击 Button，Button 的颜色会发生轻微的变化。在 Inspector 视图中可以看到，Button 由 Rect Transform、Canvas Renderer、Image、Button 等组件构成。其中，Rect Transform 组件用于控制 Button 的位置和大小等。Canvas Renderer 组件用于设置渲染风格，Image 组件用于显示按钮的背景图，Button 组件则用于接收鼠标点击事件等（如图 5-18 所示）。

在 Button 组件中，参数 Interactable 用于选择是否可交互，如果取消勾选将变为 Disabled 状态。此时，按钮外形会发生变化，同时不再接收鼠标点击事件。

参数 Transition 表示按钮各个状态下的外观变化，默认为 Color Tint，也就是说按钮的不同状态完全可通过颜色来表示。Normal Color 表示正常情况下按钮的颜色；Highlighted Color 表示鼠标移动到按钮上但并没有点击时的颜色，默认和 Normal Color 一致，都为白色；Pressed Color 表示按钮被按下时的颜色，Disabled Color 表示按钮不可用时的颜色。

Button 组件属性下方的 Navigation（按钮导航）包含各个按钮之间的层次关系。当玩家选择按钮时，Navigation 起到在各个按钮之间导航的作用。例如第一个按钮下方存在第二个按钮，当选中第一个按钮并按下方向键时，第一个按钮的选中状态会被取消，同时第二个按钮进入选中状态，当然前提是这些按钮都开启了导航功能。

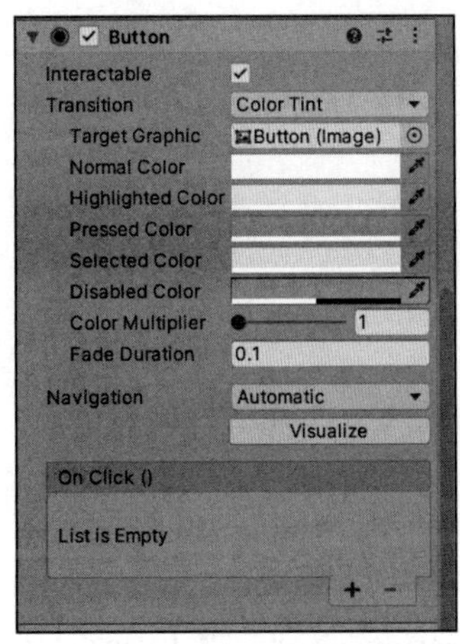

图 5-18　Button 组件的属性选项

在 Button 组件属性的最下方是一个 OnClick() 属性，也就是点击右下角的加号还可以添加新的按钮事件。

为了更好地理解按钮的用法，我们将用一个示例来说明。

【示例 5-1】添加按钮事件

添加一个新的按钮，当点击按钮时，改变 5.2 节中所添加图片的颜色和文字内容。

首先回到 UITest 项目，在 Assets 目录中新建一个子文件夹，将其命名为 Scripts。在该文件夹下新建一个 C# 脚本，将其命名为 MyUIEvents。双击脚本文件在 Visual Studio 中打开，更改该脚本的代码如代码清单 5-1 所示。

代码清单 5-1　UI 对象的事件处理

```
using System.Collections;
using System.Collections.Generic;
using UnityEngine;
using UnityEngine.UI; //1.引入UI相关的命名空间

public class MyUIEvent : MonoBehaviour
{
    //2.定义一个Image对象
    public Image myImage;
    //3.定义一个Text对象
    public Text myText;
    //4.定义更改图片的方法
    public void ChangeImage()
```

```
        {
            //5.更改图片的颜色
            myImage.color = Color.red;
            //6.在console中输出debug信息
            Debug.Log("图片的颜色变了");
        }
        //5.定义更改文本的方法
        public void ChangeText()
        {
            //8.重新设置文本内容
            myText.text = "每一天都是新的开始";
            //9.在console中输出debug信息
            Debug.Log("文字的内容改变");
        }
    }
```

回到 Unity 编辑器，在 Hierarchy 视图中的空白处右击，选择 Creat Empty，创建一个空白的游戏对象，并将其命名为 UIController。在 Inspector 视图中点击 Add Component 按钮，在下拉列表框中依次选择 Scripts → My UI Event，从而将 My UI Events 脚本组件关联到该对象上。接着将 My UI Events 脚本组件的 My Image 和 My Text 参数分别设置为 Canvas 下的 Image 和 Text，如图 5-19 所示。

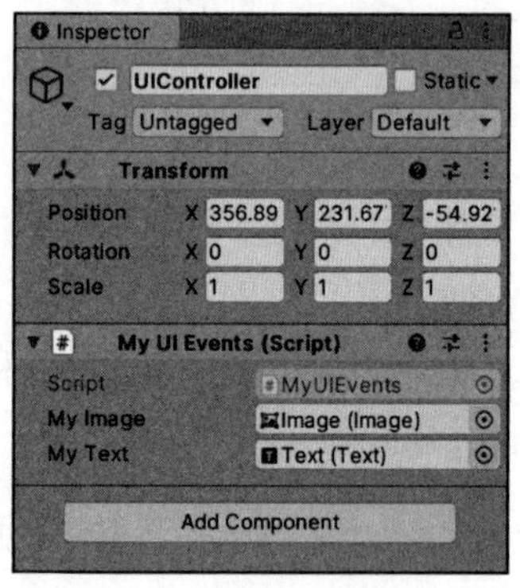

图 5-19 设置 My UI Events 脚本组件的 Image 和 Text 参数

选中 Canvas 下的 Button 对象，在 Inspector 视图的最下方点击右侧的加号添加一个按钮事件，将左侧 Runtime Only 下方的对象设置为刚才创建的 UIController 对象。随后打开 No Function 下拉列表框，选择 MyUIEvents → ChangeImage() 方法，如图 5-20 所示。

接下来使用相同的方法为 Button 对象再添加一个按钮事件，然后选择 ChangeText() 方法。这样就成功地为 Button 对象绑定了两个方法，每次点击按钮时，都会执行 ChangeImage() 和 ChangeText 方法。

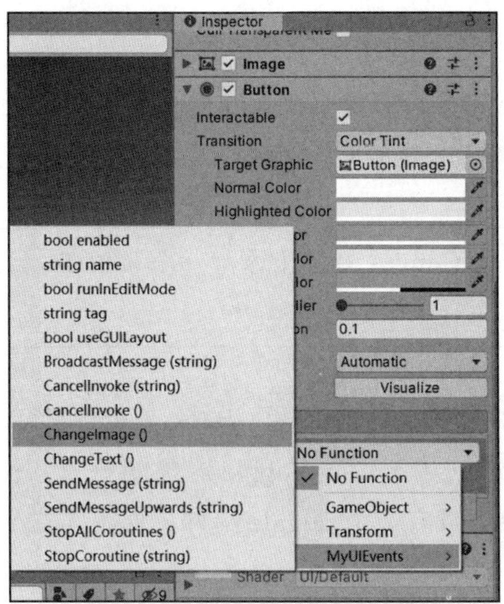

图 5-20　选择 MyUIEvents → ChangeImage() 方法

运行场景并点击 Apply 按钮后，场景中的图片和文本对象都发生了改变，同时 Console 中输出对应的文字，如图 5-21 所示。

如果在某些场景中需要使普通 Image 对象变得可交互，只需要为 Image 对象添加 Button 组件。如果无法点击场景中的按钮，请查看 Hierarchy 视图中是否有 Event System 对象，如果没有则需要手动创建，这是因为 Unity 中的所有 UI 交互事件都依赖于 Event System。

图 5-21　测试 Button 对象的效果

5.3.2 Toggle

Toggle 对象的作用类似于开关。接下来，我们将使用 Toggle 对象控制 Button 对象。当 Toggle 开启时，即可点击 Button 对象并产生交互，反之则不能。

> 小练习 在 Hierarchy 视图中的 Canvas 对象下添加一个新的 Toggle 对象，并将其拖放到界面中合适的位置。

默认情况下，Toggle 对象有两个子对象：Background 和 Label。二者用于控制 Toggle 对象的外形，其中 Background 用于设置 Toggle 对象的背景，而 Label 用于设置 Toggle 对象的说明文字。Toggle 对象本身有一个 Toggle 组件，如图 5-22 所示。

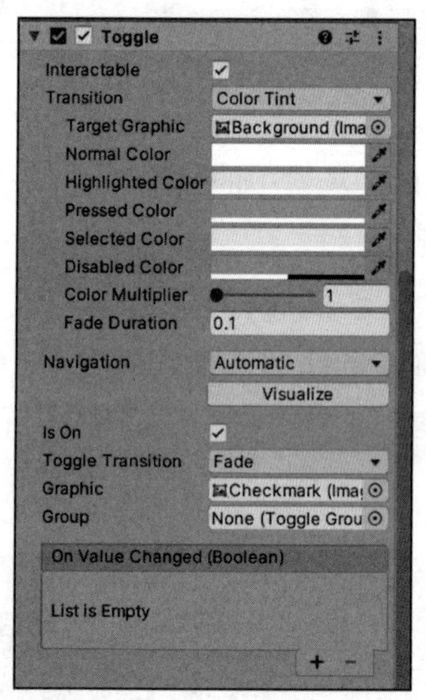

图 5-22 Toggle 组件属性

Toggle 组件中的属性大部分和 Button 组件相同，主要区别在于 Toggle 组件下方的 Is On 属性和事件的改变。当 Is On 属性为勾选状态时，表明此 Toggle 组件为开启状态，否则为关闭状态。且最下方的默认事件不是 OnClick()，而是 On Value Changed 状态，参数为 Boolean。

【示例 5-2】使用 Toggle 对象

当场景中的 Toggle 被点击时，Is On 属性的状态会发生改变。我们可以通过 Is On 属性来决定场景中某些组件是否可用。

回到 UITest 项目，双击打开之前所创建的 MyUIEvents 脚本，更改其中的代码，如代码清单 5-2 所示。

代码清单 5-2 Toggle 对象的使用

```
using System.Collections;
using System.Collections.Generic;
using UnityEngine;
using UnityEngine.UI; //1.引入UI相关的命名空间

public class MyUIEvent : MonoBehaviour

{
    //2.定义一个Image对象
    public Image myImage;
    //3.定义一个Text对象
    public Text myText;
    //10.定义一个Toggle对象
    public Toggle myToggle;
    //11.定义一个Button对象
    public Button myButton;

    //4.定义更改图片的方法
    public void ChangeImage()
    {
        //5.更改图片的颜色
        myImage.color = Color.red;
        //6.在console中输出debug信息
        Debug.Log("图片的颜色变了");
    }
    //5.定义更改文本的方法
    public void ChangeText()
    {
        //8.重新设置文本内容
        myText.text = "每一天都是新的开始";
        //9.在console中输出debug信息
        Debug.Log("文字的内容变了");
    }

    //12.定义是否启用按钮对象的方法
    public void OnToggleChanged()
    {
        //13.如果toggle控件开启
        if (myToggle.isOn)
        {
            //14.启用按钮
            myButton.interactable = true;
        }
        else
        {
            //15.否则禁用按钮
            myButton.interactable = false;
        }
    }
}
```

在 OnToggleChanged 方法中，我们通过 Toggle 对象的 is On 属性来修改 Button 的状态。需要注意的是，点击 Toggle 组件时，Toggle 组件的 is On 值会先改变，再执行 OnValueChanged 中绑定的事件。

回到 Unity 编辑器，在 Hierarchy 视图中选中示例 5-1 中所创建的 UIController 对象，然后在 Inspector 视图设置 UIEvents 脚本组件中 Toggle 和 Button 对应的 UI 对象，并在 Toggle 对象的 OnValueChanged 中添加新按钮事件，将其对应的方法设置为 OnToggleChanged。此外，在 Hierarchy 视图中选中 Button 对象，然后在 Inspector 视图中取消勾选 Button 对象下的 Interactable 属性，从而让 Button 对象在默认状态下不可交互。在 Hierarchy 视图中选中 Button 对象，在 Inspector 视图的最下方点击右侧的加号添加一个按钮事件，将左侧 Runtime Only 下方的对象设置为刚才创建的 UIController 对象。随后点击 No Function 打开下拉列表框，此时我们能访问 UIController 对象下各个组件的 Public 方法，然后选择 MyUIEvents → OnToggleChanged 方法。

运行场景，点击 Toggle 时，Button 的状态也会随之改变。

5.3.3 Slider

Slider 也就是滑动条，可用于控制音量等，比如手机音乐 App 的播放进度条就可以用 Slider 来实现。

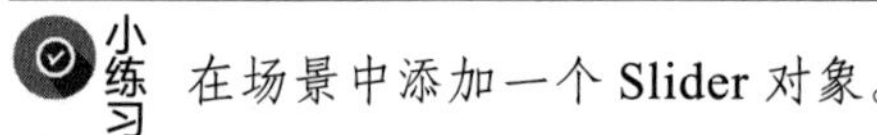

Slider 对象也是由数个 Image 对象组成的，可拖动的圆环和背景进度条都是一个 Image 对象。我们可通过更换 Image 中的图片来更改 Slider 对象的样式。Slider 组件的参数设置如图 5-23 所示。

Slider 的上半部分参数基本和 Button 一致。下半部分参数中，Fill Rect 和 Handle Rect 分别指向 Slider 对象的两个子对象，Fill Rect 指向背景进度条，Handle Rect 指向圆环进度条。

Direction 为 Slider 移动的方向，默认移动方向为从左至右（Left To Right）。Min Value 表示 Slider 控制范围的最小值，Max Value 表示 Slider 控制范围的最大值，二者都可以通过脚本组件进行设置。Whole Numbers 表示数值必须为整数，例如最小值为 0，最大值为 10，如果勾选了 Whole Numbers，那么 Slider 的值只能是 0 ~10 间的整数，不能是小数。

Value 是 Slider 的具体数值，在脚本中通过 slider.value 进行访问。最下方的 On Value Changed 为 Slider 值变化时触发的事件。

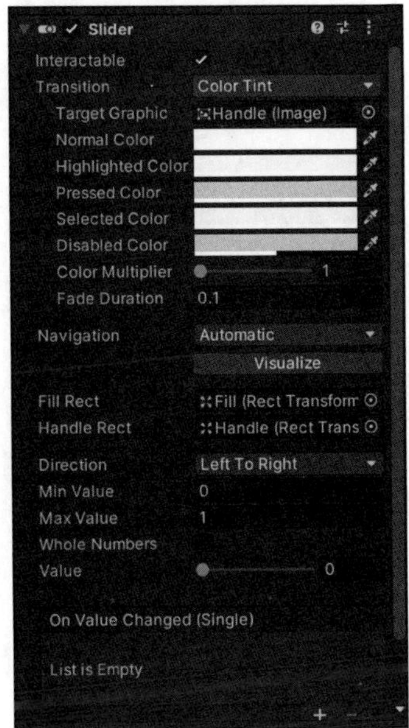

图 5-23　Slider 组件的参数设置

【示例 5-3】添加 Slider 对象

接下来，我们使用 Slider 改变 Text 对象中的文字大小。回到 UITest 项目，在 Hierarchy 视图中选中 Slider 对象，然后在 Inspector 视图中设置 Slider（Script）组件下的 Min Value 为 1，Max Value 为 50，勾选 Whole Numbers。打开 My UI Events 脚本，更改代码如下：

```
using System.Collections;
using System.Collections.Generic;
using UnityEngine;
using UnityEngine.UI; //1.引入UI相关的命名空间

public class MyUIEvent : MonoBehaviour

{
    //2.定义一个Image对象
    public Image myImage;
    //3.定义一个Text对象
    public Text myText;
    //10.定义一个Toggle对象
    public Toggle myToggle;
    //11.定义一个Button对象
    public Button myButton;

    //16.定义一个Slider对象
    public Slider mySlider;
```

```
    //4.定义更改图片的方法
    public void ChangeImage()
    {
        //5.更改图片的颜色
        myImage.color = Color.red;
        //6.在console中输出debug信息
        Debug.Log("图片的颜色变了");
    }
    //5.定义更改文本的方法
    public void ChangeText()
    {
        //8.重新设置文本内容
        myText.text = "每一天都是新的开始";
        //9.在console中输出debug信息
        Debug.Log("文字的内容变了");
    }

    //12.定义是否启用按钮对象的方法
    public void OnToggleChanged()
    {
        //13.如果toggle控件开启
        if (myToggle.isOn)
        {
            //14.启用按钮
            myButton.interactable = true;
        }
        else
        {
            //15.否则禁用按钮
            myButton.interactable = false;
        }
    }
    //15.定义一个方法，使滑动条数值更改时更改字体大小
    public void OnSliderValueChanged()
    {
        //18.将文本对象的字体大小与滑动条的数值相匹配
        myText.fontSize = (int)mySlider.value;
    }
}
```

读者看注释就可以明白上述代码的作用。

接下来回到 Unity 编辑器，在 Hierarchy 视图中选中 UIController 对象，然后在 Inspector 视图中设置 Slider 的值，并在 Slider 对象中用之前学过的方法绑定事件。运行场景，拖动 Slider 时可以看到，Text 对象的文字大小也会随之改变。

注意 如果文字大小并没有发生改变，请确认一定要取消勾选 Text 组件中的 Best Fit 选项，否则无法控制文字大小。

5.3.4　其他交互控件

除了以上提到的交互控件，Unity3D 还提供了其他交互控件，比如 Scrollbar（滚动条）、Dropdown（下拉列表）、Input Filed（文本输入框）、Scroll Rect（滚动区）等。

1. 滚动条

滚动条和滑动条的作用类似，都是通过移动来更改对应的值。但是与滑动条不同的是，滚动条通常配合滚动框（Scroll Rect）和遮罩（Mask）共同使用，从而创建一个滚动视图（Scroll View）。经常使用网页浏览器的读者可能比较熟悉滚动条的作用。Unity3D 中滚动条的作用和网页浏览器上的滚动条类似。滚动条和滚动视图分别如图 5-24 和图 5-25 所示。

图 5-24　滚动条　　　　图 5-25　滚动视图

2. 下拉列表框

在 Unity3D 中，下拉列表框有一个默认的文本选项以及一个小三角图标。当我们点击小三角图标时，就会显示出更多的可选内容，如图 5-26 所示。

3. 文本输入框

顾名思义，文本输入框的作用就是让用户输入所需的信息，如图 5-27 所示。

图 5-26　下拉列表框　　　　图 5-27　文本输入框

关于 UGUI 系统，还有很多使用方法和技巧，如自动布局等。在掌握了以上基本的 UI 对象后，读者可以自行探索如何使用其他类型的 UI 对象。

5.4　本章小结

在本章中，我们了解了 Unity 中的 UI 系统，特别是 Unity 官方的 UGUI 系统，包括静态布局视觉元素（Canvas/Image/Text）和动态交互元素（Button/Toggle/Slider）。

在下一章中，我们将学习 Unity 中的动画系统，并通过实战项目说明如何让场景中的角色活灵活现。

Chapter 6 第6章

让角色活灵活现：Unity 中的动画系统

我们希望看到游戏世界的人物和环境可以如同在真实世界中一样活灵活现。为了让游戏角色活起来，我们就需要用到动画系统。在本章中，我们将介绍 Unity 中的动画系统，并通过实战学习如何在项目中添加角色的动画。

6.1 Unity 动画系统概述

自《大金刚》(Donkey Kong) 为游戏带来角色动画技术以来，游戏中的动画系统经历了多次变革。如今的游戏公司大多是通过专业演员和动捕设备来制作游戏中角色的动画。

Unity 的早期版本中采用 Legacy 动画系统，现已由全新的 Mecanim 动画系统所替代。Mecanim 系统兼容 Legacy 系统。虽然 Unity 已不再推荐使用 Legacy，但 Legacy 动画系统在实际的项目开发中仍然有一定的发挥空间。本书将首先简要介绍 Legacy 动画系统，然后着重介绍 Mecanim 动画系统的相关知识。

6.2 Legacy 动画系统概览

Legacy 动画系统的设计初衷在于，开发者可以完全通过代码来控制动画播放，不必依赖于状态机（State Machine）。

Legacy 动画系统使用比较简单，但功能有很大局限性，特别是当某个角色的动画越来越多、项目越来越大时，问题也就愈加明显。在这种情况下，没有状态机的支持反而成了 Legacy 动画系统的缺点。Legacy 动画系统作为组件存在，可以通过在 Inspector 视图中点击

Add Component 按钮，然后依次选择 Miscellaneous → Animation 命令添加。Animation 组件在 Inspector 视图中的显示如图 6-1 所示。

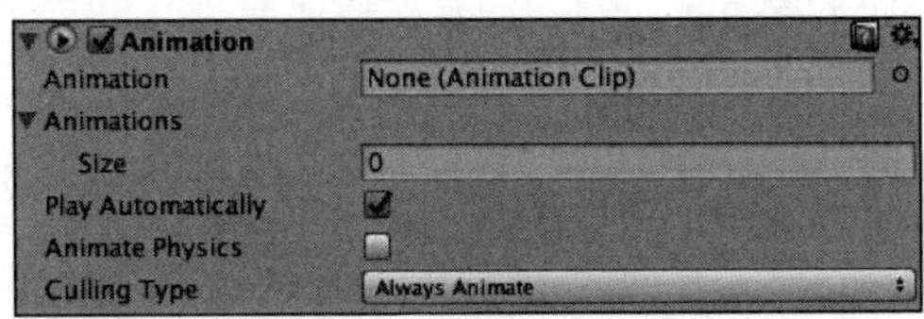

图 6-1　Animation 组件

在 Legacy 动画系统中，某个角色的所有动画都需要在 Animation 选项中设置，并以自定义数组形式保存这些动画，在脚本中通过数组的索引来切换动画。Legacy 动画系统和 Mecanim 动画系统所播放的动画格式并没有发生改变，都是 Animation Clip（动画片段）。

使用 Legacy 系统制作的动画可以迅速迁移到 Mecanim 动画系统中。

6.3　Mecanim 动画系统概览

目前，Unity 的主流动画系统为 Mecanim。其具备非常强大的功能，使用起来非常方便。接下来，我们先从整体上了解 Mecanim 动画系统的特性以及一些相关的核心概念。

6.3.1　Mecanim 动画系统的特性

Mecanim 动画系统具有以下特点。

1）工作流程简单，便于创建和设置各种 Unity 元素的动画，包括游戏对象、角色和属性等。

2）支持 Unity 中所创建的 Animation Clip 和 Animation。

3）支持人形角色动画的重定向（Retargeting），简单来说就是将某个角色模型的动画赋予另外一个角色。

4）可以方便地预览 Animation Clip 以及动画片段之间的切换和互动，因此动画师可以独立于程序员工作，并直观地预览动画效果。

5）通过可视化的编程工具创建和管理动画之间的复杂互动。

6）使用不同的逻辑使得身体的不同部位产生动画。

7）支持动画的分层和遮罩。

6.3.2　Mecanim 动画系统中的核心概念

Mecanim 动画系统中有一些需要掌握的核心概念，下面将依次进行介绍。

1. Animation Clip（动画片段）

Mecanim 动画系统中的一个核心概念是 Animation Clip（动画片段），其包含了丰富的动画信息，如如何更改特定对象的位置、旋转及其他属性。每个动画片段都可被视为一个简单的线性记录。

Unity 支持使用第三方软件所创建的动画片段，如 3DS Max 或 Maya，或是使用动捕设备及软件所获取的动画片段。图 6-2 显示了一个由第三方软件所创建的名为 Run 的 .fbx 格式的动画片段。

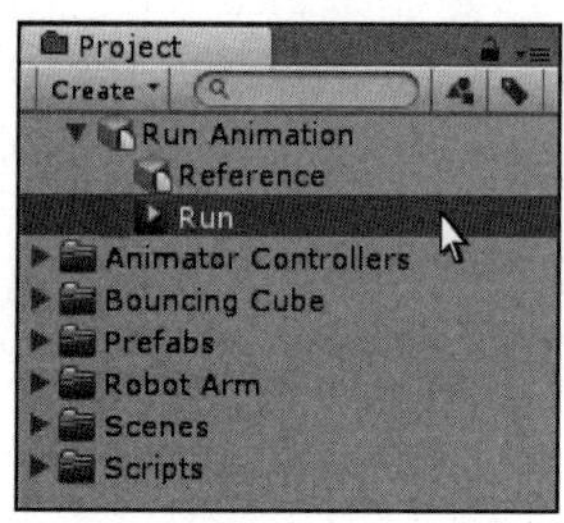

图 6-2 从第三方软件导入的名为 Run 的 .fbx 格式的动画片段

当然，有经验的开发者也可以直接使用 Unity 内置的 Animation 编辑器从零创建和编辑所需的动画片段。具体来说，在 Animation 窗口中，开发者可以设置游戏对象的位置、旋转和缩放，还可以动态调整材质的色彩、灯光的强度和音量的大小等。不仅如此，开发者还可以在脚本中动态调整各种属性，包括调用函数的时间等。图 6-3 显示了如何在 Unity 的 Animation 窗口中动态调整一个点光源的强度和光照范围。

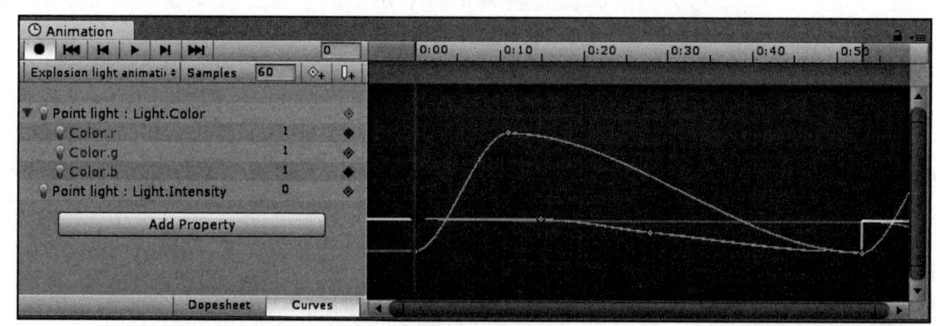

图 6-3 在 Animation 窗口中动态调整一个点光源的强度和光照范围

2. Animator Controllers（动画控制器）和 State Machine（状态机）

Unity 中的动画控制器允许开发者设置角色和其他游戏对象的动画。动画控制器通过状态机来管理某个游戏对象的动画片段。与动画片段不同，动画控制器必须在 Unity 内部创建。图 6-4 显示了 Project 视图中的一个动画控制器资源。

开发者可以通过菜单栏上的 Assets，或是 Project 视图中的 Create 菜单来创建动画控制器。

图 6-4　Project 视图中的动画控制器资源

在绝大多数情况下，我们需要随着游戏环境的变化让游戏对象在不同的动画状态之间切换。举个简单的例子，在某个游戏中，当我们按下键盘上的空格键或者游戏控制器上的某个特定按键时，玩家所控制的游戏角色会从行走动画切换到跳跃动画。即便某个游戏对象只有一个对应的动画片段，我们也需要让其归于动画控制器。

动画控制器使用状态机来管理游戏对象的动画状态及其过渡。它可以被看作某种类型的流程图，或使用 Unity 内置的可视化编程语言所编写的小程序。我们可以在 Animator 视图中创建、浏览和修改动画控制器的结构，如图 6-5 所示。

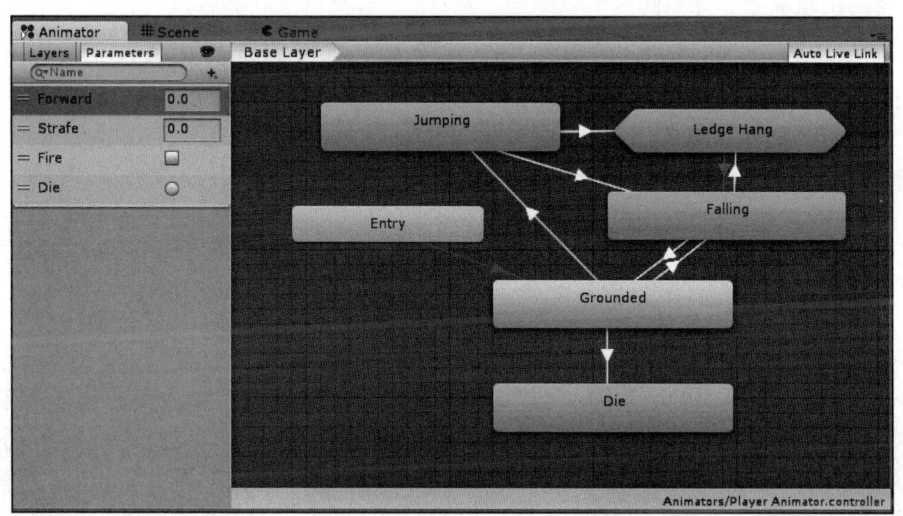

图 6-5　在 Animator 视图中的动画控制器结构

当然，在创建了动画控制器之后，我们还需要通过指定游戏对象上的 Animator 组件来引用该动画控制器。

6.3.3　Blend Tree

在某些情况下，为了让角色的动作更自然，我们需要将角色的不同动画混合在一起。举例来说，我们可以根据角色的速度将行走和奔跑动画混合在一起。

在实际使用的时候，我们需要将 Transition 和 Blend Tree 区分开来。简单来说，Transition 是状态机的一部分，用于在指定的时间范围内使角色从某个动画状态切换到另一个动画状态。

Blend Tree 则用于将多种不同的动画混合在一起，从而形成一种更为自然的效果。每种动画都会对最终的效果产生影响，并通过数值化的动画参数与动画控制器关联在一起。

关于 Blend Tree 的更多信息，读者可参考官方的相关文档：https://docs.unity3d.com/Manual/class-BlendTree.html

6.3.4 Retarget 和 Avatar

相比传统的动画系统，Mecanim 的一个核心特色就是可以将人形角色的动画重用。简单来说，只要我们做了恰当的设置，就可以将某个人形角色的动画赋予给另外一个角色，从而大大减少动画师的工作量，提高游戏产品的开发效率。在 Unity 中，这一功能被称为 Retarge（重定向），而该功能仅适用于人形角色模型。

为了使用强大的 Retargeting 功能，我们需要为对象设置 Avatar（角色），进而在不同模型的骨骼结构间创建一种关联。

关于 Retargeting 和 Avatar 的更多信息，读者可参考官方的相关文档：https://docs.unity3d.com/Manual/Retargeting.html

6.3.5 Mecanim 动画系统的工作流程

Mecanim 动画系统的完整工作流程涉及动画片段、动画控制器等多个概念。图 6-6 显示了如何将 Mecanim 动画系统的各部分关联在一起。

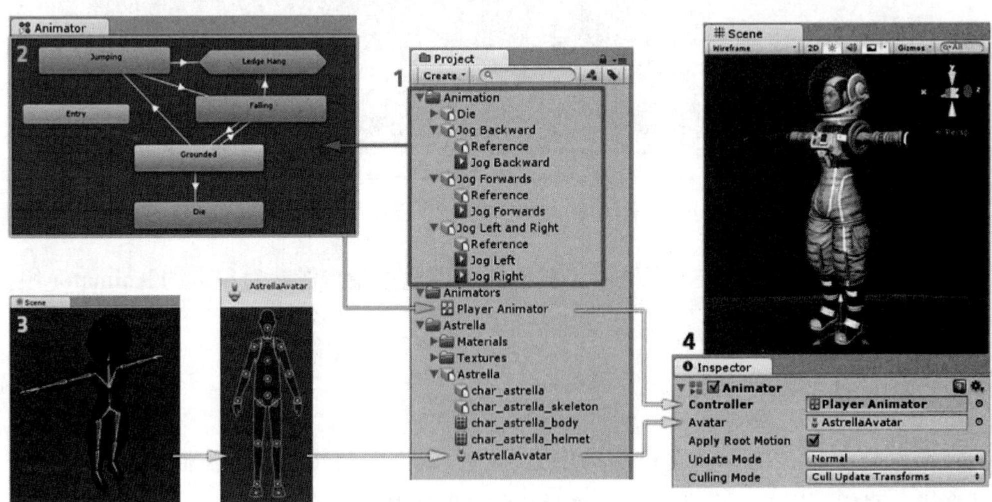

图 6-6　动画系统的各个部分关联关系

图 6-6 包含以下具体操作。

1）将动画片段导入项目，这些动画片段可能是在 Unity 内创建的，也可能是通过第三方软件创建并导出的。在这个示例中，导入的是使用动捕设备及软件所获取的人形角色动画。

2）创建动画控制器，并将动画片段放置其中。角色的不同状态之间使用直线相连，而每个状态中还可能有嵌套的子状态机。该动画控制器将在 Project 视图中以游戏资源的形式显示。

3）设置 Rigged（绑定了骨骼）角色模型，使其映射到 Unity 常用的 Avatar 中。所映射的 Avatar 将作为角色模型的一部分保存在 Avatar 游戏资源中，并显示在图 6-6 所示的 Project 视图中。

4）在实际使用角色模型的动画之前，我们需要给游戏对象添加 Animator 组件，并指定所对应的 Animator Controller 和 Avatar。需要注意的是，仅当使用人形角色动画时才需要 Avatar 的引用，对于其他类型的动画只需要一个动画控制器即可。

6.4　Mecanim 动画系统的使用

在之前的内容中我们了解到，Mecanim 动画系统包括重定向（Retarget）、动画事件、状态机、Blend Tree 等常用功能。Mecanim 动画系统基于动画片段实现。每一个动画片段包含了对象各个部件基于时间线改变的位置、角度和其他属性。3DS Max、Maya 或动捕设备都能够制作动画。

在 Mecanim 动画系统中，开发者通过动画控制器来组织各个动画片段。Animator 通过类似于状态机的工作模式来确定当前应该播放哪一个动画，什么时候切换到下一个动画，以及动画切换时的过渡效果。

简单的 Animator 或许包含一两个动画片段，如开门和关门的动画。Animator 也能实现非常复杂的动画控制，如人形角色的所有动画。在图 6-7 中，Animator 显示了大量动画片段和 Blend Tree。

Mecanim 动画系统所提供的重定向功能，能够使同一个动画片段在不同角色中使用。从本质上说，一个动画其实是各个骨骼按照规定的位置、角度来移动。如果两个模型的骨骼完全相同，理论上说是可以共用所有动画片段的。在 Unity 中，我们可以使用 Avatar 查看模型的骨骼。

为了方便讲解，我们使用 Unity 提供的 Ethan 角色来查看骨骼以及动画。

打开 Unity，创建一个新的项目，并将其命名为 AnimationTest。在浏览器中打开 Unity Asset Store，下载 Assets 并导入 Standard Assets。

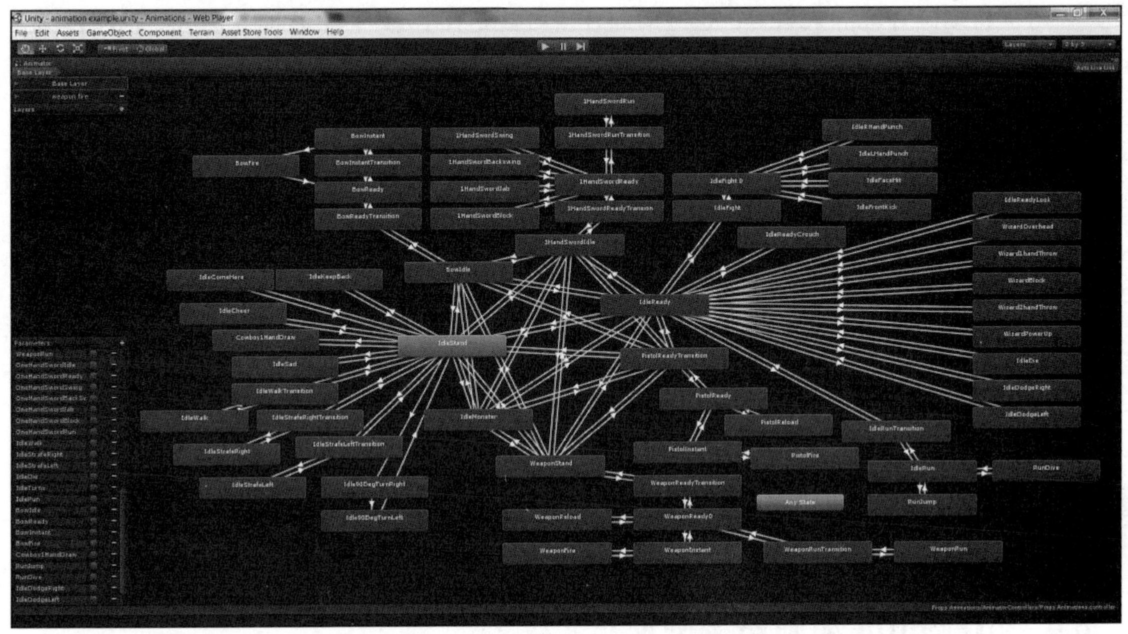

图 6-7 复杂的 Animator

> 注意 为了消除红色错误提示，我们需要手动删除 Assets/Standard Assets/Utility/SimpleActivatorMenu.cs。

导入 Asset 完成后，在 Assets/Standard Assets/Characters/ThirdPersonCharacter 目录下，Animation 文件夹中存放着 Animation Clip，Animator 文件夹中存放着 Animator，Models 文件夹中存放着人物角色 Ethan 的模型，如图 6-8 所示。

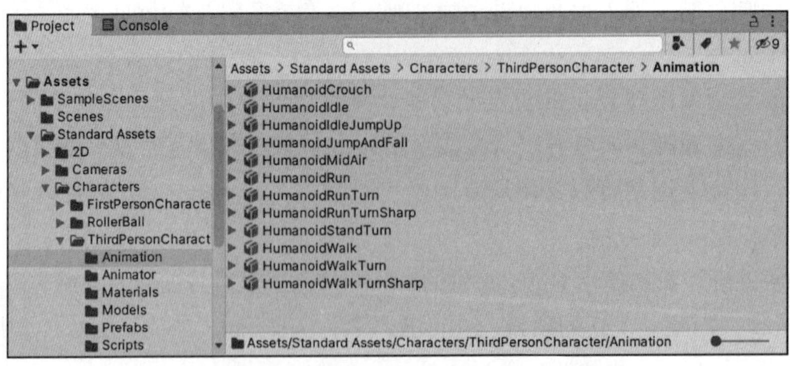

图 6-8 查看 Animation 中的动画文件

选中 Models 子文件夹并展开 Ethan 模型，可看到 Ethan 模型中包含多个组件，如图 6-9 所示。

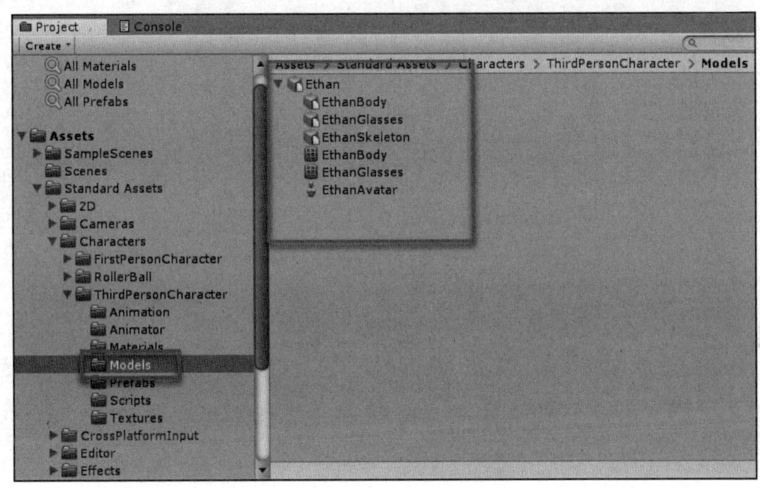

图 6-9　Ethan 模型

确保当前选中的是 Ethan 对象，在 Inspector 视图中切换到 Rig 栏目下，可以看到 Animation Type 为 Humanoid（人形），如图 6-10 所示。

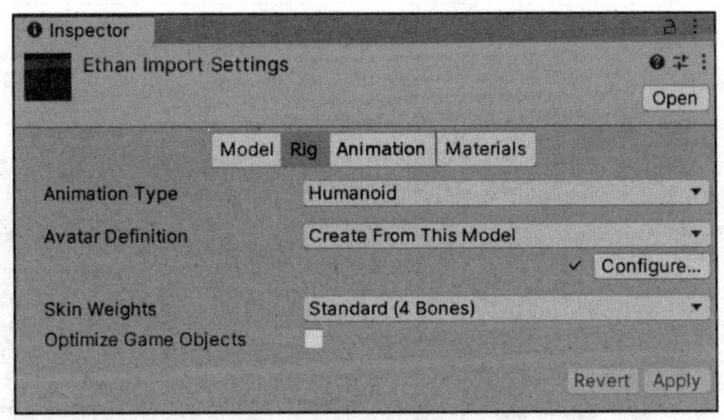

图 6-10　Animation Type 为 Humanoid

我们并不会对此项做出修改，但是大家需要了解的是，如果 3D 模型在制作过程中绑定了骨骼对象，但是导出到 Unity 时无法正常播放动画，可在此处查看 Animation Type 是否设置正确。如果是人形模型，可以手动将 Animation Type 切换为 Humanoid，并点击右下角的 Apply 按钮，则可创建新的 Avatar。

接下来了解如何在 Unity 中查看 Avatar 中的骨骼。选中 Ethan 模型中的 EthanAvatar，在 Inspector 视图中点击 Configure Avatar 按钮，如图 6-11 所示。

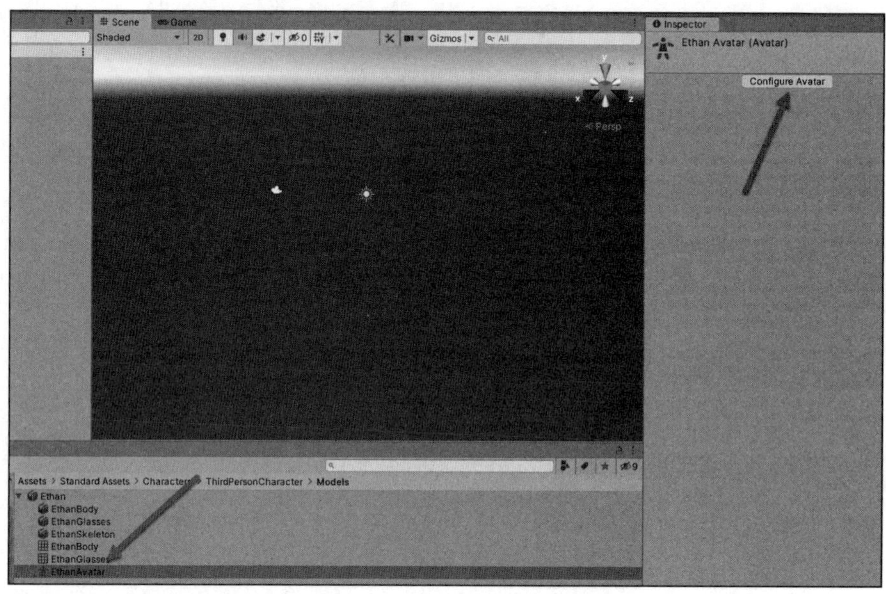

图 6-11　Configure Avatar 按钮

接下来，Scene 视图、Hierarchy 视图、Inspector 视图中都会显示当前模型的骨骼信息，如图 6-12 所示。

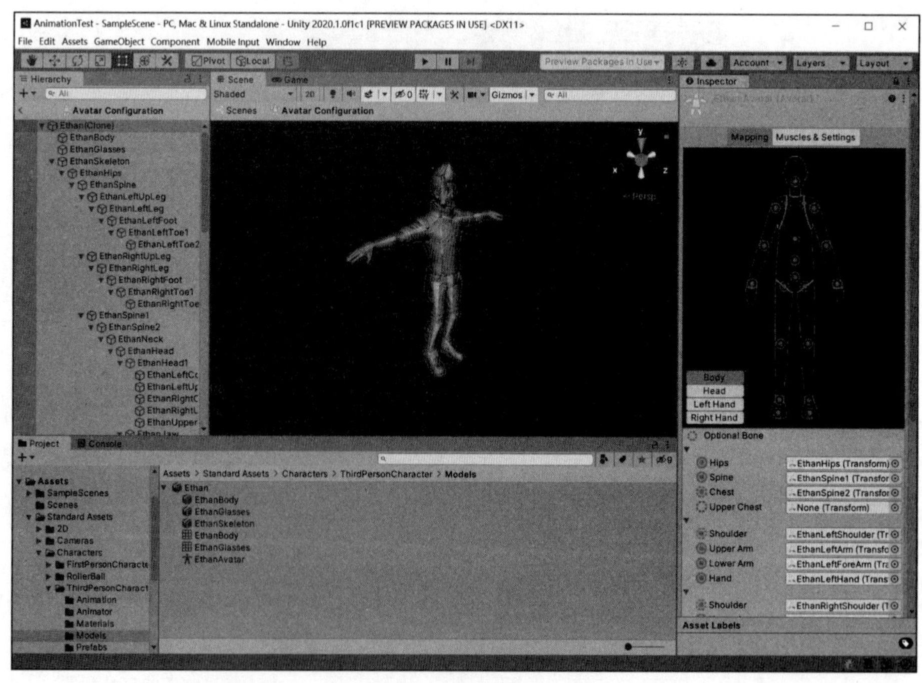

图 6-12　模型的骨骼信息

Scene 视图中显示的是骨骼相对于模型的具体位置，Hierarchy 视图中显示的是各个部件的层级列表，而 Inspector 视图中显示的是骨骼的平面分布。

接下来点击 Inspector 视图右下角的 Done 按钮回到正常视图。打开 Assets/Standard Assets/Characters/ThirdPersonCharacter/Animation 目录，可以看到该目录下包含 Ethan 的所有动画。

展开 Animation 文件夹下的任一对象，可以看到具体的动画片段，如图 6-13 所示。

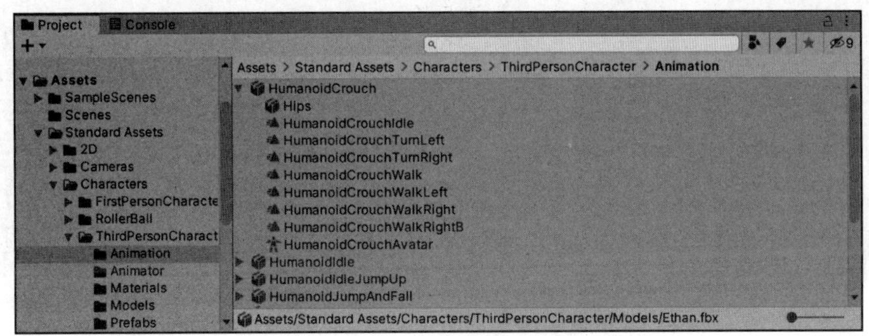

图 6-13　动画片断

选中其中一个动画片段，在 Inspector 视图中点击下方预览区的“播放”按钮，就可以快速预览动画，如图 6-14 所示。

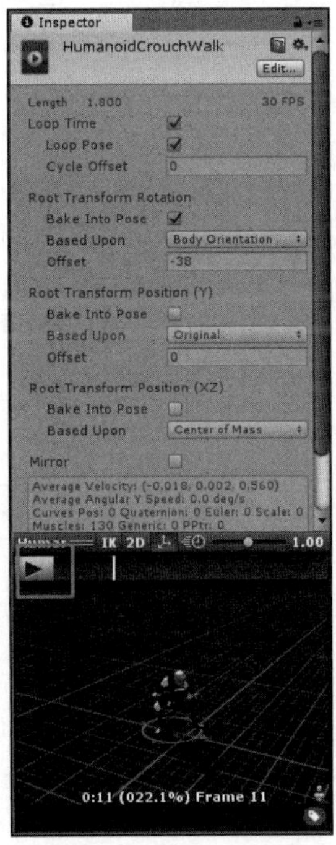

图 6-14　在 Inspector 视图中预览动画片段

默认情况下，Unity 会采用内置的角色模型进行动画预览，开发者无法直观地看到真实模型的动画效果。此时，我们可以将模型文件拖到预览窗口，替换掉 Unity 的内置模型。

保持动画的预览窗口打开并锁定，将 Models 文件夹下的 Ethan 模型拖到预览窗口中即可查看其动画效果，如图 6-15 所示。

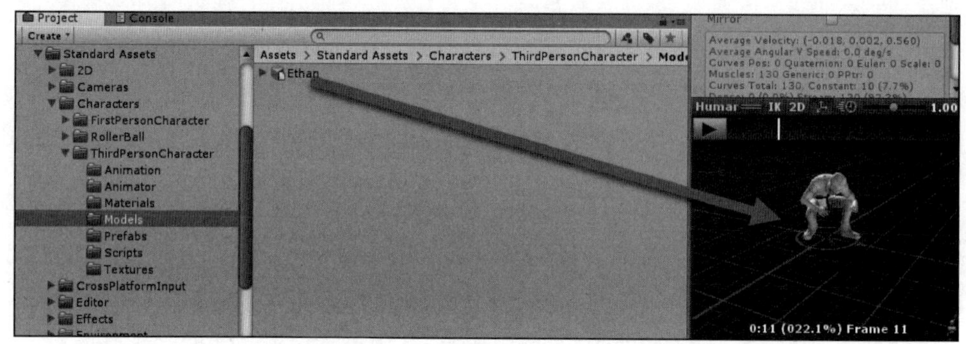

图 6-15 替换预览窗口中的模型

6.5 本章小结

在本章中，我们详细介绍了 Unity 的动画系统，包括 Legacy 动画系统和 Mecanim 动画系统。

在下一章中，我们将了解 Unity 中的导航寻路系统。

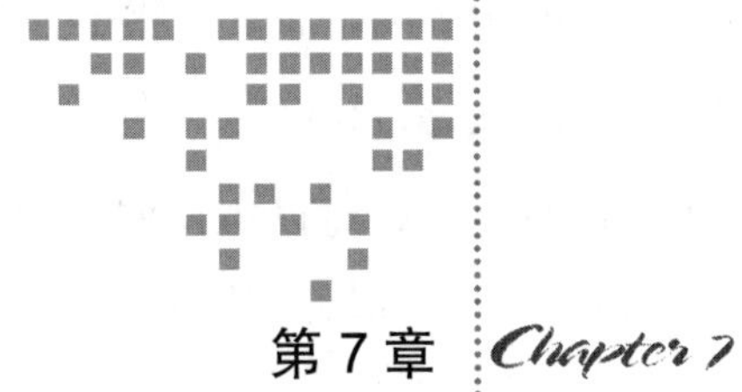

第 7 章 Chapter 7

最简单的游戏 AI：Nav Mesh 寻路系统

在游戏世界中，除了需要角色动起来，我们还需要让角色知道目标地点在哪里。比如在游戏中当玩家点击地图上某个地点之后，玩家角色通常会自动前往该地点；又或者游戏中的 NPC 需要自动前往某地点或在某处巡逻。这些功能都需要靠寻路系统实现。

在很多 RPG 类型的游戏中，NPC 会自动发现玩家角色，并自动向玩家所在的位置发起进攻，甚至锁定玩家的位置。不管玩家怎么移动，只要在 NPC 的视野范围内，都会自动向玩家靠拢。以上这些都是 Navigation（导航）和 Pathfinding（寻路）系统的应用场景。

本章将学习 Unity 中的寻路系统，其实这也是游戏开发中最基础的 AI 功能。

7.1 Unity 寻路系统概述

Unity 3.5 版本之后增加了 Nav Mesh 寻路系统。本章将只对 Unity 当前所使用的 Nav Mesh 寻路系统进行讲解。

在 Unity 中，寻路系统由以下几个部分组成。

1. Nav Mesh

Nav Mesh（Navigation Mesh，寻路网格）是一种数据集合，描述了游戏世界中玩家可以行走的路，允许玩家在游戏世界从某个地点到达另一个地点。这个数据集合是根据当前游戏场景生成的。

2. Nav Mesh Agent

Nav Mesh Agent 组件用于创建具有寻路智能的游戏角色，在寻路系统中被称为 Agent。

这些 Agent 使用 Nav Mesh 来感知游戏世界中的地形，并学会自动避开其他角色或障碍物。

3. Off Mesh Link

Off Mesh Link 可以让 NPC 更聪明，比如跳过一个坑或者篱笆，或者在走进一扇门之前先把它打开，如图 7-1 所示。

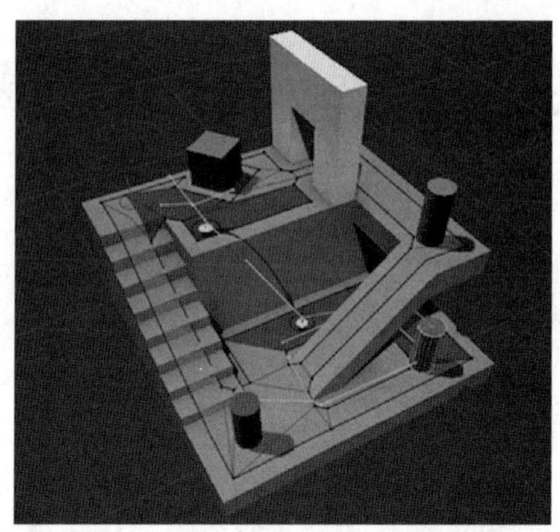

图 7-1 Off Mesh Link 示意图

4. Nav Mesh Obstacle

Nar Mesh Obstacle 用来定义场景中 Agent 绕开的活动障碍物。受到物理系统作用的桶或者条板箱就是典型的障碍物。当障碍物在移动的时候，Agent 会尽力避开。

总体来说,Unity 寻路系统主要通过 Nav Mesh 和 Nav Mesh Agent 工作。说得直白一点，Nav Mesh 是需要导航的区域，Nav Mesh Agent 是需要寻路的对象，比如玩家角色和 NPC。Unity 还提供了 Nav Mesh Obstacle 和 Off Mesh Link，以实现更完善的导航效果。

接下来，我们一起看看 Unity 中寻路系统的基本工作原理。当我们想让游戏角色在游戏世界里“有智慧”地运动时，需要解决两个问题。

- 目标位置在哪儿?
- 如何走到目标位置?

这两个问题是紧密联系在一起的，但又有着本质的区别。目标位置在哪里这个问题更加全局和静态，因此需要将整个场景都考虑进来。如何走到目标位置这个问题则相对比较动态，最重要的是确定移动的方向，以及如何在移动 Agent 的时候避免和障碍物或其他角色发生碰撞。

第一个问题比较简单：坐标点只能存在于可移动的平面之上，也就是对象上的某个点。而如何移动过去就比较复杂了，我们需要考虑移动的方向、路径，以及如何避开其他正在寻路的对象。为此，我们要进行以下操作。

步骤 1：确定场景中哪些地方是可以行走的。

寻路系统需要通过数据来确定哪里是可移动区域。可移动区域是通过对场景中几何对象的表面测试来确定的，Nav Mesh Agent 能够站立的地方才能被定义为可移动区域。这个可移动区域也就是 Nav Mesh。而 Nav Mesh Agent 是圆柱形的，在烘焙前开发者可决定圆柱的高度和半径，如图 7-2 所示。

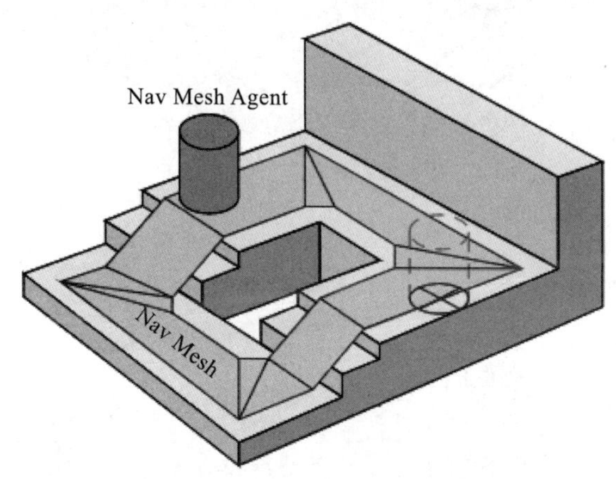

图 7-2　Nav Mesh 和 Nav Mesh Agent 示意图

为此，实现寻路功能的第一步就是进行 Nav Mesh 烘焙。寻路功能是通过一系列数学计算实现的，由于计算量过大，因此需要开发者指定要对哪些对象进行 Nav Mesh 烘焙，而不是直接对场景中的所有对象进行烘焙。举个简单的例子，比如在某个大厅里面，我们只需要选择地板对象进行烘焙，至于地板上的家具和天花板，没有必要进行烘焙。

步骤 2：设置游戏对象的目标坐标。

烘焙结束后，挂载着 Nav Mesh Agent 的游戏对象就可以在烘焙区域自由行走了。开发者需要为它设置一个目标坐标，比如将目标坐标设置为某个游戏对象所在的位置。

步骤 3：让 Nav Mesh Agent 走到目标坐标处。

这个步骤又涉及以下几个操作。

① 找到当前位置和目标位置之间的路径。

需要注意的是，如果当前位置和目标位置之间根本没有可行路径，就需要设置 Off Mesh Link，让 Nav Mesh Agent 使用其他方式抵达目的地，如图 7-3 所示。

② 让 Nav Mesh Agent 沿着可行路径行走。

③ 避开障碍物。

④ 根据以上信息计算出 Agent 的最终运动向量（速度和方向）。

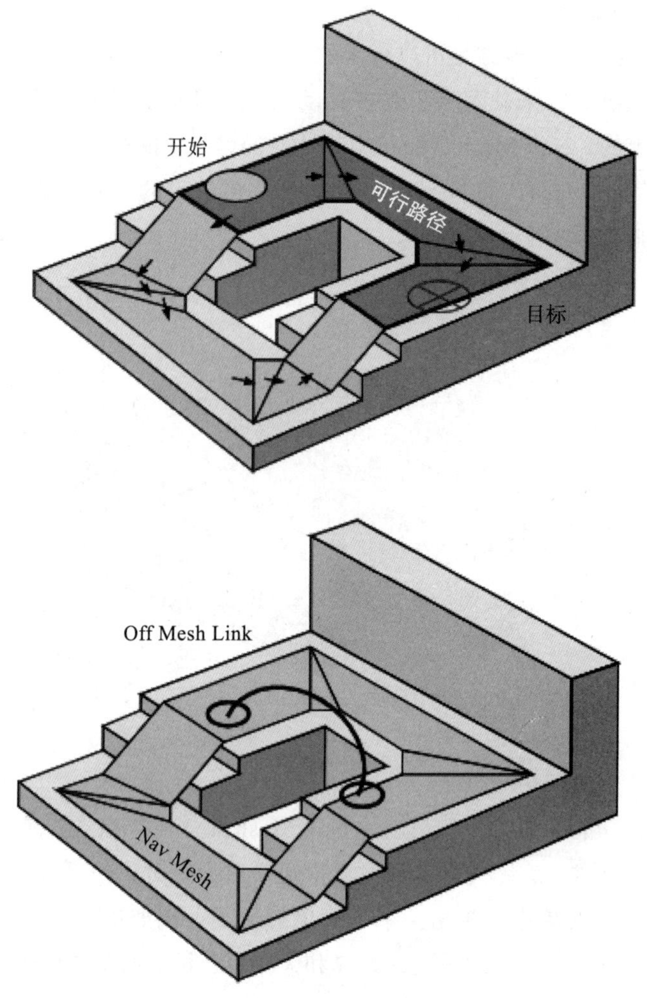

图 7-3 Off Mesh Link 作用的示意图

⑤ 让 Nav Mesh Agent 朝目标前进。

简单来说，在两个坐标间寻路时，Unity 会自动计算出坐标点和 Nav Mesh Agent 之间的可行路径。开发者并不需要在这个过程中耗费太多精力，只需为 Nav Mesh Agent 指定目标点（Destination）即可。

Nav Mesh Obstacle 用于标记寻路区域的障碍物。Off Mesh Link 适用于对象需要在烘焙区域外移动的场景，如从一个烘焙区域跳跃到另一个烘焙区域的情况。这些组件的具体使用方式将在后文详细讲解。

现在，我们已经了解 Unity 中寻路系统的基本工作原理，接下来将结合示例详细说明如何在 Unity 中设置寻路功能。

7.2 Nav Mesh 烘焙设置

Nav Mesh 的烘焙流程和灯光烘焙基本相同，大致可分为以下几步。

1）将需要烘焙的对象设置为 Nav Mesh Static。

2）设置烘焙参数。

3）进行烘焙。

接下来，我们将通过一个简单的例子详细讲解烘焙流程。

【示例 7-1】Nav Mesh 烘焙设置

步骤 1：创建新场景。打开 Unity，创建一个新的项目，将其命名为 NavMeshTutorial，并创建一个新的场景，将其保存并命名为 NavTestScene。

步骤 2：添加 Plane 对象。在场景中添加一个新的 Plane 对象，对 Plane 对象进行烘焙，并在 Plane 对象上进行寻路测试。

步骤 3：对 Plane 对象进行烘焙。选中 Plane 对象，在 Inspector 视图中把 Plane 对象设置为 Navigation Static，如图 7-4 所示。

图 7-4 设置 Plane 对象为 Navigation Static

确保 Plane 对象的 Position 为 (0，0，0)，随后依次点击顶部菜单栏中的 Window → AI → Navigation 命令打开寻路烘焙窗口，如图 7-5 所示。

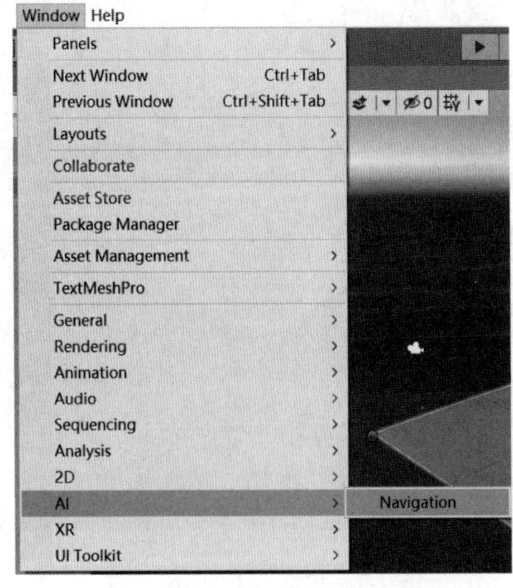

图 7-5 打开寻路烘焙窗口

在 Navigation 视图中切换到 Bake 选项，然后在 Bake 界面中保留默认设置，点击窗口底部的 Bake 按钮即可进行烘焙，如图 7-6 所示。

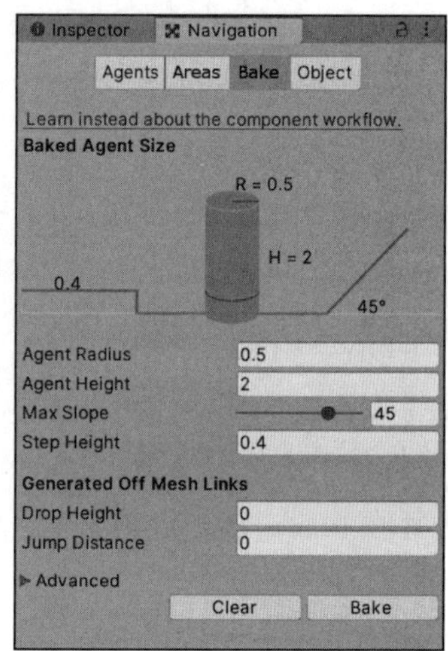

图 7-6 Navigation 视图中的 Bake 选项

此时，Scene 视图中已经显示出烘焙区域，如图 7-7 示。

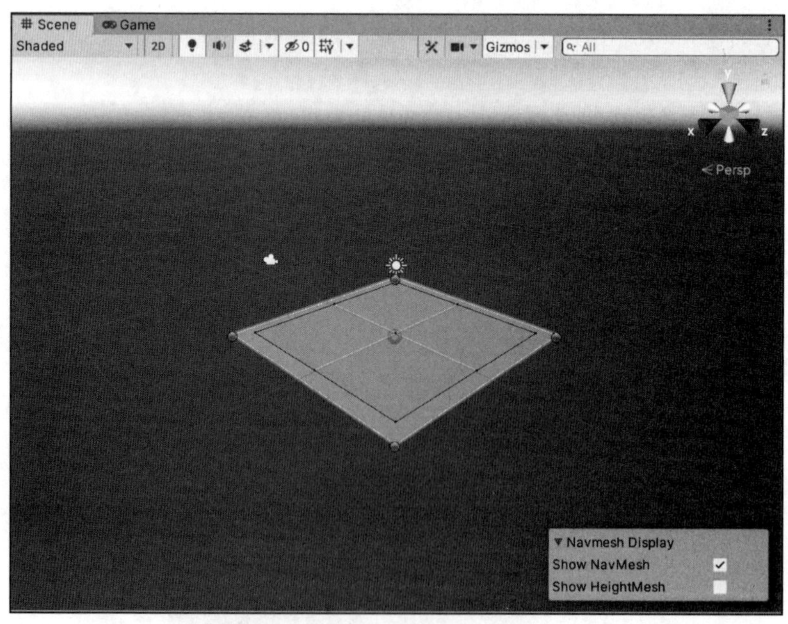

图 7-7 烘焙后的 Plane 对象

图 7-7 中的蓝色区域也就是 Nav Mesh。Nav Mesh Agent 可以在该区域内自由移动。

步骤 4：添加新的游戏对象。

接下来在场景中添加一个 Capsule 对象，设置坐标为 (0，1，0)，如图 7-8 所示。

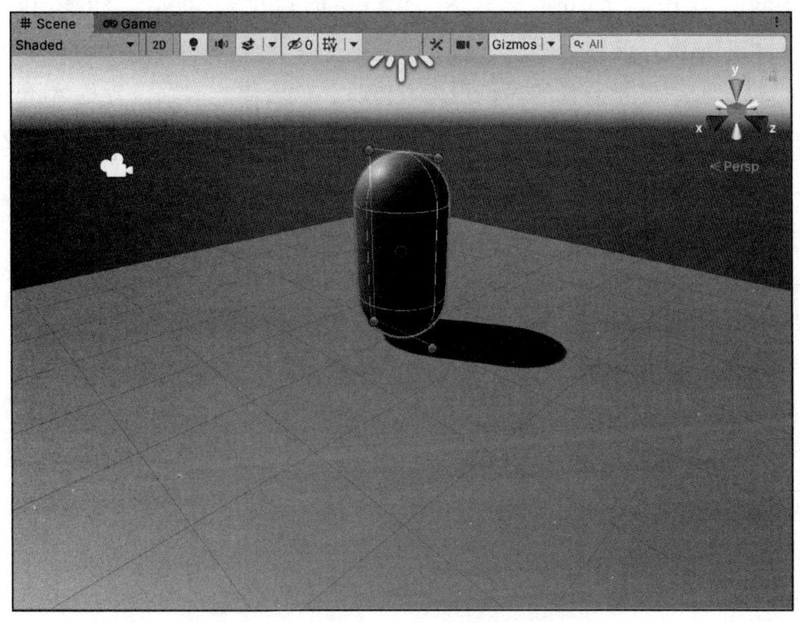

图 7-8　在场景中添加 Capsule 对象

步骤 5：添加 Nav Mesh Agent 组件。选中 Capsule 对象，然后在 Inspector 视图中点击 Add Component 按钮，从下拉列表中依次选择 Navigation → Nav Mesh Agent 命令，为其添加 Nav Mesh Agent 组件。其属性如图 7-9 所示。

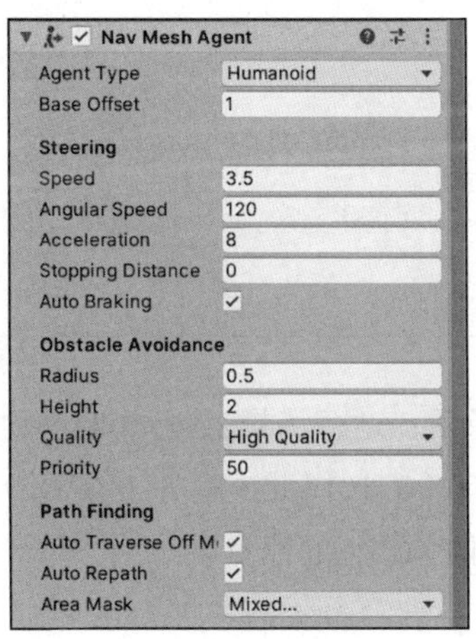

图 7-9　Nav Mesh Agent 组件的属性

需要注意的是，在进行寻路时，对象与地面的距离是由 Base Offset 的值决定的。我们需要调整 Capsule 对象的底部刚好与地面贴合。

在 Steering 属性中，Speed 指的是 Agent 移动的速度，Angular Speed 和 Acceleration 分别为角速度和加速度，这两个属性我们平时基本不会修改。Stopping Distance 为停止距离。当 Agent 和目标点的距离为设置的停止距离数值时，就会停止寻路。勾选 Auto Braking 时，当 Agent 快要接近目标点时，会自动减速。如果开发者希望匀速移动，就不必勾选此项。其他属性我们暂且不做了解。

步骤 6：让 Capsule 对象动起来。

首先在 Assets 目录下新建一个文件夹 Scripts，然后创建一个新的脚本，将其命名为 Capsule Controller。双击脚本在 Visual studio 中打开并进行编辑。

在这个脚本中，首先获取 Nav Mesh Agent 组件，然后设置 Destination 参数，具体如代码清单 7-1 所示。

代码清单 7-1　获取 Nav Mesh Agent 组件并设置 Destination 参数

```
using System.Collections;
using System.Collections.Generic;
using UnityEngine;
using UnityEngine.AI;//1.引入AI相关的命名空间


public class CapsuleController : MonoBehaviour
{
    //2.定义一个NavMeshAgent
    private NavMeshAgent capsuleAgent;

    // Start 方法在游戏第一帧开始前执行
    void Start()
    {
        //3.获取Nav Mesh Agent
        capsuleAgent= GetComponent<NavMeshAgent>();
        //4.设置Agent的目标位置
        capsuleAgent.destination = new Vector3(4, 0, 4);
    }
}
```

将脚本挂载到 Capsule 对象后，运行场景，Agent 会自动移动到坐标为 (4, 0, 4) 的地点。如果在脚本中指定目标位置为 (10,0,10)（此坐标并不在 Nav Mesh 范围内），再次运行场景，Agent 会移动到距离（10，0，10）最近的地点。

7.3　添加障碍物：Nav Mesh Obstacle

在 7.2 节中，我们创建了基本的寻路系统。在本节中，我们将使用 Nav Mesh Obstacle 组件给 Agent 在寻路的过程中添加障碍物，大致分为 3 步。

1）在场景中添加障碍物对象。

2）为障碍物对象添加 Nav Mesh Obstacle 组件。

3）烘焙 Nav Mesh。

接下来，我们一步步完成以上步骤。

步骤 1：添加新的障碍物对象。在 Hierarchy 视图中添加一个新的 Cube 对象，将其命名为 MyObstacle，设置 Position 为（4，0.5，3），设置 Scale 为（5，3，0.3）。

步骤 2：为障碍物对象添加 Nav Mesh Obstacle 组件。首先选中 MyObstacle，随后在 Inspector 视图中点击 Add Component 按钮，从下拉列表框中选择 Navigation → Nav Mesh Obstacle，从而给当前对象添加 Nav Mesh Obstacle 组件，最后进行 Nav Mesh 烘焙即可。

此时的场景如图 7-10 所示。

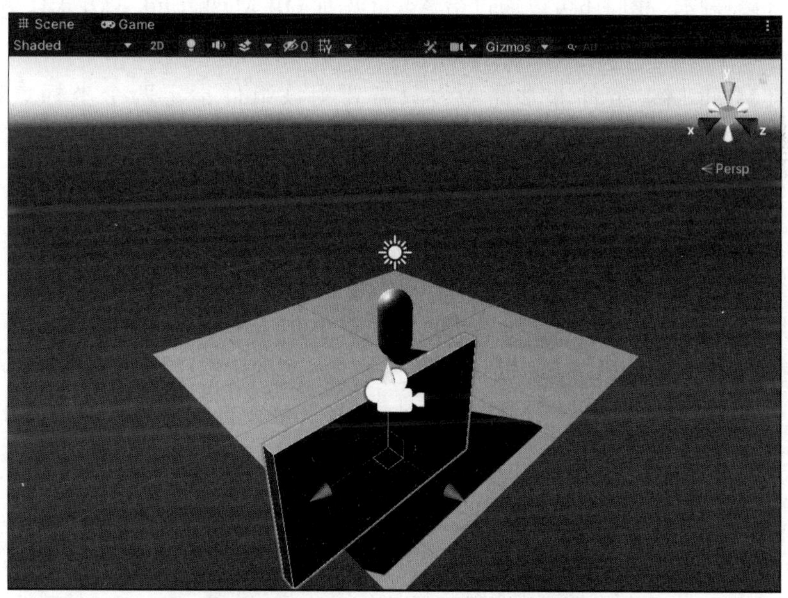

图 7-10　添加 Nav Mesh Obstacle 组件后的场景

运行场景，Capsule 对象没法直接绕过障碍物。这时，我们需要让 Capsule 对象学会找到一条能绕过障碍物的路线。

在 Nav Mesh Obstacle 组件下，有一个选项为 Carve。如果勾选此项，Nav Mesh 会将障碍物所在的区域“掏空”，使其不再作为 Nav Mesh 区域。如果不勾选此项，障碍物所在的区域依然可被寻路，并不是真正意义上的障碍物。为此，我们需要勾选该选项。

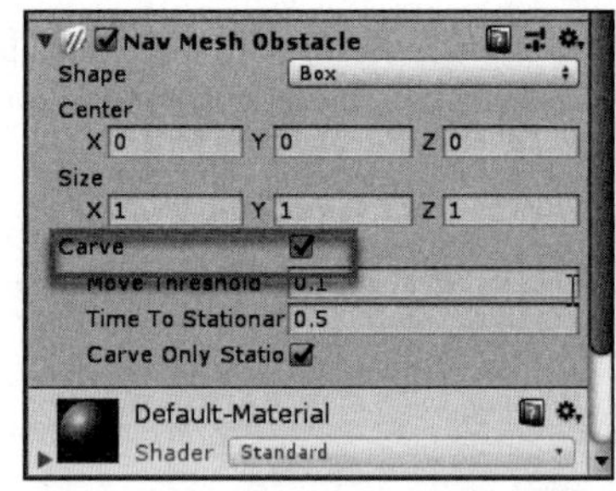

图 7-11 勾选 Nav Mesh Obstacle 中的 Carve 选项

再次运行场景，Capsule 对象会直接计算出绕过障碍物的路线，而不是卡在死角。

7.4 穿越障碍物：Off Mesh Link

除了绕开障碍物，我们还可以通过给 Agent 添加 Off Mesh Link 的方式让 Agent 直接穿越障碍物。

使用 Off Mesh Link 组件非常简单，只需要为该组件指定两个坐标点即可。如果 Capsule 对象在寻路过程中发现绕过障碍物的距离比使用 Off Mesh Link 进行传送的距离更远，就会自动使用 Off Mesh Link。

步骤 1：创建并设置新的游戏对象。在场景中创建一个新的 Cylinder 对象，设置 Position 为（4，0.1，1），设置 Scale 为（1，0.1，1），选中 Cylinder 对象，按下 Ctrl+D 键复制一个新的 Cylinder 对象，将新 Cylinder 的 Position 设置为（4，0.1，4）。

步骤 2：添加 Off Mesh Link 组件。在第一个 Cylinder 对象下添加 Off Mesh Link 组件，将该组件下的 Start 设置为第一个 Cylinder，将 End 设置为第二个 Cylinder，如图 7-12 所示。

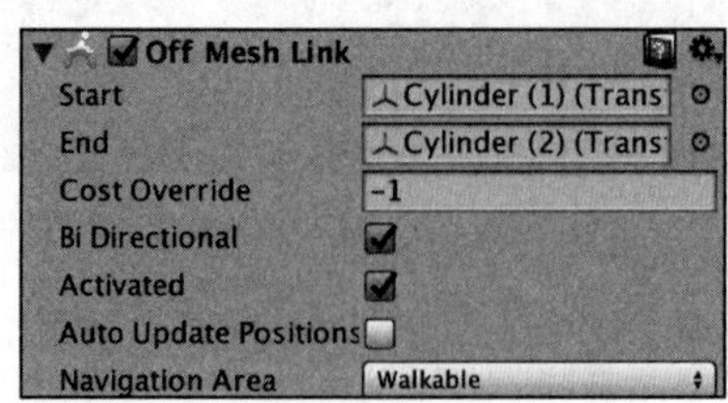

图 7-12 设置 Off Mesh Link

此时在 Navigation 视图中，我们可以看到一个箭头将两个 Cylinder 组件连接起来。

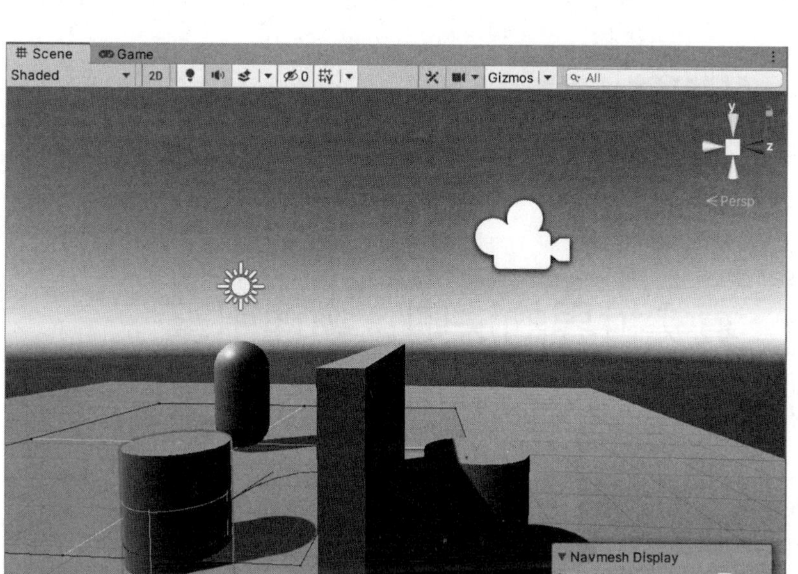

图 7-13　Navigation 视图中的两个 Cylinder 组件

选中 Capsule 对象，将其 Position 更改为（3,1,0）。运行场景，Capsule 对象会使用 Off Mesh Link 功能直接进行传送，而不是绕过障碍物。

Off Mesh Link 功能还可用于让对象跳下楼梯等。

以上就是 Nav Mesh 寻路系统中各个组件的基本用法。

7.5　本章小结

在本章中，我们详细了解了 Unity 中的寻路系统工作原理、Nav Mesh 烘焙设置、Nav Mesh Obstace、Off Mesh Link，并简单实现了智能 NPC。

在下一章中，我们将了解如何在 Unity 中实现类似真实世界的物理法则。

Chapter 8 第 8 章

真实世界的法则：物理引擎

在游戏世界中，即使画面很精美，人物很鲜活，如果玩家在其中感受不到类似真实世界的物理法则，也很难产生足够的代入感。物理引擎正是为了解决此类问题而生的。

本章将介绍 Unity 中的物理引擎系统及其重要的组件，并详细说明如何添加和设置游戏中的物理引擎系统。

8.1 物理引擎概述

Unity 中使用了两个不同的物理引擎系统：NVIDIA PhysX 为 3D 物理引擎，Box2D 为 2D 物理引擎。考虑到本书主要针对 3D 游戏应用和 AR/VR 开发，因此这里重点讲解 Unity 中 3D 物理引擎的基本概念及使用。

游戏中的物理引擎用于在游戏中模拟真实世界的物理效果，例如物体之间的碰撞等。

在具体介绍 Unity 中物理引擎的使用之前，我们先来整体认识 PhysX 物理引擎。毕竟两大主流商用游戏引擎 Unity3D 和 UE4 中都内置了 PhysX 物理引擎。

PhysX 物理引擎有以下几个核心功能。

1）刚体模拟：在之前的内容中提到过，当前的物理引擎主要基于经典牛顿力学的刚体模拟。所谓“刚体”就是碰撞后不会发生变形（或者变形可以忽略不计）的物体，比如桌子、椅子等。

2）碰撞检测：刚体的一大特性就是碰撞后不会发生变形，因此游戏世界中的物理引擎将刚体模拟和碰撞检测放在同等重要的地位。

3）角色控制：通过 PhysX 物理引擎，我们可以对角色的行为进行控制，这里暂且略过。

4）粒子系统：之前我们了解过 Shuriken 粒子系统。关于 PhysX 中的粒子系统，读者可参考 https://www.nvidia.cn/object/physx_new_cn.html。

5）驾驶器模拟：通过 PhysX，我们可以更好地模拟驾驶器，这里也暂且略过。

6）布料模拟：衣袂飘飘的游戏角色会提高玩家对游戏的沉浸感（见图 8-1），具体细节读者可以参考 https://developer.nvidia.com/clothing。

图 8-1　布料模拟效果示意图

对于初学者来说，我们主要接触的还是前 3 个功能。如果你对 PhysX 引擎感兴趣，可以去 NVIDIA 官网（https://developer.nvidia.com/physx-sdk）了解更多技术细节。NVIDIA 在 GitHub 上提供了 PhysX 的源代码：https://github.com/NVIDIAGameWorks/PhysX-3.4。如果大家对物理引擎的底层构成感兴趣，希望以后打造自己的游戏引擎，不妨去更深入地了解一下。需要注意的是，你要想获取完整的源代码，必须注册。

Unity 为开发者提供了几个组件来模拟物理效果。开发者不用深入研究 PhysX 引擎的使用，只需要使用这些组件就可以实现逼真的物理特效。接下来，我们将一一进行讲解。

8.2　Unity 物理引擎的核心构成

在本节中，我们将了解 Unity 物理引擎的核心构成，包括 Rigidbody、Collider 和 Raycast 等。

8.2.1　Rigidbody

在 Unity 中，要想实现游戏对象的物理行为，Rigidbody（刚体）组件是必不可少的。当某个游戏对象挂载了 Rigidbody 组件后就会成为刚体，此时对象就会立即受到重力等物理因素的影响。如果该对象上同时挂载着 Collider 组件，就会受到碰撞的影响，例如被游戏中的车撞飞。

在 Unity 中，两个对象发生碰撞需满足两个条件。

1）两个对象上都有 Collider 组件；

2）其中一个对象上必须有 Rigidbody 组件。

当一个对象挂载着 Rigidbody 组件时，应该使用力来移动物体，并由物理引擎计算出物体的位移，而不是直接修改对象的 Transform 组件中的 Position。

接下来，我们将创建一个简单的场景，通过实际示例来了解 Unity 中 Rigidbody 组件的应用。

【示例 8-1】Rigidbody 组件的使用

步骤 1：创建新的项目和场景。

创建一个新的 Unity 项目，将其命名为 PhysicsTest；创建一个新的游戏场景，将其命名为 TestScene。

步骤 2：创建新的游戏对象，并给游戏对象添加 Rigidbody 组件。

在场景中添加一个 Cube 对象，在 Hierarchy 视图中选中该对象，在 Inspector 视图中点击 Add Component 按钮，从下拉列表中依次选择 Physics → Rigidbody，为 Cube 对象添加一个 Rigidbody 组件，如图 8-2 所示。

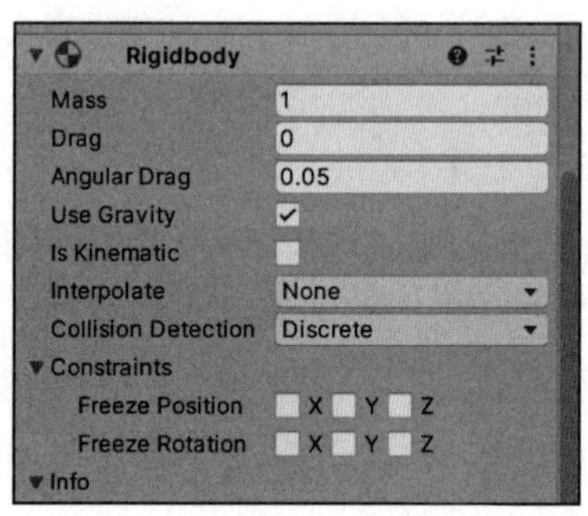

图 8-2 新添加的 Rigidbody 组件

在图 8-2 中，各个属性的含义如下。

1）Mass 代表质量，单位默认为千克。

2）Drag 为平移阻力，数值类型为 float，初始值为 0，用来表示物体因受阻力而速度衰减。

3）Angular Drag 代表旋转阻力，用来阻碍物体旋转。如果值设置成无限大，物体会立即停止旋转。如果设置成 0，物体在上升过程中会发生侧翻旋转。

4）Use Gravity 用于确认物体是否受重力影响，默认情况下勾选，取消勾选时可模拟失重现象。

5）Is Kinematic 是动力学选项。如果勾选，游戏对象虽然还是会受到物理引擎的作用（比如可以发生碰撞），但是其运动不会受物理引擎的影响，只能使用 Transform 组件移动。

6）Interpolate 表示的是物体运动的插值模式，默认被禁用。选择该模式时，物理引擎会在物体的运动帧之间进行插值，让运动显得更加自然。但是，插值导致物理模拟和渲染不同步，使物体产生轻微抖动现象。建议对主要角色使用插值，而对其他角色则禁用此功能，以达到折中的效果。

7）Collision Detection 是碰撞检测选项，默认状态是 Discrete。在没有勾选碰撞检测选项的情况下，碰撞物体会穿过对方，产生所谓的“穿透”现象。碰撞模式有不连续模式（Discrete）、连续模式（Continuous）和动态连续模式（Continuous Dynamic）。动态连续模式适用于高速运动的物体（比如子弹），连续模式仅适用于球体、胶囊和盒子刚体，而且会严重影响物体的运动表现，因此大部分情况下默认采用不连续模式。

8）Constraints 参数用来限制物体的运动，表示该物体的位移和旋转是否受到物理定理的约束，默认状态下任意轴的旋转是受物理定律控制的。该属性是通过修改每个轴上的旋转属性来设置的。在第一人称射击游戏中去除该属性可以使玩家自由控制自身的视角。

步骤 3：运行场景。

运行场景，发现 Cube 会匀速向下坠落，这就是物理引擎的作用。取消 Use Gravity 选项的勾选或者勾选 Is Kinematic 选项，都能实现让物体不下坠的效果。

大家可能会疑惑 Use Gravity 和 Is Kinematic 的具体区别，以及在实际应用中我们该如何使用这两个选项。简单来说，Use Gravity 选项勾选与否表示物体是否受地心引力的影响。如果不勾选 Use Gravity 选项，物体就不会在重力的影响下下坠，但仍然会受其他物理效果的影响，比如被撞飞。如果勾选 Is Kinematic 选项，物体的运动不会受任何物理效果的影响，即使我们通过脚本为该对象施加一个非常大的力。因此，即便这里勾选了 Use Gravity，只要 Is Kinematic 也是勾选状态，物体就不会在引力的作用下下坠。

此外，通过 Rigidbody 组件底部 Constraints 中的参数，我们也可以实现物体不被移动的效果。

接下来，我们尝试给物体施加力。

步骤 4：创建新的脚本。

我们可以通过脚本为物体施加力。在施加力时，需要指定力的方向和大小。在 Project 视图中右击，选择 Create-C# Script，创建一个新脚本，将其命名为 AddForce。双击脚本在 Visual Studio 中打开，在脚本中添加以下代码，如代码清单 8-1 所示。

代码清单 8-1 给物体施加力

```
using System.Collections;
using System.Collections.Generic;
using UnityEngine;

public class AddForce : MonoBehaviour {

    private Rigidbody myRigidbody;

    // 初始化方法
    void Start () {
        myRigidbody = GetComponent<Rigidbody> ();
        myRigidbody.AddForce (new Vector3 (0, 10, 0), ForceMode.Impulse);
    }

}
```

在该脚本中，首先通过 GetComponent<> 方法获取游戏对象的 Rigidbody 组件，然后通过 Rigidbody 组件的 AddForce 添加一个向上的力，力的大小为 10。在参数中，我们使用 Vector3 来表示力，还可以使用浮点数来表示，如 AddForce(0f, 10f, 0f, ForceMode.Impulse)，还可以使用 AddForce(Vector3.Up * 10, ForceMode.Impulse) 来表示。

接下来，我们需要指定 ForceMode。ForceMode 有如下 4 个属性。

- Force：给 Rigidbody 添加一个可持续的力，受 Mass 的影响。
- Acceleration：给 Rigidbody 添加一个可持续的加速度，忽略 Mass 的影响。
- Impluse：给 Rigidbody 添加一个冲力，受 Mass 的影响。
- VelocityChange：给 Rigidbody 添加速度，忽略 Mass 的影响。

由于上述脚本是在 Start 方法中执行 AddForce 方法，且该方法只会执行一次，所以这里只能将 ForceMode 设置为 Impluse 或者 VelocityChange。

步骤 5：给游戏对象加挂脚本。

在 Hierarchy 视图中选中 Cube 对象，在 Inspector 视图中点击 Add Component 按钮，从下拉列表中依次选择 Scripts → Add Force。

步骤 6：运行场景测试。

点击运行，可以看到 Cube 对象先是在冲力的作用下向上运动一小段距离，然后在重力的作用下向下运动。

步骤 7：给物体持续施加向上的力。

为了给物体持续施加向上的力，我们尝试在 FixedUpdate 方法中添加向上的力的代码。

注意 这里使用 FixedUpdate 方法而不是 Update 方法，是因为 FixedUpdate 方法的调用次数是固定的，不会受帧率的影响，而 Update 方法是每帧调用一次，会受到游戏帧率的影响。

在 Unity 中，所有关于 Rigidbody 的方法都应该放在 FixedUpdate 方法中执行，如果在 Update 方法中执行会影响物理效果。

在 AddForce 脚本中将 Start 方法中的 AddForce 相关代码移动到 FixedUpdate 方法中，并将 Start 方法中的相关代码进行注释，具体如下。

```
using System.Collections;
using System.Collections.Generic;
using UnityEngine;

public class AddForce : MonoBehaviour
{
    private Rigidbody myRigidbody;
    // 初始化方法
    void Start()
    {
        myRigidbody = GetComponent<Rigidbody>();

    }

    //每帧调用
    void Update()
    {
        myRigidbody.AddForce(new Vector3(0, 10, 0), ForceMode.Impulse);
    }
}
```

步骤 8：运行场景测试。

此时运行场景，可以看到 Cube 直接向上飞出去了。这是因为我们将 ForceMode 设置为 Impulse，每次调用 FixedUpdate 方法都会给 Rigidbody 添加一次力。如果将 ForceMode 修改为 Force 或者 Acceleration，再次运行场景可以看到，Cube 将会在下落一小段后匀速向上移动。这就是 Impulse/VelocityChange 和 Force/Acceleration 之间的主要区别。在 FixedUpdate 方法中，Impulse 和 VelocityChange 模式会不断增大所施加的力，而 Force 和 Acceleration 模式会维持所施加的力。

步骤 9：在指定位置施加力。

现在，我们已经能够对某个游戏对象整体施加指定方向的力。但在某些情况下，我们还需要在指定的位置施加力以实现一些特殊效果。

Unity 为我们提供了 AddForceAtPosition(Vector3 Force, Vector3 Position, ForceMode) 方

法。该方法的第一个参数是力，第二个参数为力的位置，第三个参数为力的施加模式。

此前，我们给 Cube 对象添加了一个向上的力，力的大小为 10。如果希望将这个力在对象左侧施加，只需要指定一个位置即可，更改代码如下：

```
using System.Collections;
using System.Collections.Generic;
using UnityEngine;

public class AddForce : MonoBehaviour
{
    private Rigidbody myRigidbody;
    //初始化方法
    void Start()
    {
        myRigidbody = GetComponent<Rigidbody>();

    }

    // 每帧调用
    void Update()
    {
        myRigidbody.AddForceAtPosition(Vector3.up * 10,Vector3.left,ForceMode.Force);
    }
}
```

在以上代码中，我们在（–1，0，0）位置施加了一个向上的持续力，力的大小为 10。

运行场景，可以看到 Cube 对象一直旋转并且缓慢上升。

步骤 10：模仿手雷爆炸的效果。

如果想要实现类似手雷爆炸的效果，需要使用 AddExplosionForce 方法，且需要指定力的大小、力的位置以及爆炸半径。

手雷爆炸时，力是从手雷中心发出的，所以需要把力的位置设置为 Vector3.zero，代表从中心施加一个力。手雷爆炸力并不是持续力，所以还需要将 ForceMode 设置为 Impluse，代码如下：

```
myRigidbody.AddExplosionForce( 20, Vector3.zero, 5, 0, ForceMode.Impulse);
```

在以上代码中，我们设置爆炸力的大小为 20，爆炸位置为原点，爆炸半径为 5，ForceMode 为 Impluse。AddExplosionForce 方法会在球体范围内施加一个爆炸力。

此外，因为爆炸是瞬间发生而非持续发生，所以还需要将上述代码从 FixedUpdate 方法中删除，并移动到 Start 方法的最后一行，最终的代码如下：

```
using System.Collections;
using System.Collections.Generic;
using UnityEngine;
```

```
public class AddForce : MonoBehaviour
{
    private Rigidbody myRigidbody;
    // 初始化方法
    void Start()
    {
        myRigidbody = GetComponent<Rigidbody>();
        myRigidbody.AddExplosionForce(20,Vector3.zero,5,0,ForceMode.Impulse);
    }

}
```

为了更直观地观看效果，我们在 Cube 的附近再添加几个 Cube，如图 8-3 所示。

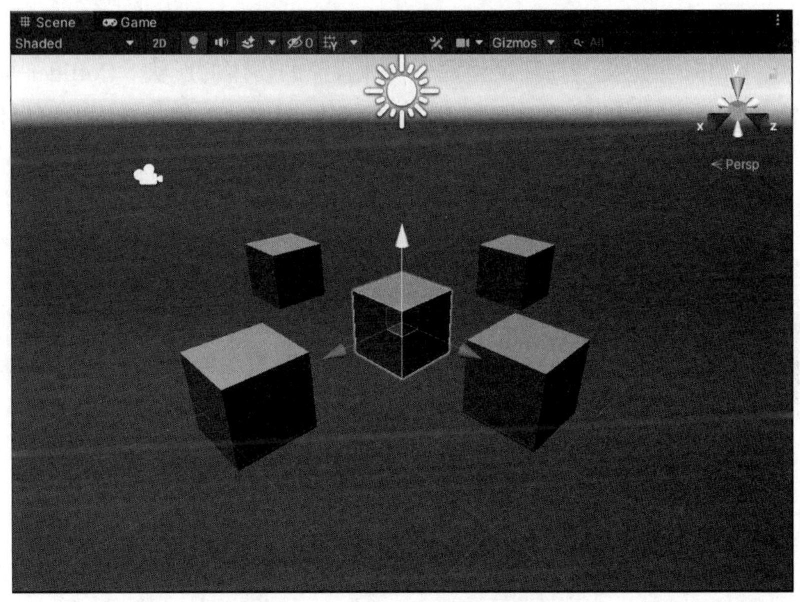

图 8-3　添加 Cube 后的场景

运行场景会看到类似爆炸的效果，但是实际效果并不如预期的那么理想。这是因为我们只对中心 Cube 施加了力，这个爆炸力并没有作用到周围的 4 个 Cube 上。

那么，如何对某个范围内的对象都施加力呢？如果场景中只有 4 个对象，我们当然可以手动施加力，但如果场景中有 40 个对象呢？

在 8.2.2 节中，我们将使用 Collider 组件解决这一问题，实现真正的爆炸效果。

8.2.2　Collider

顾名思义，Collider 组件就是碰撞组件。8.2.1 节中提到过，如果希望两个对象发生碰撞，这两个对象上都必须挂载 Collider 组件，其中一个对象上必须挂载 Rigidbody 组件。这是因为在 Unity 中，Rigidbody 代表游戏对象受到物理引擎的影响，Collider 则代表游戏对象接受碰撞。因此，如果某个游戏对象上同时挂载 Collider 组件和 Rigidbody 组件，它就成了所谓的“动态物体”。当碰撞发生时，动态物体会受到力的作用而产生位移。

如果某个游戏对象只挂载 Collider 组件，而没有挂载 Rigidbody 组件（默认创建的游戏对象就属于这种情况），就成了所谓的“静态物体”。静态物体会接受碰撞事件，但不会发生位移。

注意 对于静态物体，我们不要通过直接修改 Transform 的方式来更改其坐标，否则会影响物理引擎的性能。

简单来说，Collider 定义了在场景中发生物理碰撞的物体的形状。Collider 是不可见的，它不需要与物体表面的 Mesh 网格完全一致，只需要做到相似就好，这样既可以保证运行效率，也可以保证物体的可辨识度。

Unity3D 提供了几种不同的 Collider 组件。

1. 基础 Collider 组件

通过基础 Collider 组件，我们可以定义碰撞物体的基本形状，包括：

1）Box Collider：立方体状的 Collider，Cube 对象默认关联该 Collider；

2）Capsule Collider：胶囊状的 Collider，Capsule 对象默认关联该 Collider；

3）Sphere Collider：球体状的 Collider，Sphere 对象默认关联该 Collider。

2. 复合碰撞器

复合形状的碰撞器又叫复合碰撞器（Compound Collider），有时候最基本的形状无法精确覆盖物体，就需要考虑组合基础形状的碰撞器，或是在子对象上添加更多的碰撞器。

但是需要注意的是，在使用复合碰撞器的时候，我们只能使用单个 Rigidbody 组件，而且通常关联在 Hierarchy 视图的根对象上。

除此之外，Unity3D 还提供了用于特定场合的 Wheel Collider（轮状碰撞器）和 Terrain Collider（地形碰撞器）。其中，Wheel Collider 可以用于带轮子的交通工具，如图 8-4 所示。

通常，Terrain Collider 和 Terrain 对象绑定在一起，用于地形表面碰撞模拟，如图 8-5 所示。

3. Mesh Collider

有些时候，即便是复合碰撞器仍然不够精确。此时，我们可以考虑使用 Mesh Collider（网格碰撞器）来精确匹配游戏对象。

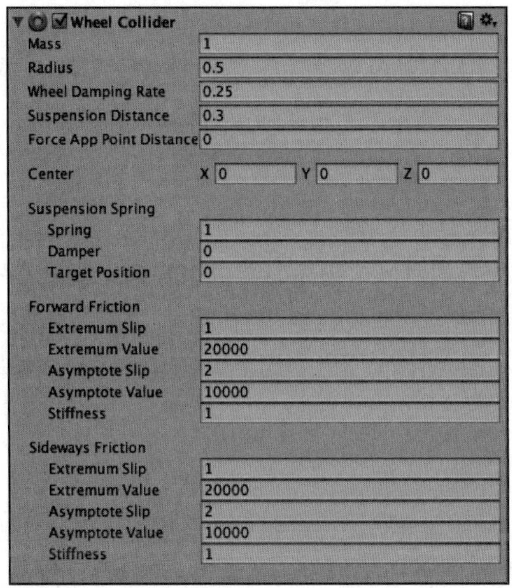

图 8-4　Wheel Collider

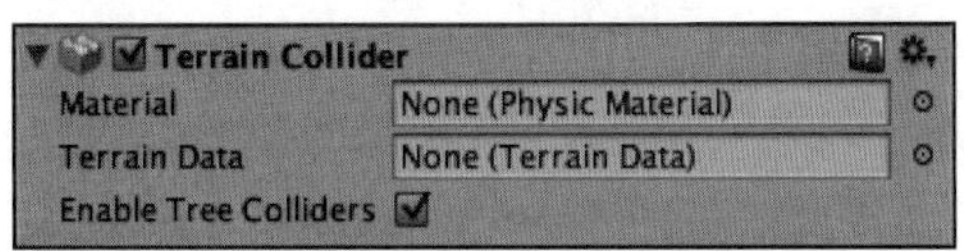

图 8-5　Terrain Collider

当然，凡事有利有弊。使用了网格碰撞器之后，虽然碰撞的精度会很高，但是会消耗大量的运算资源。此外，不同网格碰撞器的设置不能交叉。此时，我们需要在 Inspector 视图中勾选 Convex 属性，如图 8-6 所示。

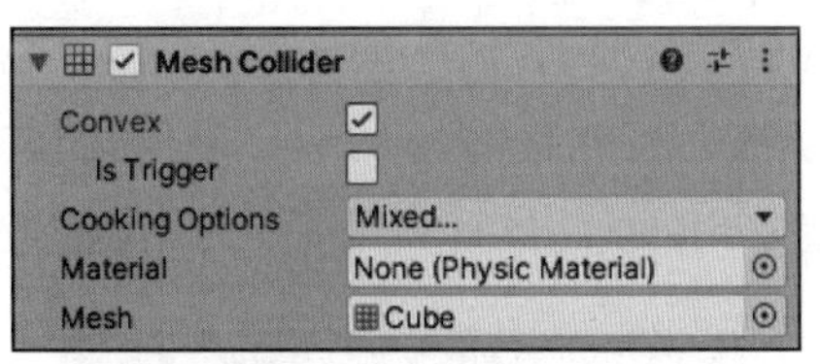

图 8-6　Mesh Collider 的属性设置

默认情况下，新创建的 Plane 对象会关联该 Collider。

4. 静态碰撞器

我们可以为场景中类似地板、天花板和其他保持静止不动的物体对象添加静态碰撞器，但不添加 Rigidbody 组件。之所以如此，是因为这些静止物体无须在力的作用下发生位移或形变。

与静态碰撞器相反，动态碰撞器指的是某个物体对象既挂载 Collider 组件，又挂载 Rigidbody 组件。

5. 物理材质

当关联了碰撞器的物体发生接触时，物体的表面需要模拟应有的物理特性。举例来说，当一片雪花落到某个物体上的时候，物体表面应该表现出它应有的轻柔顺滑的物理特性。而当某个重的橡胶球撞到某个物体的时候，物体表面应该呈现出足够的弹性和摩擦力。虽然我们无法通过设置 Collider 组件的参数实现，但可以通过设置物理材质（Physic Material）实现。

6. 触发器

触发器（Trigger）和碰撞器类似，但是各自的应用场景不同。触发器只代表发生该事件后会触发一系列操作，但是不一定模拟出物理碰撞的效果。而碰撞器不仅会触发物理碰撞事件，还会模拟出物理碰撞的效果。

这里我们还是用一个实际的示例来说明。

【示例 8-2】Collider 的使用

步骤 1：创建新的场景。

打开 Unity，在 PhysicTest 项目中创建一个新的场景，保存并命名为 ColliderTest-Scene。

步骤 2：添加 Cube 对象，并添加 Rigidbody 组件。

在场景中添加一个 Cube 对象，并为其添加 Rigidbody 组件。

选中 Cube 对象，在 Inspector 视图中点击 Edit Collider 按钮，开始编辑 Collider 的形状，在 Scene 视图中点击 Cube 对象需要修改的那一面。

Is Trigger 属性表示该 Collider 是否为 Trigger（触发器），Material 参数用于指定 Physic Material，开发者可以在 Asset 面板创建新的 Physic Material，并设置弹性等参数。最后，Center 和 Size 属性用于决定 Collider 的位置和尺寸。Box Collider 组件参数如图 8-7 所示。

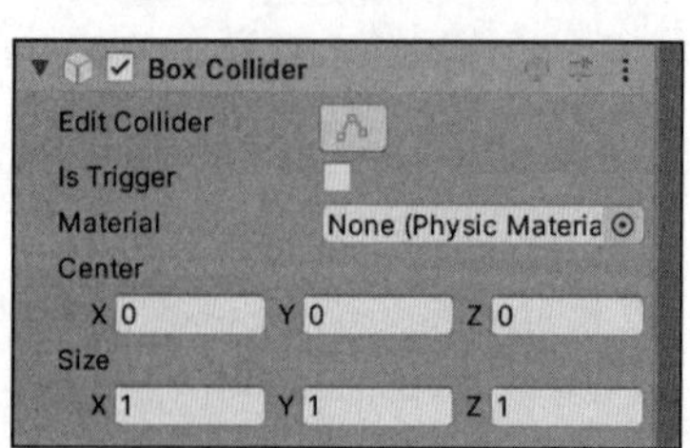

图 8-7 Box Collider 组件参数

步骤 3：创建一个有弹性的 Physic Material。

在 Project 视图中右击，在弹出的快捷菜单中选择 Create → Physic Material 命令即可完成创建，将其重命名为 CubeMaterial。选中该对象时，Inspector 面板中就会显示出相关参数，如图 8-8 所示。

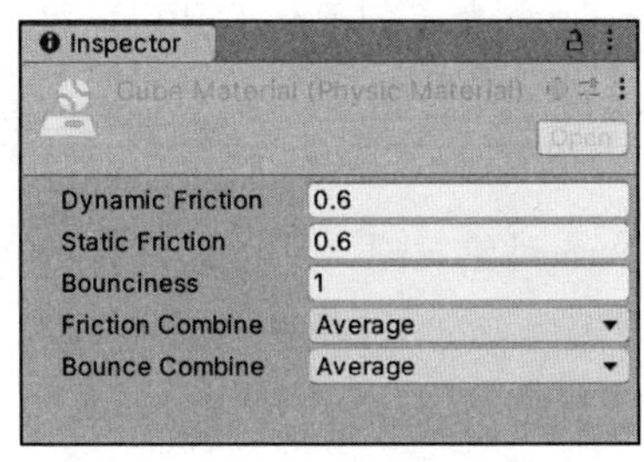

图 8-8　CubeMaterial 的参数

其中，Dynamic Friction 和 Static Friction 分别代表动态摩擦力和静态摩擦力，通常使用默认值就好。Bounciness 参数代表弹性，这里将其修改为 1（默认为 0）。这样，我们就成功创建了一个富有弹性的物理材质。

步骤 4：设置 Box Collider 中的 Material 参数。

选中场景中心的 Cube 对象，将 Box Collider 组件中的 Material 参数指定为 CubeMaterial，如图 8-9 所示。

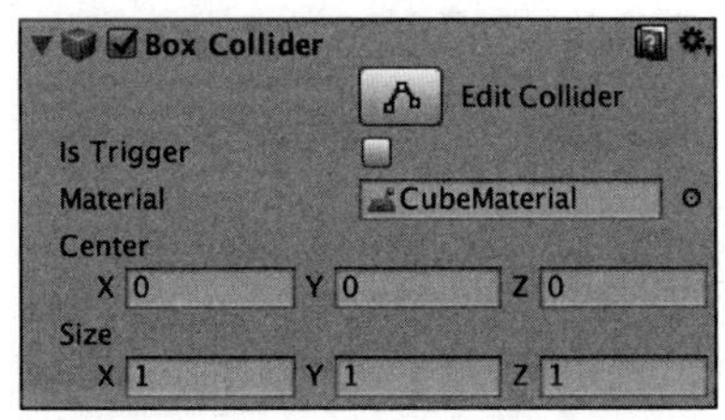

图 8-9　设置 Box Collider 组件的 Material 参数

步骤 5：添加新的 Sphere 对象并挂载 Rigidbody 组件。

为了测试 Cube 对象是否真有弹性，我们在 8.2.1 节的场景中添加一个 Sphere 对象，设置 Position 为（0，3，0），即在 Cube 对象的正上方。

可以看到，默认情况下 Sphere 对象已经有了一个 Sphere Collider 组件。接下来需要为 Sphere 对象挂载 Rigidbody 组件，勾选 Rigidbody 组件中的 Is Kinematic 选项，以免 Cube 对象受到重力的影响而发生位移。

步骤 6：运行场景测试。

测试前先取消勾选 Rigidbody 组件中的 Use Gravity 选项，并勾选 Is Kinematic 选项，

以免物体受冲击发生位移。然后运行场景可以看到，Sphere 对象落到 Cube 对象之上后会被轻轻弹开。如果移除 Cube 对象的 Box Collider 组件的 Material 参数，Sphere 对象落到 Cube 对象之上后并不会产生弹性效果。

思考 在 Inspector 视图中勾选 Cube 对象的 Box Collider 组件的 Is Trigger 选项，运行场景测试，观察会发生什么？

我们回头检查 Cube 和 Sphere 对象发现，二者都有 Rigidbody 组件和 Collider 组件，只是 Cube 对象的 Collider 组件勾选了 Is Trigger 选项。在勾选 Is Trigger 选项后，Cube 对象就不再与其他对象发生碰撞了。

读者可能会想，Collider 组件的作用是什么？其实，Trigger 和 Collider 都有各自不同的应用场景。

如果你有单机游戏经验，会知道自动存档功能。自动存档功能的触发机制通常是通过 Trigger 实现的。当玩家触发某个关卡中挂载有 Trigger 的物体（比如某一道金光闪闪的大门）时，就会自动存档。与之类似，在游戏中拾取地上的道具等都是通过 Trigger 来实现的。又比如说游戏中的传送门也可以使用 Trigger 来实现。

如果要在代码中获取 Collider 的信息，可以利用 OnCollisionEnter/Stay/Exit 方法。而要获取 Trigger 的信息，可以利用 OnTriggerEnter/Stay/Exit 方法。也就是说，二者的原理和机制都是一致的，唯一区别是 Trigger 并不会触发实际的物理碰撞。

了解完 Collider 组件后，我们就可以利用 Collider 的相关方法来实现真正的手雷爆炸效果了。大致思路如下：

1）检查手雷对象周围一定范围内的所有对象；

2）如果设置范围内有对象，一一获取它们的 Rigidbody 组件；

3）对每个对象的 Rigidbody 组件施加爆炸力，力的位置为手雷的位置。

接下来，我们具体来实现这个效果。

【示例 8-3】实现手雷爆炸效果

步骤 1：回到之前的 TestScene 场景。

步骤 2：替换场景中心的 Cube 对象。

为了方便查看，我们还需要将场景中心的 Cube 对象替换为 Sphere 对象，并为新的 Sphere 对象添加 Rigidbody 组件。

步骤 3：添加一个新的 Plane 对象。

在场景中添加一个 Plane 对象，设置 Position 为（0, –0.5, 0），以防场景中的对象下坠。此时，场景如图 8-10 所示。

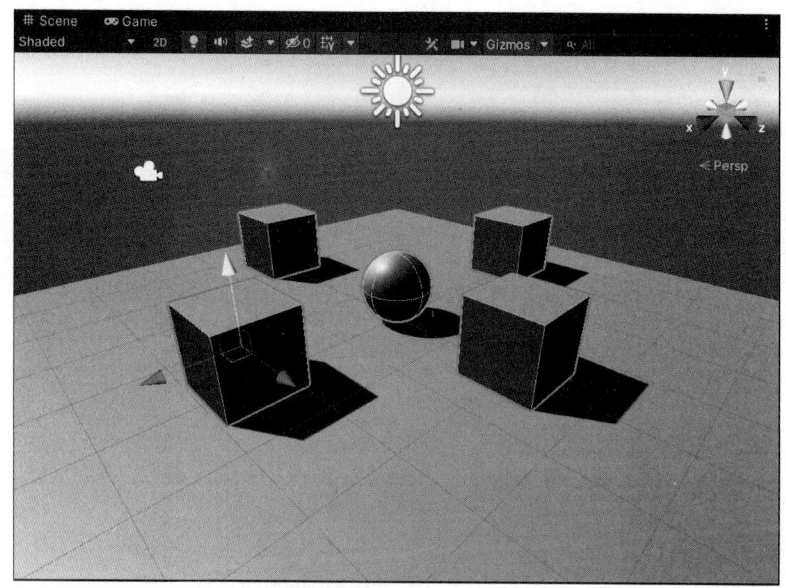

图 8-10 调整后的场景

步骤 4：给 Sphere 对象添加 AddForce 脚本。

选中 Sphere 对象，在 Inspector 视图中点击 Add Component 按钮添加新的组件，从下拉列表中依次选择 Scripts → AddForce，将 8.2.1 节中使用的 AddForce 脚本添加到 Sphere 对象上。

步骤 5：给所有的 Cube 对象添加 Rigidbody 组件。

此外，我们需要确保为每一个 Cube 对象都添加 Rigidbody 组件。

步骤 6：修改 AddForce 脚本。

手雷爆炸效果完整代码见代码清单 8-2。

代码清单 8-2 手雷爆炸效果完整代码

```
using System.Collections;
using System.Collections.Generic;
using UnityEngine;

public class AddForce : MonoBehaviour
{
    private float radius = 5.0f;
    private float force = 1000.0f;

    void Update()
    {
        if (Input.GetKeyDown(KeyCode.A)){
            Explode();
        }
```

```
    }

    private void Explode()
    {
        //1. 检查手雷对象周围一定范围内的所有对象
        Collider[] colliders = Physics.OverlapSphere(transform.position, radius);
        //2. 如果设置范围内有对象，则一一获取它们的Rigidbody组件
        foreach (Collider obj in colliders){
            //3. 对每个对象的Rigidbody组件施加爆炸力，力的位置为手雷的位置
            if (obj.GetComponent<Rigidbody>() != null){
                obj.GetComponent<Rigidbody>().AddExplosionForce(force, transform.
                    position, radius);
            }
        }
    }
}
```

在 Explode 方法中，首先使用 Physics.OverlapSphere 方法检测球体范围内所有挂载着 Collider 组件的对象，球体中心位置为 Sphere 对象的位置（通过 transform.position 获取），球体半径指定为 5。随后通过 Foreach 方法遍历 colliders 数组中的所有对象，检测每一个对象是否有 Rigidbody 组件，如果有 Rigidbody 组件，就给它施加一个爆炸力，力度为 1000f，爆炸中心为 Sphere 对象的位置。

此时运行场景，按下键盘上的 A 键即可看到爆炸效果，Sphere 对象向上飞去，4 个 Cube 对象都被炸开。如果希望 Cube 对象朝上方炸开，而不是向四周炸开，可以在 AddExplosionForce 方法中添加一个可选参数——upwardsModifier。

我们在 radius 参数后添加一个值为 100.0f 的参数，此时再次运行场景并按下 A 键可以看到，Cube 对象炸向空中。

```
obj.GetComponent<Rigidbody>().AddExplosionForce(force, transform.position,
    radius, 100.0f);
```

8.2.3 Raycast

在 8.2.2 节中，我们使用 Physic Material 组件的 Bounciness 参数来实现弹性效果，但 Bounciness 参数的弹性最大只能为 1。如果希望弹性更大该如何操作？我们可以通过射线（Raycast）和 AddForce 方法来实现。大致思路如下：

每一帧发射一个向下的射线，检测 Cube 对象和地面的距离，如果距离小于等于 0.1 米，则给对象施加一个向上的力。

我们可以使用 Physics.Raycast 方法发射一条射线，射线的长度、方向、起始位置等属性都由自己决定。当射线射向 Collider 组件时，返回碰撞的信息。

我们还是用一个实际的示例来说明。

【示例 8-4】Raycast 的使用

步骤 1：创建一个新的测试场景。

在编写脚本前，先搭建一个新的测试场景，保存并命名为 RaycastTestScene。

步骤 2：添加测试物体。

在场景中添加一个 Plane 对象和一个 Sphere 对象，设置 Sphere 对象的坐标为 (0, 5, 0)，并为 Sphere 对象添加 Rigidbody 组件，效果如图 8-11 所示。

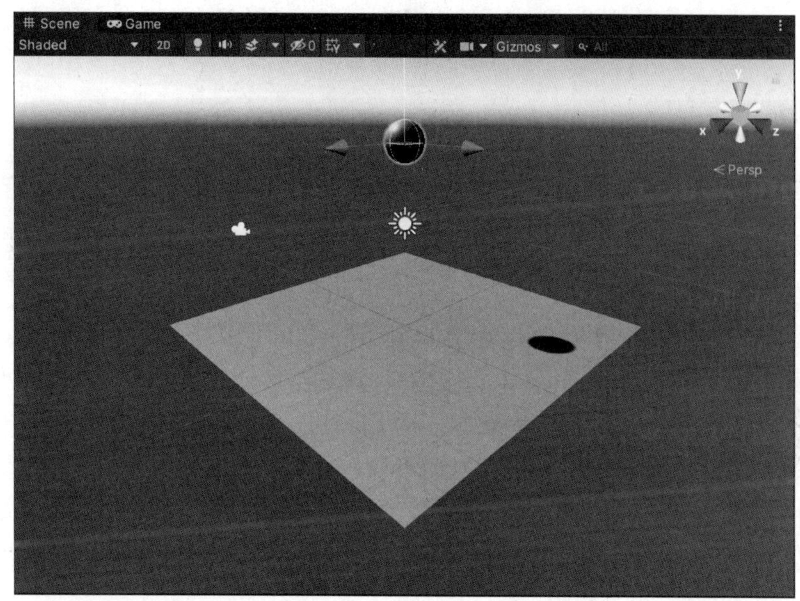

图 8-11　在场景中添加 Plane 对象和 Sphere 对象

此时运行场景能够看到，Sphere 对象坠落到地面之后并不会弹起。

步骤 3：创建测试脚本。

新建一个名为 Raycast 的脚本，将其拖动到 Hierarchy 视图中的 Sphere 对象上。

其完整代码见代码清单 8-3。

代码清单 8-3　添加 Raycast

```
using System.Collections;
using System.Collections.Generic;
using UnityEngine;

public class Raycast : MonoBehaviour
{

    public float bounce = 5.0f;
```

```
    private void FixedUpdate()
    {
        //用于接受射线结果的对象
        RaycastHit hit;
        //从Sphere对象中心向下发射一条射线，射线长度为1
        if(Physics.Raycast(transform.position, Vector3.down,out hit, 1.0f))
        {

            if (hit.distance <= 0.6f){
                //给Sphere对象施加一个向上的力
                GetComponent<Rigidbody>().AddForce(Vector3.up * bounce,
                    ForceMode.Impulse);
            }
        }
    }
}
```

如果我们想要获取射线发射后的信息，可定义一个 RaycastHit 类型的变量 hit 以及 Physics.Raycast 方法。如果射线在指定方向和距离内检测到挂载有 Collider 组件的对象，该方法会返回 true，所以通常把 Physics.Raycast 方法放在 if 语句中。

大家应该会疑惑 hit.distance ≤ 0.6f 是什么意思，为什么是 0.6？首先需要明确，在 Physics.Raycast 方法中，我们指定射线起点为 transform.position，也就是 Sphere 对象的正中心。而 Sphere 对象的默认半径为 0.5，如果执行 hit.distance ≤ 0.1f，我们将永远不会得到结果，因为距离 Sphere 对象中心小于 0.1f 的位置都在 Sphere 对象内部。所以，这里的 0.6f 其实是 0.5f（Sphere 对象的半径）+ 0.1f（我们的理想距离）。其实，将 0.6f 修改为 0.51f 也是可行的。

点击运行，我们可以看到小球坠落到地面后持续弹起，就像篮球落地效果一样。

8.3 本章小结

在本章中，我们认识了 Unity 中的物理引擎，并结合示例着重介绍了 Rigidbody、Collider 和 Raycast。

在下一章中，我们将了解 Unity 的音效系统。

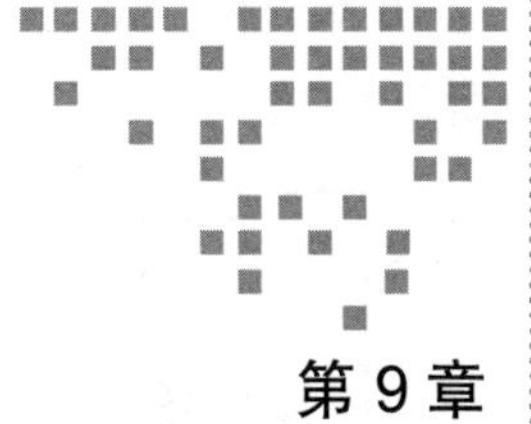

第 9 章 Chapter 9

且听风吟：音乐和音效

从最早期的 MUD 文字游戏到如今的 AR/VR 游戏，画质一直是玩家最主要的关注点之一。玩家想要融入虚拟世界，除了逼真的画面之外，更多要靠音效来提高场景的沉浸感。

在本章中，我们将介绍如何在 Unity 项目中添加音乐和音效。

9.1 Unity Audio 系统概述

Unity 为开发者提供了一个灵活而强大的音频系统，支持几乎所有的标准音频格式，可以营造立体音效，还可以实现类似回声和消音的效果。除此之外，Unity 还支持在游戏过程中通过玩家游戏设备的麦克风实时录制声音，并保存或传输到所需要的地方。

Unity 的音效系统很强大，且便于开发者实现复杂的立体音效。

游戏中的音频分为两种：游戏音乐和游戏音效。游戏音乐指时间较长的音乐如背景音乐，游戏音效指较短的音乐如碰撞声、开枪声等。

声音由某个物体（也就是所谓的“音源”）发出，然后被人听到。通过音源，我们可以获知声音的来源，并从音量大小和品质大致判断音源和收听者之间的距离。

快速移动的音源（比如投掷下去的炸弹或是飞驰而过的警车）因受到多普勒效应的影响会不断改变。此外，周围的环境也会影响声音的反射，如洞穴中会产生回声，而开放空间的声音则不会。

为了模仿位置对声音的影响，Unity 需要通过挂载在游戏对象上的 Audio Source（音源）组件发出声音。然后，另一个游戏对象（通常是 Main Camera 对象）上所挂载的 Audio Listener(接收器）会接收声音。Unity 可以根据音源对象和接收器对象之间的距离模拟声音，并播放给玩家。音源对象和接收器对象之间相对运动可模拟多普勒效应，从而让声音更加真实，如图 9-1 所示。

图 9-1 Unity 音效系统示意图

单靠场景的几何构成，Unity 还没法实现真实的音效。因此，开发者需要给游戏对象添加 Audio Filter。例如，我们可以给某个来自洞穴中的声音添加回声过滤（Echo Filter）。在某些情况下，物体需要从强回声区域进出。此时，我们需要给场景添加混响区域（Reverb Zone）。比如在赛车游戏中，汽车需要穿梭某条隧道。如果我们在隧道中放置一个混响区域，汽车引擎的声音就会在进入隧道后回声产生，而离开隧道时回声消失。

此外，Unity 还提供了 Audio Mixer，可以让开发者混合不同的音源以产生不同的效果，从而制造出震撼的音效。

通过 Unity 提供的音频组件，我们可以实现几乎所有想要的音频效果。开发者还可以利用声音的方向性产生空间声音索引，从而引起用户注意；也可以通过音频组件模拟一个逼真的声场，使用户产生身临其境的感觉。

9.2 Audio Source

在 Unity 中，游戏中所有的声音都需要通过 Audio Source 组件播放。

9.2.1 Audio Clip

在使用 Audio Source 组件之前，我们首先需要了解一下 Audio Clip 的概念。在 Unity 中，Audio Clip 指的是音频的源文件。当把 Unity 所支持的音频文件导入 Assets 目录后，这个音频文件就是一个 Audio Clip。

Unity 支持的音频格式包括 AIFF、WAV、MP3 和 Ogg。当把以上格式的音频文件拖到 Project 视图后，我们就可以直接在 Inspector 视图中预览这些音频文件。

为了方便讲解，首先需要创建一个新的 Unity 项目，将其命名为 AudioTest。

将任意一段符合格式要求的音频文件拖放到 Assets 目录，选中该音频文件，即可在 Inspector 视图中预览，如图 9-2 所示。

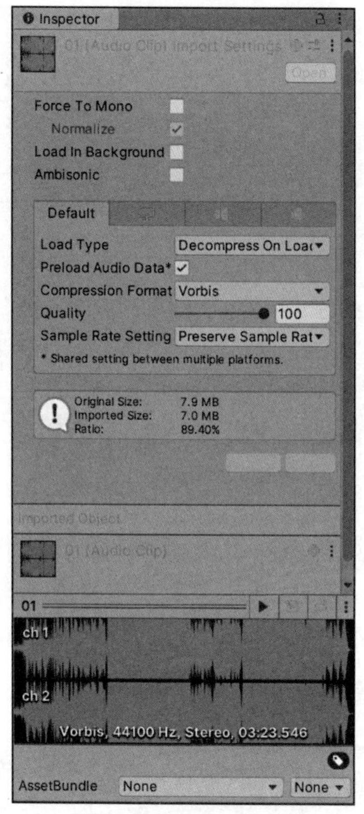

图 9-2　Inspector 视图中的 Audio Clip

其中，最上方的 Force To Mono 属性表示是否强制以单声道播放这段音频，Load In Background 表示是否在后台载入这段音频。这些选项通常不需要调整。

9.2.2　在 Unity 中播放音频

要想在 Unity 中播放音频，首先需要场景中存在 Audio Source 组件。我们可以通过 Add Component 按钮或者在 Hierarchy 视图中右击选择 Audio → Audio Source 命令来添加 Audio Source 组件。

在游戏中，背景音乐（BGM）通常是挂载在 Main Camera 对象上播放的。而其他如脚步声、攻击时的声音都需要挂载在特定的游戏对象上，以实现逼真的音效。

这里，我们添加一个背景音乐。

【示例 9-1】添加背景音乐

选中 Hierarchy 视图中的 Main Camera 对象，点击 Add Component 按钮，从下拉列表框中依次选择 Audio → AudioSource 命令，从而添加 Audio Source 组件。Audio Source 组件如图 9-3 所示。

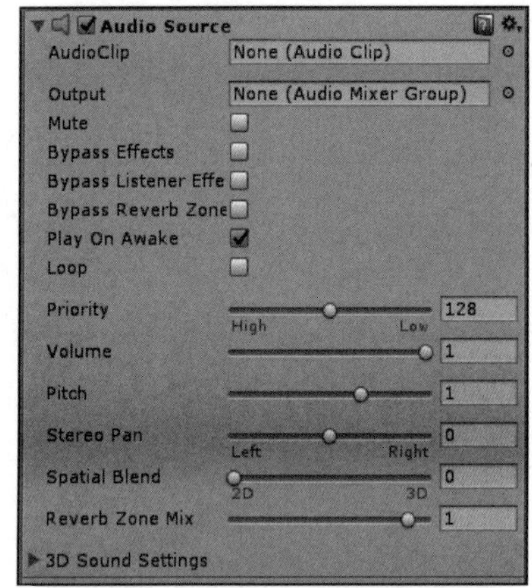

图 9-3 Audio Source 组件

我们只需要把 Project 视图中 Assets 目录下的音频文件拖到 Audio Source 组件中的 AudioClip 属性下，这样 Audio Source 默认播放这段音频。此外，背景音乐如果想游戏一开始就播放，并且会循环播放，可以勾选 Play On Awake 和 Loop 选项。

完成基本设置后的 Audio Source 组件如图 9-4 所示。

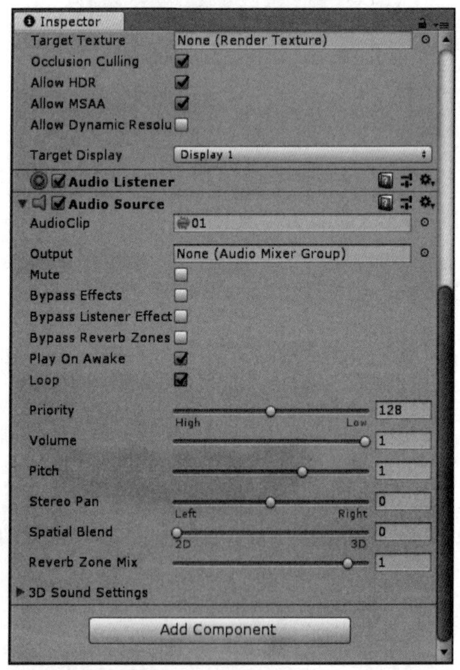

图 9-4 为 Audio Source 设置 AudioClip

运行场景，我们就可以听到背景音乐了。同时，读者可尝试修改 Pitch、Stereo Pan 等属性直观地感受参数的影响。

Pitch 表示音高，默认值为 1。而 Stereo Pan 表示声道，默认值为 0。滑动条在最左边的时候，音频会以左声道播放，反之以右声道播放。

小练习　在 Unity 中创建一个新项目，从 Asset Store 中下载一个音乐文件（或是从本地电脑上找到一个满足格式要求的音乐文件），并将其导入项目，尝试播放。

9.2.3　Audio Listener

在 Unity 中，Audio Listener 相当于耳朵，默认挂载在 Main Camera 上。需要注意的是，同一个场景中有且只有一个 Audio Listener 组件。在实际的项目中，我们通常无须手动添加 Audio Listener。

9.3　3D 音效

在 9.2 节中，我们尝试使用普通 2D 音效，接下来将学习如何在场景中使用 3D 音效。

【示例 9-2】使用 3D 音效

步骤 1：创建一个新场景，保存并将其命名为 SpatialSoundScene。

步骤 2：在场景中添加一个 Cube 对象，并为 Cube 对象添加 Audio Source 组件。

步骤 3：设置 Audio Source 组件的参数。

设置 AudioClip 后，还需要将 Spatial Blend 设置为 1 来开启 3D 音效，并在 3D Sound Settings 中将 Volume Rolloff 设置为 Custome Rolloff，如图 9-5 所示。

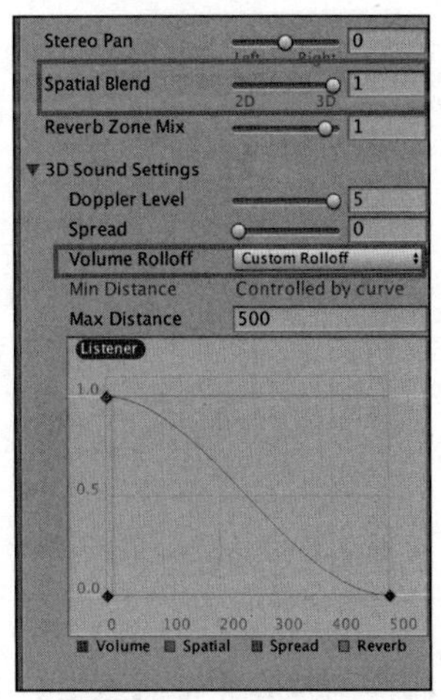

图 9-5　在 Audio Source 中设置 3D 音效

运行场景，将 Cube 对象或者 Main Camera 对象四处移动可以明显听到 3D 音效。当我们快速移动 Cube 对象时会出现音频失真的情况，这时只需要将 3D Sound Settings 下的 Doppler Level 设置为 0 就可以避免该问题。

此外，Volume Rolloff 选项并不需要强制设置为 Custom Rolloff。

9.4 实战：通过脚本播放音效

在第 8 章中，我们通过射线实现了球体的弹性效果，但并没有添加碰撞地面时的音效。以目前所学的知识，我们完全可以实现这一点。

【示例 9-3】通过脚本播放音效

步骤 1：创建一个新场景，保存并将其命名为 SoundTestScene。

步骤 2：在场景中添加 Plane 对象和 Sphere 对象，为 Sphere 对象添加 Rigidbody 组件和 Audio Source 组件，设置 Sphere 对象的坐标为 (0，3，0)。

步骤 3：在 Assets 目录下创建新脚本，将其命名为 SphereBounce，然后在 Visual Studio 中更改脚本，如代码清单 9-1 所示。

代码清单 9-1 创建 Sphere 的反弹效果

```
using System.Collections;
using System.Collections.Generic;
using UnityEngine;

public class SphereBounce : MonoBehaviour {

    public float bounce = 5;
    private void FixedUpdate()
    {
        //用于接收射线结果的对象
        RaycastHit hit;
        //从Sphere对象中心向下发射一条射线，射线长度为1
        if(Physics.Raycast(transform.position, Vector3.down,out hit, 1f))
        {
            if (hit.distance <= 0.51f){
            //给Sphere对象施加一个向上的力
                GetComponent<Rigidbody>().AddForce(Vector3.up * bounce, ForceMode.
                    Impulse);
            }
        }
    }
}
```

要想实现 Sphere 对象与地面碰撞的音效非常简单，只需要在给 Sphere 对象施加力的同时，调用 Audio Source 组件的 Play 方法即可。

修改后的 SphereBounce 脚本的完整代码如代码清单 9-2 所示。

代码清单 9-2　添加 Sphere 对象与地面碰撞的音效

```
using System.Collections;
using System.Collections.Generic;
using UnityEngine;

public class SphereBounce : MonoBehaviour {

    public float bounce = 5;

    //与地面碰撞的音效
    public AudioClip clip;
    //audio source
    private AudioSource audioSource;

    private void Start(){
        audioSource = GetComponent<AudioSource>();
        //设置Audio source的Clip参数
        audioSource.clip = clip;
    }

    private void FixedUpdate()
    {
        //用于接收射线结果的对象
        RaycastHit hit;
        //从Sphere对象中心向下发射一条射线，射线长度为1
        if(Physics.Raycast(transform.position, Vector3.down,out hit, 1f))
        {
            if (hit.distance <= 0.51f){
                //给Sphere对象施加一个向上的力
                GetComponent<Rigidbody>().AddForce(Vector3.up * bounce, ForceMode.
                    Impulse);
                //播放音效
                audioSource.Play ();
            }
        }
    }
}
```

首先在 Start 方法中初始化 Audio Source 组件并设置 Audio Clip 参数。

运行场景前，还需要将 SphereBounce 脚本添加为 Sphere 对象的组件，并对 Audio Source 组件进行以下设置：

- ❑ 取消 Play On Awake 和 Loop；
- ❑ 设置 Spatial Blend 为 1；

- ❑ 设置 SphereBounce 脚本的 Clip 参数为某个音频文件（采用的是一段 1 秒以内的音频）。

完成设置后即可运行场景，当 Sphere 对象落到地面时都会播放碰撞的音效，如果移动 Camera 对象也能感受到 3D 音效。

9.5 Audio Reverb Zone

几乎每一个音乐软件都带有环境音效。用户可通过环境音效设置不同的音乐情景，如音乐厅、体育场等。在游戏开发中，开发者往往会遇到一些棘手的情况，如洞穴场景中的脚步声、对话声等，难道开发团队真要去洞穴中录取这些音频片段吗？

Unity 提供 Audio Reverb Zone 功能来实现这一效果。Audio Reverb Zone 组件代表混响区域。当 Audio Listener 处在混响区域时，会接收到不同效果的音频。如果游戏场景变换为洞穴、剧院、水下等，Audio Reverb Zone 会捕获 Audio Clip，并根据 Audio Clip 处于混响区的位置进行处理。图 9-6 为 Audio Reverb Zone 示意图。

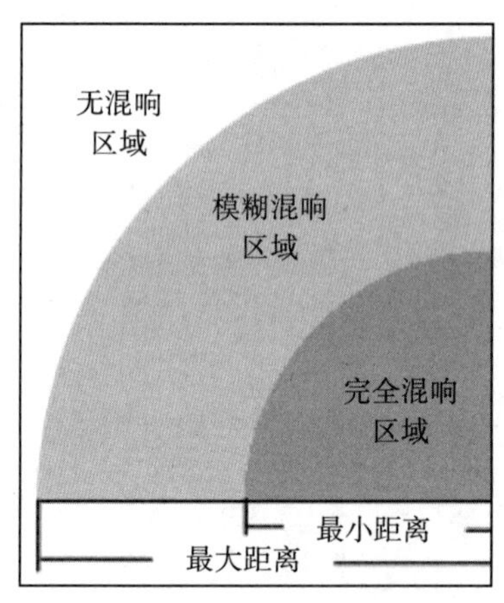

图 9-6 Audio Reverb Zone 示意图

在使用 Audio Reverb Zone 时，除了设置音效之外，我们还需要指定最小距离（Min Distance）、最大距离（Max Distance）。接下来，我们介绍 Audio Reverb Zone 的使用。

【示例 9-4】使用 Reverb Zone

步骤 1：创建新场景，保存并命名为 ReverbTestScene。

步骤 2：在 Hierarchy 视图中右击，选择 Audio → Audio Reverb Zone 命令，此时在 Scene 视图中可以很直观地看到混响区域，如图 9-7 所示。

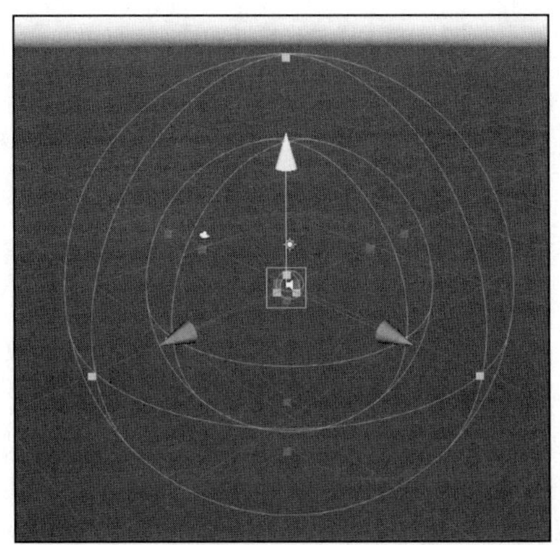

图 9-7　Audio Reverb Zone 的作用区域

Audio Reverb Zone 组件的默认最小距离和最大距离分别是 10 和 15，在此我们不做调整。选中 Audio Reverb Zone 对象，在 Inspector 视图中点击 Add Component 按钮，从下拉列表中依次选择 Audio → Audio Source 命令，进而添加 Audio Source 组件。在 Inspector 视图中将 AudioClip 属性设置为所导入的音频文件，将 Spatial Blend 属性设置为 1，将 Doppler Level 属性设置为 0。

最后还需要设置混响预设，在 Audio Reverb Zone 组件的 Reverb Preset 中任选一个即可。其中，最上方的 Off 为关闭混响，最下方的 User 为自定义，在此设置为 Bathroom。

运行场景，在 Scene 视图中移动 Main Camera 即可感受到 Audio Reverb Zone 的作用效果了。

9.6　本章小结

在本章中，我们重点介绍了 Unity 中的 Audio 系统，包括 Audio Source、Audio Clip、Audio Listener 以及如何实现 3D 音效，然后通过 Audio Reverb Zone 实现混响效果，并通过示例让大家了解如何在项目中具体应用 Audio Reverb Zone。

从下一章开始，我们将进入第三部分——Unity AR/VR 开发实战，通过一系列的实战项目来学习 AR/VR 的开发。

第三部分 *Part 3*

Unity AR/VR 开发实战

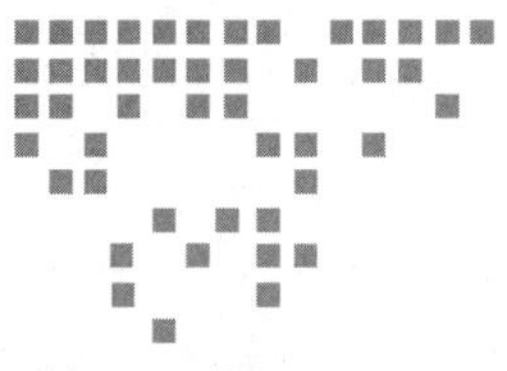

Chapter 10 第10章

实战：基于Oculus Quest设备的Beat Music音乐节奏游戏

从本章开始，我们将学习VR开发的相关知识，首先了解当今最为流行的VR一体机设备，也就是Oculus Quest；同时，从零开始实现一款基于Oculus Quest设备的Beat Music音乐节奏游戏。

10.1 Oculus Quest内容平台简介

本节将对Oculus Quest相关的内容平台做简单的介绍。

10.1.1 Oculus Store平台

和苹果App Store及安卓应用商城类似，Oculus Store是Oculus官方提供的应用商城。开发者可以通过官方提供的渠道完成产品的上传、审核、销售和回款。目前，Oculus Store支持Oculus Quest、Oculus Rift、Oculus Go和Gear VR等设备。随着Oculus Go和Gear VR等产品逐步退出历史舞台，后续的Oculus Store将主要用于对接Oculus Quest和Oculus Rift设备。

自2019年5月Oculus Quest上线到2020年年底已有35款基于Oculus Quest设备的游戏营收突破百万美元，其中11款突破200万美元，4款突破300万美元，3款突破500万美元。在这短短的时间里，基于Oculus Quest设备的游戏及软件营收突破1.5亿美元。

10.1.2 SIDEQUEST 平台

SIDEQUEST 平台和 Oculus Store 平台之间的关系类似于第三方安卓应用商城和 Google Play 商城之间的关系。

作为 Oculus 官方的应用商城，Oculus Store 的审核机制极其严格。因此，对于个人开发者或小型团队来说，要想在 Oculus Store 上发布自己的应用非常困难。因此，第三方团队推出了 SIDEQUEST 平台。

在这里，开发者可以上传和发布自己的 Oculus VR 应用。即便是处于早期的 demo 测试阶段，开发者也可以在 SIDEQUEST 上提交和发布作品，并获得用户的反馈。

10.2 创建你的第一个 Oculus Quest 项目

本节将使用 Unity 从零开始创建一个 Oculus Quest 项目，使读者对这个平台有一个初步的认识。

10.2.1 开始前的准备

在正式学习 VR 游戏开发之前，你需要提前做一些准备。

1）硬件：PC 或 Mac 电脑一台、Oculus Quest 一部。

2）操作系统：Windows 10 或 macOS X 10.15 及以上版本。

3）开发环境：Java 和安卓开发环境、Unity3D 2019.4.x 版本、Visual Studio Community 2019 及以上版本。

在 Unity 安装界面中，我们一定要勾选 Android Build Support、Android SDK&NDK Tools 以及 OpenJDK 复选框，如图 10-1 所示。

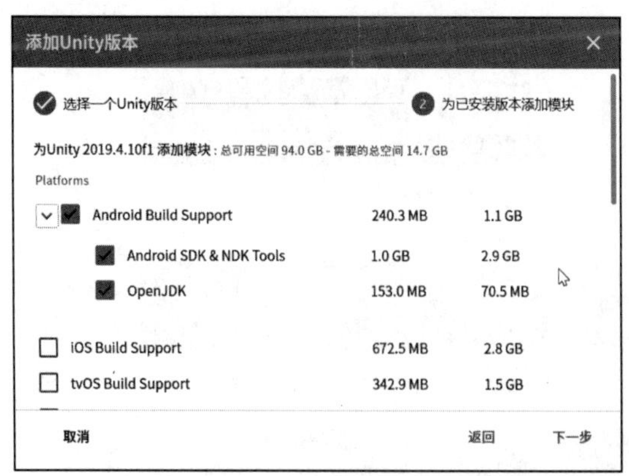

图 10-1 安装 Unity 时勾选 Android 相关复选框

10.2.2 创建 Oculus Quest 项目并导入资源

在 Unity Hub 中切换到项目，点击“新建”，选择默认的 3D 模板，将项目命名为 MyFirstOculusQuestProject，如图 10-2 所示。

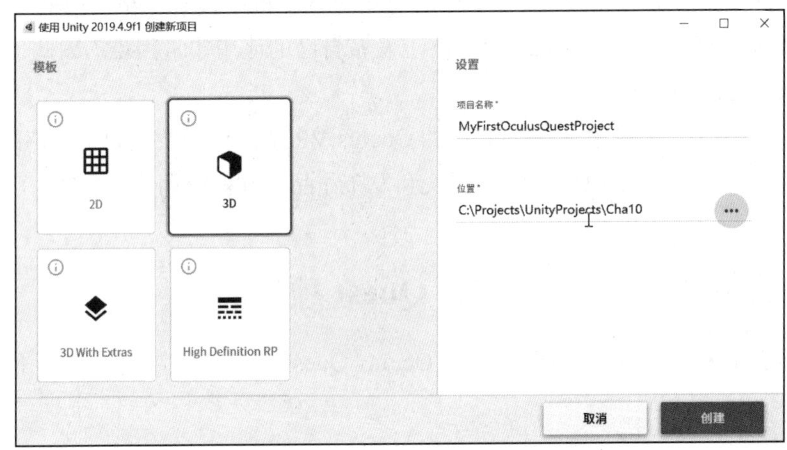

图 10-2 创建新项目

接下来，我们需要导入项目所需的插件和资源。在编辑器中切换到 Asset Store 视图，如果默认没有打开，可以在菜单栏上依次选择 Windows → Asset Store 命令手动打开（快捷键 Ctrl+9）。

在 Asset Store 搜索栏中输入 oculus 并点击回车，可以找到一个名为 Oculus Integration 的插件，如图 10-3 所示。

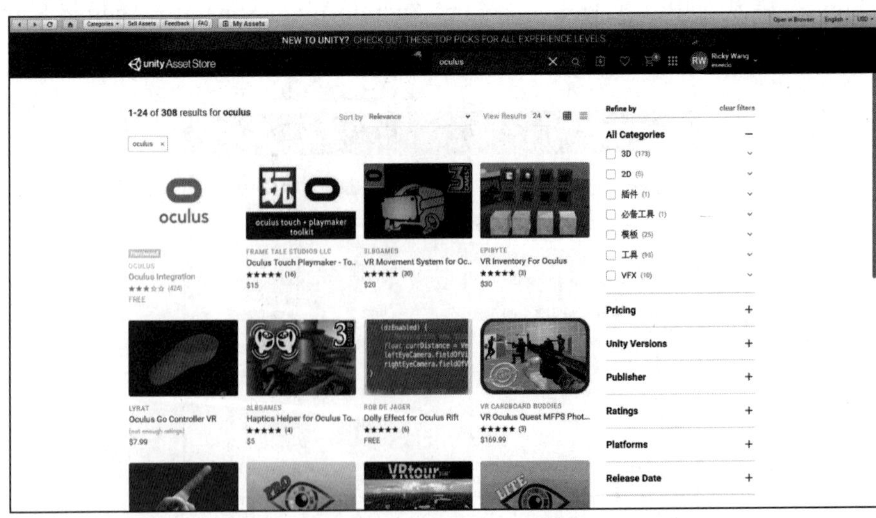

图 10-3 在 Asset Store 中找到 Oculus 官方插件

查看 Oculus Integration 详细的介绍信息，如图 10-4 所示。

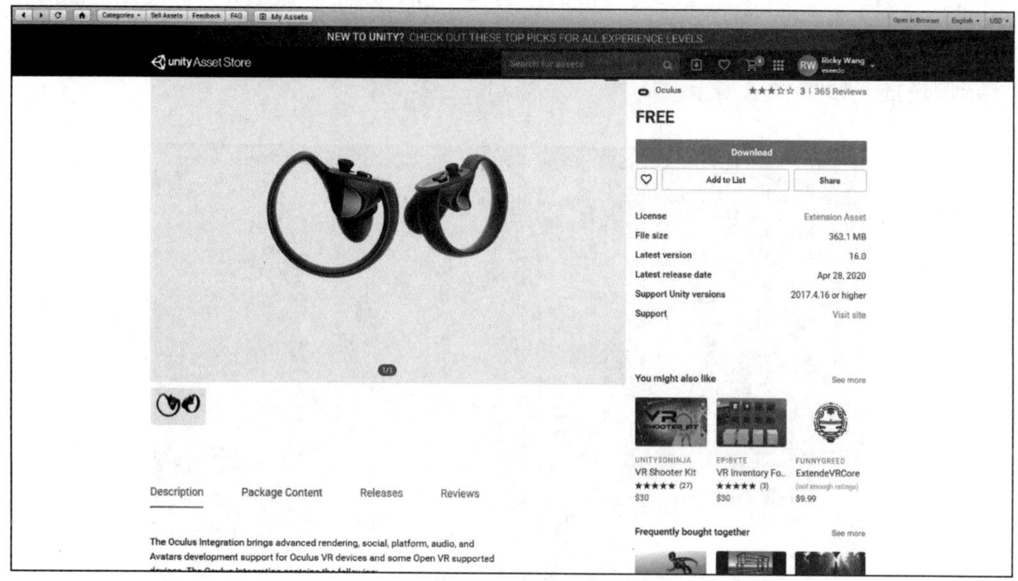

图 10-4　Oculus Integration 的简介

该插件是 Oculus 官方提供的 Unity 插件，如果我们需要开发基于 Oculus Quest 设备的游戏应用，必须使用该插件。点击 Download 按钮下载该插件，等待下载完成后，点击 Import 按钮将其导入项目，如图 10-5 所示。

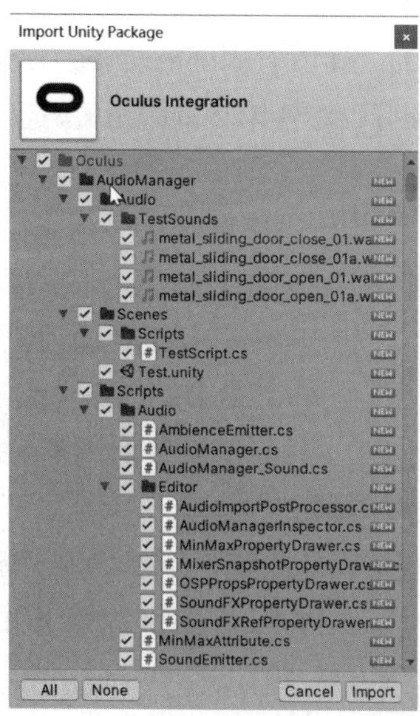

图 10-5　导入 Oculus Integration 插件

为了确保导入时没有遗漏，建议先点击 All 按钮选中资源包中所有的资源，然后点击 Import 按钮导入项目。资源导入完成后，等待 Unity 重启并加载相关资源包。此时，在 Project 视图中可以看到已经导入的资源包，其中 Oculus/SampleFramework/Usage 目录中有很多示例场景，如图 10-6 所示。

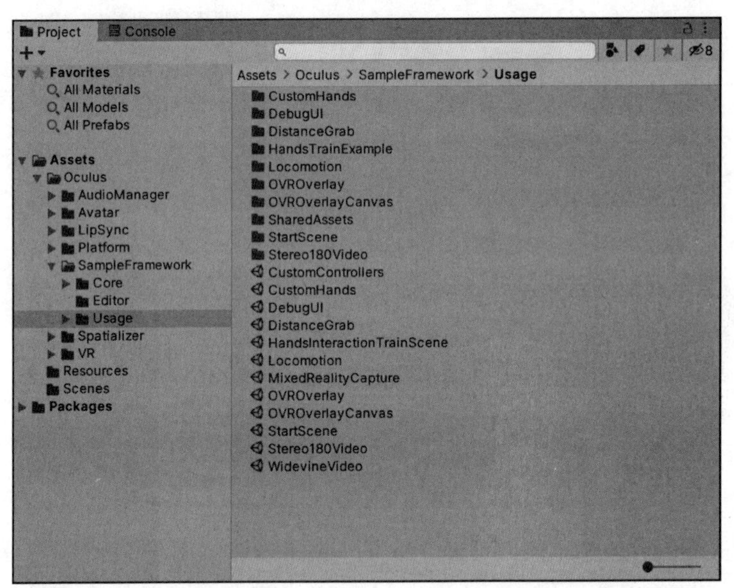

图 10-6 Oculus 官方的示例场景

接着导入所需的示例场景资源包。简单起见，我们直接在 Asset Store 中搜索、下载并导入第 2 章用过的资源 Fantasy Forest Environment-Free Demo。

具体的操作不再赘述，大家可以参考第 2 章的相关内容。

10.2.3 添加 OVRCameraRig

接着，我们做一些基础的设置，以便在 Oculus Quest 中预览游戏场景。

在 Unity 中打开项目，然后打开 demoScene_free 场景，将其保存为一个新的场景，并命名为 OCQDemoScene。在 Project 视图的搜索栏中搜索 OVRCamera，找到 OVRCameraRig 预设体，将其拖到 Hierarchy 视图中。接下来删除场景中默认的主摄像机，也就是 Hierarchy 视图中的 Camera 对象。

然后设置 OVRCameraRig 预设体的位置，如图 10-7 所示。

在 Oculus Integration 插件中，OVRCameraRig 非常重要。正是因为有它，我们才能通过 Oculus Quest 设备观察虚拟世界。

而在 OVRCameraRig 预设体的诸多组件中，最重要的是 OVRManager。它提供了连接

Oculus Quest 设备的主要接口。因此，在任何基于 Oculus Quest 设备的 VR 应用场景中都需要有一个 OVRCameraRig 对象。这里，建议大家仔细阅读官方文档中的相关内容，链接为 https://developer.oculus.com/documentation/unity/unity-utilities-overview/。

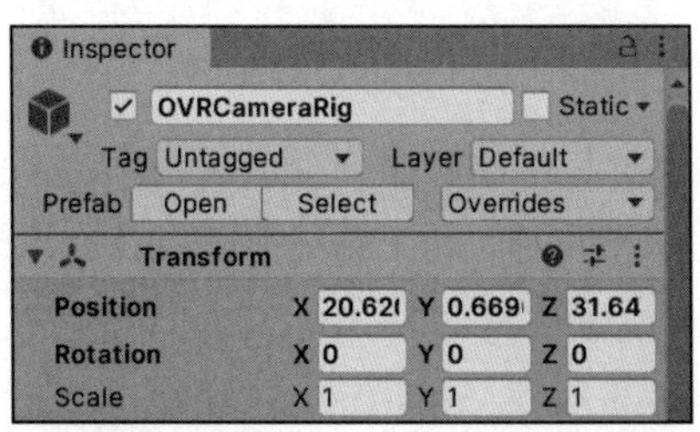

图 10-7　设置 OVRCameraRig 的位置

接下来返回 Unity 编辑器，在 Hierarchy 视图中点击 OVRCameraRig 对象前的小三角符号，查看 OVRCameraRig 对象的子对象构成，如图 10-8 所示。

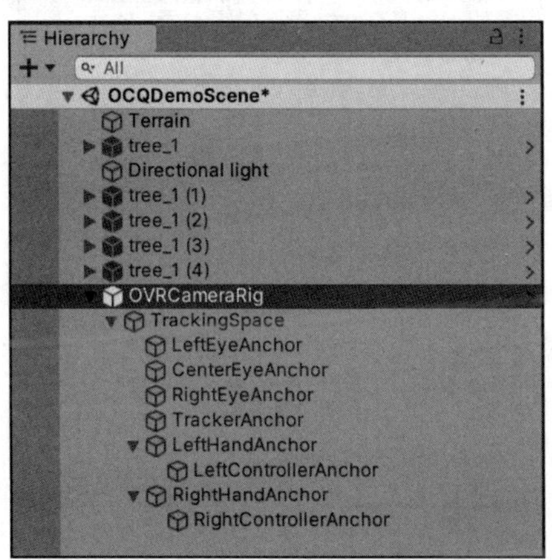

图 10-8　OVRCameraRig 的子对象构成

可以看到，它包含一个名为 TrackingSpace 的子对象，而 TrackingSpace 又包含若干个子对象，包括对应眼部的 Anchor 子对象、对应跟踪器的子对象以及对应左右手的 Anchor 子对象。这些子对象的作用是在 VR 中模拟现实世界中头部和手部的运动。

接下来介绍关联在 OVRCameraRig 上的 OVRManager 脚本，它的作用是在 Unity 和 Oculus SDK 之间搭建桥梁。通过该脚本，我们可以访问 Oculus SDK，进而与 Oculus Quest 设备交互。

需要注意的是，OVRCameraRig 的作用只是让我们可以观看，并不能让角色在场景中自由移动。因此，OVRCameraRig 更适用于角色在场景中原地站立不动的游戏，比如站立式塔防、音乐节奏游戏等。

通过 OVRCameraRig 对象，我们可以将一个普通的场景转换成 VR 场景。在继续下一步操作之前，我们需要保存当前场景。

10.2.4 完成项目的其他设置

接着，我们使用 Oculus 开发者账号创建一个应用。

在 Unity 菜单栏中依次点击 Oculus → Platform → Edit Settings，此时在 Inspector 视图中可以看到图 10-9 所示的项目设置信息。

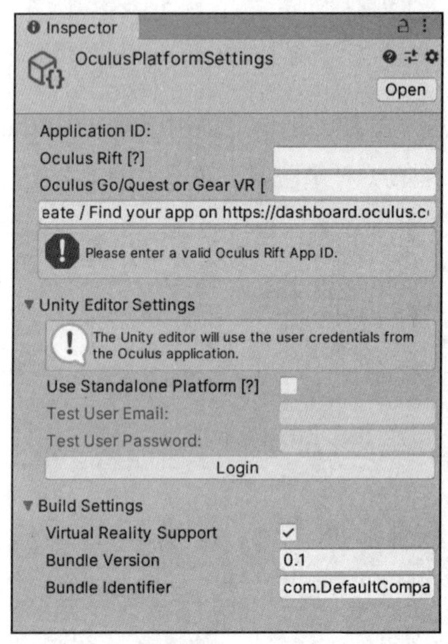

图 10-9 Oculus 项目设置信息

为了让应用可以在 Oculus Quest 中编译运行，我们需要创建一个 Application ID。这可以通过点击 Inspector 视图中的 “Create/Find your App on https://dashboard.oculus.com” 完成。ID 创建完成之后，页面会跳转到图 10-10 所示的 Oculus 用户登录界面。

点击图 10-10 页面上的 Log in 按钮，使用自己的 Facebook 账号或者 E-mail 账号创建一个全新的 Oculus 账号并登录。根据 Facebook 的最新规定，首次使用 Oculus 的用户必须通过 Facebook 账号登录。登录完成后，我们会看到图 10-11 所示的 Oculus 开发者主界面。

在创建应用之前，我们需要点击 Create An Organization 按钮以创建一个组织，如图 10-12 所示。

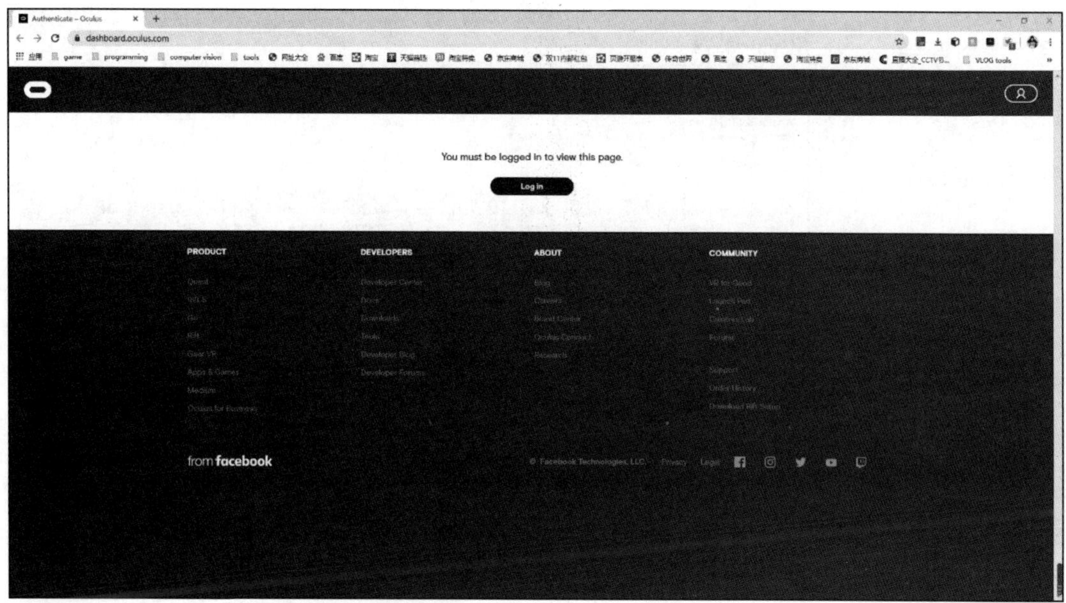

图 10-10　Oculus 用户登录界面

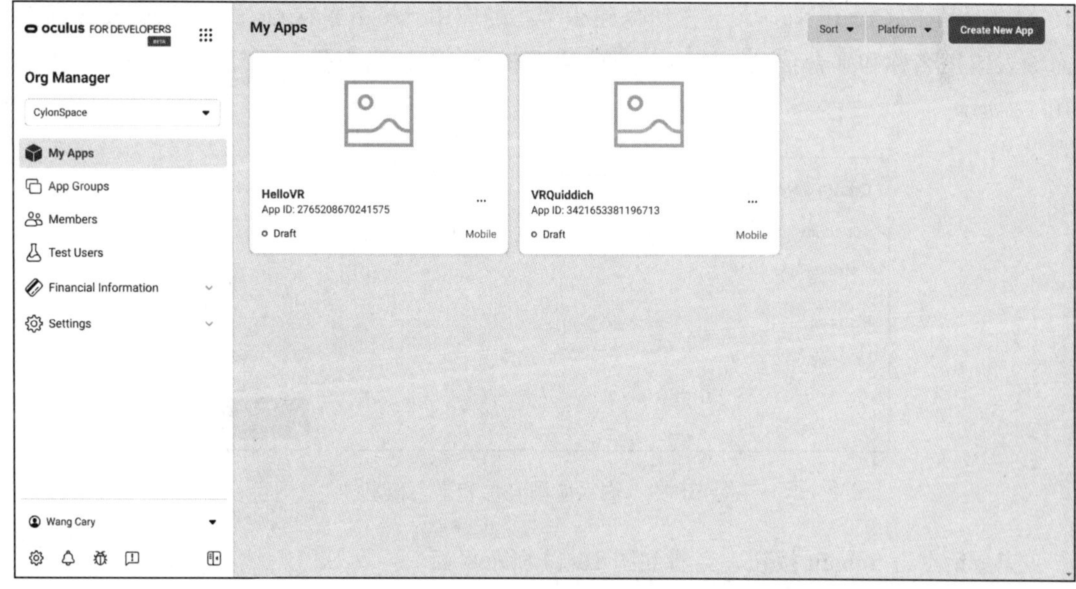

图 10-11　Oculus 开发者主界面

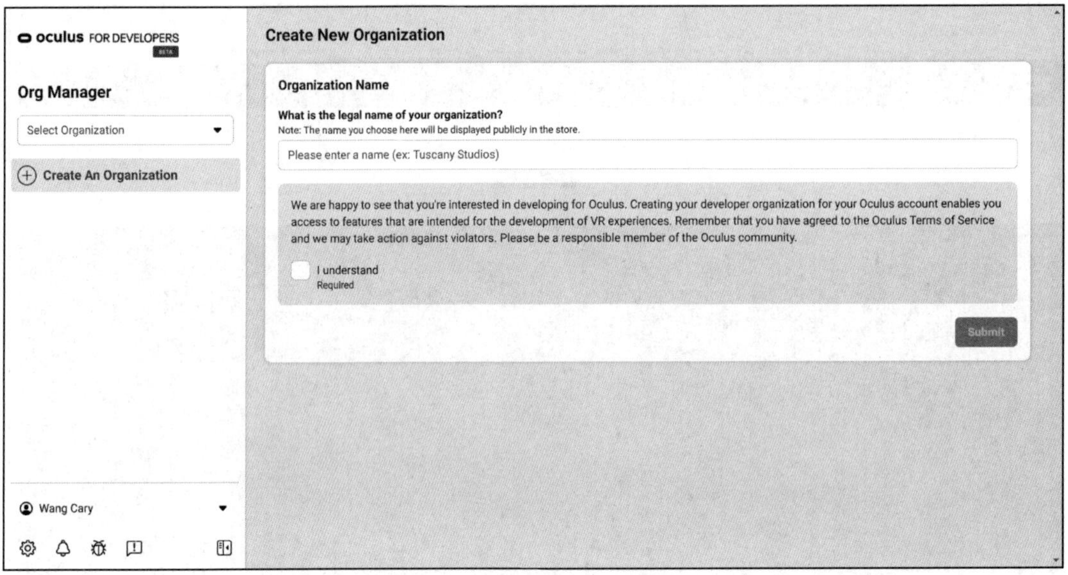

图 10-12 创建一个组织

创建完成后，在左侧的 Org Manager 下出现所创建的组织（团队）。然后，点击图 10-11 右上角的 Create New App 按钮创建一个新的应用。接下来在 Create a New App 的界面输入应用名称和平台信息。注意，需要从 Platform 下拉列表框中选择 Oculus Go，如图 10-13 所示。

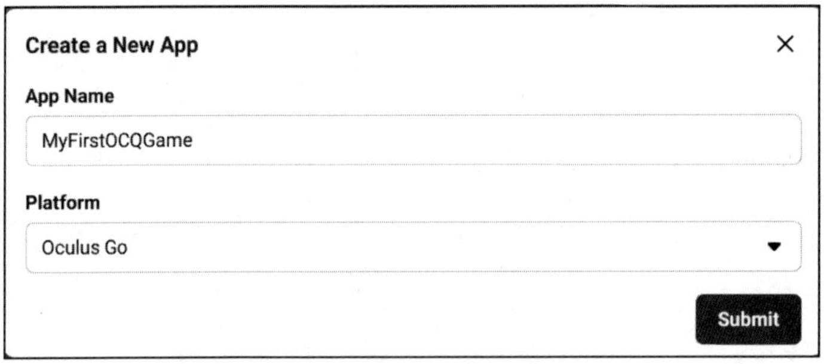

图 10-13 输入应用名称和平台信息

完成后点击 Submit 按钮，会看到图 10-14 所示界面。

此时需要复制 App ID 备用，如图 10-15 所示。

返回 Unity 编辑器，在 Inspector 视图中粘贴刚才所复制的 App ID 信息。需要注意的是，在 Oculus Rift 和 Oculus Go/Quest or Gear VR 右侧的两个文本框中都要粘贴 App ID 信息，如图 10-16 所示。

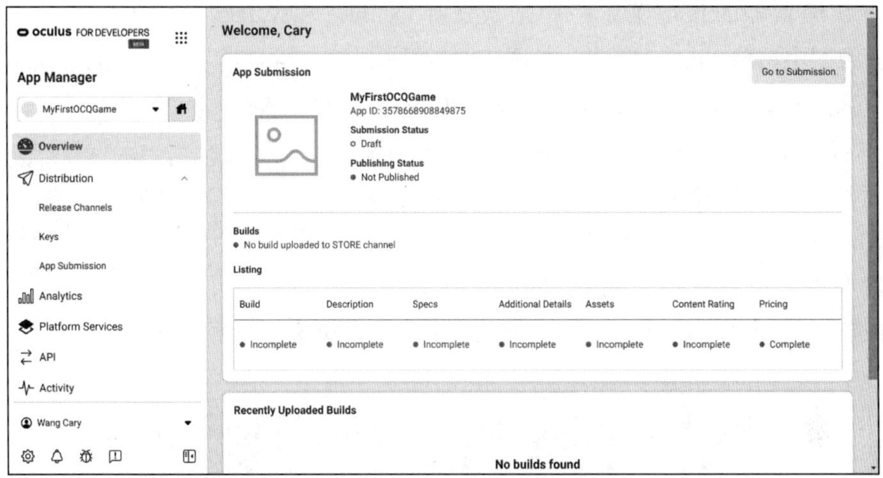

图 10-14　创建应用后的界面

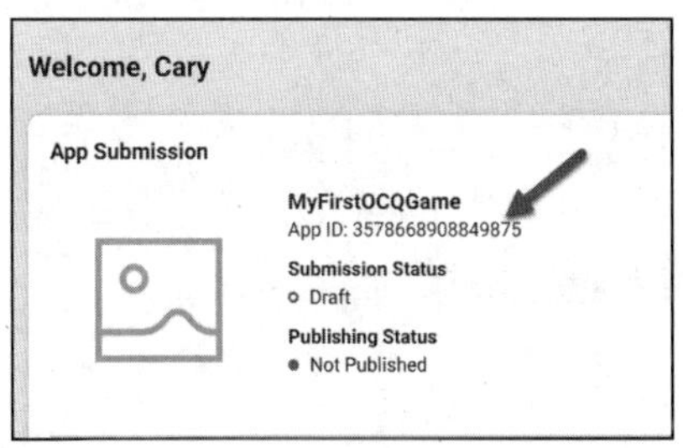

图 10-15　复制 App ID 备用

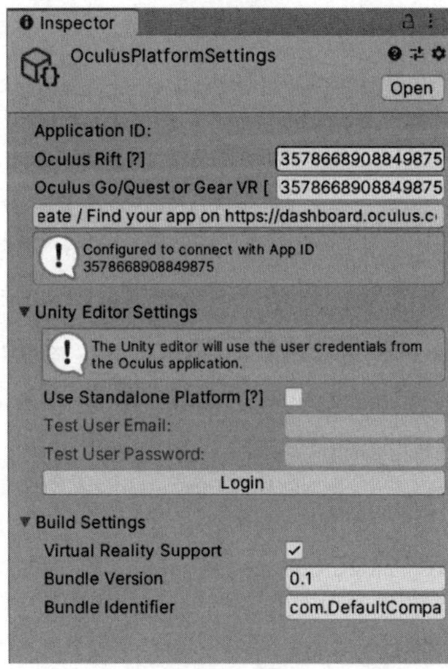

图 10-16　填充 Application ID 信息

接着从编辑器的顶部菜单栏中依次选择 Oculus → Avatars → Edit Settings，同样在 Inspector 视图中粘贴 App ID 信息，如图 10-17 所示。

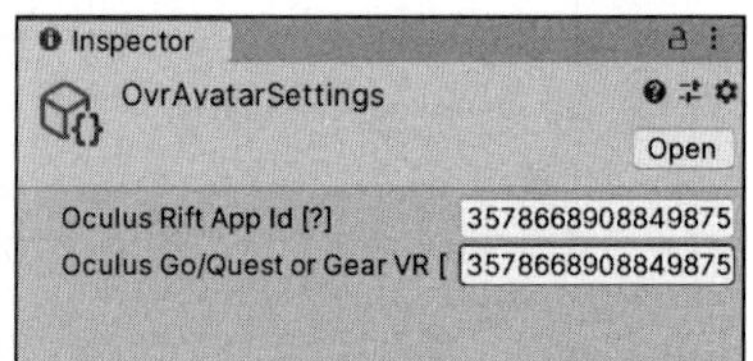

图 10-17 设置 OvrAvatarSettings

接下来进行编译设置。从 Unity 编辑器的顶部菜单栏依次选择 File → Build Settings[⊖]命令进入编译设置界面，然后点击 Add Open Scenes 按钮，从而将 OCQ-DemoScene 场景添加为待编译场景。

接着在编译设置视图左侧的 Platform 列表中选择 Android 选项，点击 Switch Platform 按钮，并等待平台切换，如图 10-18 所示。

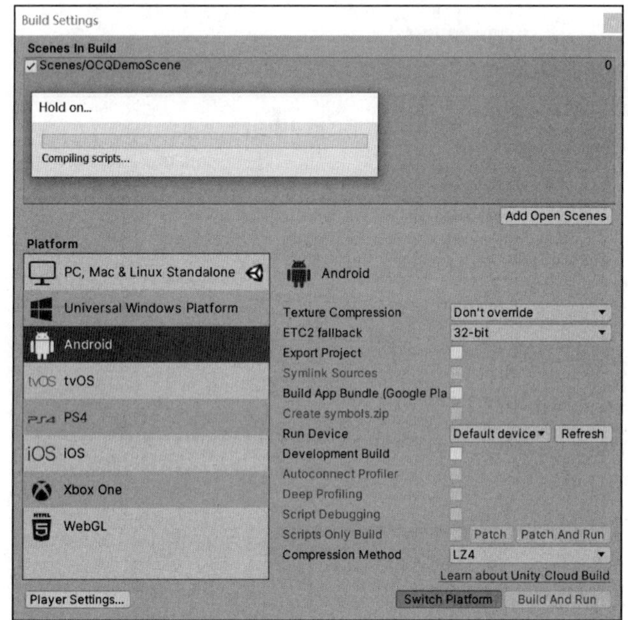

图 10-18 切换编译的目标平台

从本质上来说，Oculus Quest 就是一个安卓智能设备。因此，基于 Oculus Quest 设备的游戏应用开发的本质其实是安卓开发，只是交互方式有比较大的差异——对帧数和渲染显示方面有更高的要求。Oculus Quest 和很多 VR 一体机一样，编译后输出的文件格式也是 apk。

平台切换完成后，点击图 10-18 所示界面中的 Player Settings... 按钮，准备开始下一步的设置。

从 2019.3 版本开始，Unity 的 XR 应用设置有了很大变化。XR 是所有虚拟现实技术的统称，具体来说，包括 VR、AR、MR（Mixed Reality）等。Unity 作为一款跨平台的游戏应

⊖ Build Settings 命令调出的界面较大，所以笔者只截取了设置需要的有效部分（如只截取了 Scenes In Build 视图），请读者以实际操作界面为准，并非图文不对应。

用开发引擎，也希望在 XR 的开发上尽可能实现跨平台。为此，我们需要在 Project Settings 视图的 Player 子视图中根据全新的 XR 应用系统地进行一些基本设置。

默认情况下，Player 子视图如图 10-19 所示。

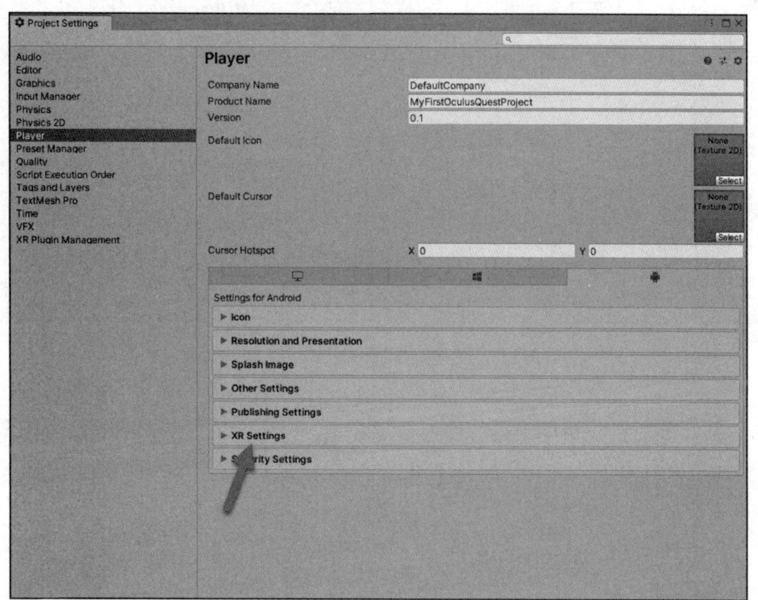

图 10-19　Player 子视图

点开 XR Settings，你会看到以往版本中的某些设置选项已经过时，如图 10-20 所示。

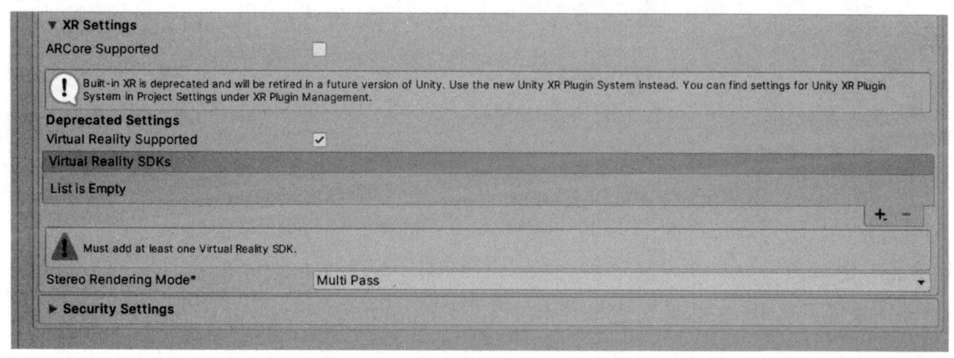

图 10-20　XR Settings 中的某些选项已过时

在 Project Settings 视图左侧的选项中选择 XR Plugin Management（Unity 2019.4.x 版本需要手动安装 XR Plugin Management），如图 10-21 所示。

安装的过程中会接连弹出两个对话框，直接点 Ok 按钮就好。安装完成后，我们可以看到图 10-22 所示的界面。

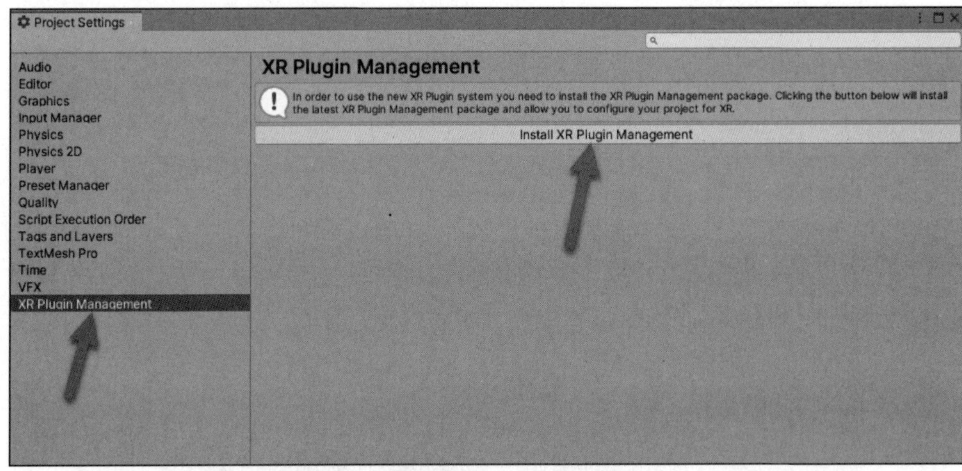

图 10-21 选择 XR Plugin Management

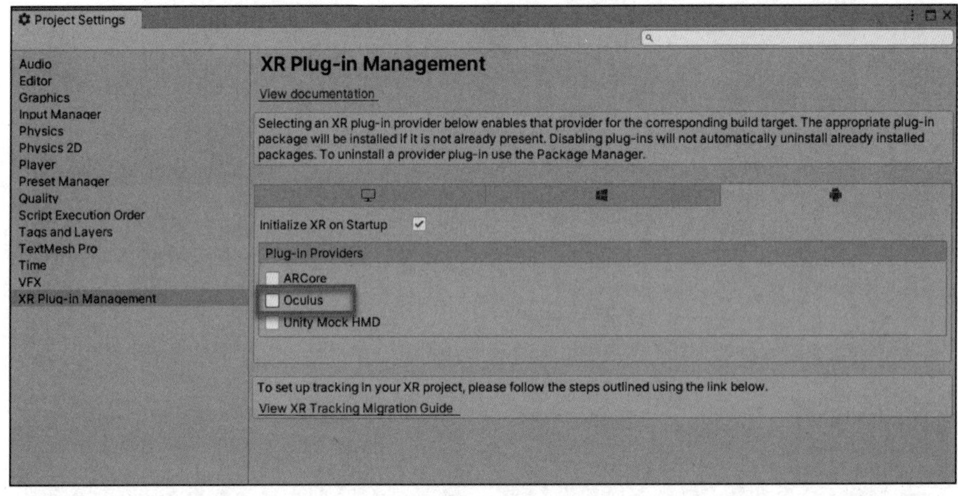

图 10-22 XR Plug-in Management 安装完成后的界面

勾选图 10-22 中的 Oculus 复选框，可以看到图 10-23 所示的界面。

这部分设置的作用主要是确定渲染模式以及 Oculus Quest 的 apk 签名，以便后续提交 Oculus 官方进行审核。

回到 Project Settings 视图，在左侧点击 Player 选项，在右侧的 Other Settings 设置选项中通过下拉列表将 Rendering 部分的 Color Space 从默认的 Gamma 更改为 Linear。

完成之后，在 Player 设置中找到 Identification 相关的设置选项，并更改 Package Name 信息为自定义的名字，如图 10-24 所示。

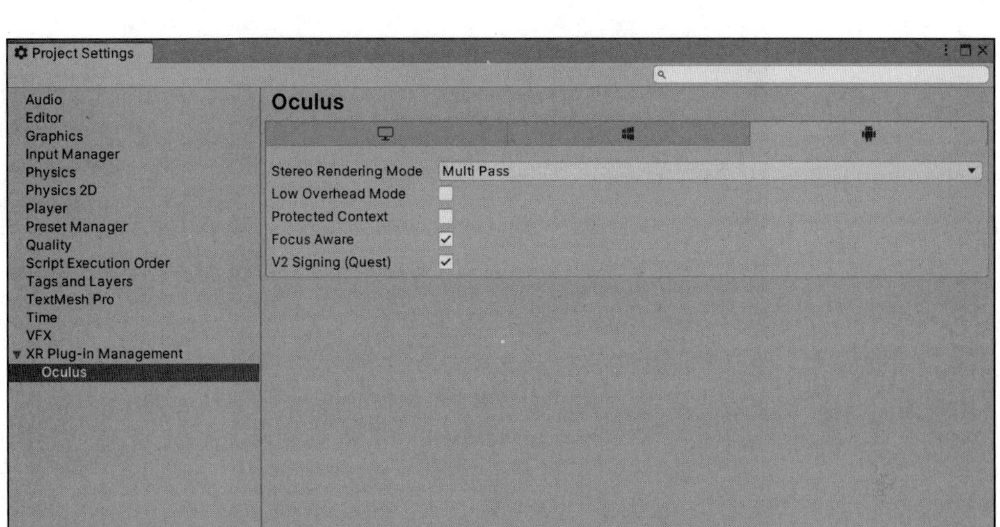

图 10-23　勾选 XR Plug-in Management 中的 Oculus 选项

图 10-24　设置 Package Name

接下来需要设置 Minimum API Level，保险起见这里选 API level 24，如图 10-25 所示。

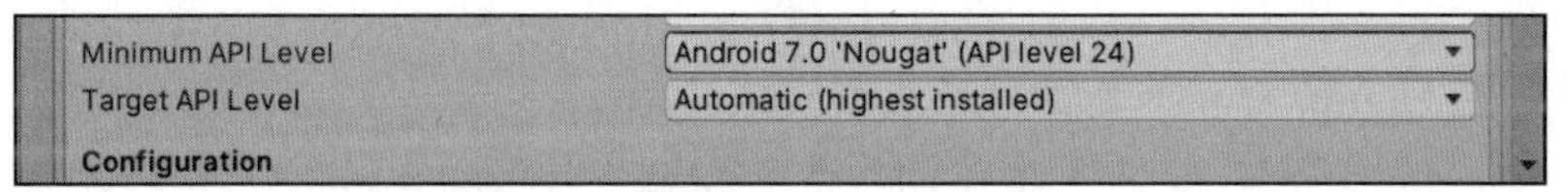

图 10-25　设置 Minimum API Level

至此，Player Settings 设置完成。再次回到 Build Settings 界面将 Texture Compression 更改为 ASTC。

注意，ASTC 切换同样需要较长的时间来完成，这具体取决于电脑的配置。

现在我们可以点击 Build Settings 界面上的 Build 按钮，然后将 apk 文件保存到本地电脑，如图 10-26 所示。

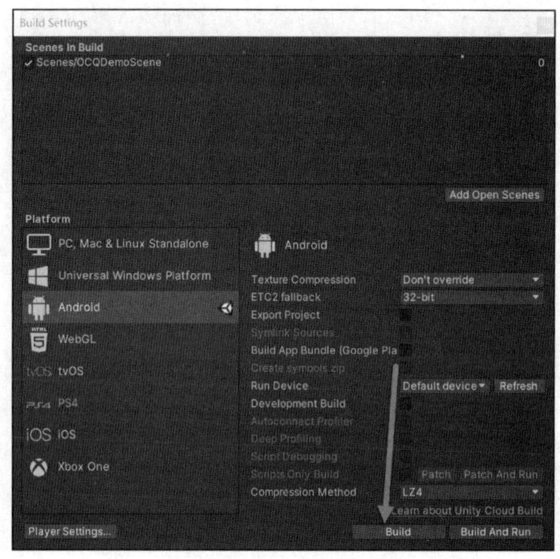

图 10-26 编译生成 apk

10.2.5 在 Oculus Quest 设备上编译运行

目前来说，我们要想在 Oculus Quest 中下载并安装某个游戏或应用，有 3 种不同的方式。

1）将应用上传到 Oculus Store；

2）使用 SIDEQUEST 平台上传 apk 文件；

3）直接使用 adb 命令将编译好的 apk 文件安装到 Oculus Quest 上。

我们会在后面的内容中详细说明第 1 种和第 2 种方式，这里先从最简单、最直接的方式讲起，也就是第 3 种方式。

步骤 1：在 Oculus Quest 上启用开发者模式。

先打开 Oculus 开发者网站，在开发者页面左侧选择 My Apps，然后找到本节对应的项目 MyFirstOCQGame，如图 10-27 所示。

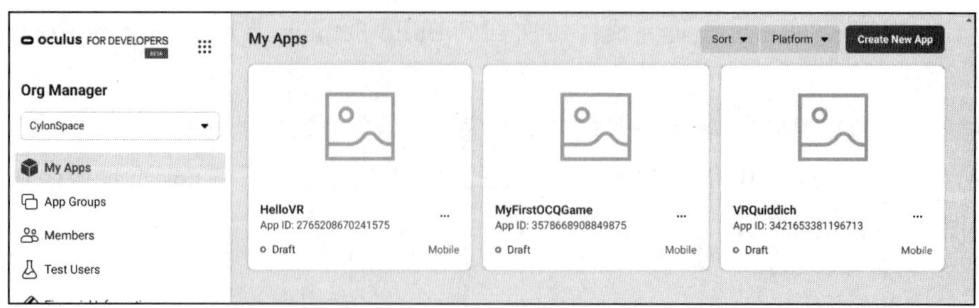

图 10-27 在开发者页面找到 MyFirstOCQGame

步骤 1 只是为了确认我们创建了团队和当前的应用。接下来，开启 Oculus Quest，然后使用 Type-C 接口的数据线连接到电脑。

这里要特别强调的是，在实际测试之前，一定要将 Oculus Quest 充满电。此外，我们要在手机上下载并打开 Oculus 的官方应用。

开启手机上的蓝牙，在 Oculus 应用中切换到“设置”界面，然后连接 Oculus Quest 设备，如图 10-28 所示。

图 10-28　在 Oculus 应用中连接 Oculus Quest 设备

匹配连接成功后进入“更多设置”，然后开启开发者模式，如图 10-29 所示。

图 10-29　开启开发者模式

此时需要戴上 Oculus Quest，如果弹出对话框提示，点击“允许”，访问文件系统。接下来，我们需要安装 Oculus ADB Drivers。

在浏览器中输入链接 https://developer.oculus.com/downloads/package/oculus-adb-drivers/，打开图 10-30 所示页面。

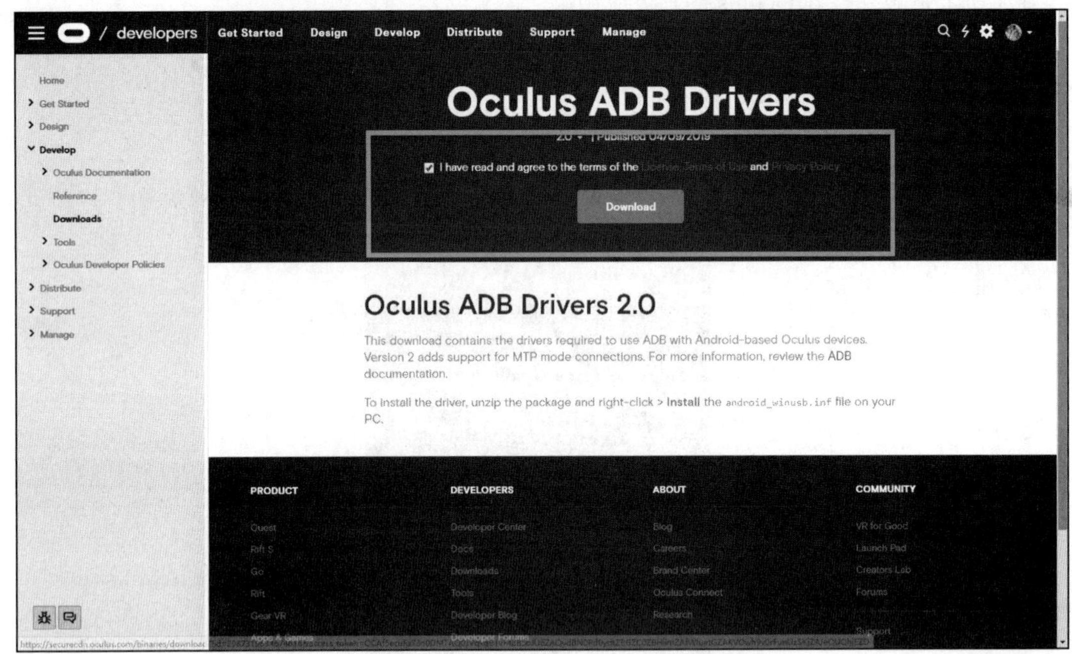

图 10-30 Oculus ADB Drivers 下载页面

下载完成后将其解压缩，然后找到 android_winusb 文件并右击，选择安装命令，看到弹出的提示对话框时，点击“安装”按钮即可。安装完成后，我们就可以对 Oculus Quest 使用所谓的 Android Debug Bridge(ADB) 了。

但是，我们安装的工具只是让 Oculus Quest 支持 ADB，而 ADB 工具仍然需要手动安装。通常，我们在安装 Android SDK 的时候就会安装 ADB 工具。这里介绍一下如何单独安装 ADB 工具。

在浏览器输入链接 https://developer.android.com/studio/command-line/adb，点击页面中的 download it here，然后点击 Download SDK Platform-Tools for Windows 选项，如图 10-31 和图 10-32 所示。

下载后将其解压缩到自己常用的目录下。在 Windows 系统下，为了方便，我们可以把这个目录添加到 PATH 环境变量中，如图 10-33 所示。

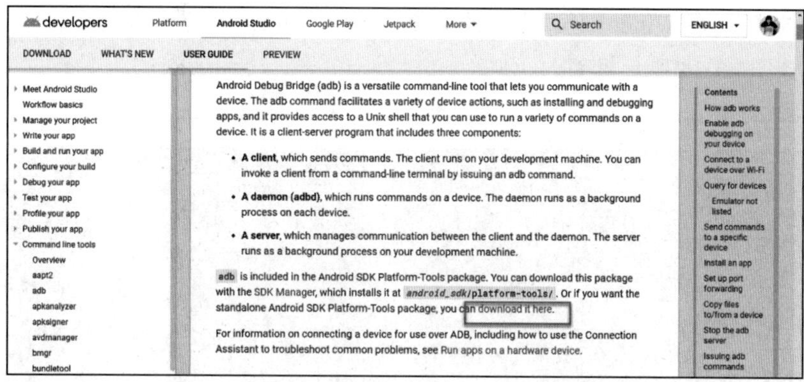

图 10-31　找到 Android SDK 的下载链接

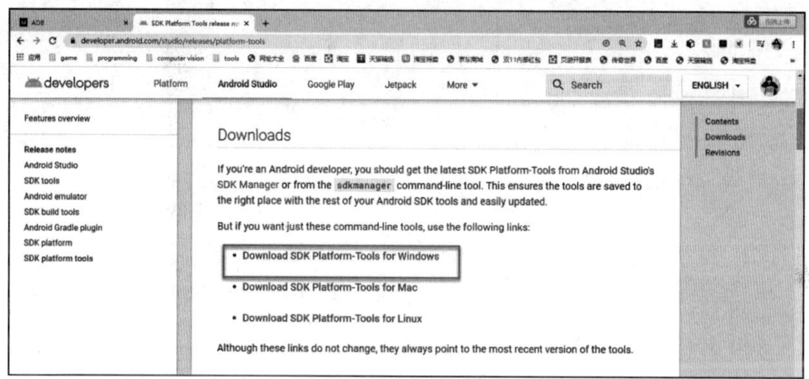

图 10-32　下载不同操作系统所对应的 SDK Platform-Tools

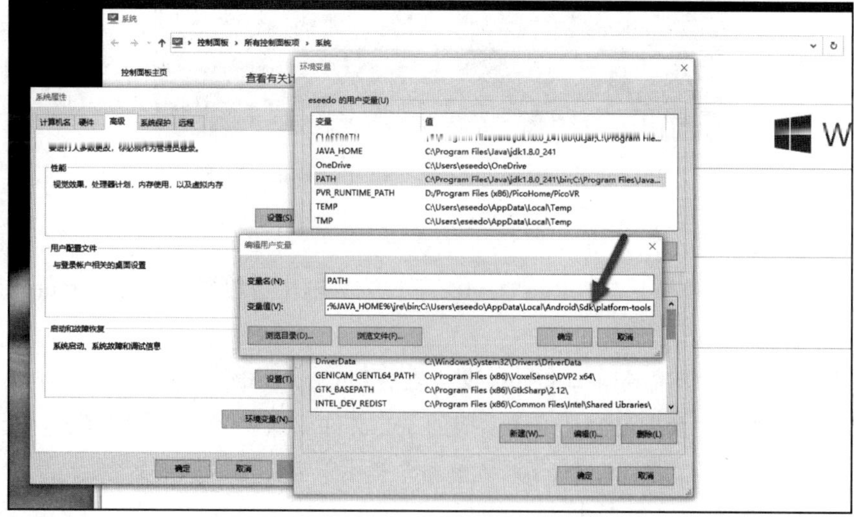

图 10-33　将 Android Platform Tools 目录添加到 Windows 的 PATH 环境变量

设置完成后，在 Windows 系统的搜索框中输入 cmd，打开命令提示符。输入 adb 命令，可以看到图 10-34 所示界面。

```
管理员: 命令提示符
Microsoft Windows [版本 10.0.18363.836]
(c) 2019 Microsoft Corporation。保留所有权利。

C:\Users\eseedo>adb
Android Debug Bridge version 1.0.41
Version 30.0.0-6374843
Installed as C:\Users\eseedo\AppData\Local\Android\Sdk\platform-tools\adb.exe

global options:
 -a         listen on all network interfaces, not just localhost
 -d         use USB device (error if multiple devices connected)
 -e         use TCP/IP device (error if multiple TCP/IP devices available)
 -s SERIAL  use device with given serial (overrides $ANDROID_SERIAL)
 -t ID      use device with given transport id
 -H         name of adb server host [default=localhost]
 -P         port of adb server [default=5037]
 -L SOCKET  listen on given socket for adb server [default=tcp:localhost:5037]

general commands:
 devices [-l]             list connected devices (-l for long output)
 help                     show this help message
 version                  show version num

networking:
 connect HOST[:PORT]      connect to a device via TCP/IP [default port=5555]
 disconnect [HOST[:PORT]]
     disconnect from given TCP/IP device [default port=5555], or all
 pair HOST[:PORT]         pair with a device for secure TCP/IP communication
 forward --list           list all forward socket connections
 forward [--no-rebind] LOCAL REMOTE
```

图 10-34　在命令提示符界面验证 ADB 工具是否安装成功

当看到 ADB 版本信息及详细说明时，表示 ABD 工具已经安装成功。接下来确认 Oculus Quest 连接到电脑，且已正常开机，并通过蓝牙连接到 Oculus 应用。然后在命令提示符界面输入 adb devices，顺利的话可以看到图 10-35 所示界面。

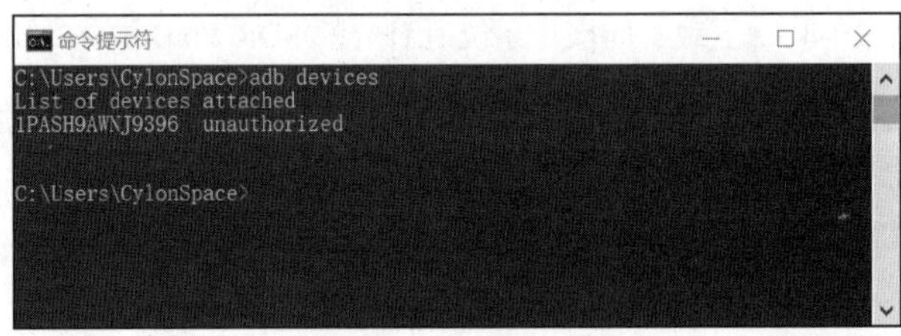

图 10-35　通过 adb devices 查看 Oculus Quest 的连接状况

打开 Unity 编辑器，在顶部菜单栏中依次选择 File → Build Settings 命令，打开 Build Settings 视图，在该视图右下方的 Run Device 下拉列表框中可以看到 Oculus Quest 设备，如图 10-36 所示。

接下来我们使用 adb 命令手动将 apk 文件安装到 Oculus Quest 设备中。

在之前的操作中，我们已经把编译生成的 apk 文件放到某个特定的路径下。选中该 apk 文件，并复制文件路径，在 Windows 系统的命令提示符界面输入以下命令：

```
adb install C:\Projects\UnityProjects\Cha10\MyFirstOculusQuestProject\
    MyFirstOCQGame.apk
```

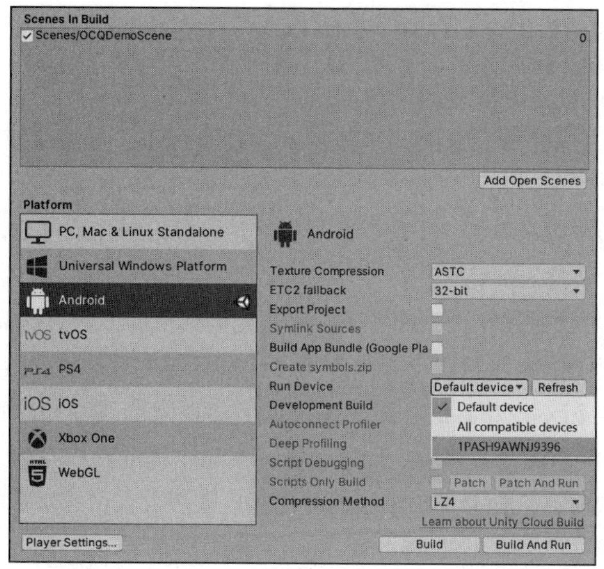

图 10-36　查看 Oculus Quest 设备连接情况

注意，apk 文件的具体名称和路径需要与你电脑上保存的名称和路径保持一致！

安装成功后，显示的界面如图 10-37 所示。

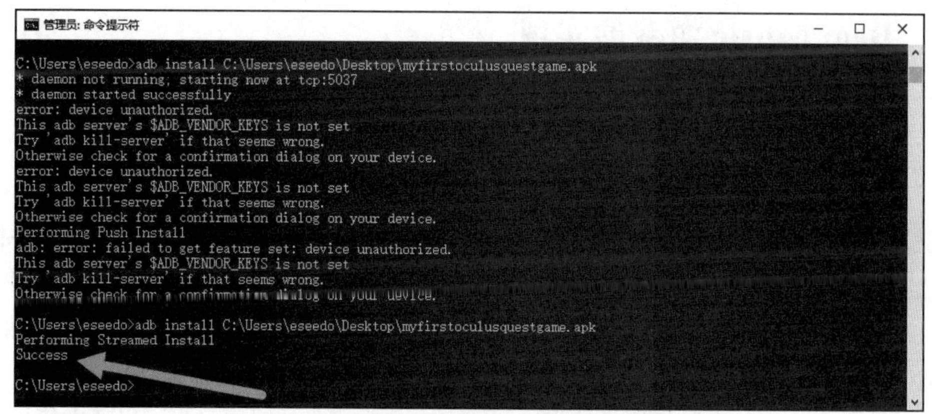

图 10-37　安装成功后的界面

在 Oculus Quest 资源库的未知来源应用中找到我们自己开发的这款应用，使用手柄或者手势操作进入应用，就可以看到之前的场景了。现在，我们终于完成第一步，把自己的应用编译到 Oculus Quest 中并且顺畅地运行了。

10.3 Beat Music 游戏的策划和设计

在介绍 Beat Music 这款游戏的策划和设计前，我们有必要先了解一款 VR 畅销作品，也就是 Beat Saber。它是一款 VR 音乐节拍游戏。在游戏中，玩家伴随着动感的音乐节奏，使用控制器模拟光剑切开飞驰而来的方块。

Beat Saber 作为一款简单易上手的 VR 游戏，其游戏机制并不复杂，但凭借以下特色深受玩家喜爱。

1）打击感：配合多种风格类型的音乐，采用光剑挥砍的方式打击节奏方块。

2）沉浸式体验：作为一款定点 VR 游戏，玩家只需要在较小的范围内移动，从而避免产生眩晕感。配合游戏内精致的场景、动感的节奏以及躲避墙和炸弹等特殊道具，Beat Saber 给玩家带来直接的沉浸式体验。玩家的每一个动作都可以获得相应的反馈。当玩家用模拟的光剑击中方块时，手柄会发出细微的震动感，从而大大增强玩家的沉浸式体验。

Beat Music 主要是对 Beat Saber 这款 VR 游戏大作的模仿。限于篇幅，本章只实现 Beat Music 中的基本游戏机制。

在掌握了 Unity 开发基础知识以及 Oculus Quest 应用的基本技能后，大家可以充分发挥自己的想象力，在 Beat Music 这款模仿作品的基础上开发出更加精彩的 VR 游戏。

10.4 Beat Music 游戏的实现

在本节中，我们将带领大家从零开始创建这款 VR 节奏游戏。

10.4.1 创建项目并进行开发和测试环境的搭建

正常情况下，对于新的游戏，我们通常会创建一个全新的项目。但是对于 Beat Music，这里选择在刚才的 MyFirstOculusQuestProject 项目的基础上添加新的场景。原因很简单，Oculus Quest 开发需要消耗大量的时间和精力在开发和测试环境的搭建和验证上。相信大家在完整学完 10.2 节后，已经有了非常深刻的感受。

当然，如果大家的电脑性能足够强大，或者有非常充裕的时间，也可以考虑使用 Unity 创建一个全新的项目。这里假定在 MyFirstOculusQuestProject 项目的基础上进行开发。

10.4.2 创建游戏场景

找到与本章对应的资源包 beatmusic.unitypackage，将其拖到 Project 视图中的 Assets 目录下，点击 Import 按钮导入项目。导入完成后可以看到所有的资源都有序地存放在不同的子目录下，在 Assets/BeatMusic/Scenes 目录下可以看到两个场景，一个是 LobbyScene，另一个是 GameScene。其中，LobbyScene 是大厅场景。在这个场景中，用户使用手柄按下“开始游戏”按钮，开启游戏并切换到游戏主场景。GameScene 则是游戏的主场景。在这个场景中，类似 Beat Saber，方块跟随音乐源源不断出现，只需要玩家控制手柄将其砍掉就好。

打开 LobbyScene 场景，可在 Hierarchy 视图中查看对象层级，如果 10-38 所示。

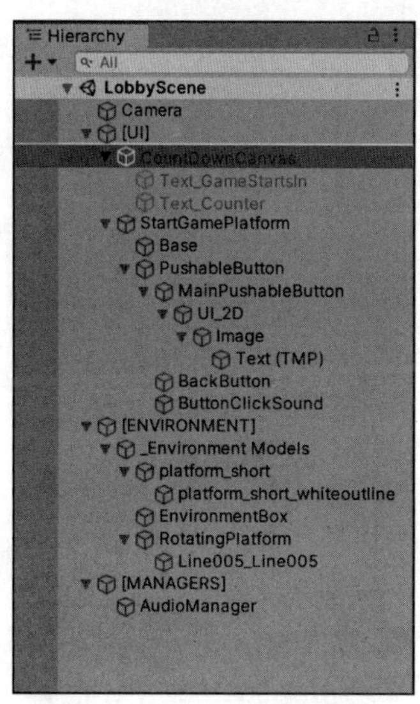

图 10-38 LobbyScene 场景的对象层级

可以看到，LobbyScene 场景主要由 4 个部分组成。

1）主摄像机：稍后我们将使用 OVRCameraRig 将其替换。

2）UI 交互界面：这部分由两个小部分组成，其中一部分用于显示倒计时，作用是当用户按下“开始游戏”按钮后，显示还需要几秒钟正式进入游戏主场景。另一部分则是与用户交互的界面，具体来说就是一个可以使用手柄按压的按钮。

与传统的 UI 交互不同，VR 世界中的 UI 应融入游戏场景，而不是始终停留在游戏之外。在后续的内容中，我们将具体讲解如何在 Oculus Quest 中实现可按压的按钮。

3）大厅：这部分场景属于纯视觉部分，主要是大厅的场景，并不需要进行交互。场景好与坏取决于 3D 美术设计。大家完全可以用自己设计的场景，或是使用在 Asset Store 中下载的资源来替代这里的大厅场景，也可以根据个人喜好在大厅中添加各种灯光和粒子特效，这里不再赘述。

4）音频管理器：用于管理游戏中的各种音效和背景音乐，在主场景中会用到对应的脚本组件。

接下来双击 GameScene，打开游戏的主场景。

在 Hierarchy 视图中查看场景中所有对象的子层级。为了方便查看，我们可以点击 Hierarchy 视图中所有父对象的小三角符号，如图 10-39 所示。

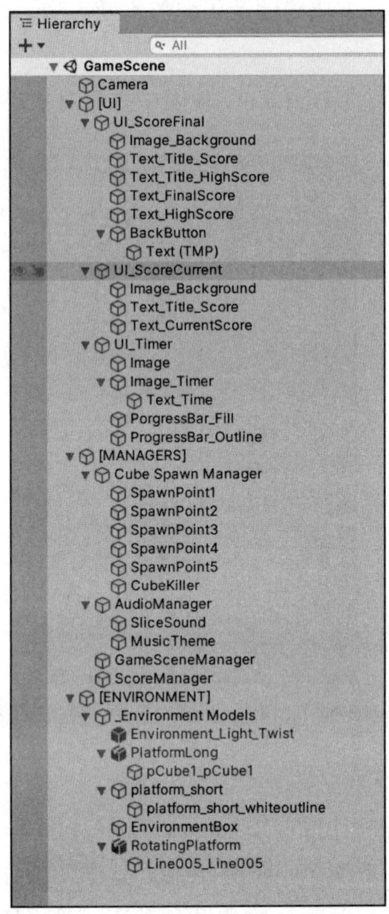

图 10-39 GameScene 的对象层级

可以看到，与 LobbyScene 类似，GameScene 同样由 4 个部分组成。

1）主摄像机：后续我们将会把它替代为 OVRCameraRig 对象。

2）UI 信息显示界面：用于显示玩家最终得分 UI_ScoreFinal、玩家当前得分 UI_ScoreCurrent、游戏倒计时 UI_Timer。

需要注意的是，与 LobbyScene 的界面不同，GameScene 的界面仅仅用来显示与游戏相关的信息，无须实现和玩家的互动。

3）游戏逻辑控制，主要对象如下。

① 用于生成方块的 Cube Spawn Manager：该对象通过关联的 CubeSpawnManager 脚本组件可以在指定的地点源源不断地以一定频度随机生成方块。其中，CubeKiller 子对象用于

在指定时间内自动销毁方块，具体则是通过关联的 CubeKiller 脚本组件实现的。

② 音频管理器：该音频管理器用于管理游戏中的各种音效和背景音乐。在大厅场景中，我们也曾用到对应的脚本组件。

③ 游戏逻辑机制——场景管理：通过 GameSceneManager 对象及其对应的脚本组件，可以计算出音乐的时长，并开启倒计时。在倒计时结束后，游戏结束，停止生成方块。

④ 游戏逻辑机制——计算玩家得分：通过 ScoreManager 对象及其对应的脚本组件，可以在游戏过程中计算玩家的得分。

4）游戏主场景的舞台：舞台完全是静态的视觉元素。大家可以根据个人喜好对舞台进行任意修改，并不会影响游戏的核心机制。

10.4.3　通过按压按钮实现场景切换

首先需要说明的是，VR 项目中的 UI 元素分为两类，一类用于信息展示，比如玩家生命值、玩家得分；另一类则用于互动，比如用户触碰按钮后加载新的场景。

对于信息展示用的 UI 元素，我们仍然习惯性地使用 UGUI 中的视觉元素，也就是创建 Canvas，然后在 Canvas 中添加 UI 元素。

对于互动用的 UI 元素，在 VR 游戏中我们不一定会使用 UGUI，有时候会直接使用游戏场景中的某个 3D 物体。

对于 Beat Music 游戏，我们采用的是后者。其基本的实现机制是：当我们使用手柄按压按钮时，如果足够用力，就会触发场景切换机制，自动切换到下一场景。

接下来，我们具体完成这部分任务。

1. 更换主摄像机

要将一个普通场景更换为 VR 场景，首先要做的就是将主摄像机更换为 OVRCameraRig。为此，我们需要删除原来的 Camera 对象，然后从 Project 视图中搜索 OVRCamerig 对象，并将其拖到 Hierarchy 视图中。只需完成这一步，我们的大厅场景就变成了 VR 版的大厅。

OVRCameraRig 添加完成后，在 Inspector 视图中将 OVR Manager（Script）组件下的 Tracking Origin Type 更改为 Floor Level，这样玩家进入场景就会有身临其境的感觉。

2. 完善 VR 版的 UI 互动元素

接下来升级 UI 互动元素。在 Project 视图中找到 OculusTouchForQuestAndRiftS_Left 和 OculusTouchForQuestAndRiftS_Right 两个预设体，然后分别拖动到对应位置使其成为 LeftControllerAnchor 和 RightConrollerAnchor 的子对象，并将两个预设体的 Transform 参数重置。

为了使预设体产生按压的效果，我们还需要给这两个对象分别添加 Rigidbody 组件。

添加完成后在 Inspector 视图中更改 Mass，取消勾选 Use Gravity，同时勾选 Is Kinematic，将 Collision Detection 更改为 Continuous Dynamic，最后给这两个预设体添加 Capsule Collider，如图 10-40 所示。

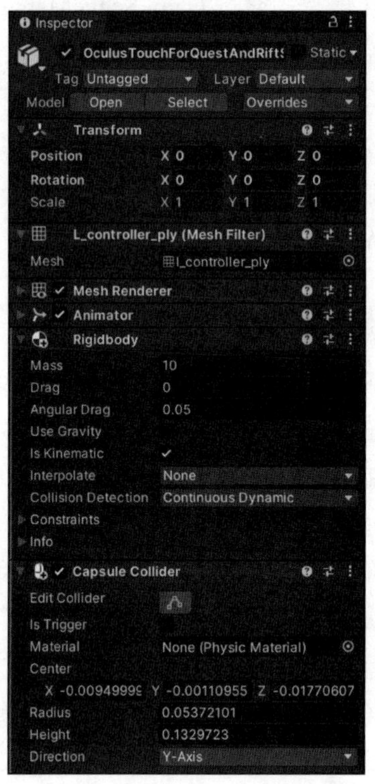

图 10-40 添加 Rigidbody 和 Capsule Collider

3. 实现场景切换

在 VR 游戏或应用中，对场景切换的要求与常规的桌面或移动游戏有所区别。如果不能很好地处理场景切换，游戏的体验感会大大降低。

在 Beat Music 游戏中，我们希望当玩家按下按钮后不出现游戏掉帧。为了实现这一期望，我们先让游戏进入加载状态，即显示 Loading 画面，并呈现特定的背景。

为此，在 Project 视图中右击，在弹出菜单中依次选择 Create → C# Script 命令，从而创建一个新的脚本，并将其命名为 SceneLoader。

在 Hierarchy 视图中右击空白处，在快捷菜单中选择 Create Empty 命令，从而创建一个空的游戏对象，并将其命名为 SceneLoader，然后为该对象添加 SceneLoader 脚本组件。

接着给 SceneLoader 添加一个子对象，并命名为 CompositorLayerLoadingScene，最后给该子对象添加两个子对象，分别命名为 Overlay-Background 和 Overlay_LoadingText，并

分别为这两个子对象添加 OVR Overlay 脚本组件，如图 10-41 所示。

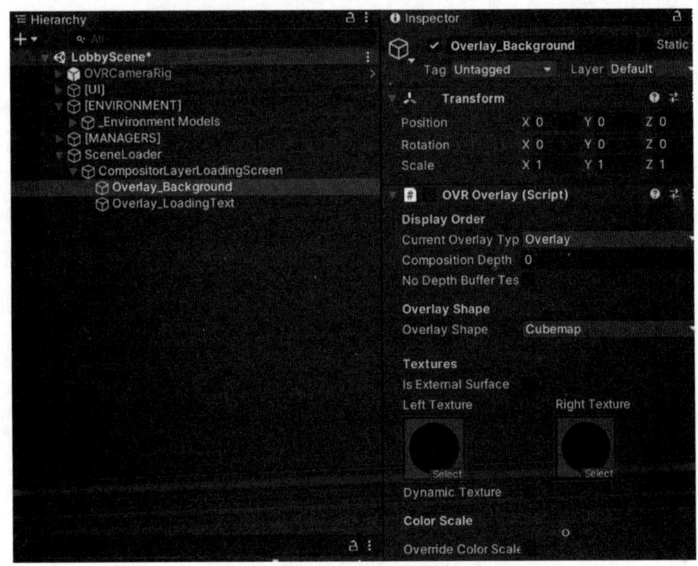

图 10-41　添加 OVR Overlay 脚本组件

使用 OVR Overlay 的好处是可以让游戏实现更高的渲染品质。单一场景最多可以支持 15 层。关于 OVR Overlay 的作用，感兴趣的读者可以查看官方文档：https://developer.oculus.com/documentation/unity/unity-ovroverlay/?device=QUEST。

添加完 OVR Overlay 脚本组件后，还需要进行一定的设置。在 Hierarchy 视图中选择 Overlay_Background 对象，然后在 Inspector 视图中将 Overlay Shape 更改为 Cubemap。设置 Left Texture 和 Right Texture 为 Assets/Oculus/SampleFramework/Usage/StartScene/Textures 目录下的 BlackCubemap。

在 Hierarchy 视图中选择 Overlay_LoadingText 对象，然后在 Inspector 视图中将 Overlay Shape 更改为 Quad。设置 Left Texture 和 Right Texture 为 Assets/Oculus/SampleFramework/Usage/StartScene/Textures 目录下的 Loading。

设置完成后手动取消勾选 Overlay_loadingText 和 Overlay_Background 这两个对象的 OVR Overlay 脚本组件，因为我们将使用代码来调用，而不是直接显示。

在 Unity 编辑器的 Project 视图中双击 SceneLoader 脚本，在 Visual Studio 中将其打开，并更改其中的代码，如代码清单 10-1 所示。

代码清单 10-1　创建场景加载脚本 SceneLoader

```
using System.Collections;
using System.Collections.Generic;
using UnityEngine;
```

```
public class SceneLoader : MonoBehaviour
{

    public OVROverlay overlay_Background;
    public OVROverlay overlay_LoadingText;
    public static SceneLoader instance;

    private void Awake()
    {
        if (instance !=null && instance != this)
        {
            Destroy(this.gameObject);
            return;
        }
        instance = this;
        DontDestroyOnLoad(gameObject);
    }

    public void LoadScene(string sceneName)
    {
        StartCoroutine(ShowOverlayAndLoad(sceneName));
    }

    IEnumerator ShowOverlayAndLoad(string sceneName)
    {
        overlay_Background.enabled = true;
        overlay_LoadingText.enabled = true;
        GameObject centerEyeAnchor = GameObject.Find("CenterEyeAnchor");
        overlay_LoadingText.gameObject.transform.position = centerEyeAnchor.
            transform.position + new Vector3(0f,0f,3f);
        //等待几秒钟防止跳转到新场景
        yield return new WaitForSeconds(5f);
        //Load Scene and wait until complete
        AsyncOperation asyncLoad = UnityEngine.SceneManagement.SceneManager.
            LoadSceneAsync(sceneName);
        while (!asyncLoad.isDone)
        {
            yield return null;
        }
        //Disabling the overlays again
        overlay_Background.enabled = false;
        overlay_LoadingText.enabled = false;
        yield return null;
    }
}
```

上述代码中，首先定义了两个 OVROverLay 类型的变量，用于显示场景过渡用的背景和加载文字，接着定义了一个静态变量，以便在其他类中调用。

Awake 方法的作用是实现单例模式，以便在其他地方调用。LoadScene 方法的作用是调用协程。ShowOverlayAndLoad 方法的作用是创建过渡背景和加载文字，并在 5 秒钟后切换到游戏主场景。

代码修改完成后，在 Hierarchy 视图中选择 SceneLoader，然后在 Scene Loader（Script）组件中设置参数，如图 10-42 所示。

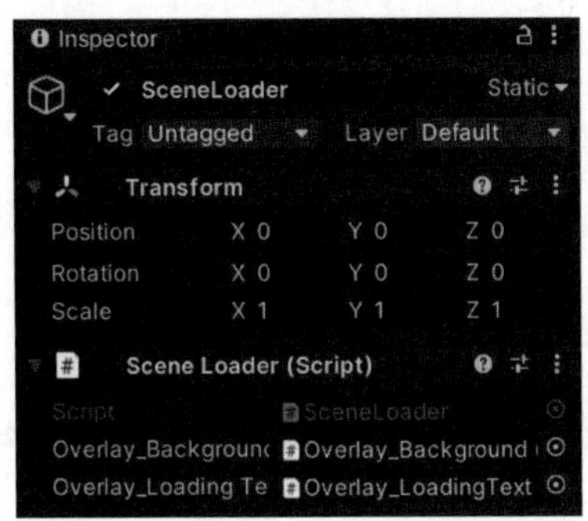

图 10-42　设置 Scene Loader 组件中的参数

接着我们需要在 Hierarchy 视图中找到 UI 元素对象中的 MainPushableButton 子对象，双击打开其关联的 ButtonPushClick 脚本，在 StartGame 方法中添加一行代码，如代码清单 10-2 所示。

代码清单 10-2　更改 ButtonPushClick 脚本

```
IEnumerator StartGame(float countDownValue)
{
    timeText.text = countDownValue.ToString();
    timeCountDownCanvas.SetActive(true);
    while (countDownValue > 0)
    {
        yield return new WaitForSeconds(1.0f);
        countDownValue -= 1;
        timeText.text = countDownValue.ToString();
    }
    //1.加载新场景
    SceneLoader.instance.LoadScene("GameScene");
           }
```

这里我们只增加了最后一行代码：

```
SceneLoader.instance.LoadScene("GameScene");
```

当玩家使用手柄按压按钮后，就会调用该方法，并触发场景切换。为了方便查看这一步的游戏效果，我们还需要完成一个操作：在 Unity 编辑器中打开 GameScene，将其中的 Camera 对象删除，并添加一个 OVRCameraRig 对象，从而将游戏主场景也切换到 VR

场景。

我们可以依次点击 File → Build And Run 命令，在 Oculus Quest 中查看实际运行的效果，也可以依次选择 File → Build Settings 命令生成 apk 文件，然后将其上传到 Oculus Quest，以便查看运行效果。

10.4.4 在主场景中实现类似切西瓜的效果

到目前为止，我们已经实现了类似 Beat Saber 游戏中方块随着音乐奔涌而来的效果，但是还需要添加一个互动机制。Beat Saber 使用了光剑的视觉效果。而在 Beat Music 游戏中，我们将使用更加传统的剑，并配以类似切西瓜的视觉效果。

接下来，我们具体实现这种效果。

1）打开 GameScene。首先在 Unity 编辑器中打开 GameScene 场景，因为相关的互动主要发生在这一场景之中。

2）添加剑。在 Project 视图中找到 Assets/Beat Music/Prefabs/Sword 目录下的 Sword 预设体，将其添加为 RightHandAnchor 的子对象，然后命名为 RightSword，并重置 Transform 参数。适当调整 Sword 预设体的位置，让其与控制器的位置贴合，但也不需要过于精确，合适就好。

3）实现场景中类似切西瓜的效果。为了方便，这里我们用到一个第三方插件 Ezy Slice。

为了避免版本冲突，我们在导入游戏资源的时候已经一并将该插件导入，所以无须重复执行这一操作。

在 Hierarchy 视图中选择 RightSword，点击小三角符号将其展开，可以看到包含一个名为 Blade 的子对象。选择 Blade 子对象，在 Inspector 视图中点击 Add Component 按钮，在下拉列表中依次选择 Scripts → Slice Listener，从而将 SliceListener 脚本添加为其组件。双击 SliceListener 脚本，在 Visual Studio 中打开，查看其中的代码，如代码清单 10-3 所示。

代码清单 10-3　SliceListener 脚本

```
using System.Collections;
using System.Collections.Generic;
using UnityEngine;

public class SliceListener : MonoBehaviour
{
    public Slicer slicer;
    private void OnTriggerEnter(Collider other)
    {
        slicer.isTouched = true;
    }
}
```

以上代码的作用非常简单，当剑触碰到方块时，立即激活 slicer 的 isTouched 状态。右击 RightSword，为其添加一个新的 Plane 类型的子对象，并命名为 Slicer。调整 Slicer 的 Transform 属性，如图 10-43 所示。

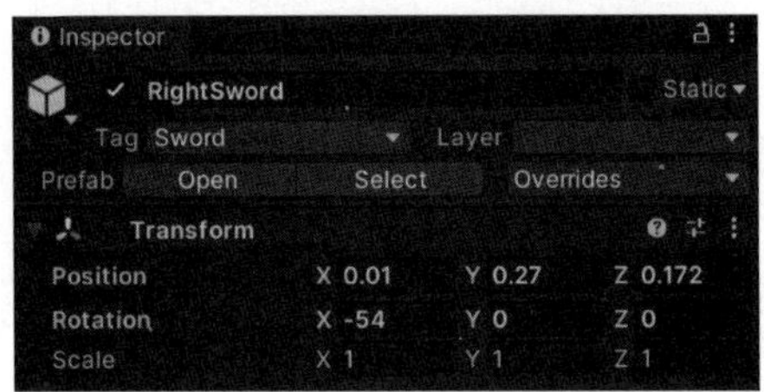

图 10-43　调整 Slicer 的 Transform 属性

选中 Slicer 子对象，在 Inspector 视图中点击 Add Component 按钮，在下拉列表中依次选择 Scripts → Slicer，从而将 Slicer 脚本添加为其组件。双击 Slicer 脚本在 Visual Studio 中打开，其脚本代码如代码清单 10-4 所示。

代码清单 10-4　Slicer 脚本

```
using System.Collections;
using System.Collections.Generic;
using UnityEngine;
using EzySlice;
public class Slicer : MonoBehaviour
{
    public Material MaterialAfterSlice;
    public LayerMask sliceMask;
    public bool isTouched;
    private void Update()
    {
        if (isTouched == true)
        {
            isTouched = false;
            Collider[] objectsToBeSliced = Physics.OverlapBox(transform.position,
                new Vector3(1, 0.1f, 0.1f), transform.rotation, sliceMask);
            foreach (Collider objectToBeSliced in objectsToBeSliced)
            {
                SlicedHull slicedObject = SliceObject(objectToBeSliced.gameObject,
                    MaterialAfterSlice);
                GameObject upperHullGameobject = slicedObject.CreateUpperHull(ob
                    jectToBeSliced.gameObject, MaterialAfterSlice);
                GameObject lowerHullGameobject = slicedObject.CreateLowerHull(ob
                    jectToBeSliced.gameObject, MaterialAfterSlice);

                upperHullGameobject.transform.position = objectToBeSliced.
                    transform.position;
                lowerHullGameobject.transform.position = objectToBeSliced.
```

```
                    transform.position;
                MakeItPhysical(upperHullGameobject, objectToBeSliced.gameObject.
                    GetComponent<Rigidbody>().velocity);
                MakeItPhysical(lowerHullGameobject, objectToBeSliced.gameObject.
                    GetComponent<Rigidbody>().velocity);

                Destroy(objectToBeSliced.gameObject);
            }
        }

    }
    private void MakeItPhysical(GameObject obj, Vector3 _velocity)
    {
        obj.AddComponent<MeshCollider>().convex = true;
        obj.AddComponent<Rigidbody>();
        obj.GetComponent<Rigidbody>().velocity = -_velocity;
        int randomNumberX = Random.Range(0,2);
        int randomNumberY = Random.Range(0, 2);
        int randomNumberZ = Random.Range(0, 2);
        obj.GetComponent<Rigidbody>().AddForce(3*new Vector3(randomNumberX,rando
            mNumberY,randomNumberZ),ForceMode.Impulse);
        obj.AddComponent<DestroyAfterSeconds>();

    }

    private SlicedHull SliceObject(GameObject obj, Material
        crossSectionMaterial = null)
    {
        return obj.Slice(transform.position, transform.up, crossSectionMaterial);
    }

}
```

以上代码看起来很复杂，其实作用很简单。当 isTouched 状态为 true 时，使用 EzySlice 的切割功能将方块切成两块。

接着我们需要对 Blade 子对象进行一些设置。首先在 Slice Listener 组件部分将 Slicer 参数设置为 Slicer。接着删除原来的 Mesh Collider，使用更为简单的 Box Collider，并勾选 Is Trigger 选项，此外将 Rigidbody 组件的 Collision Detection 设置为 Continuous Dynamic，如图 10-44 所示。

接着设置 Slicer 子对象的属性。在 Hierarchy 视图中选择 Sword 的子对象 Slicer，然后在 Inspector 视图中取消勾选 Mesh Renderer，因为我们不需要显示其外观。

在 Slicer 组件部分设置 Material After Slice 为 SwordCubeMat，设置 Slice Mask 为 Sliceable。

接着在 Project 视图中的 Prefabs 目录下找到 SwordCube 预设体，将其 Layers 属性设置为 Sliceable，并将 Rigidbody 组件中的 Collision Detection 设置为 Continuous。

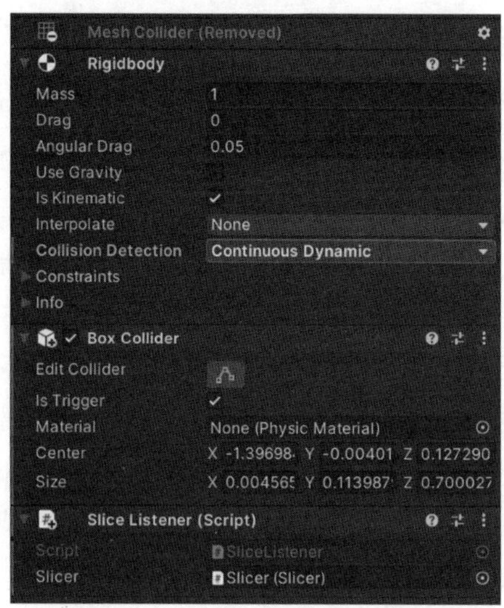

图 10-44　Blade 对象的属性设置

至此，剑已经具备了类似切西瓜的效果。

不过在实际测试之前，我们还需要对项目进行一个小小的设置。对于普通的游戏，每秒 60 帧就能达到不错的效果。但是对于 VR 游戏来说，每秒至少需要达到 90 帧。

在 Unity 编辑器的顶部菜单中依次选择 File → Build Settings 命令，打开编译设置视图，然后点击 Player Settings 按钮，从而进入设置视图。在设置视图中点击左侧的 Time，进入 Time 设置子视图，将其中的 Fixed Timestep 设置为 1/90，也就是 0.01111111，如图 10-45 所示。

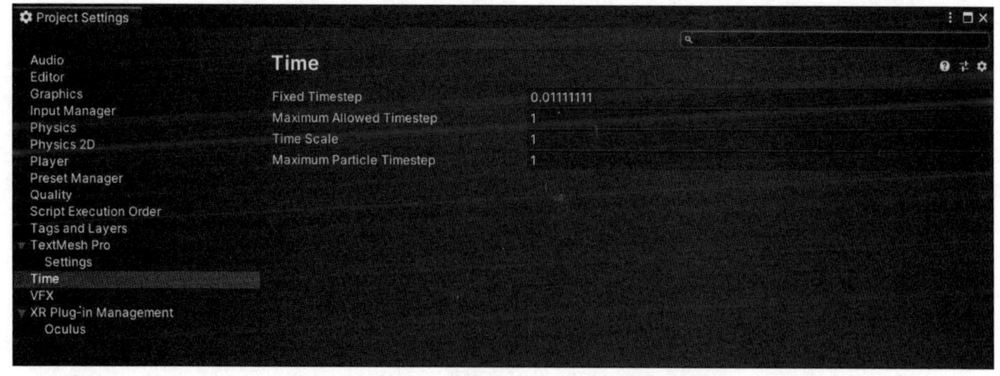

图 10-45　设置 Fixed Timestep

设置完成后，我们可以尝试将项目在 Oculus Quest 上编译运行，体验切方块的效果。

10.4.5 添加控制器的震动效果

为了增加游戏的沉浸感，我们可以在玩家使用控制器切方块的时候给出震动反馈。为此，我们需要用到 OVRInput Haptics 机制。关于该机制的详细内容，读者可参考官方文档：https://developer.oculus.com/documentation/unity/unity-haptics/。

可以看到，其实基于 Oculus Quest 设备的游戏实现震动效果非常简单。问题在于，震动的时间没法控制。为此，我们将创建自己的震动控制管理器。

返回 Unity，在 Hierarchy 视图的游戏逻辑控制对象中添加一个名为 VibrationManager 的子对象。选中该对象，在 Inspector 视图中点击 Add Component 按钮，在下拉列表中选择 New Script，从而创建一个新的脚本，将其命名为 VibrationManager。双击该脚本在 Visual Studio 中打开，并更改其中的代码。VibrationManager 脚本如代码清单 10-5 所示。

代码清单 10-5 VibrationManager 脚本

```
using System.Collections;
using System.Collections.Generic;
using UnityEngine;

public class VibrationManager : MonoBehaviour
{
    public static VibrationManager instance;
    private void Awake()
    {
        if (instance != null && instance != this)
        {
            Destroy(this.gameObject);
            return;
        }

        instance = this;
        DontDestroyOnLoad(gameObject);
    }

    public void VibrateController(float duration, float frequency, float
        amplitude, OVRInput.Controller controller)
    {
        StartCoroutine(VibrateForSeconds(duration,frequency,amplitude,controller));
    }

    IEnumerator VibrateForSeconds(float duration, float frequency, float
        amplitude, OVRInput.Controller controller)
    {
        //开启震动
        OVRInput.SetControllerVibration(frequency,amplitude,controller);

        //在指定时间内震动
```

```
        yield return new WaitForSeconds(duration);

        //在指定时间后停止震动
        OVRInput.SetControllerVibration(0,0,controller);

    }
}
```

上述代码中，首先创建了一个实例变量，并通过 Awake 方法实现了单例模式，方便在其他地方调用。接着创建了一个名为 VibrateController 的自定义方法，其利用协程实现对震动时间的控制。在 Project 视图中找到 Slicer 脚本，双击在 Visual Studio 中将其打开。在 Update 方法中的条件执行语句中添加一行代码：

```
VibrationManager.instance.VibrateController(0.4f, 1, 0.3f, OVRInput.Controller.RTouch);
```

通过这种方式，我们就实现了控制器切方块时产生震动的效果。

10.4.6　计算玩家的得分

对于 Beat Music 音乐游戏来说，玩家的参与感除了来自挥舞剑切方块的快感，还来自得分不断上升的成就感。

在 Hierarchy 视图中找到游戏逻辑控制对象中的 ScoreManager，双击在 Visual Studio 中打开其脚本组件 ScoreManager。其脚本如代码清单 10-6 所示。

代码清单 10-6　ScoreManager 脚本

```
using System.Collections;
using System.Collections.Generic;
using UnityEngine;
using TMPro;
public class ScoreManager : MonoBehaviour
{
    public int currentScore;
    public int highScore;

    [Header("UI Fields")]
    public TextMeshProUGUI hightScoreText;
    public TextMeshProUGUI currentScoreText;
    public TextMeshProUGUI finalScoreText;

    public static ScoreManager instance;

    private void Awake()
    {
        if (instance != null && instance != this)
        {
            Destroy(this.gameObject);
```

```
            return;
        }

        instance = this;
        // DontDestroyOnLoad(gameObject);
    }

    // 初始化方法
    void Start()
    {
        highScore = PlayerPrefs.GetInt("HighScore",0);
        hightScoreText.text = highScore.ToString();

        //将当前分值设置为0
        currentScoreText.text = "0";

    }

    public void AddScore(int scorePoint)
    {
        currentScore = currentScore + scorePoint;
        PlayerPrefs.SetInt("CurrentScore",currentScore);
        //在UI上显示当前得分
        currentScoreText.text = currentScore.ToString();
        //更新最终得分
        finalScoreText.text = currentScore.ToString();
        if (currentScore > PlayerPrefs.GetInt("HighScore",0))
        {
            PlayerPrefs.SetInt("HighScore",currentScore);
            hightScoreText.text = currentScore.ToString();
        }
    }
}
```

以上代码看起来比较复杂，其实作用很简单。这里简单解释下代码的作用。

1）先定义多个变量，用于保存得分信息以及显示得分信息的 UI 元素。

2）通过创建实例变量和实现单例模式，以便在其他地方调用。

3）Start 方法中设置了两个 UI 元素的初始值。

4）AddScore 是最核心的方法，作用是计算得分，并在 UI 元素中显示得分。

除了 ScoreManager 脚本之外，我们在 Project 视图中还可以找到一个名为 ScorePoints 的脚本，双击在 Visual Studio 中将其打开，如代码清单 10-7 所示。

代码清单 10-7　ScorePoints 脚本

```
using System.Collections;
using System.Collections.Generic;
using UnityEngine;
```

```
public class ScorePoints
{
    public const int SWORDCUBE_SCOREPOINT = 14;
}
```

上述代码中，首先定义了一个常量，代表每切一个方块可以获得的分值。之所以单独使用一个脚本，是为了方便后续游戏的扩展。比如当我们添加其他类型的方块之后，就可以在这里添加对应的分值。

接下来还需要做一件事情，就是当玩家挥舞剑切方块的时候，增加玩家得分。

为此，在 Project 视图中找到 Slicer 脚本，双击在 Visual Studio 中打开。在 Update 方法的执行语句中添加一行代码：

```
//添加玩家得分
coreManager.instance.AddScore(ScorePoints.SWORDCUBE_SCOREPOINT);
```

除了添加玩家得分，我们还需要在合适的时候显示玩家的得分，特别是在游戏结束的时候。为此，在 Project 视图中找到 GameSceneManager 脚本并更改其中的代码，如代码清单 10-8 所示。

代码清单 10-8　GameSceneManager 脚本

```
using System.Collections;
using System.Collections.Generic;
using UnityEngine;
using TMPro;
using UnityEngine.UI;
public class GameSceneManager : MonoBehaviour
{
    [Header("UI")]
    public TextMeshProUGUI timeText;
    public Image progressBarImage;
    public GameObject timerUI_Gameobject;
    [Header("Managers")]
    public GameObject cubeSpawnManager;
    //音频相关
    float audioClipLength;
    private float timeToStartGame = 5.0f;
    public GameObject currentScoreUI_Gameobject;
    public GameObject finalScoreUI_Gameobject;
    // 初始化方法
    void Start()
    {
        //获取音乐的时长
        audioClipLength = AudioManager.instance.musicTheme.clip.length;
        Debug.Log(audioClipLength);
        //随音乐开启倒计时
        StartCoroutine(StartCountdown(audioClipLength));
```

```
        //重新设置进度条
        progressBarImage.fillAmount = Mathf.Clamp(0, 0, 1);
        finalScoreUI_Gameobject.SetActive(false);
        currentScoreUI_Gameobject.SetActive(true);
    }

    public IEnumerator StartCountdown(float countdownValue)
    {
        while (countdownValue > 0)
        {
            yield return new WaitForSeconds(1.0f);
            countdownValue -= 1;

            timeText.text = ConvertToMinAndSeconds(countdownValue);
            progressBarImage.fillAmount = (AudioManager.instance.musicTheme.time
                / audioClipLength);
        }
        GameOver();
    }

    public void GameOver()
    {
        Debug.Log("Game Over");
        timeText.text = ConvertToMinAndSeconds(0);
        //停止生成方块
        cubeSpawnManager.SetActive(false);
        //停止显示计时器
        timerUI_Gameobject.SetActive(false);
        currentScoreUI_Gameobject.SetActive(false);
        finalScoreUI_Gameobject.SetActive(true);
        //将最终得分界面显示在OVRCameraRig前
        finalScoreUI_Gameobject.transform.rotation = Quaternion.Euler(Vector3.zero);
        finalScoreUI_Gameobject.transform.position = GameObject.Find
            ("OVRCameraRig").transform.position+ new Vector3(0,2.0f,4.0f);
    }

    private string ConvertToMinAndSeconds(float totalTimeInSeconds)
    {
        string timeText = Mathf.Floor(totalTimeInSeconds / 60).ToString("00") +
            ":" + Mathf.FloorToInt(totalTimeInSeconds % 60).ToString("00");
        return timeText;
    }

    public void BackToLobbyScene()
    {
        SceneLoader.instance.LoadScene("LobbyScene");
    }
}
```

这里简单解释一下以上代码的作用。

在前面提到过，GameSceneManager 实现游戏的核心逻辑。

1）定义一系列变量，以便后续保存 UI 元素、生成方块以及处理音频。

2）在 Start 方法中获取当前音频的长度，并禁止最终得分显示，开启当前得分显示。

3）使用协程实现音乐倒计时。当音乐播放完毕的时候，游戏结束。

4）当游戏结束时，禁止生成方块、显示计时器、显示当前得分，开启最终得分显示。

5）提供一个返回大厅的方法，并设置对应的参数。在 Hierarchy 视图中选择 GameSceneManager，然后在 Inspector 视图中设置相关参数，如图 10-46 所示。

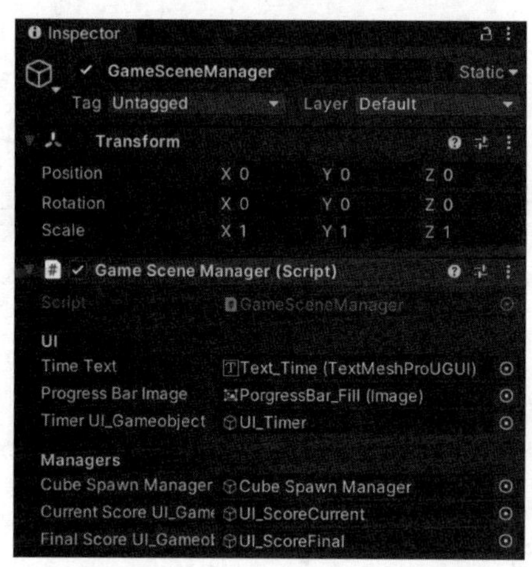

图 10-46　设置 GameSceneManager 相关参数

至此，我们的玩家得分和显示机制已经全部设置完成。

10.4.7　添加背景音乐和音效

作为一款音乐节奏游戏，没有音乐是不可想象的。此前提到过，为了方便管理游戏中的音乐和音效，我们提供了一个 AudioManager 脚本。双击该脚本在 Visual Studio 中将打开，如代码清单 10-9 所示。

代码清单 10-9　AudioManager 脚本

```
using System.Collections;
using System.Collections.Generic;
using UnityEngine;
using UnityEngine.Audio;
public class AudioManager : MonoBehaviour
{
    public AudioSource sliceSound;
    public AudioSource gunSound;
    public AudioSource musicTheme;
    public AudioSource buttonClickSound;
```

```
    public static AudioManager instance;
    private void Awake()
    {
        if (instance != null && instance != this)
        {
            Destroy(this.gameObject);
            return;
        }

        instance = this;
    }

}
```

以上代码定义了一个实例变量，并实现了单例模式，以便在其他地方调用。

接着打开 Slicer 脚本，在 Update 方法的 if 循环语句中添加一行代码：

```
AudioManager.instance.sliceSound.gameObject.transform.position =
    objectToBeSliced.transform.position;
AudioManager.instance.sliceSound.Play();
```

以上代码首先设置了音源的位置，然后播放了特定的音效。

这样，我们就可以在切方块的时候听到对应的音效了。

10.4.8 完善游戏并测试

在最终测试游戏之前，我们要做几处修正。

首先，在 Hierarchy 视图中找到 OculusTouchForQuestAndRiftS_Right 子对象，然后将其从 Inspector 视图中删除。因为我们已经添加了剑，没有必要继续显示控制器。

其次，在 Hierarchy 视图中分别选择 UI_ScoreFinal 和 UI_ScoreCurrent 对象，在 Inspector 视图中更改 Event Camera 为 CenterEyeAnchor(Camera)。

最后，在游戏结束时通过按钮交互返回大厅。这里的按钮不会采用实体按钮，而是继续沿用 UGUI 的按钮交互元素。

为此，我们需要在 Project 视图中找到 UIHelpers 预设体，并拖到 Hierarchy 视图的 UI 对象中，此外还需要设置“返回”按钮的响应机制。这时，我们可以在 Hierarchy 视图中找到 UI_ScoreFinal 的子对象 BackButton，在 Inspector 视图中点击 On Click 组件的“+”号，设置响应对象为 GameSceneManager，设置响应事件为 GameSceneManager.BackToLobbyScene，如图 10-47 所示。

至此，Beat Music 游戏已经基本实现。

依次点击 File → Build And Run 命令或 File → Build Settings 命令生成 apk 文件，并通过命令行或 SIDEQUEST 上传到 Oculus Quest 中，就可以开始游戏的测试了。

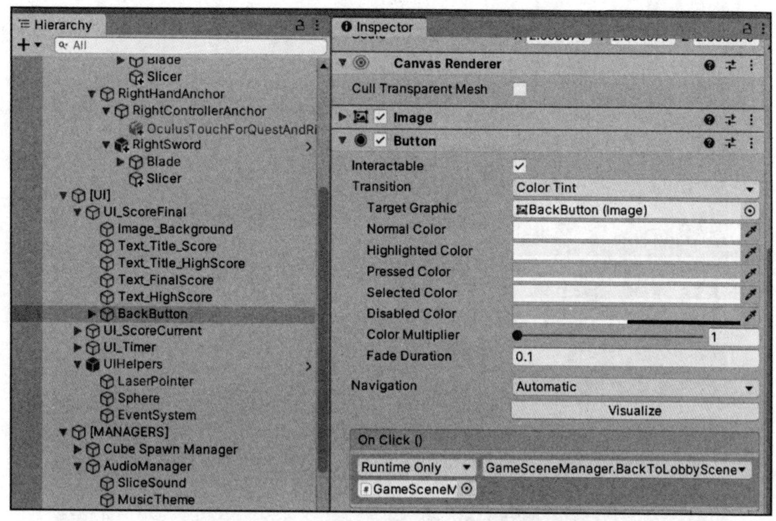

图 10-47　设置 BackButton 的响应事件

10.5　将游戏发布到 Oculus Store 或 SIDEQUEST

对于游戏的发布，目前我们主要有两个发布渠道，分别是官方的 Oculus Store 以及第三方 SIDEQUEST 平台。关于如何在官方平台上架基于 Oculus Quest 设备的游戏或应用，请参考官方指南：https://developer.oculus.com/distribute/。

需要特别说明的是，Oculus 官方商城 Oculus Store 的审核非常严格。对于中小型开发团队来说，作品能够通过 Oculus Store 的审核颇为不易。幸运的是，在 Oculus Store 官方平台之外，还有一个第三方的 SIDEQUEST 平台。这里简单介绍一下 SIDEQUEST 平台的使用。

1. 安装并注册 SIDEQUEST 账号

首先从浏览器进入 SIDEQUEST 官网，链接为 https://sidequestvr.com/。点击顶部的 GET SIDEQUEST 按钮，即可进入 SIDEQUEST 客户端的下载页面（链接为 https://sidequestvr.com/setup-howto）。

SIDEQUEST 客户端支持 Windows、Linux 和 Mac 平台，强烈建议大家下载该客户端。

下载完成后需要注册一个 SIDEQUEST 账号，然后登录，并将 Oculus Quest 设备通过数据线连接到电脑。SIDEQUEST 客户端的首页界面如图 10-48 所示。

2. 本地测试

SIDEQUEST 提供了丰富的功能，以便我们下载、上传和测试应用。在 SIDEQUEST

顶部右侧的工具栏中找到"上传"按钮实现，如图 10-49 所示。

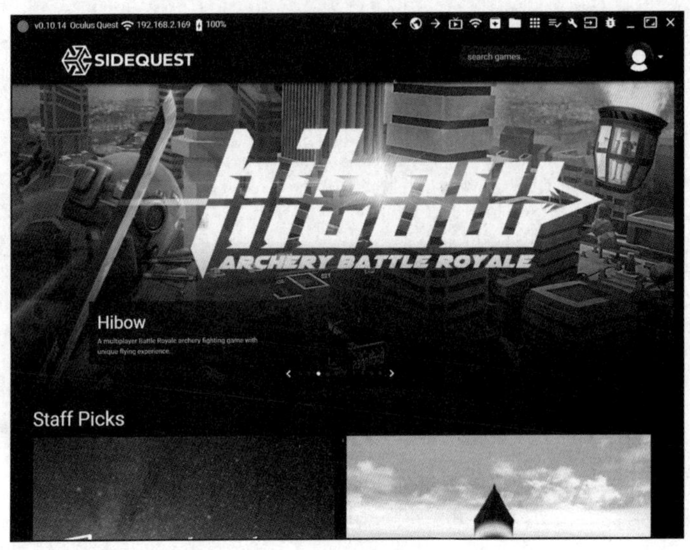

图 10-48 SIDEQUEST 客户端首页界面

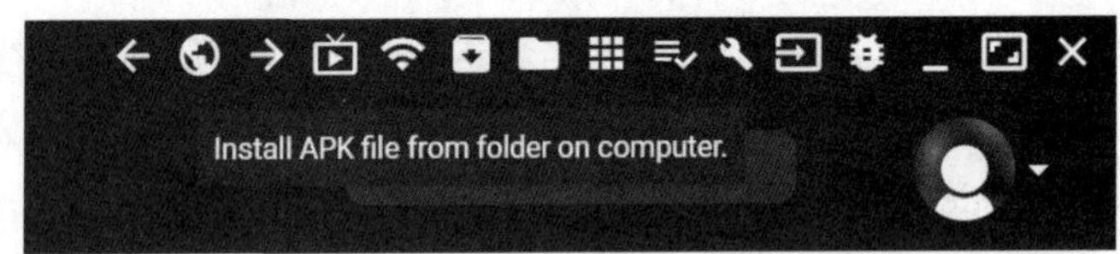

图 10-49 从本地安装 apk 文件到 Oculus Quest

通过这种方式，我们可以轻松实现本地测试。

3. 将所开发应用上传到云端商城

点击 SIDEQUEST 主界面上的头像，从下拉列表中选择 Create App，即可创建自己的应用，如图 10-50 所示。

4. 下载应用

除了本地测试和上传自己的应用，SIDEQUEST 还提供了应用下载和安装功能。

在 SIDEQUEST 主界面找到感兴趣的应用，进入详情页面。对于免费应用，点击 INSTALL TO HEADSET 按钮即可下载，如图 10-51 所示。

如果自己的应用迟迟无法通过官方 Oculus Store 的审核，可以选择 SIDEQUEST 作为测试和发布平台，让更多的用户接触和体验自己的游戏应用。

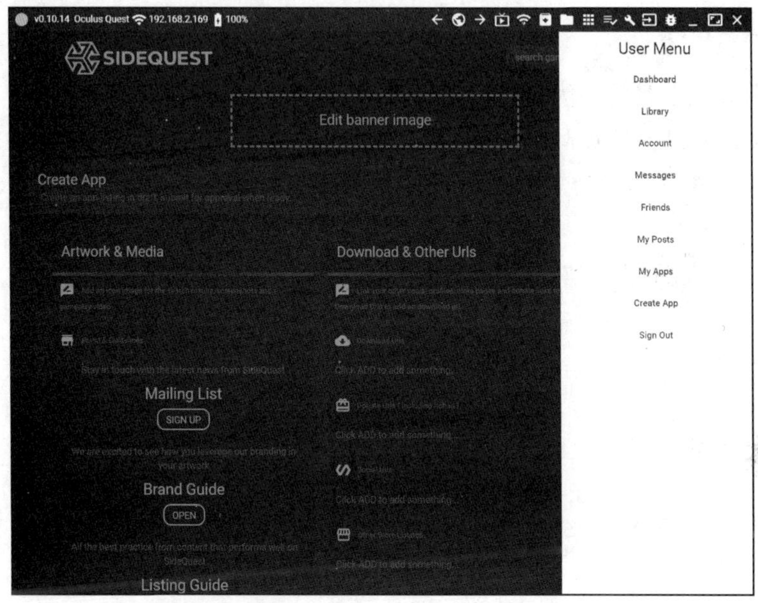

图 10-50　创建新应用

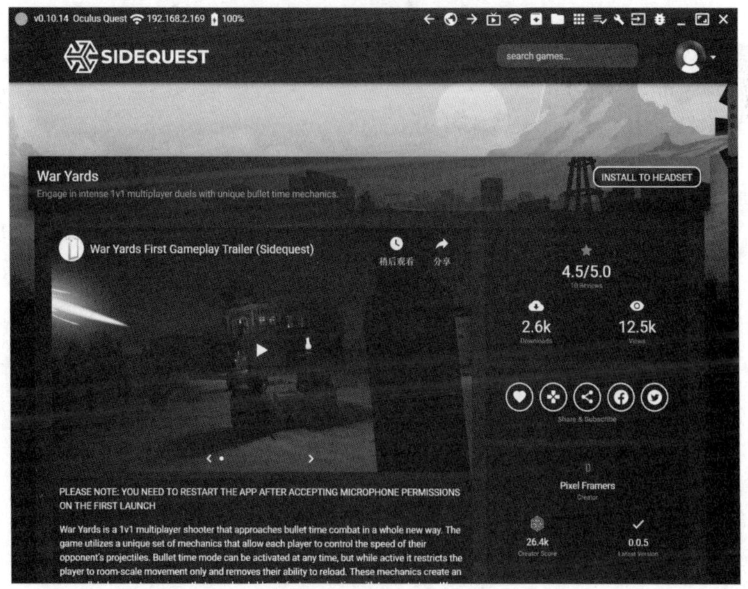

图 10-51　在 SIDEQUEST 中下载应用

10.6 本章小结

本章主要介绍了目前最为热门的 VR 一体机设备，也就是 Oculus Quest。首先我们了解了 Oculus Quest 设备的基本信息等，然后开发了一款具备基本功能的 Beat Music VR 节奏游戏，最后简单介绍了游戏应用的另一个发布渠道，主要介绍了第三方 SIDEQUEST 平台。

在下一章中，我们将介绍效果酷炫而且在 VR 开发中非常有用的动捕系统。

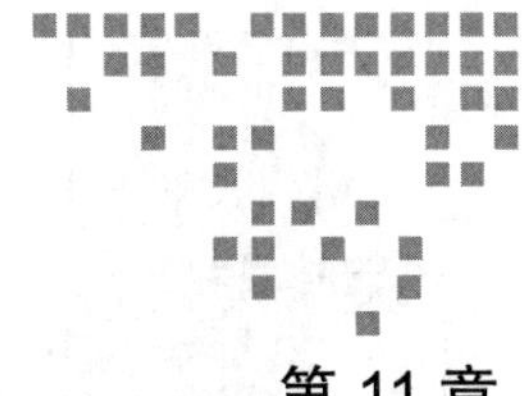

第 11 章 Chapter 11

实战：使用动捕技术实现虚拟直播

动捕技术是利用外部设备对人体的姿态进行数据记录实现的。在本章中，我们将介绍动捕技术的诞生、用途及其技术原理，并通过实战学习如何使用动捕技术实现当下最热门的虚实结合的直播应用。

11.1 动捕技术发展史

在本节中，我们将为大家介绍动捕技术的诞生、演变和发展。

11.1.1 动捕的诞生

由于动捕采集的数据可以广泛应用于虚拟现实、游戏、人体工程学研究、模拟训练、生物力学研究等领域，因此这项技术拥有比较广泛的市场前景和价值。实际上从泛一点的角度来说，动捕是一个比较通用的概念，它并不限定捕捉的对象——除了人和物体，也可以是其他生物或者个体的局部，例如《刺客信条：起源》中对马匹应用动捕技术，如图 11-1 所示。

对于动捕，读者也许会比较陌生，但是应用了动捕技术的电影《金刚》《指环王》《泰坦尼克号》与《阿凡达》想必大家都耳熟能详。动捕技术早在二十世纪八九十年代就已经活跃在电影行业。而动捕的发源，最早可以追溯到 1914 年，动画师 Max Fleischer 发明了“动态影像临摹”（Rotoscoping）技术，应用作品包括迪士尼在 1937 年推出的《白雪公主与七个小矮人》；1958 年日本制作的一部以中国民间传说为主题的动画电影《白蛇传》，如图 11-2 所示。

图 11-1 对马匹应用动捕技术

图 11-2 动态影像临摹技术

1983 年，思蒙弗雷泽大学的 Tom Calvert 在物理机械捕捉服装上取得的重大突破，让人们见识到了最早的机械类捕捉，而后一套名为 Waldo 的 PDI 机电捕捉系统在任天堂的 MarioAvatar 中使用，并被带到展会和人们进行互动，从此声名大噪。基于这套系统，Waldo 研发了第一套外骨骼捕捉系统。同时期，麻省理工推出了一套基于 LED 的“木偶图像化”(Graphical Marionetter) 系统，这是光学动捕系统的雏形，如图 11-3 所示。

随着动捕技术的发展，光学动捕系统和惯性动捕系统逐渐成为影视、游戏等的核心技术。起初，光学动捕只在摄影棚中使用，演员穿着紧身衣在单调的设置场景里通过特殊的相机和灯光进行动捕。到了电影《指环王》，动捕技术从摄影棚被带到了拍摄片场，动捕演员的先驱安迪瑟金斯化身为咕噜和其他演员进行互动，如图 11-4 所示。

图 11-3　早期动捕装备示意图

图 11-4 《指环王》中咕噜的动捕

11.1.2　百家争鸣的动捕时代

时至今日，动捕技术已经被广泛地应用于影视拍摄、体育分析和医疗康复等领域。在中国，不少国产品牌获得了国内开发团队的青睐，多样化的产品形成了一系列具有完全自主知识产权的低成本、高精度的动捕系统。随着近年来虚拟现实技术的发展以及动捕方案成本的降低，动捕需求越来越多。需求的转化促进了虚拟现实与动捕方案的结合，在这样的环境下，诸多动捕设备商做了针对虚拟现实开发的适配：Optitrack 推出了与三星 Gear

VR 以及 Occulus CV1 和 DK2 的设备适配的方案；Manus VR 设计了可以在 HTC Vive 这种 VR 头显设备中协同使用的蓝牙手套；诺亦腾也发布了国内第一套虚拟现实光惯混合捕捉解决方案——Project Alice 等。

首先大家需要明白动捕的基础原理。动捕的本质是测量、跟踪并且记录物体（传感器、反光点等）在空间的运动轨迹。一般由定位装置（IMU、反光点等）向信号获取装置（例如：高分辨率的红外相机、IMU 信号接收 Hub、激光光塔等）提供空间位置、旋转角速度、陀螺仪方向等信息，然后由信号获取装置将捕获的信息传输到计算机，在计算机内通过对应的数据处理软件进行数据处理和姿态还原，最后通过预设的模型做可视化的回放或者记录。这个过程的核心在于定位装置与最后的数据计算处理。以人的动作为例，当前的主流算法都是通过逆向运动学（Inverse Kinematics，IK）和正向运动学（Forward Kinematics，FK）进行计算的。FK 可以比较自然地实现运动状态，IK 可以在程序中实时生成骨骼模型的关键帧，这样就可以使角色根据外界环境实时做出的动作看起来更加真实。因为二者互补，所以我们常常混用 FK 和 IK（FK/IK blend）。关于这两种算法的具体区别，读者可以查阅论文和相关信息，此处不再赘述。

基于上面所述的基础和目的，动捕技术衍生出了多样的技术手段，从原理上追溯有机械式、声学式、电磁式、主动光学式和被动光学式等。现有的主流动捕技术主要包含两大类，一类是光学动捕，另一类是惯性动捕。从成本上分析，光学动捕的成本较高。此外，光学动捕设备易受环境影响，由于需要捕捉场景中的标记点，因此摄像头会被各种反光体干扰。如果场景中有玻璃或者镜面等，会影响捕捉的精度，因而进行光学动捕前需要做大量的准备工作，包括场地选择、反光处理等。而惯性动捕由于是在主要的关节固定惯性传感器（IMU），通过 IMU 的运动计算关节位置变化，因此惯性动捕不容易受到外界环境的影响。但是由于惯性动捕的数据多来源于计算，加上算法性能的差异以及误差的累计，因此惯性动捕的精度逊色于光学动捕。这两类动捕技术适配到各种需求不同的场景中：如果是电影中的面部表情等的拍摄，通常使用光学动捕或者计算机视觉技术来完成；如果是户外的大动态或者体育分析等的拍摄，则通常采用惯性动捕技术完成，如图 11-5 所示。后面将详细为大家剖析各种类型的动捕技术的特点和区别。

动捕技术从未被限定在某个固定的领域。从运动分析、影视制作到现在的虚拟现实，动捕技术的使用范围一直在扩大。但是就当前状态而言，动捕技术虽然应用的领域不算少，但还应算是一个比较固定的市场。作为虚拟现实技术中的一个重要分支，希望本章内容能带领大家更详细地了解动捕的基础知识。

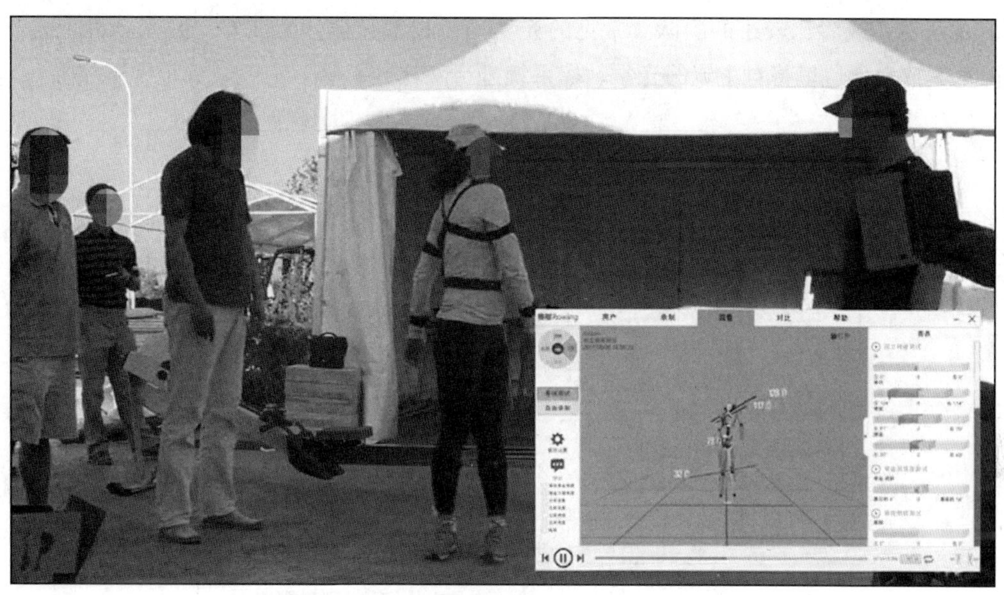

图 11-5 2016 全国赛艇冠军武梦婵用惯性动捕辅助训练

11.1.3 主流的动捕技术原理

上面提到，目前我们常见的动捕技术分为两类：惯性动捕与光学动捕，其中光学动捕又分为红外、激光、可见光与机器视觉等几种动捕。

在学习惯性动捕之前，先了解大家比较熟悉的惯性技术的应用——智能手机。早期，惯性动捕技术更多运用在军事领域，后来随着这一技术的发展与普及，其被集成到智能手机，与陀螺仪、加速度计等芯片共同完善电子设备的自然交互。惯性动捕实际上是将类似的集成芯片封装后绑定在身体重要的关节点，通过芯片捕捉到的传感器变换数据进行算法分析，从而转化为人体的动作姿态数据。国外目前惯性动捕技术成熟度较高的当属荷兰的一家动捕公司 Xsens，其从 2000 年就开始涉猎 IMU 和 AHRS（惯性传感器和自动航向基准系统，前者用于测量直线运动和旋转运动，后者用于校准地球的重力场和磁场方向），是当前世界上技术沉淀较深的公司之一。而在国内市场，北京诺亦腾以 MENS 形式（芯片形式，传感器都以芯片形式存在）开发的高精度动捕产品，获得了国内外市场的认可。图 11-6 显示了一个标准 IMU 的硬件构成，同时呈现了我们常说的自由度（DOF）概念。

相比惯性动捕，光学动捕明显的特点是精度高。目前主流的技术基本可以做到精度达毫米级别甚至更高。但是光捕设备较为复杂，且搭建设备需要一定的成本，例如空间必须足够大。其次，在它身上绑定的标识点容易被身体遮挡导致定位丢失。目前的解决方式是增加摄像机的数量以及提高算法精度等，这将极大地增加开发或者学习的负担，故不适用于个人开发者或者比较小的团队。常见的光学动捕技术又被分为红外、激光、可见光和机器视觉等技术，这里将对主流的光学动捕系统进行对比分析。

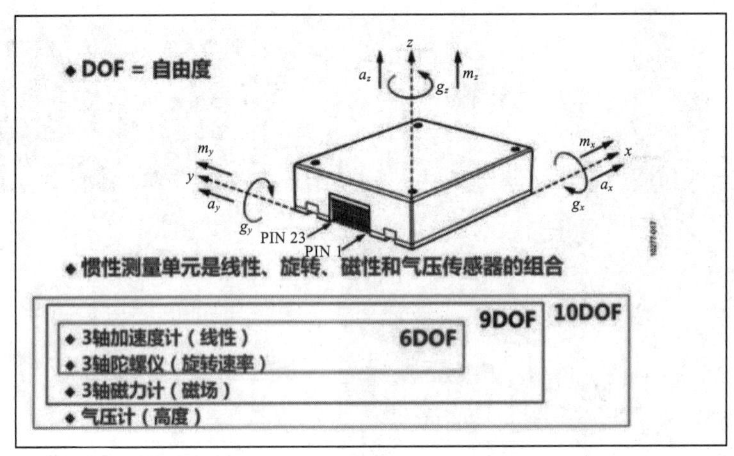

图 11-6 惯性传感器 10DOF 的概念原理图

1. 红外定位

顾名思义，红外动捕是基于红外光进行捕捉的技术。这种技术的基本原理就是在一定的空间使用若干红外摄像机，对该空间进行覆盖拍摄，而在被定位的物体上使用反光材料标记人体骨骼的重要关节点。通过摄像机发出红外光线，并且在红外光线反射后捕捉它们，同时利用算法计算这些关节点在空间中的相对位置变化。这种定位技术的优点是十分显著的——提供了比较高的定位精度（10~20mm，视设备性能而定）和比较低的延时（10 ~ 40ms，视设备性能而定）。但与此同时，这种技术受限于场地的布置，因此无法做到便携式使用。另一方面，较多的外部设备导致成本的增加，如图 11-7 所示。

图 11-7 红外动捕需要架设若干红外相机

虚拟现实头盔 Oculus Rift 使用的就是红外光学定位技术，只不过它是直接通过头显发射出红外光，由于接收器上布置了滤波片，因此仅能更精确地捕捉到自家设备发出的红外光线。这里需要再区分一下主动式光学动捕和被动式光学动捕的概念。主动式光学动捕是利用自发光的定位装置将空间位置传送给相机模组，被动式光学动捕需要相机发出光线，并且捕捉光线在特殊材料下的反射。很明显，主动式光学动捕的优点就是光点的信号更稳定，并且由于主动式光学动捕的光点可以频闪，因此理论上相机模组是可以识别出不同的光点的，这样有利于减少干扰和提高精度。Oculus 最新发布的 Quest 设备，就是利用头显上的相机模块来识别手柄的红外信号。其是视觉效果和体验都非常优秀的主动式光学动捕设备。

2. 激光定位

说到激光定位，大家肯定能想起 HTC Vive 的 Lighthouse，也就是我们俗称的"光塔"。光塔会不断发射垂直和水平扫射的激光束，而场景中被检测的物体会安装多个激光感应接收器，通过计算激光束投射在物体上的角度差，得到物体的三维坐标。而随着物体在空间中的移动，坐标数据也会变化，从而完成动捕信息的获取。相比其他定位技术，激光定位成本较低，并且精度较高，不容易受到遮挡（基站数量较少，但是高精度动捕依然需要较多的基站，以便覆盖死角），也不需要特别复杂的数据运算，因此能做到比较强的实时性，如图 11-8 所示。

图 11-8　激光定位系统示意图

3. 可见光定位

这种定位方式类似于红外定位，但是摄像头不需要发射红外光，而是直接在追踪物体上安装不同颜色的发光设备，以便摄像头捕捉这些颜色的光进而追踪到不同的物体，获取它们的位置信息。索尼的 PSVR 头盔发出的蓝光以及左右手柄发出的不同颜色的光，都是为了追踪物体而设计的。这种定位技术的成本和实现难度较低，但是其灵敏度和稳定性都不如前面两种光学动捕技术。并且，这种方案遮挡性和受环境的影响比较严重，只要场景中有相似颜色的光线就会导致定位错乱。同时，由于摄像头的 FOV（视场角：镜头可以拍摄到的最大视角，人的双眼横向视场角为 110° ～ 120°，纵向是 90° 左右）有限，因此捕捉范围也会受到限制，如图 11-9 所示。

图 11-9 PSVR 使用可见光动捕设备头盔和手柄

4. 计算机视觉动捕

不同于以上动捕技术，计算机视觉动捕是通过高精度的相机从不同角度对运动的目标进行拍摄。当拍摄的轨迹被相机获取之后，程序会对这些运动帧进行处理和分析，并最终在电脑上还原追踪目标的轨迹信息。例如微软的 Realsens、Oculus Quest 的手势识别以及 Hololens 利用的都是这项技术。设备包含多个摄像头，通过分析摄像头拍摄到的图像以及深度学习的库预测手势和姿态进行手势动作的重建和还原，进而识别出对应的手势轨迹，实现和虚拟世界中物体的交互，如图 11-10 所示。

这种交互方式和上述几种方式最大的区别就是不需要任何穿戴设备，约束性很小，并且手势动作最接近真实世界。但同时，这种方式受环境干扰最严重。光线、背景、遮挡等都可能对捕捉效果产生较大的影响。并且由于当前算法还不够精确，在比较细微的交互上其还无法实现百分百的识别（例如，双手手指较为复杂的交叉动作等）。

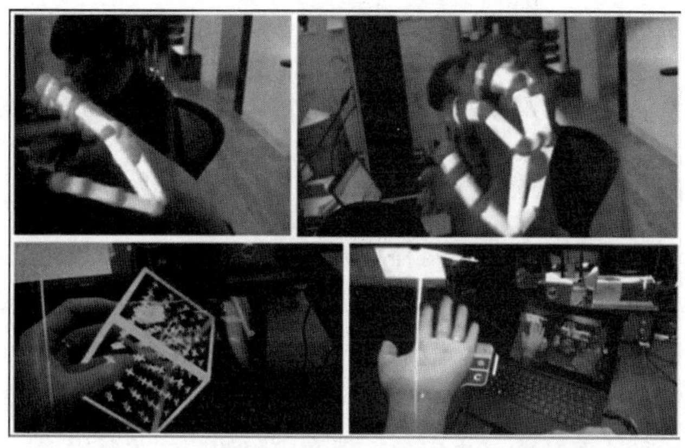

图 11-10　通过手势捕捉与虚拟物品进行交互

11.1.4　混合动捕

目前，上述这些技术各有优缺点，很明显惯性动捕和计算机视觉动捕等在便携性和成本（不需要固定场地，不需要严格的环境布局）方面都有较强的竞争力，而红外或者激光的捕捉方式有更高的实时性以及更高的精度（惯性的空间位置依赖算法，存在一定的累计误差，这种误差不容易降低）。事实上，现今很多场景都会把惯性动捕和光学动捕混合使用，例如《权力的游戏》用光学动捕 + 绿幕做飞龙的特效，用惯补 +VR 做背景人物的动捕；《金刚狼 3》用惯性动捕来做电影预演，用光学动捕做实际拍摄，等等。上述多种技术综合应用，共同服务于多个领域的不同需求。

综上，虽然目前的动捕技术主要分为惯性动捕和光学动捕两大类，但在实际使用中有时候需要将多个系统的优势结合在一起。图 11-11 所示是现有的捕捉设备的大致分类。

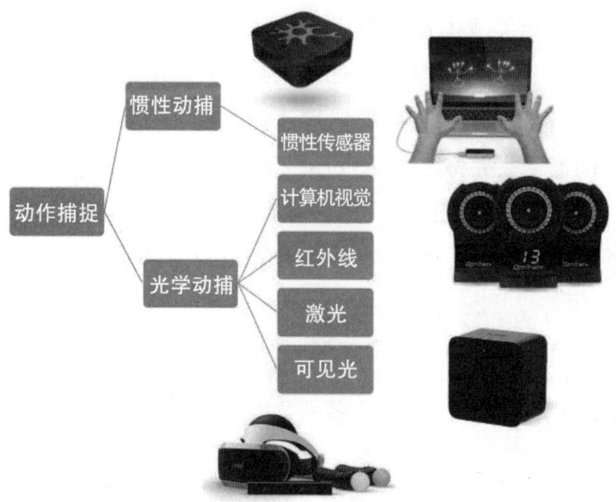

图 11-11　主流的动捕技术

11.2 光惯混合动捕原理

本节将介绍光惯混合技术的缘起、基础原理以及如何去解析动捕数据。

11.2.1 光惯混合技术的缘起

上文我们提到，光学和惯性作为两种主流的动捕方式，经常被用在同一项目的不同应用上，以弥补各自的缺点。但这种方案存在一些问题，例如光学和惯性动捕设备来自不同的厂商，存在对第三方自主适配的技术门槛要求较高、设备的学习成本难以承担等障碍。

随着虚拟现实技术被《国家信息化发展战略纲要》列为战略性前沿技术，其产业生态已初步建立。其中的交互技术是决定虚拟现实应用体验的关键因素。现有的人机交互技术在基于小范围、非高要求互动、非高精度定位与跟踪的虚拟现实解决方案中得到了很好的应用。但是随着人们对虚拟现实应用体验需求的不断提升，大范围的虚拟现实应用解决方案需求（手术训练、精密仪器拆解等）呈上升趋势。为了解决在光学环境中遮挡导致光点丢失以至于姿态还原错误的问题，有公司开始尝试用惯性传感器获得的数据去补偿光点丢失时的位移数据，代表产品包括 Choi 提出的混合式光学跟踪系统、德国 ART 的混合动捕系统等。2019 年 7 月底在洛杉矶召开的 SIGGRAPH 展会上，中国公司诺亦腾正式发布 Perception Neuron Studio——一套可以在虚拟现实中使用的光惯混合动捕装备。

那么相比原有的纯惯或者纯光学动捕系统，光惯混合系统有什么好处？对于需要在虚拟现实环境中进行姿态还原的项目来说，用户的活动范围是被限制在光场范围内的。也就是一旦出了光场，捕捉就没办法继续进行，这对于很多需求来说是比较不好实现的。传统的解决方式就是大量铺设镜头，只要镜头的数量足够多，覆盖的范围足够大，那就可以进行场地的扩张。但是这对于寸土寸金的影视拍摄或者其他领域的特殊场地来说，这明显不是一个好的方案，施工 + 硬件成本足以让大多数团队望而却步。除此之外，计算机的运算瓶颈也是一个较为不容易解决的问题。这时候就需要一个比较中和的解决方案——既能达到光学动捕空间位移的精准度，又能实现惯性动捕这样不受场地限制的自由捕捉，这种捕捉方式就是光惯混合动捕（业界称之为 Hybrid Capture）。当红外相机或者光塔获取到演员空间位置的时候，设备通过光学数据修正惯性数据的偏移，以保障人的肢体末端精准还原。当动捕演员移出光场范围的时候，惯性传感器补齐演员身体关键关节点数据，不影响姿态还原效果。

那么，动捕的过程中传输的都是什么数据呢？

11.2.2 动捕数据解析

所有的动捕系统对于信息的记录基本是一致的。动捕的核心在于记录人体的运动数据，而这一数据是通过人体骨骼 + 帧旋转信息呈现的。

惯性动捕依赖于传感器采集的数据。我们在上面提到过，惯性传感器包括加速度计、磁力计和角速度计。用一个通俗点的比喻来描述单个惯性传感器就是，加速度计让你知道传感器移动了多少距离，角速度计让你知道传感器旋转了多少度，而磁力计让你知道传感器对应的现实空间的东南西北方向（类似指南针）。这些传感器会持续地获取信息来为动捕系统提供单个节点的变化，比如手臂关节点传感器提供手臂的变化，手掌关节点传感器提供手掌的变化。但是，传感器的数据内含有非常多的噪声（数据传输过程中产生的无效信息，例如传感器受到其他物体碰撞或者磁场干扰产生的错误数据），并不是所有的数据都是有效可用的，所以在采集完数据之后，我们会通过卡尔曼滤波等手段进行一系列的降噪处理，并且把部分数据的处理放在传感器或者接收器端进行运算，以便于降低计算机的运算压力（此处不深入展开，感兴趣的读者可以自行参考其他文献）。当所有数据处理完毕之后，系统会进行换算，生成人体通用的姿态还原信息（BVH 等格式的数据），并通过可视化界面加载出来。

这里简单介绍一下 BVH 文件中标准数据的内容构成。

1）人体骨骼列表。其记录了动捕还原后的人体骨骼之间的关系，这个列表通常是后续旋转数据的排列顺序。（例如列表的顶层为 Root，则后续记录的第一串旋转数据即 Root 的 X、Y、Z 轴数字）。

2）还原的数据总量以及帧间隔。这里需要注意，还原的数据总量并不代表捕捉的数据总量。动捕设备在硬件端获取的数据肯定远高于最后得到的数据，因为在计算过程中要过滤大量数据来使最后还原的数据尽可能精准。

每帧图像的数据体都包含大量的数据，记录了每一帧图像中各个关节位置的旋转以及部分关节的位移（惯性动捕通常是髋部）。我们可以通过厂家提供的 SDK 获取特定帧的某个关节点的数据信息。

不同公司的产品的数据格式会存在一定差异。有的公司会把骨骼数据和捕捉数据分开存放。但是不论哪家公司的设备，骨骼信息和捕捉信息绝对是必要的。因此你只要掌握了基本原理，就可以针对任何公司的动捕设备进行数据解析，不用对数据格式有太多的恐惧感。

11.3 Perception Neuron Studio 光惯混合动捕设备的使用

在本节中，我们将以 Noitom 的 Perception Neuron Studio 设备为例，详细讲解如何校准与使用设备，并对捕捉数据或者实时数据进行后期处理。

11.3.1 软件安装与配置

和大多数软件的安装过程一样，我们只要打开软件安装包，并且在安装过程中选择安装路径即可。

1）打开软件安装包，同意用户协议，如图 11-12 所示。

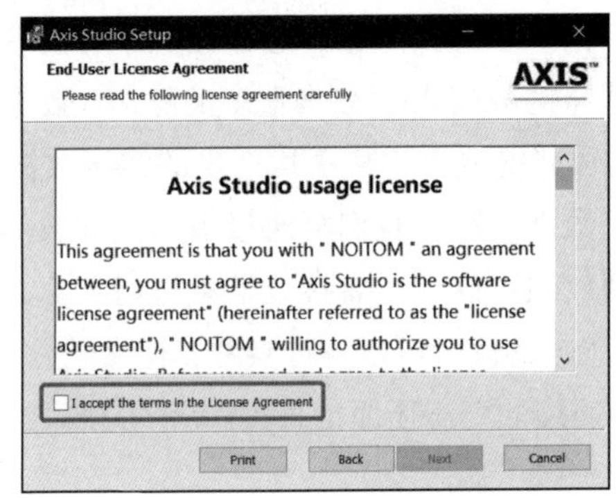

图 11-12 同意用户协议

2）选择安装路径，如图 11-13 所示。

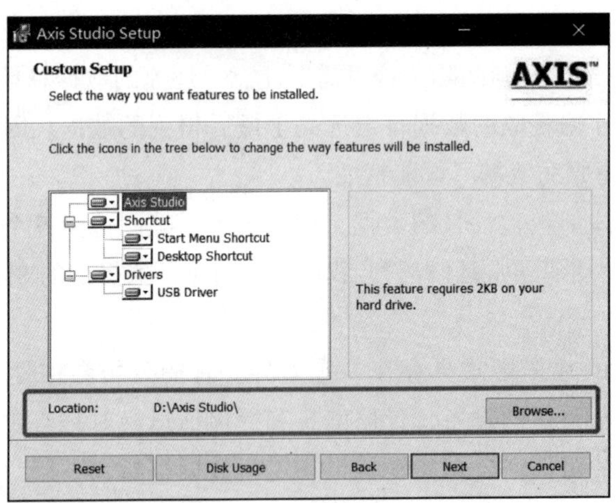

图 11-13 选择安装路径

3）点击 Next，完成软件安装，如图 11-14 所示。

双击打开 Axis Studio，首先看到的是项目视图。这个界面可以创建或者打开已有的项目。每个项目可以包含若干条测试用的动捕数据。这里我们打开软件中的案例项目，如图 11-15 所示。

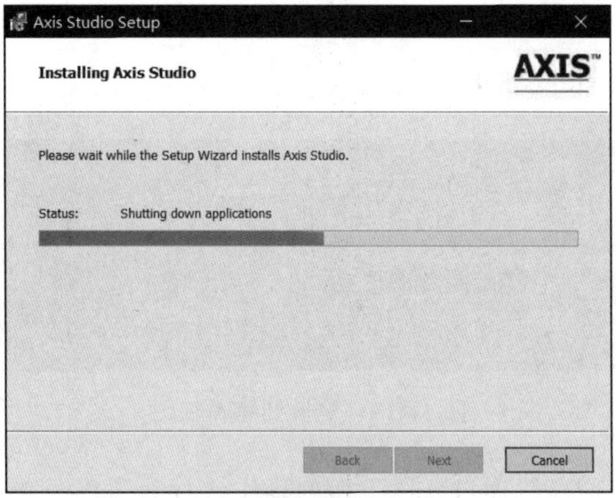

图 11-14　Axis Studio 安装界面

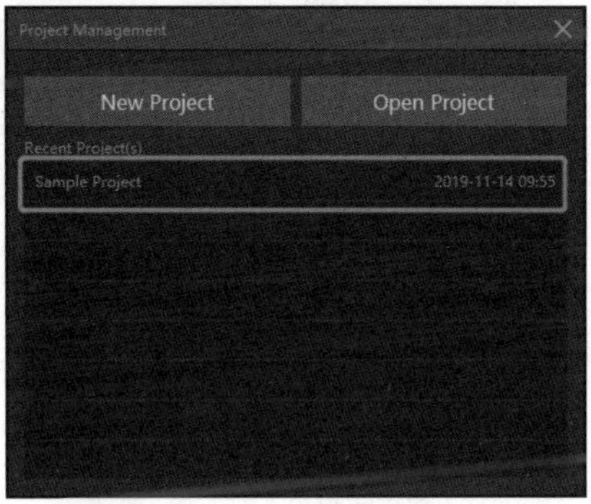

图 11-15　选择案例项目

在这里，我们看到该项目下包含录制好的动作目录以及备注等信息，并且在左侧功能菜单可以切换动捕数据和骨骼数据（后面会解释）目录，如图 11-16 所示。

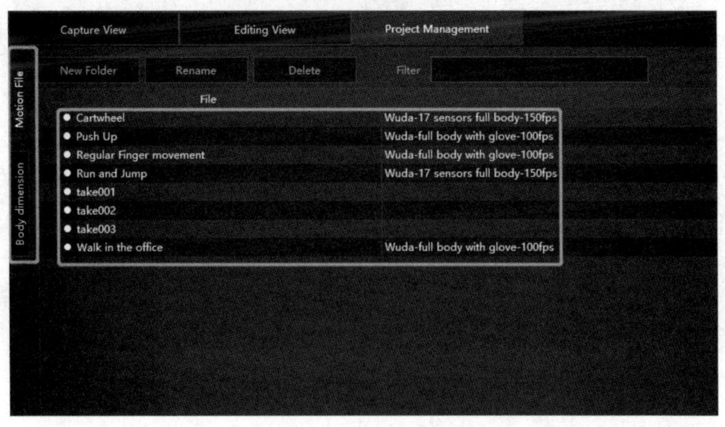

图 11-16　查看目录信息

选择第三条捕捉数据 Regular Finger Movement 并打开，此时可以看到从项目管理视图切换到编辑视图，如图 11-17 所示。

图 11-17 切换到编辑视图

在编辑视图中，我们可以通过软件下面的操作台对动捕数据进行各种处理，包括姿态解算、接触判断修改、变速播放等，如图 11-18 所示。

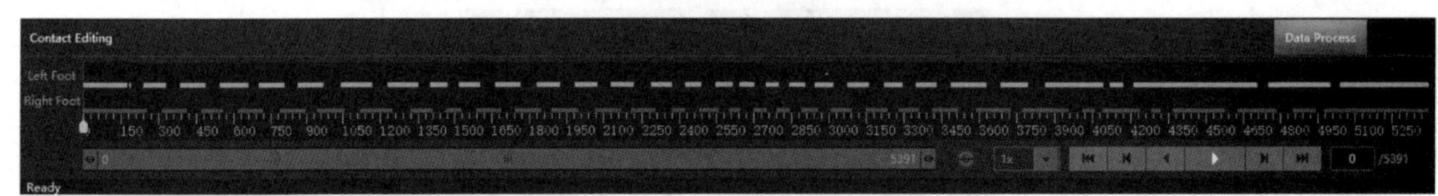

图 11-18 编辑视图中的操作台

可视化窗口允许用户自行定义舒适的可视化状态，包括分屏、锁定模型、显示角色名，如图 11-19 所示。

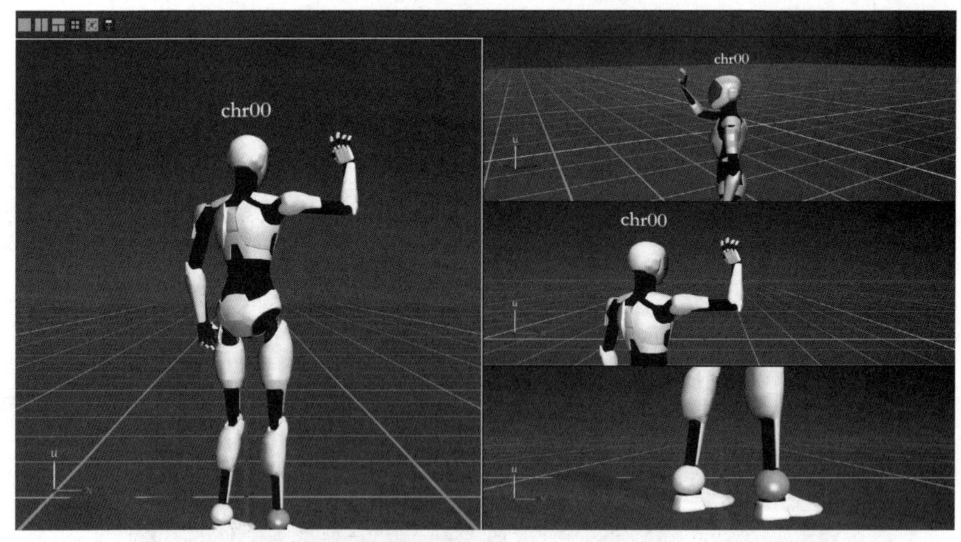

图 11-19 编辑视图中的可视化窗口

最后看状态视图，也是动捕工具最主要的功能区。我们可以在该功能区执行传感器连接、校准等一系列操作，如图 11-20 所示。

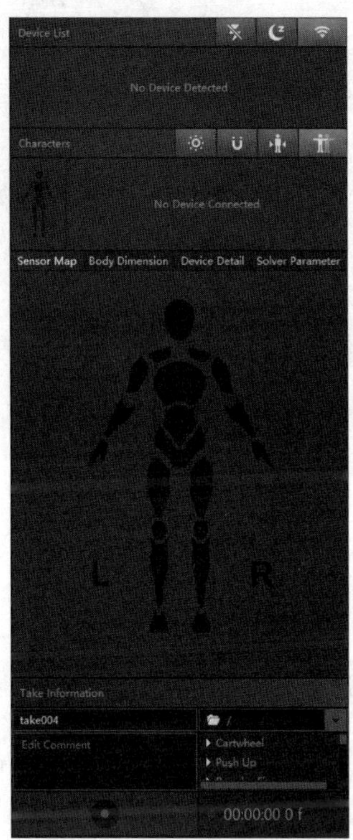

图 11-20　状态视图

点击软件右上角项目名右侧的主菜单按钮，可以看到项目开启 / 关闭、项目设置等常规功能按钮，后续会引导大家一一体验。

11.3.2　纯惯模式动捕

在开始动捕之前，我们需要先穿戴传感器，将全身的绑带根据不同的规格绑到身体对应骨骼节点的位置，如图 11-21 所示。

短按每个传感器开机按钮（正面 Logo），打开所有的传感器，此时传感器上的呼吸灯闪烁绿光，证明传感器已经开机。传感器背面为 Spare 的备用传感器，这里无须使用，也不要开机，避免受其他传感器信号干扰。

将传感器嵌入绑带上的固定槽（传感器背部的红点对准固定槽的红点，顺时针旋转 90°，听到咔嚓一声则传感器顺利锁定到固定槽），穿戴完毕之后，将 HUB 插在电脑上，软件切换到捕捉视图，这时可以看到捕捉视图已经检测到 HUB 以及它的编号。

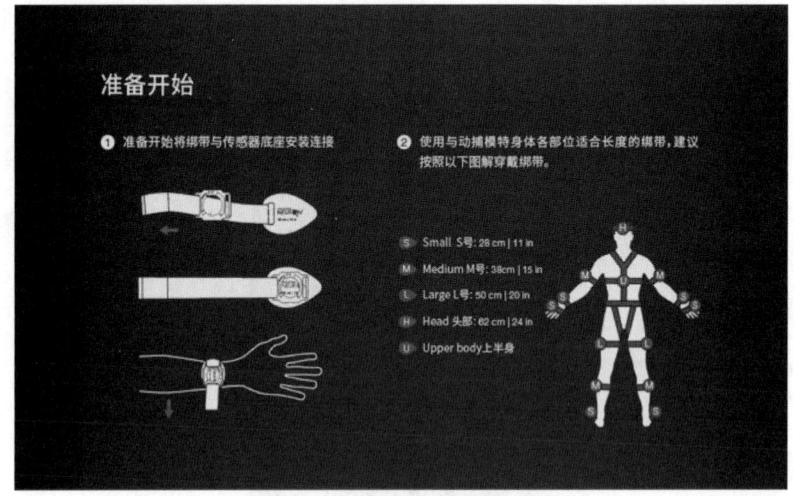

图 11-21 穿戴传感器说明

若是检测不到 HUB，则需要检查软件设置中的 Device 是否设置了正确的 UNI，如果此处没有选择正确的设备 IP，则会出现检测不到接收器的情况，如图 11-22 所示。

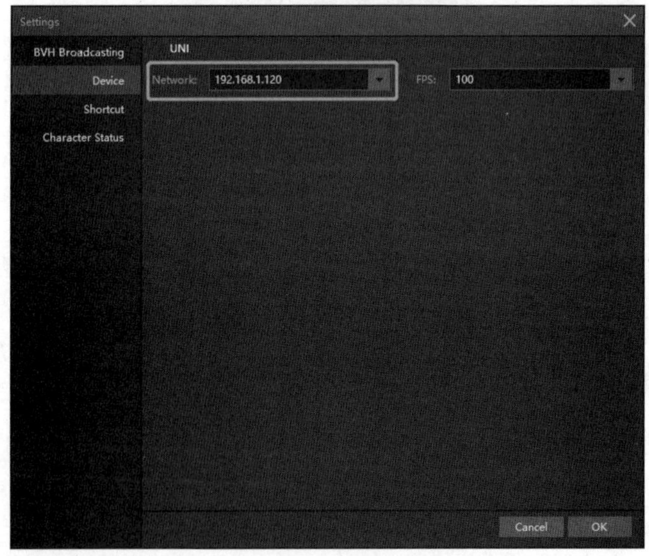

图 11-22 设置 UNI 中的 IP

点击“连接”按钮，此时所有的呼吸灯会出现频闪，代表传感器已经连接成功。 如果某个传感器连接后处于长亮状态，说明该传感器处于磁干扰较强的环境，可以尝试换到其他位置，如图 11-23 所示。

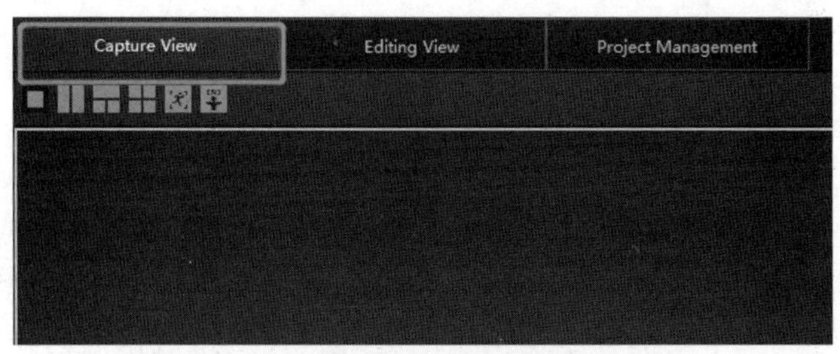

图 11-23　切换到其他位置

下面介绍三个姿势的校准，这个环节有几个注意事项。

1）传感器一定要固定好，如果不够紧可以调节绑带的松紧度，或者通过外部加固来增加传感器与人体的贴合度（塑料薄膜或者肌效贴等）。

2）双脚处于平行状态。

3）整个校准过程中，人不要离开本来的位置，双脚处于静止不动的状态。

4）校准过程中，注意头始终朝向正前方。

点击 Start 按钮之后，会有几秒倒计时，倒计时结束之后开始分别进行 A、S、T 三个姿势的校准，如图 11-24 所示。姿势采集过程中电脑会发出滴滴的声音。

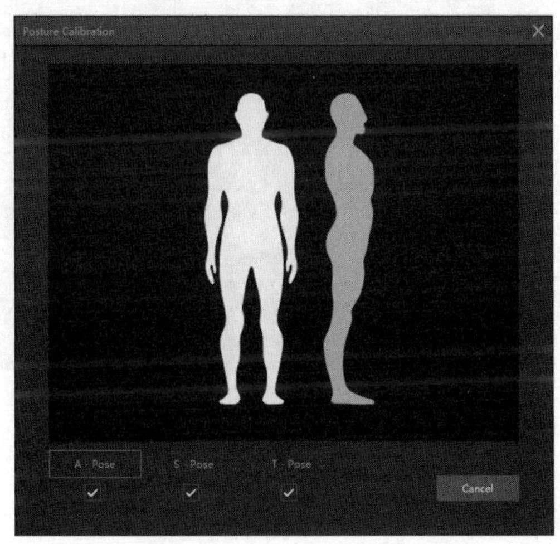

图 11-24　完成姿势校正

校准结束之后，我们就可以通过鼠标转换镜头位置，活动全身，观看姿势采集效果了。

11.4　动捕数据后期处理

本节将为大家介绍动捕数据在动捕软件中的后期处理，以及动捕数据如何在第三方软件进行二次处理并使用。

11.4.1 使用动捕软件进行动捕数据初修

Axis Neuron Studio 软件内置了动捕数据修正的功能，这个功能主要是通过算法对人体姿势数据进行二次计算和纠偏，以达到更好的捕捉效果。由于计算过程中需要一定时间以及消耗系统性能，因此这个功能并不支持实时处理，仅支持数据的后期处理。这里以一个示例带领大家深入了解 Data Process 功能。

【示例 11-1】动捕数据初修

1）在右下角的文件信息窗口，找到一段已经录制好的动捕姿势数据（动作较大且会使传感器产生轻微晃动和偏移的姿势）并复制，如图 11-25 所示。

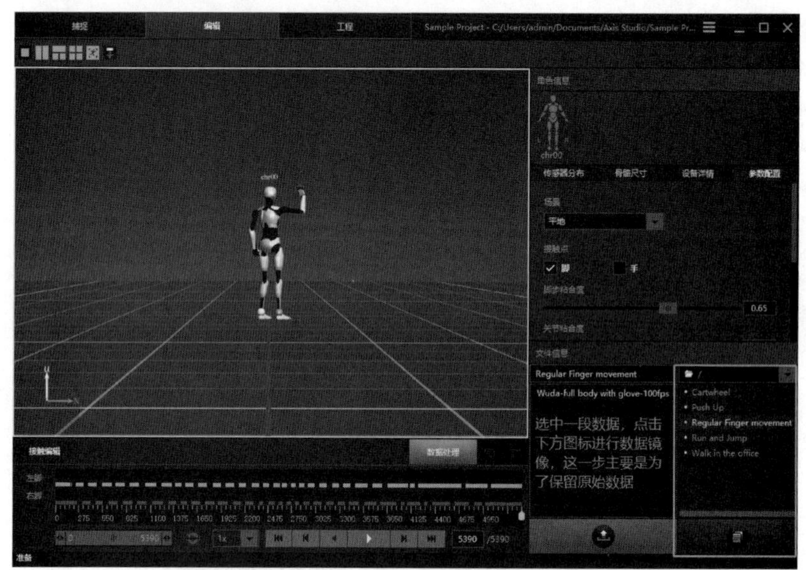

图 11-25 复制数据

2）播放数据，观察人体姿态是否有抖动或者数据是否有错误，拖拉进度条对脚部和手部数据进行修正，如图 11-26 所示。

3）通过软件自带的 Data Process 功能对动捕数据进行处理，如图 11-27 所示。

4）播放数据，观察处理前后的效果。

通过上述流程，我们可以看到动捕软件对数据做了一定的优化处理。从动捕数据到实际可用的动作数据需要经历以下几个步骤。

1）补帧：补足动捕数据中缺少的帧，无论是惯性动捕还是光学动捕，设备的捕捉速率都远高于实际的输出帧率。IMU 的帧率一般在 800fps 左右，光学动捕镜头的帧率一般在

2000fps 左右，但是实际输出的帧率大多保持在 60 ～ 120fps。由于设备的差异性，补帧操作更多出现在光学动捕中。

图 11-26　播放数据

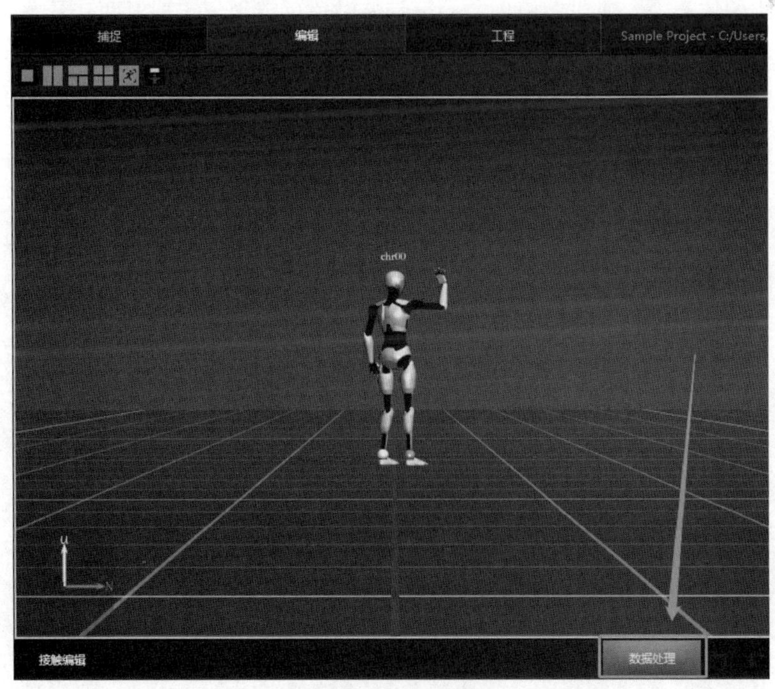

图 11-27　处理数据

2）数据平滑：正常来说，人的姿态是以一种非常流畅的状态更新的，不会在两个动作之间出现跳跃性的曲线。很多动捕软件可以根据动作前后帧，确定该动作是否存在跳帧的情况，如果存在，就会通过插帧等平滑数据的方式进行数据处理。

3）修复地面接触：这个功能是惯性动捕特有的，因为惯性动捕技术采用的地面校准是通过标定时的脚步位置来确定的，这和光学动捕具有一定的差异性。光学动捕的脚部位置是绝对位置，所以不需要确定是否和地面接触。通过修复地面接触，可以在导出动捕数据之前极大地提高惯性动捕数据的质量。

11.4.2 重定向

市面上大多动捕厂商只提供设备的使用方式以及与第三方软件对接的基础操作和 SDK。但是在实际应用中，通常不会只对动捕数据进行简单的映射就直接使用。这里涉及一个比较复杂的概念，叫作重定向。本节介绍什么是重定向以及 Unity3D 中游戏引擎的重定向。

动捕是我们获取动作的一种非常便捷的方式，但是这些动作要复用到我们想要驱动的各种模型，此时就需要使用动画重定向技术，也就是我们常说的 Animation Retarget。从流程上来说，重定向技术就是把骨骼 A 的动画复制到骨骼 B 的过程。但是这个复制过程中要在多个环节进行修正处理。在 Maya 或者 MotionBuilder 里面有一个 HIK 系统，该系统就是所谓的“动画重定向”的核心。它通过将模型的关键骨骼做角色定义，实现对两套骨骼的重定向。

每个模型定义的骨骼会有所差异。有的模型为了凸显脊椎的灵活性，会使用三节脊椎骨。但对于有些不需要那么精确的上身动作的模型，其可能只使用一节或者两节脊椎，如图 11-28 所示。

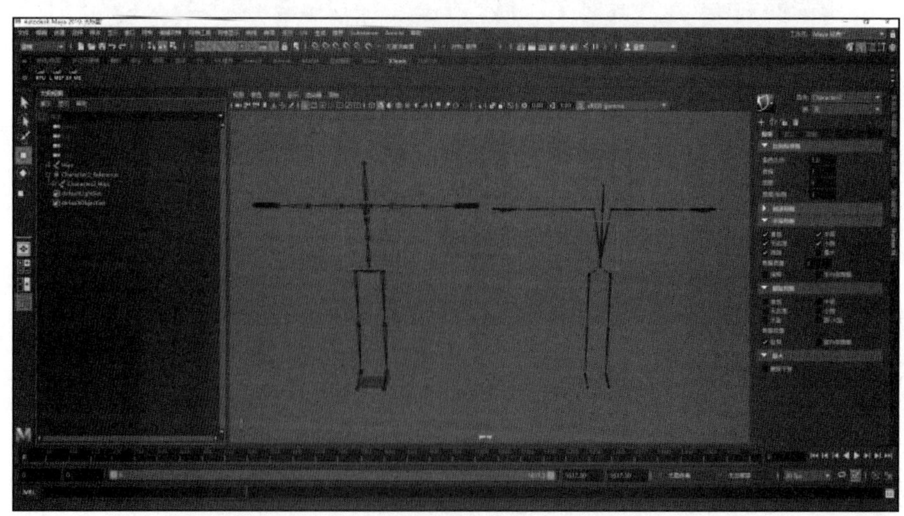

图 11-28 使用骨骼模型做角色定义

由于需求或者绑定体系的标准不同，各公司对骨骼的命名也会不同，例如有的公司将髋部节点直接命名为 Root，有的公司将双脚正中的位置命名为 Root。这就导致即便都是人形模型，软件也不一定能够精确地找到模型对应的关键骨骼节点（头、手、脊椎等），更何况带辅助节点的模型，如图 11-29 所示。

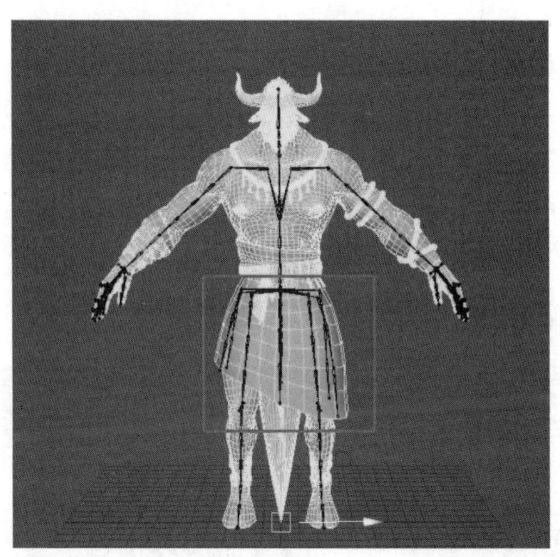

图 11-29　带辅助节点的模型

因此，我们需要经常手动对骨骼做一对一匹配。在 Unity3D 中，重定向的实现被封装在 Humanoid 动画系统中。目前，Unity3D 只支持人形骨骼在引擎中进行重定向。Unity3D 提供了一套官方的标准骨骼模板，我们只需要把模型的骨骼配对到标准骨骼模板中，就能实现将一套动画复用到多个模型，如图 11-30 所示。

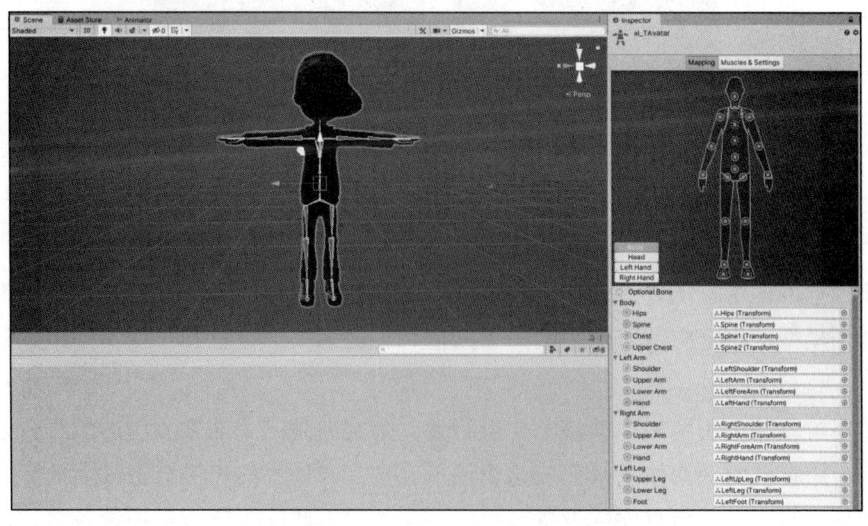

图 11-30　Unity 中的标准骨骼模板

这样，Unity3D 对于这套模型的骨骼就有了一个全面的了解，也就是知道哪一个关节是头，哪一个关节是脚，哪一个关节是手等。同理，由于动捕数据是一段带有骨骼数据的动画文件，我们自然也可以在游戏引擎中对动捕的骨骼做同样的定义。当动捕的骨骼和模型的骨骼都在 Humanoid 系统中有记录之后，系统就可以通过对两套骨骼的节点定义把骨骼 A 的动作迁移到骨骼 B 上。

动捕体系的骨骼是标准的人体骨骼，因此将动捕数据同步到一些类人型（小熊、猴子之类的）模型相对容易，动作还原度也相对较高。但是如果你想对异形生物，比如外星人手臂做重定向，就会是一个极大的考验。因为同样的姿势，人做和模型做是不一样的，这也是为什么重定向之后，很多人觉得模型的姿态和动捕数据还原的姿态不一样。因为动捕软件对动捕演员的身形做了比较精准的匹配，比如光学动捕会在演员标定的时候重建演员的骨骼文件信息，惯性动捕会在动捕之前对演员的标准骨骼进行测量等，如图 11-31 所示。

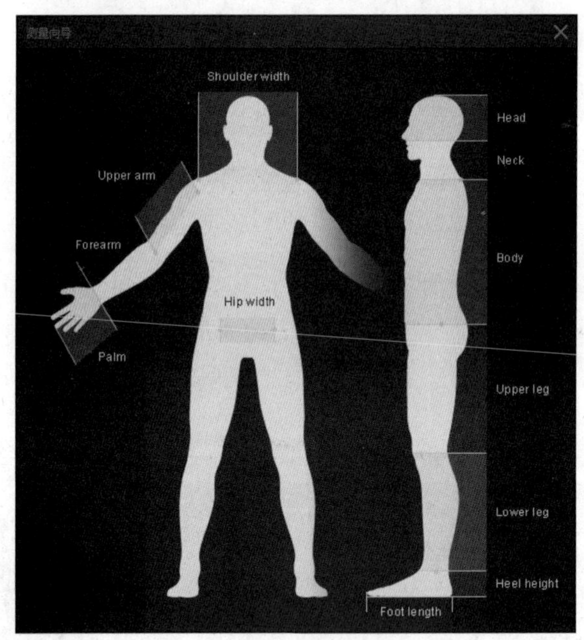

图 11-31 进行身形匹配

基于这样的匹配，从真人动作到动捕数据的重定向就会显得还原度特别高，但是涉及动捕数据到模型的重定向就可能丢失一系列信息，比如关节位置和长度不一样导致的动作变形。

对于现阶段的电影特效、动漫制作等行业，重定向是一个非常关键的流程。通常，大型公司都会用自己的一套体系来完成这个环节。重定向技术的先进与否极大地影响了最终的动画质量，并不是单纯靠硬件设备就可以补足的。因此除了学习动捕设备之外，推荐读者了解 Unity3D、UE4、Maya 和 MotionBuilder 等软件的重定向体系，以便提高自己对动捕设备的使用能力。

11.4.3　动捕数据的实时传输

本节将通过一个示例来讲解如何实现动捕数据的实时传输。

【示例 11-2】动捕数据的实时传输

1）在 Unity3D 中创建一个新的项目，命名为 NeuronPro_Test，如图 11-32 所示。

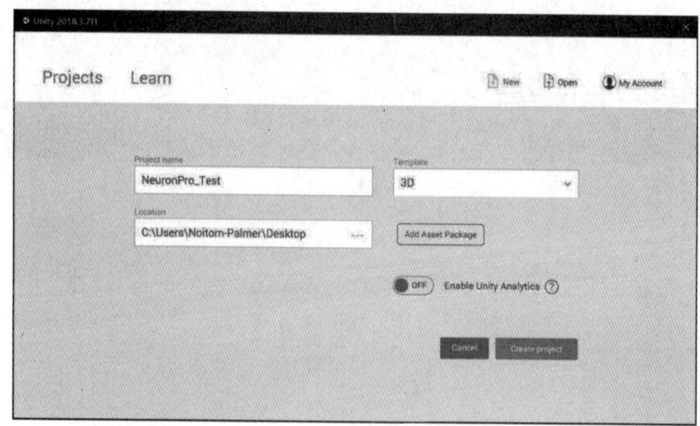

图 11-32　创建新项目

2）在菜单栏依次选择 Assets → Import Package → Custom Package 命令，选择诺亦腾（Noitom）提供的插件文件，点击 Import 按钮导入 Neuron Pro 所需的 Unity3D 插件，如图 11-33 所示。

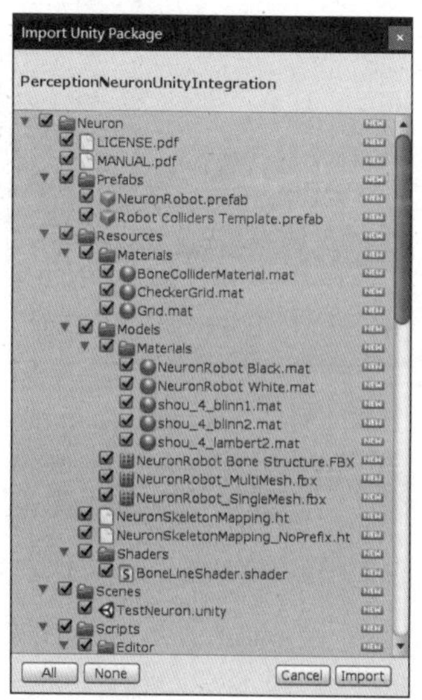

图 11-33　导入 Neuron Pro 所需插件

3）将制作好的模型导入 Assets 文件夹，并将其添加到场景中，如图 11-34 所示。

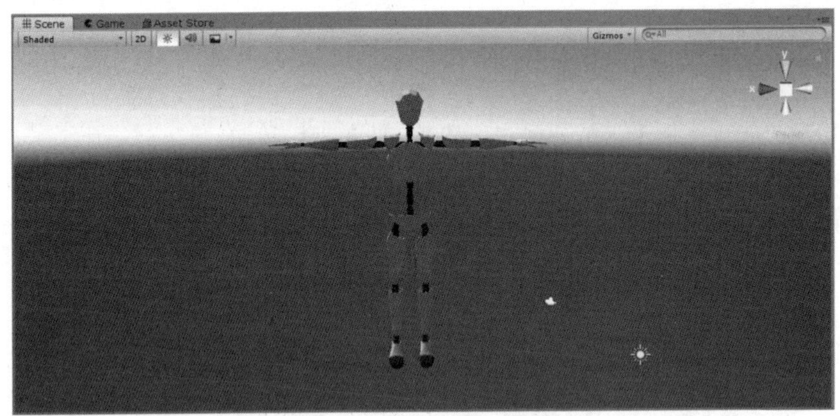

图 11-34 导入人体模型

4）为预设模型关联组件 Neuron Transforms Instance，如图 11-35 所示。

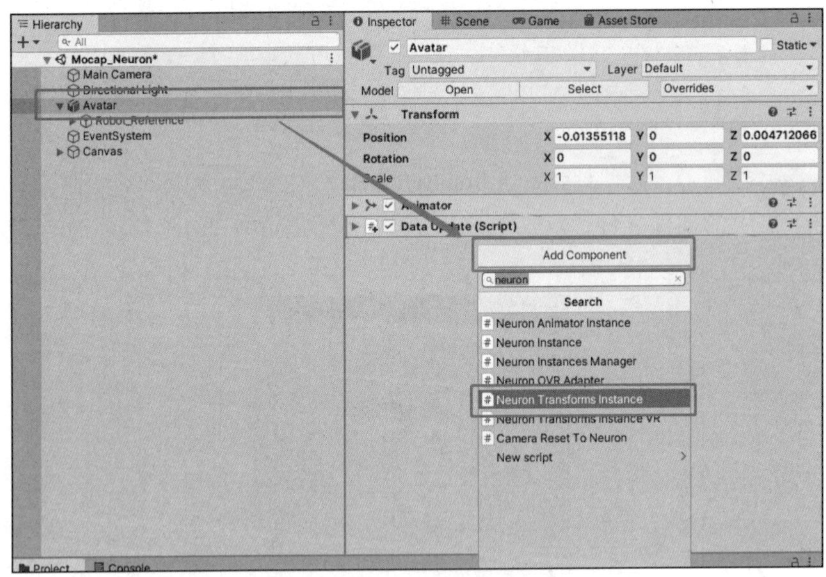

图 11-35 添加组件 Neuron Transforms Instance

5）按照本机设置更改 IP、端口、协议等信息，如图 11-36 所示。

6）同步模型的骨骼对象，如果是按照标准命名建模，模型对象下有与组件同名的骨骼节点，如图 11-37 所示。

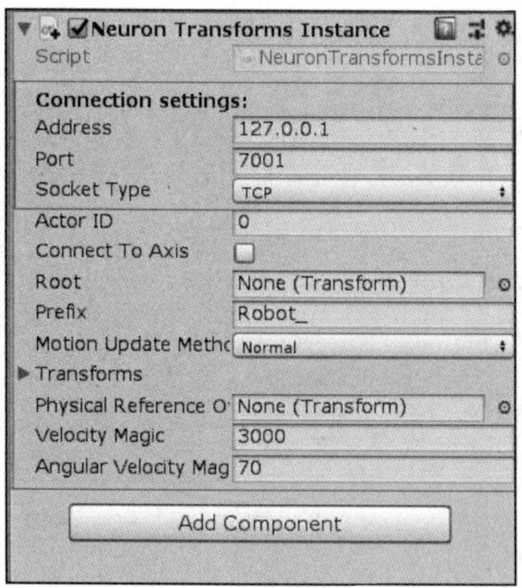

图 11-36　设置网络连接信息

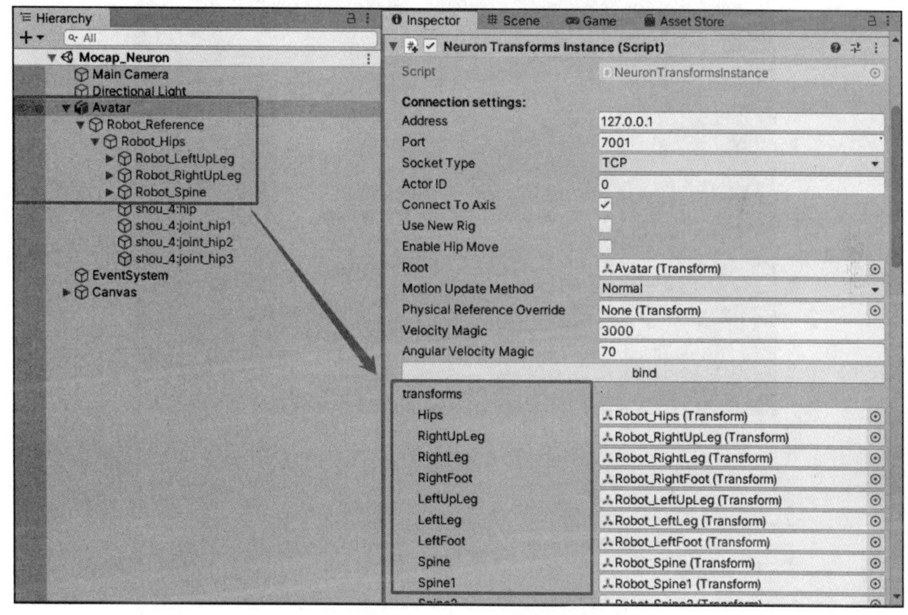

图 11-37　同步模型的骨骼对象

7）运行 Axis Neuron Pro 软件，在主界面左上角，依次点击“文件”→“设置”命令，打开动捕软件设置界面，如图 11-38 所示。

8）打开设置窗口之后在左侧选择“数据转发”选项，在右侧的 BVH 选项卡下，选择打开 BVH 开关，如图 11-39 所示。

9）此处的服务器端口设置必须与 Unity3D 内 Neuron Transforms Instance 组件设置一致，如图 11-40 所示。

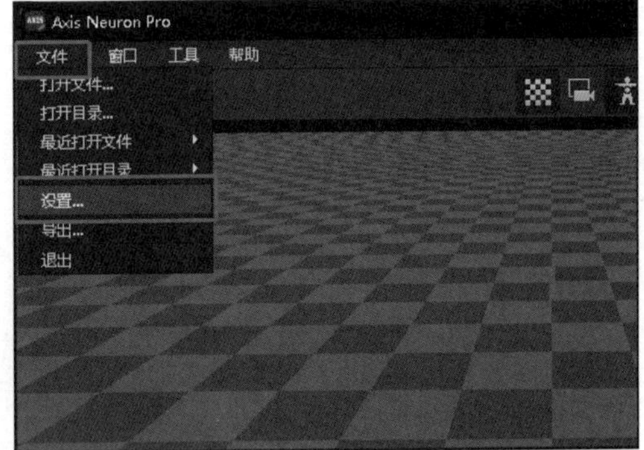

图 11-38　打开动捕软件设置窗口

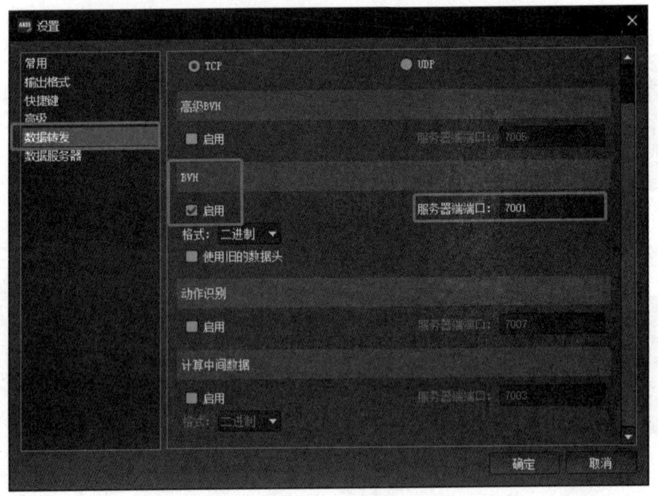

图 11-39　打开动捕软件 BVH 开关

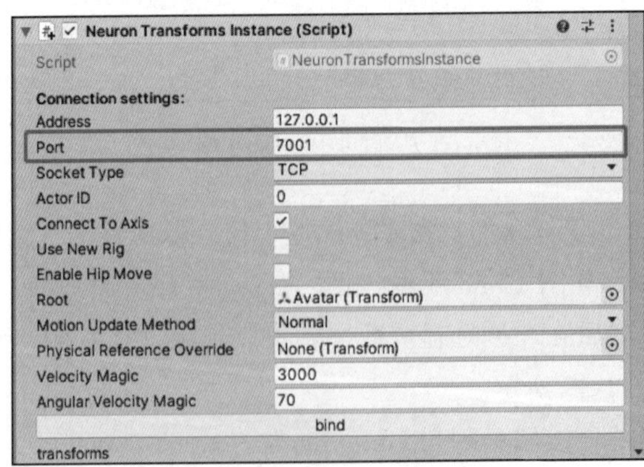

图 11-40　Unity3D 中组件的端口设置

10）运行 Unity3D 项目，点击组件中的 Connect To Axis，此时 Unity3D 中的模型和 Axis Neuron Pro 软件的数据流导通，模型开始运动，如图 11-41 所示。

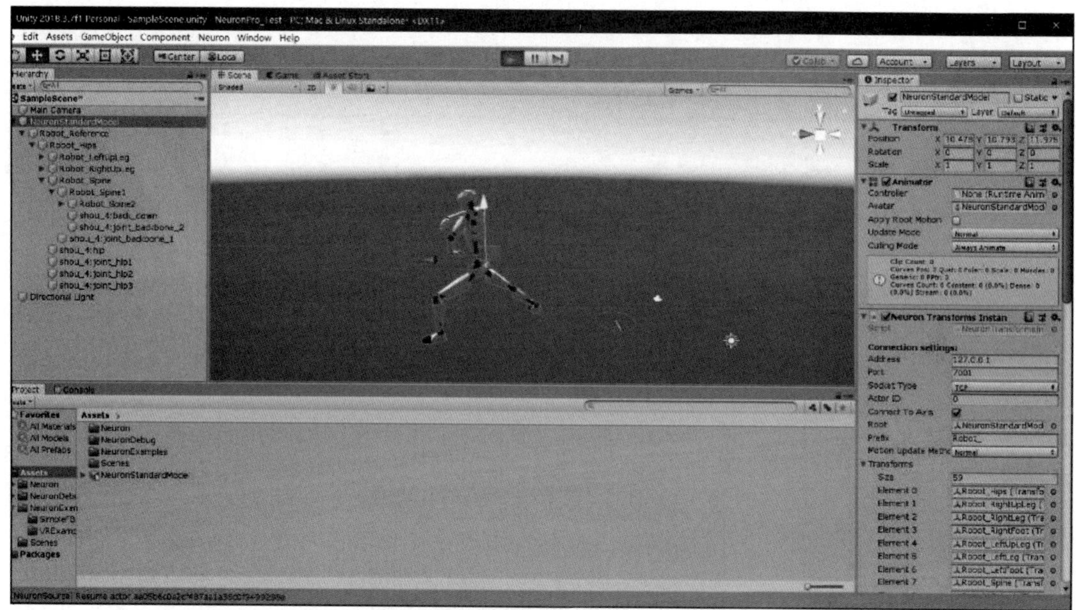

图 11-41　模型开始运动

11.5　实战：用惯性动捕开发虚拟现实项目

本节将通过一个小的演练，完成近年大火的虚实结合直播项目。

11.5.1　开始前的准备

在开始实战之前，我们需要做一定的准备。

1）在电脑中安装 2019.3 版本的 Unity3D；

2）安装最新版本的 OBS 软件；

3）准备普通的 RGB 摄像头，条件允许的话，准备一台可以连接到电脑的摄像机；

4）在电脑中安装好动捕软件，准备好相关的硬件设备。

OBS 是一款免费且开源的用于视频录制以及直播串流的软件，由于功能强大、使用简单，深受主播的青睐。在本案例中，我们将在 Unity3D 中将捕捉到的动作同步到模型，并用 OBS 软件将模型渲染到真实场景中。

11.5.2 创建新项目并导入资源

首先，我们创建一个新的 Unity3D 项目，将其命名为 VirtualCharacterProject。

然后在 Noitom 的官网（https://shopcdn.noitom.com.cn/article/10.html）下载最新版的 Unity3D 插件（该插件用来在 Unity3D 中接收动捕设备的数据），如图 11-42 所示。

UNITY SDK（2018.12.10更新）	0.2.8	
UNITY SDK（2019.01.11更新）	0.2.9	
UNITY SDK（2019.04.01更新）	0.2.10	Windows x64 Windows x86
UNITY SDK（2019.04.01更新）	0.2.11	
UNITY SDK（2019.04.17更新）	0.2.12	
UNITY SDK（2020.01.02更新）	0.2.15	

图 11-42　下载 Unity 插件

将下载好的 SDK 导入场景，如图 11-43 所示。

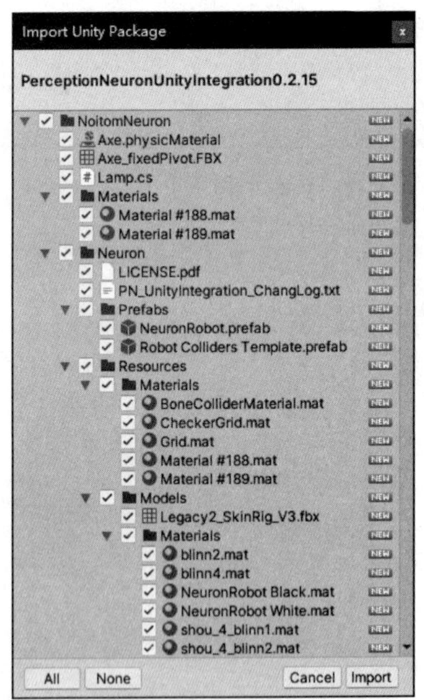

图 11-43　导入插件

在 Assets 文件夹中创建一个新的文件夹，命名为 Characters，并将准备好的模型导入该文件夹。（Noitom 设备对模型驱动有一套官方的建模标准，如果是自行准备的模型，需要在 Maya 中进行绑定修改。）

在 Assets\Characters 中找到刚才导入的模型，点击选中后，在 Inspector 视图中进行图 11-44 所示的设置。

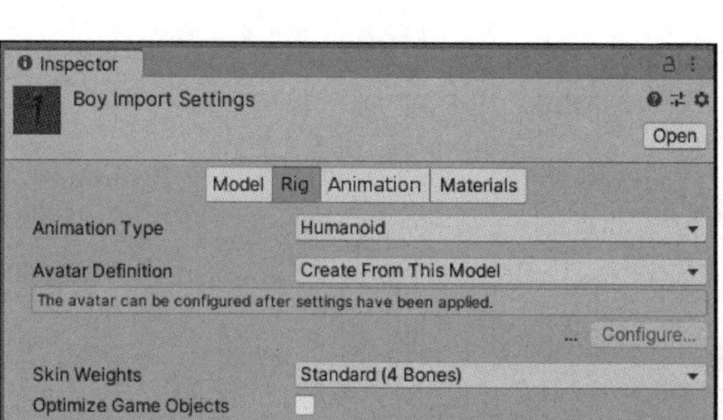

图 11-44　设置骨骼导入

如果匹配成功，可以看到 Configure... 按钮左边多了一个√；如果匹配失败，可以点开 Configure... 按钮进行手动配对。骨骼匹配完成后的界面如图 11-45 所示。

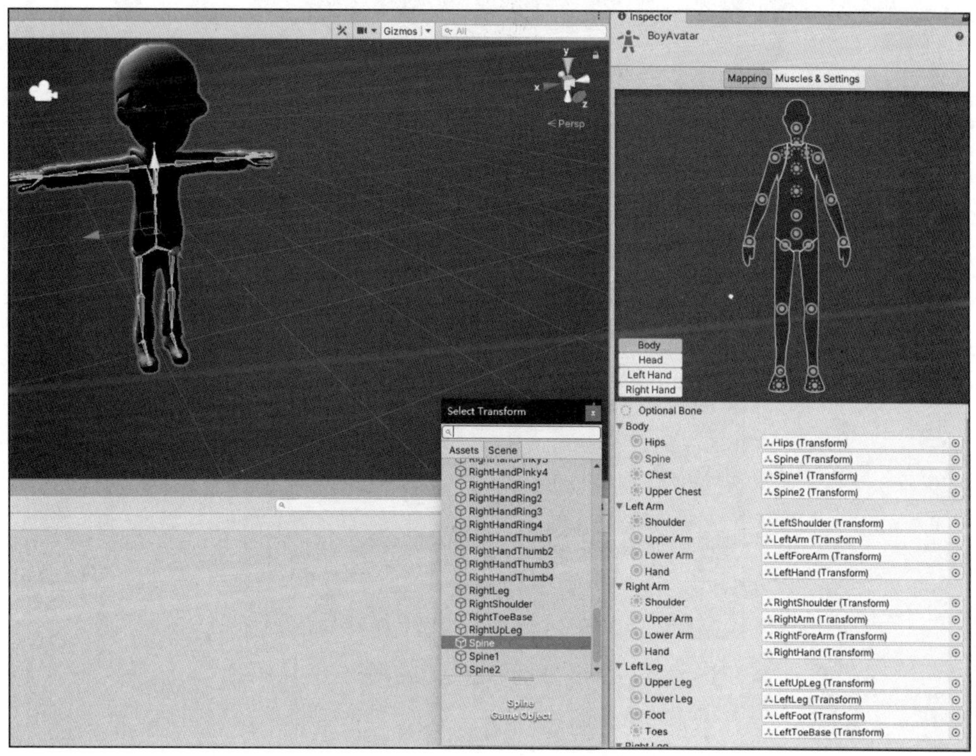

图 11-45　骨骼匹配完成

未正确配对的节点会在可视化界面显示出来，同时右侧的提示框中会将配对失败的节点呈红色显示出来，如图 11-46 所示。

图 11-46 匹配失败的节点

通过匹配模型骨骼与标准人体模板骨骼，我们可以对全身骨骼完成配对。点击 Apply 按钮应用配对，可以看到 Configure... 按钮左侧出现√，如图 11-47 所示。

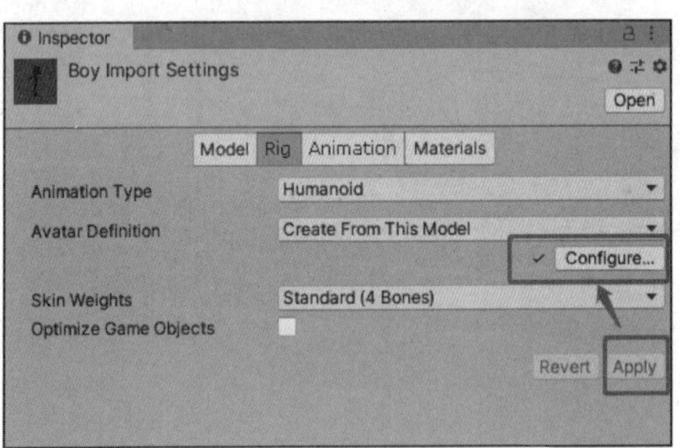

图 11-47 匹配成功标识（Apply 按钮变灰）

11.5.3 使用动捕文件驱动模型

打开 Axis Studio 软件，在编辑模式中打开任意一段录制好的动捕数据，点击软件右下角的“导出”按钮，对动画进行导出，如图 11-48 所示。

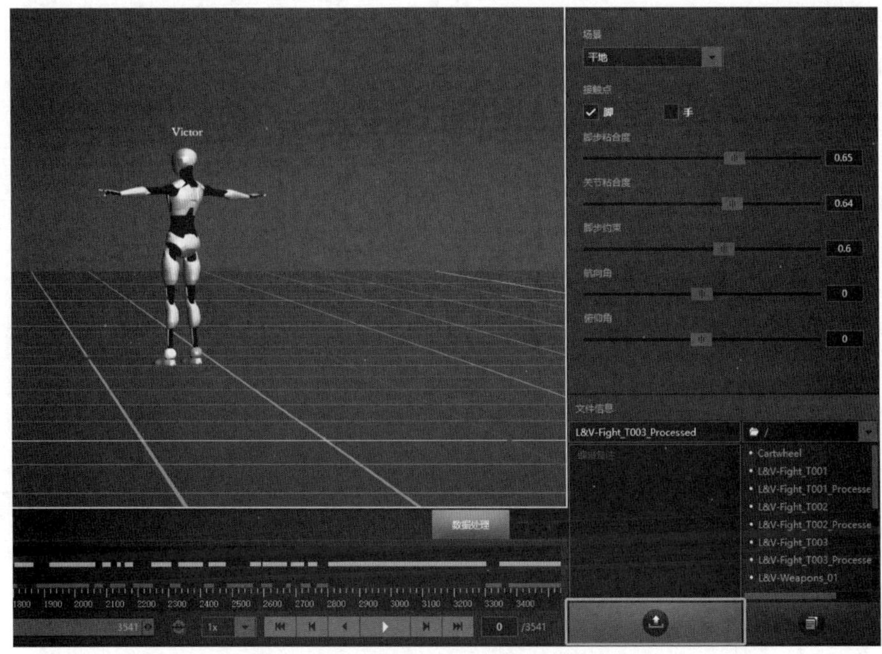

图 11-48　导出动画

此时，软件会弹出一个“导出设置”对话框，用于对数据进行格式等设置。由于在 Unity3D 中进行骨骼匹配时需要模型呈 TPose 状态，因此在导出 BVH 文件之前，要在“导出设置”对话框中选中“首帧加入 T 姿态”复选框，然后再点击右下角的“导出”按钮导出文件，如图 11-49 所示。不同厂商会有不同的标准骨骼体系，这需要你在购买设备之前了解，此处不再赘述。

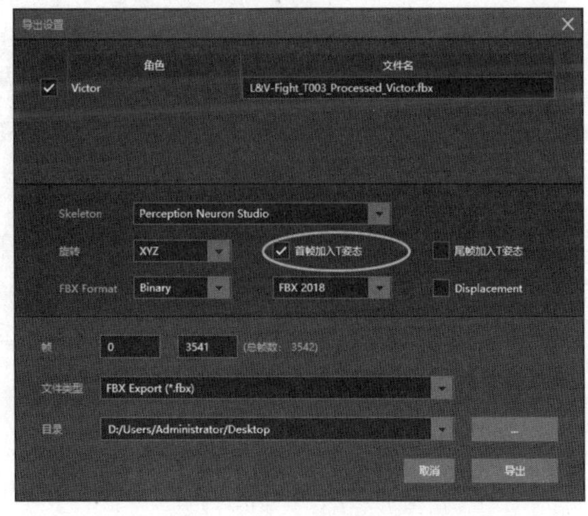

图 11-49　勾选“首帧加入 T 姿态”

回到 Unity3D，在 Assets 文件夹下创建一个名为 Animations 的文件夹，将刚才导出的 FBX 文件导入资源库。

单击导入引擎的 FBX 文件，在 Inspector 界面点击 Rig 选项卡。可以发现，引擎无法直接识别动画的骨骼，因此我们需要对 FBX 文件进行骨骼定义——选择 Avatar Type 为 Humanoid，并将 Avatar Definition 选项改为 Create From This Model，然后点击 Apply 按钮，此时 Unity3D 会自动对骨骼节点进行重定向匹配，如图 11-50 所示。

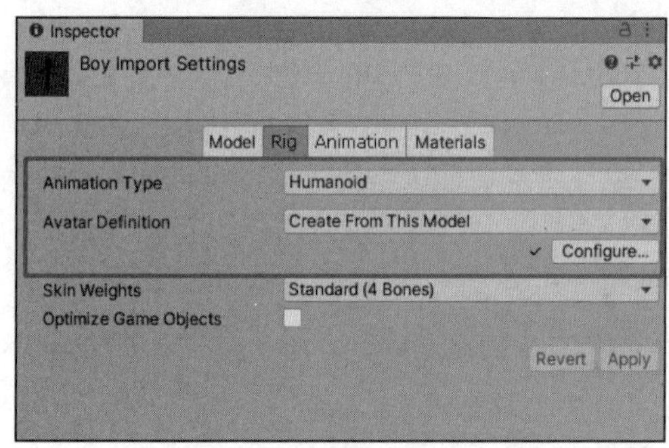

图 11-50 设置动画的模型骨骼

创建一个新的 Animation Controller，并将其命名为 NoitomController，将 FBX 文件导入状态机，如图 11-51 所示。

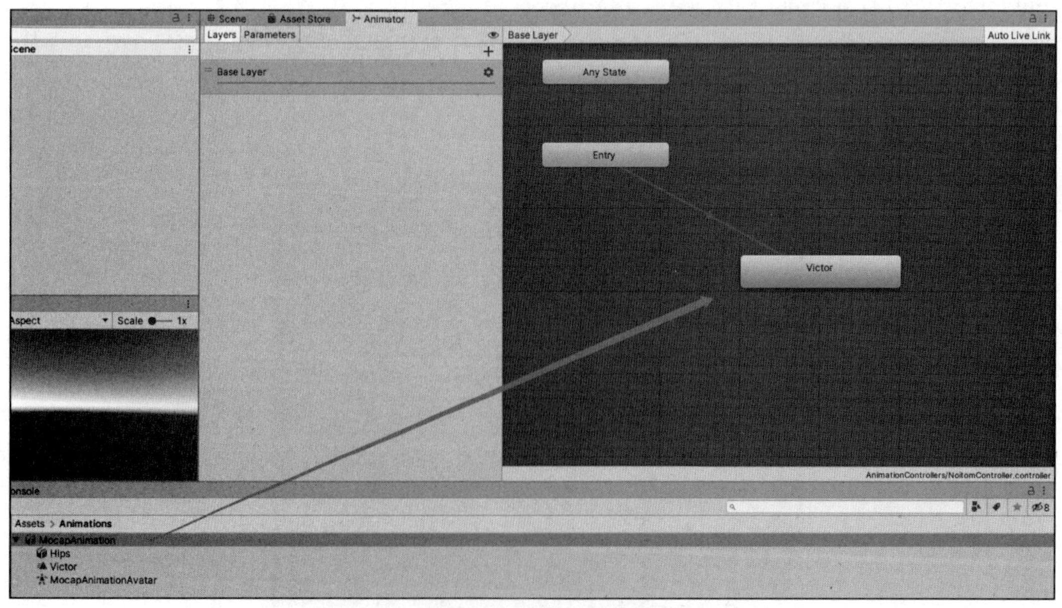

图 11-51 配置状态机

在场景中添加一个 Boy 模型，单击选中它，并在 Inspector 界面为它关联 Animator 组件。点击 Animator 组件右侧的下拉菜单，选中刚才创建好的诺亦腾控制器，如图 11-52 所示。

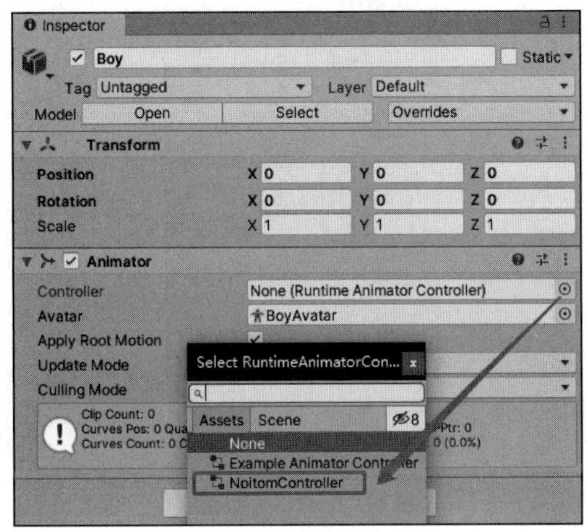

图 11-52　应用状态机

运行项目，此时可以看到，模型开始做与动捕数据一样的动作。

11.5.4　使用动捕数据实时驱动模型

和使用动捕数据驱动模型一样，实时驱动只不过是实时把采集到的动捕数据信息在局域网通过动捕软件传输到 Unity3D，然后通过 Unity 插件的重定向设置，将对应关节的角度映射到模型的骨骼节点上，从而达到实时的效果。

在场景中添加一个 Boy 模型，如图 11-53 所示。

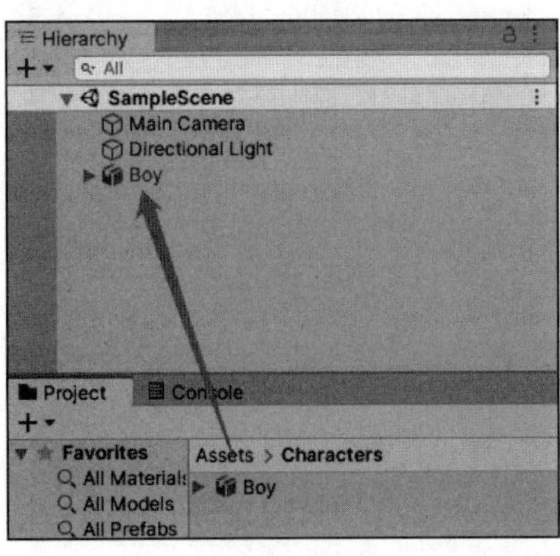

图 11-53　在场景中添加 Boy 模型

在 Hierarchy 视图中单击 Boy 对象，在 Inspector 视图中为它添加一个 Neuron Transforms Instance 组件，如图 11-54 所示。

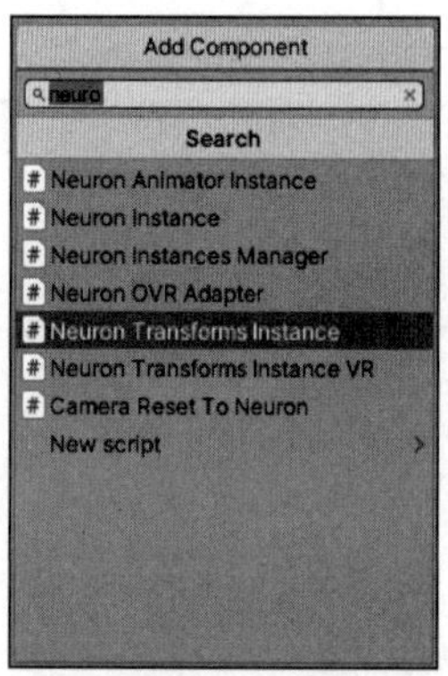

图 11-54 关联 Neuron Transforms Instance 组件

点击组件中的 bind 按钮，软件会自动索引模型下的骨骼节点，并将它们与标准骨骼模板做配对，如图 11-55 所示。

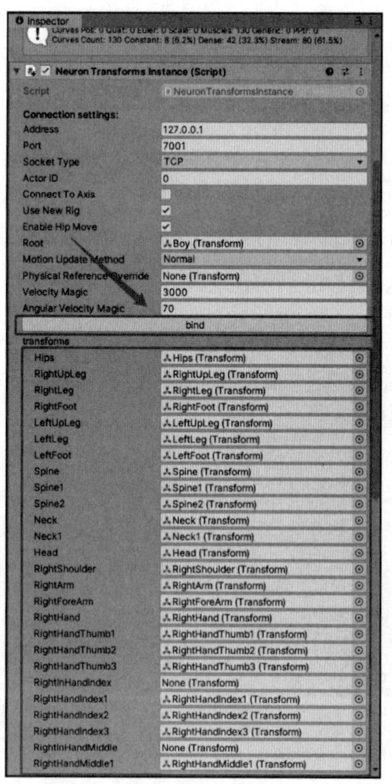

图 11-55 快速匹配骨骼节点

配对完成之后，动捕数据就可以驱动模型了。打开 Axis Studio 软件，在数据转发设置里设置好转发协议的 BVH - Edit 等信息，如图 11-56 所示。

图 11-56　动捕软件数据转发设置

回到 Unity3D，按照 Axis Studio 软件中设置的参数，填写组件中数据转发相关的 IP 地址、端口号、使用协议等信息，如图 11-57 所示。

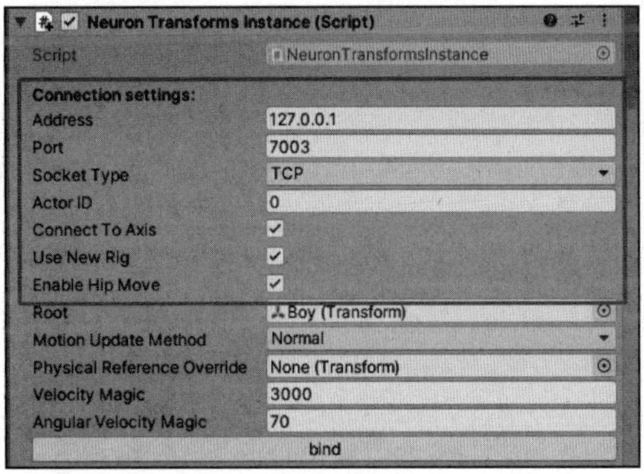

图 11-57　转发信息设置

运行项目，此时可以看到模型已经可以被动捕数据驱动。点击 Unity3D 软件主界面菜单中 File → Build Settings... 命令，打开编译窗口，如图 11-58 所示。

点击 Add Open Scenes 按钮，然后选择 PC 平台，点击右下角的 Build 按钮，将项目编译出来待用，如图 11-59 所示。

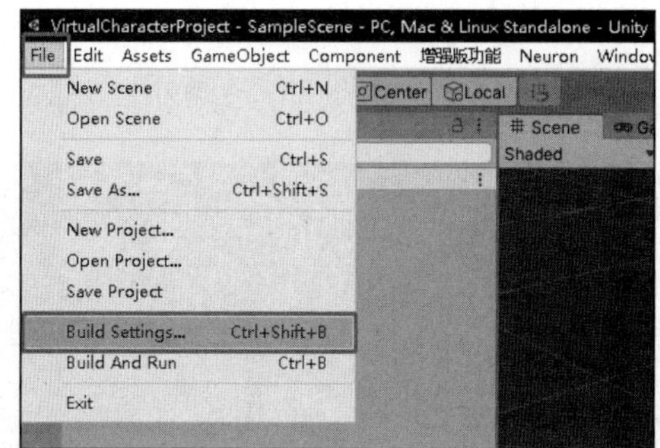

图 11-58 打开 Build Settings 窗口

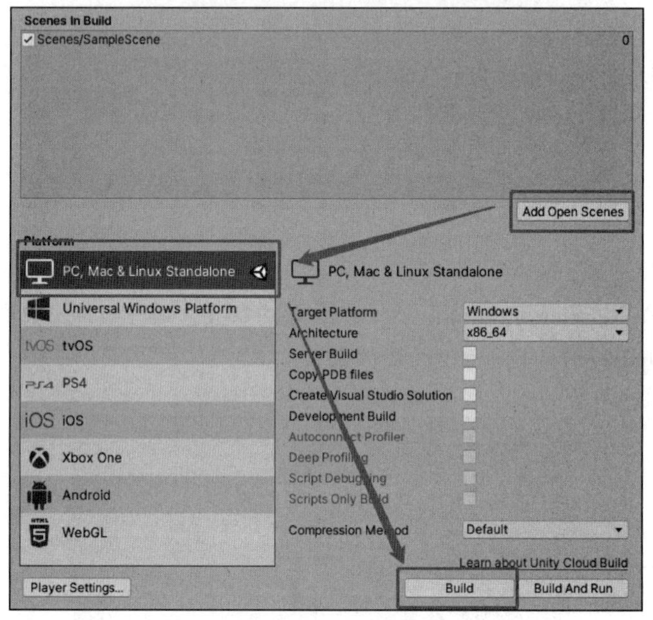

图 11-59 项目打包

11.5.5 虚拟形象抠绿

此时，我们已经有一个可以被动捕设备驱动的虚拟形象。那么，如何将虚拟形象放入现实世界呢？这里就涉及绿幕技术。绿色是一种非常鲜亮、饱和度极高的颜色，因此它能和其他颜色形成鲜明的对比。所以在影视拍摄中，我们喜欢用绿幕作为背景色。同样，我们将用抠绿技术将虚拟形象从 Unity3D 中分离出来。图 11-60 显示了美剧《冰与火之歌：权力的游戏》中的背景抠像。

打开 Unity 项目，在 Hierarchy 视图中选择 Main Camera 对象，在 Inspector 视图中调整相机参数，让相机自动将背景颜色改为绿色，如图 11-61 所示。

图 11-60 《冰与火之歌：权力的游戏》绿幕

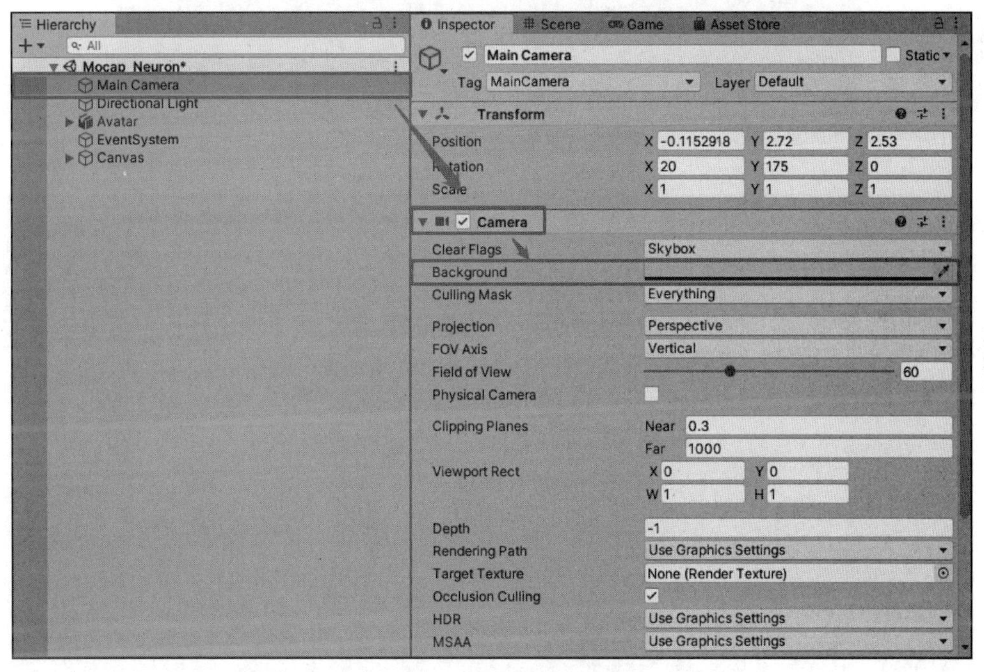

图 11-61　调整相机背景色

打开 OBS 软件和刚才编译好的项目，在 OBS 软件下方的来源窗口点击“+”按钮添加一个素材，选择打开的编译项目并确认，将项目窗口添加到 OBS 界面中，如图 11-62 所示。

此时可以看到，Unity 项目中的虚拟形象已经加上绿色的背景并同步到 OBS。由于我们已经在 Unity 中完成了数据连接，因此此时虚拟形象的动作和动捕演员的动作是同步的，如图 11-63 所示。

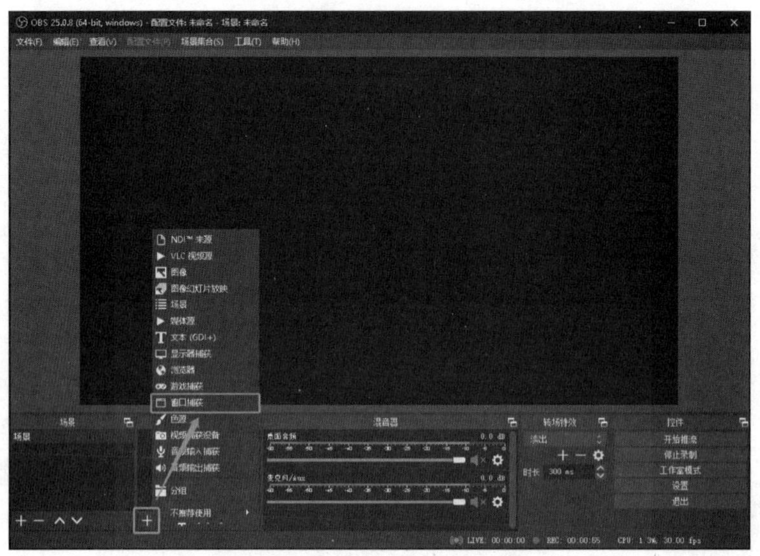

图 11-62 设置捕获信息来源

图 11-63 在 OBS 设置绿色背景

右键选择添加的素材来源，选择滤镜选项并打开滤镜设置界面，如图 11-64 所示。

点击效果滤镜窗口左下角的“+”号按钮，添加一个色度滤镜，此时会弹出一个命名弹窗。我们可以将其命名为“抠绿”，如图 11-65 所示。

此时可以看到，加了抠绿效果之后，场景中的绿色背景已经被剔除，仅剩模型在场景中进行各种动作。如果绿色没有被剔除干净，可以在滤镜的设置面板（默认名称为：Unity

窗口的滤镜）中进行参数调整，直到获取满意的效果为止，如图 11-66 所示。

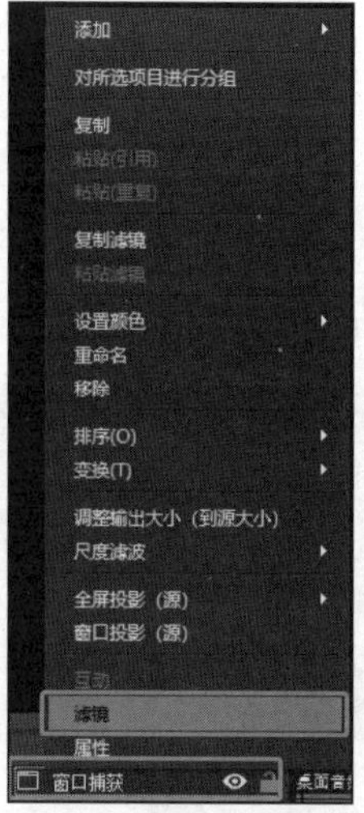

图 11-64　添加滤镜

图 11-65　编辑滤镜名称

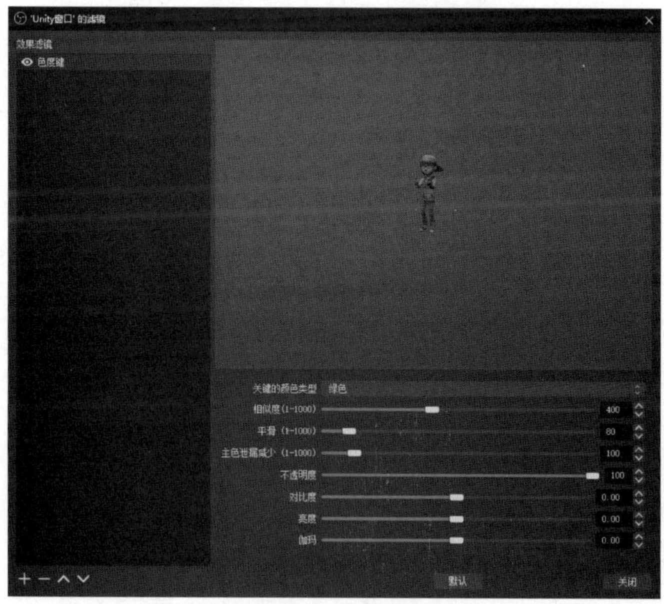

图 11-66　抠绿设置

关闭滤镜设置窗口，此时可以看到抠绿操作已经完成。下一步需要为虚拟角色添加一个真实场景。

11.5.6 添加真实场景并测试

将准备的相机或者其他视频捕获设备连接到电脑上，在 OBS 软件中添加新的信号源，在设备栏选中当前连接的相机或者其他视频捕获设备，如图 11-67 所示。

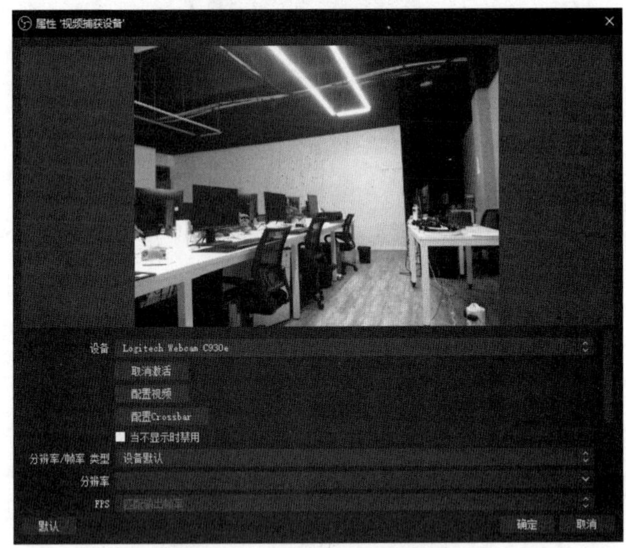

图 11-67 捕获真实场景信息

点击“确认”，调节信号来源窗口的 Unity 窗口信号与视频捕获设备信号。Unity 3D 软件默认将上层的信息置顶。因为该项目以真实场景为背景，虚拟人物为前景，所以将 Unity 窗口的位置移到 OBS 的来源窗口最上方，如图 11-68 所示。

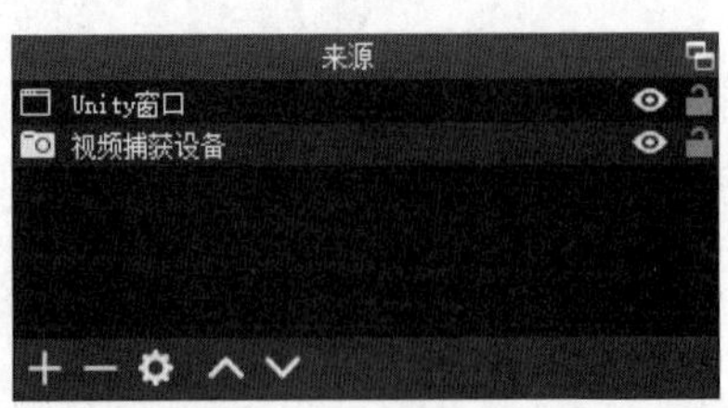

图 11-68 调整图层优先级

此时可以看到，虚拟人已经可以与真人同时出现在相机的画面中。图 11-69 显示了最终的虚实结合效果。

图 11-69　虚实结合效果

至此，我们已经成功实现了虚实结合的最简化效果。如果想要让虚拟角色更像放置在真实场景中，还需要对环境的光照、模型的阴影和亮度做一系列处理。关于虚拟人和真人的比例、位置调整等，读者可自行尝试与查阅相关资料。

11.6　本章小结

在本章中，我们一起了解了动捕技术的发展史、主流动捕方案的技术原理、光惯混合动捕的技术原理、如何使用 Perception Neuron Studio 光惯混合动捕设备、如何进行动捕数据的后期处理等。最后，我们通过一个实战案例，教大家使用动捕技术实现虚实结合直播应用。

在下一章中，我们将开始介绍 AR 相关的 SDK。

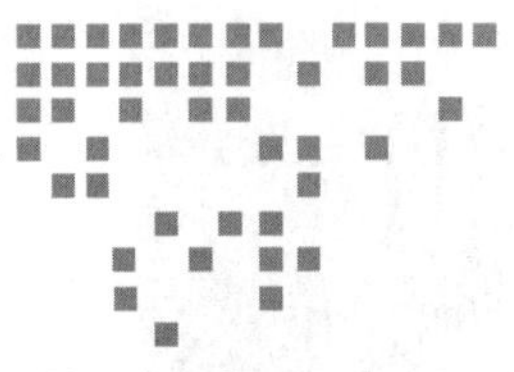

Chapter 12 第 12 章

实战：使用 Unity 和 Vuforia SDK 开发 iWatch AR 应用

从本章开始，我们将学习 AR 开发的相关知识，首先了解当今最为流行的 AR SDK 之一，也就是 Vuforia SDK。

12.1 Vuforia SDK 简介

在本节中，我们首先对 Vuforia SDK 做简单的介绍。

12.1.1 什么是 Vuforia

Vuforia 最初是由高通（Qualcomm）推出的增强现实（Augmented Reality）开发工具包，主要针对的是移动平台。Vuforia 能通过计算机视觉技术，对图像、3D 物体等进行实时识别，或在真实世界中重构虚拟环境。目前，Vuforia 支持 iOS/Android/UWP 系统的原生开发，同时提供了 Unity Vuforia SDK。

Vuforia 的功能十分全面，基本能满足 AR 开发的需求，同时官方根据各个功能模块提供了入门教程，上手十分容易。

目前，Vuforia 的最新版本是 9.x。其提供了识别真实物体的 VuMark 解决方案，还支持 Windows 10 设备。值得一提的是，Vuforia 支持微软的 HoloLens 设备以及谷歌的 Tango。

目前，全球有来自超过 100 个国家的 200 000 名开发者使用 Vuforia 开发各类游戏和应用。为了让平台得到更好的发展，Vuforia 提供了官方的论坛（https://developer.vuforia.com/forum）、一系列开发指南以及最佳实践文章，让开发者在短时间内即可轻松上手。

12.1.2　Vuforia 的功能模块简介

除了最基础的图像识别功能外，Vuforia 还提供了其他类型目标的识别和虚拟内容创建功能。

Vuforia 可以识别以下类型的目标。

1）Model Targets（3D 模型目标）：Vuforia 支持通过形状和预设的 3D 模型识别物体，支持把虚拟内容放在各种物品之上，如工业设备、交通工具、玩具和家用电器等。

2）Area Targets（环境目标）：Vuforia 支持使用商用 3D 扫描仪扫描真实环境，从而让体验更加真实。

3）Image Targets（图片目标）：这是 Vuforia 最基础也是最常用的功能，可以在平面图像如产品包装上添加虚拟的数字内容。

4）Object Targets（物体目标）：Vuforia 可以通过扫描物体来创建虚拟内容，特别适合拥有丰富表面纹理细节和连续形状的玩具等。

5）Multi-Targets（多重目标）：Vuforia 可以识别多个图片目标。

6）Cylinder Targets（柱状目标）：Vuforia 可以识别柱状目标。柱状目标陈列在形状类似柱状的物体表面，如饮料瓶、咖啡杯、可乐罐等。

7）VuMarks：Vuforia 可以使用 VuMark 来设置自定义的标记，从而实现对不同的数据格式进行编码。此外，Vuforia 还支持对 AR 应用的识别和跟踪。

8）External Camera（外部摄像头）：在创建 AR 应用时，Vuforia 可以获取智能手机或平板设备摄像头拍摄的视频数据。

9）Ground Plane（智能地形）：Vuforia 允许用户将内容放置在类似桌面或地面的水平表面上。

12.1.3　Vuforia 的授权类型

Vuforia 提供了 3 大类型的授权服务，如图 12-1 所示。

开发者可以获取免费的开发者授权。开发者授权包含了 Vuforia 的大多数功能，但仅用于开发。如果开发者打算发布作品，就需要购买相应的付费授权服务。

12.1.4　Vuforia 的工具和资源

为了让开发者方便地使用 VuMark 或对象识别功能，Vuforia 提供了几个工具：Area Target Generator、Model Target Generator、Target Manager、License Manager、Vuforia Web

Services、Object Scanner 和 Driver Framework。

图 12-1 Vuforia 提供的授权服务

1）Area Target Generator（ATG，环境目标生成器）允许开发者将 3D 模型转换成可以在 Unity 中使用的 Area Target 数据集以及 .glb 格式的 Mesh 纹理文件。

2）Model Target Generator（MTG，模型目标生成器）可以将一个已有的 3D 模型转换成 Vuforia 数据集，用于目标追踪。

3）Target Manager（目标生成器）是开发者网站接口中的 Web 应用，可以为本地设备或云端创建与目标相关的数据库。

4）License Manager（License 管理器）用于创建和管理许可证信息。

5）Vuforia Web Services（Vuforia 网络服务）用于管理云端数据库。

6）Object Scanner（物体扫描器）能让开发者和用户更方便地扫描实体模型，以便在 Android 设备上实现物体识别。我们只需下载并安装该应用，即可在实际开发前测试识别的效果。

7）Driver Framework（驱动框架）可以让开发者从外部系统获取相关数据，并导入 Vuforia。

12.1.5 Vuforia 支持的平台

目前，Vuforia 支持在 Android、iOS、UWP 等平台上的开发，如图 12-2 所示。

Device OS		Developer Tools		Fusion Provider
Android (1)	5.1.1+	NDK	r20+	ARCore 1.10+
		Gradle	5.1.1+	
		Android SDK Build Tools	28.0.3+	
		Android Studio	3.6.x+	
		Unity Editor (minimum/recommended)	2019.3.0+/2019.4.0+	
iOS (2)	12+	Xcode	11.5+	ARKit
		Unity Editor (minimum/recommended)	2019.3.0+/2019.4.0+	
Windows (3)	10	Visual Studio	2019 version 16.5+	
		Unity Editor (minimum/recommended)	2019.3.0+/2019.4.0+	
		Unity Editor (HoloLens only)	2018.4.18	
Lumin OS		Lumin SDK	0.24.1+	N/A
		Lumin OS	0.98.11+	
		Unity Editor (minimum/recommended)	2019.3.0+/2019.4.0+	

1. ARM 32 & 64-bit
2. 64-bit, Native and Bitcode
3. 32 & 64-bit Universal Windows Platform 1809 (10.0.17763) or Later; Intel 32 & 64-bit, ARM 64-bit.

图 12-2　Vuforia 支持的平台

关于 Vuforia 各项功能对各平台的详细支持情况，读者可参考官方文档：https://library.vuforia.com/content/vuforia-library/en/platform-support/supported-versions.html。

12.2　你的第一款 Vuforia AR 应用

在本节中，我们将一起从零开始创建一款最基本的 Vuforia AR 应用。

12.2.1　开始前的准备

在实战之前，我们首先需要准备以下软 / 硬件配置。

1）操作系统：Windows 10 或 macOS 10.15 及以上版本。

2）Unity：Unity 2019.4.x 版本，注意要选择正式稳定版。

3）代码编辑器：Visual Studio 2019 或以上版本。

4）安卓开发环境：无论在 PC 或 Mac 电脑上，我们都要事先配置好 Java 和安卓开发环境，具体操作不再赘述。

5）iOS 开发环境：在 Mac 电脑上安装好 Xcode 的最新正式版本，请注意切勿安装 beta 版本，以免遇到无法解决的问题。

6）硬件设备：安卓手机（Android7 或以上版本）、iPhone 或 iPad（iOS 13 或以上版本）。

7）打印机或配套资源：打印机一部，没有打印机的朋友需要提前将识别用的图片打印出来。

以上配置准备就绪以后，我们就可以开始进入正式的学习了。

12.2.2 创建项目并安装 Vuforia

打开 Unity Hub，点击右上角的 New，创建一个新的项目，将其命名为 MyFirst-VuforiaProject。

创建完成之后，在顶部菜单栏中依次选择 Windows → Package Manager 命令，打开 Package Manager 界面。等待包加载完成后，找到 Vuforia Engine AR 包，然后点击 Install 按钮安装即可，如图 12-3 所示。

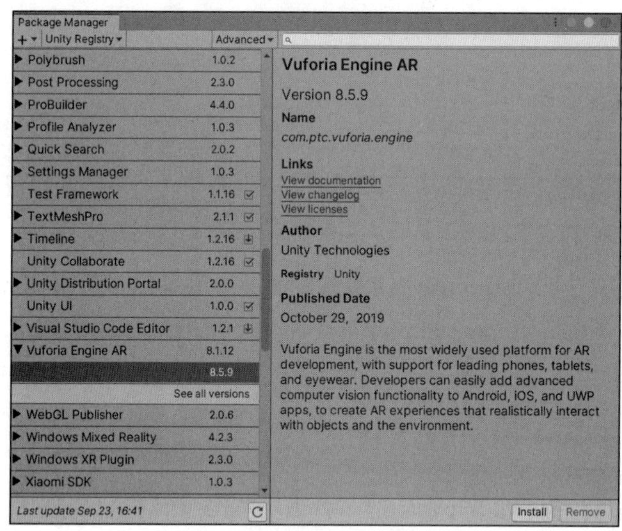

图 12-3 安装 Vuforia Engine AR 包

注意，选择的 Vuforia Engine AR 版本应该是 8.5.9 以上。

如果使用 Package Manager 命令安装遇到困难，我们可以直接到官方指定的地址（https://dev.azure.com/vuforia-engine/unity-extension/_packaging?_a=feed&feed=unity-packages%40Local）下载相关的包。下载完成后，将相关文件解压缩并添加到项目的 Packages 目录中，如图 12-4 所示。

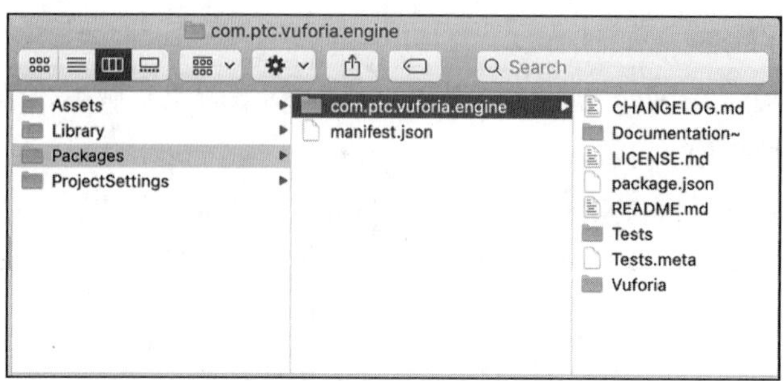

图 12-4 手动添加 Vuforia Engine AR Packages

12.2.3 配置项目并进行测试

在对项目进行配置之前，首先需要在 Vuforia 官网注册一个开发者账号。通过浏览器打开官网（https://developer.vuforia.com/），点击右上角的 Register 按钮，注册一个新账号，如图 12-5 所示。

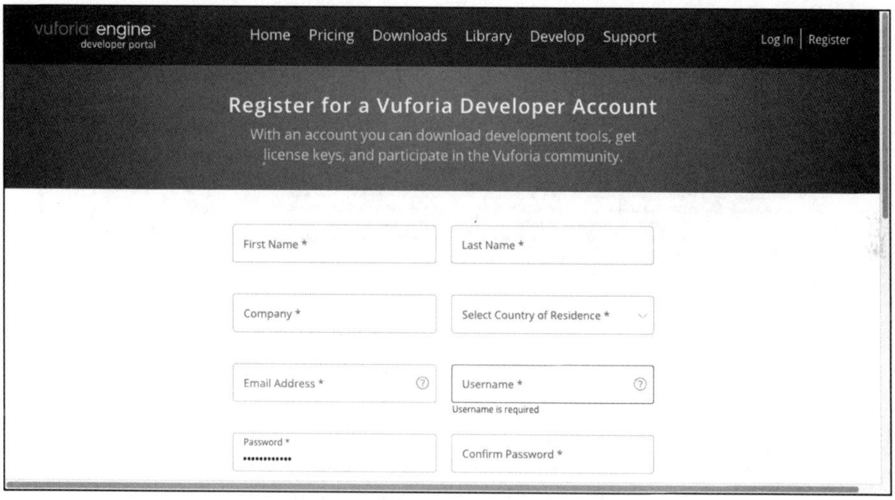

图 12-5 注册 Vuforia 开发者账号

注册完成后登录，然后在登录页面点击 Develop 选项卡切换到设置页面。在 License Manager 界面点击 Get Development Key 按钮，进入 Add a free Development License Key 页面，然后在该界面输入 License Name 等信息，如图 12-6 所示。

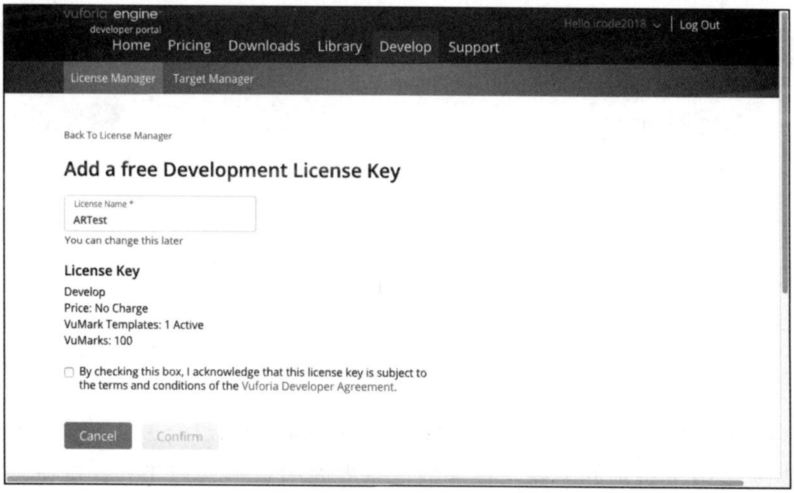

图 12-6 创建新的开发者 License Key

这里我们将 License Name 命名为 ARTest，注意勾选开发协议部分，点击 Confirm 按钮，此时在 License Manager 页面出现刚创建的 License Key。灰色区域为 License Key 细节信息，如图 12-7 所示。

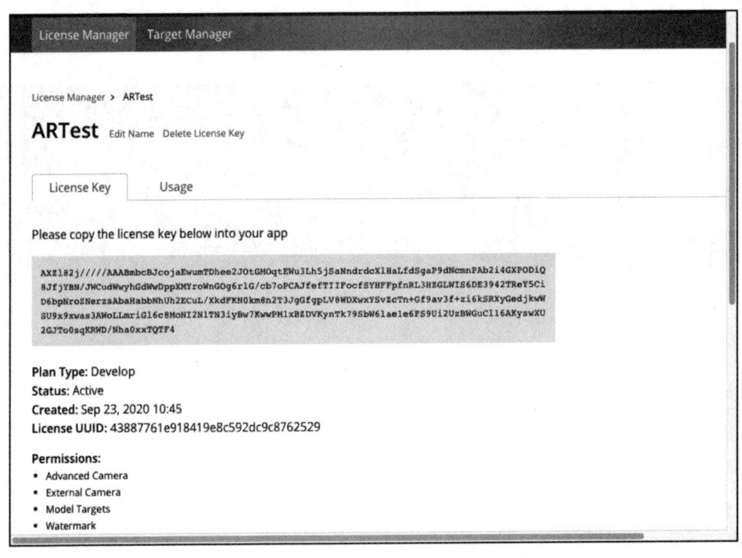

图 12-7　查看 License Key 细节信息

此时，建议创建一个空白文档，然后复制灰色区域中的 License Key 信息备用。

完成这一操作后，点击 Target Manager 切换到新的页面，点击 Add Database 以添加数据库信息，将所添加的 Database 命名为 ARTestDatabase，选择类型为 Device，点击 Confirm 按钮即可完成创建，如图 12-8 所示。

License Manager　Target Manager

Target Manager　Add Database

Use the Target Manager to create and manage databases and targets.

Search

Database	Type	Targets	Date Modified
ARTestDatabase	Device	0	Sep 23, 2020

图 12-8　创建新的识别数据库

点击 Database 列表中的 ARTestDatabase 可以查看详细信息，但此时我们还需要继续添加 Target，也就是用于识别的图像。在详细信息界面中点击 Add Target 按钮，进入添加识别目标的界面，如图 12-9 所示。

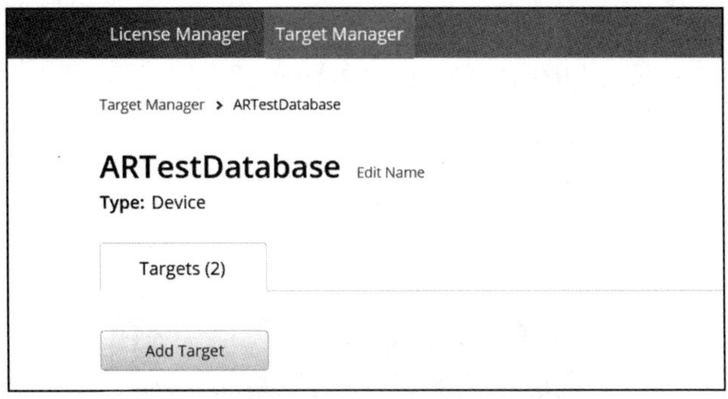

图 12-9　点击 Add Target 按钮添加识别目标

在新打开的添加识别目标的界面点击 Browse... 按钮，然后从对应的资源文件中找到 cartoon.jpg 文件，同时设置 Width 为 4，点击 Add 按钮上传识别目标图片，如图 12-10 所示。

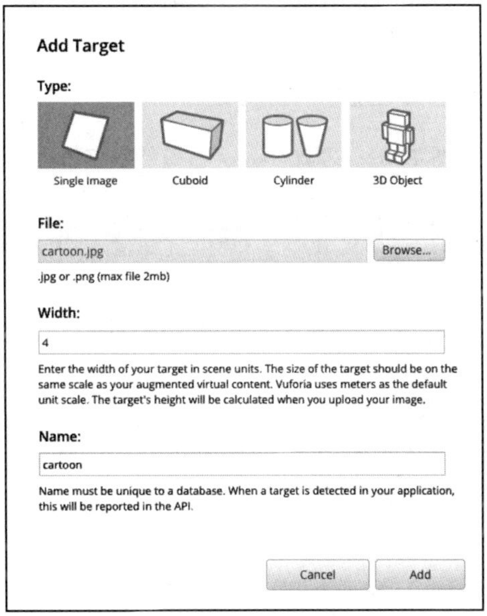

Add Target
Type:
Single Image　Cuboid　Cylinder　3D Object
File:
cartoon.jpg　Browse...
.jpg or .png (max file 2mb)
Width:
4
Enter the width of your target in scene units. The size of the target should be on the same scale as your augmented virtual content. Vuforia uses meters as the default unit scale. The target's height will be calculated when you upload your image.
Name:
cartoon
Name must be unique to a database. When a target is detected in your application, this will be reported in the API.
Cancel　Add

图 12-10　添加 Target 图片

添加识别目标完成后等待片刻，在新出现的页面中点击 Target 的名称进入该 Target 的详情页。在详情页中点击 Target 图片下方的 Show Features 链接，可以看到图片对应的特征点。与此同时，Show Features 链接的文字会自动更换为 Hide Features，如图 12-11 所示。

感兴趣的读者可以上传其他图片，分析什么样的图片拥有更多的特征点以及更高的 Rating 评级。

回到 Target Manager 首页，点击 Database 列表中的 ARTestDatabase 查看详细信息。在

Target Name 下勾选 cartoon 复选框，然后点击 Download Database 按钮，在弹出的对话框中选中 Unity Editor 单选框，如图 12-12 和图 12-13 所示。

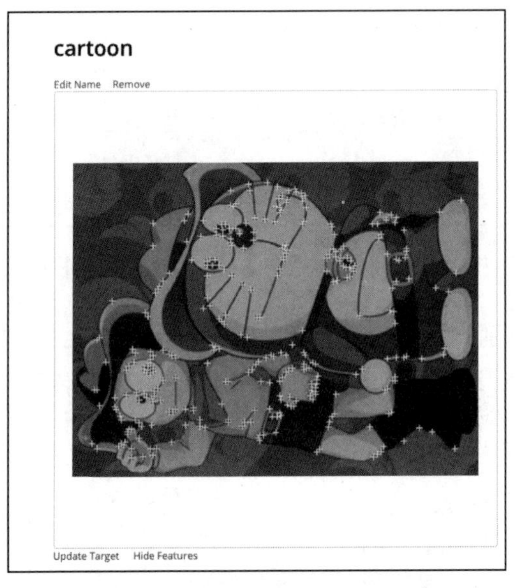

图 12-11 添加 Target 后的特征点信息

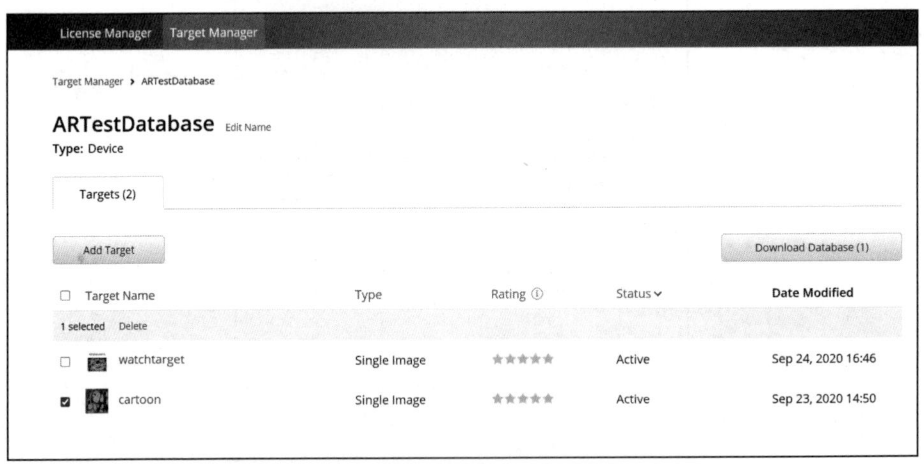

图 12-12 在 Target Name 下勾选 cartoon 复选框

完成后我们会得到一个名为 ARTestDatabase 的文件。回到 Unity 编辑器，将该文件拖到 Project 视图的 Assets 目录中，点击 Import 按钮导入相关内容，如图 12-14 所示。

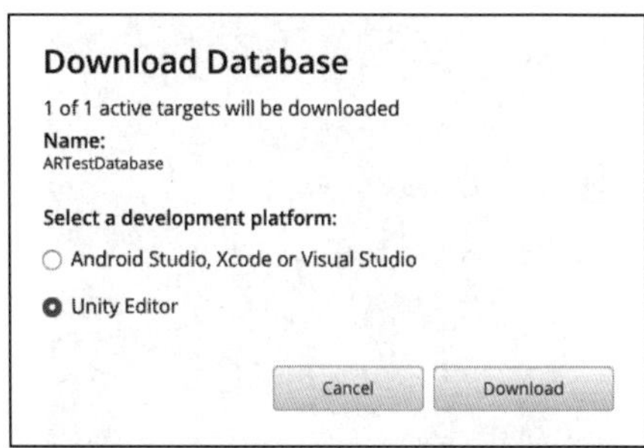

图 12-13　下载目标图片相关的数据库

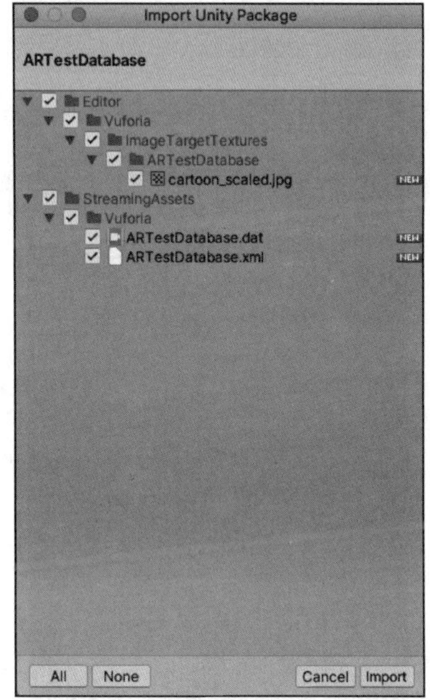

图 12-14　导入数据库文件

接着我们需要添加 AR 摄像机，而不是使用场景中默认的 Main Camera。在 Hierarchy 视图中右击，在快捷菜单中依次选择 Vuforia Engine → ARCamera 命令，从而将 ARCamera 添加到场景之中。添加完成后，我们需要手动删除场景中的 Main Camera。添加 ARCamera 后的 Hierarchy 视图如图 12-15 所示。

图 12-15　添加 ARCamera 后的 Hierarchy 视图

在 Hierarchy 视图中选中 ARCamera，在 Inspector 视图中点击 Open Vuforia Engine configuration 选项，如图 12-16 所示。

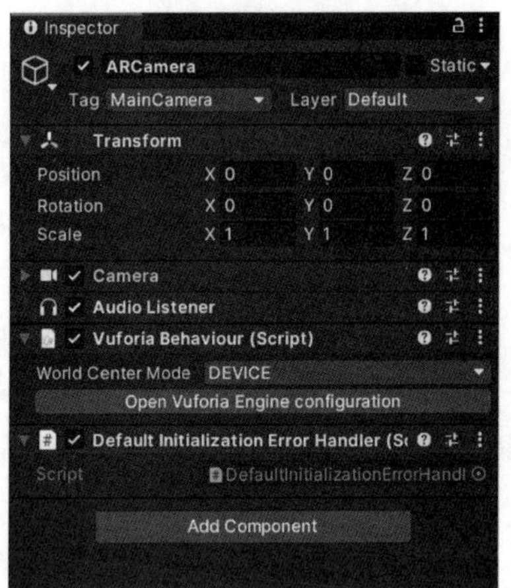

图 12-16 打开 Vuforia 设置

然后在 App License Key 处粘贴此前的 License Key 信息，如图 12-17 所示。

图 12-17 添加 License Key 信息

接着在 Hierarchy 视图中再次右击，选择 Vuforia Engine → Image 命令，从而添加一个图像识别目标。在 Hierarchy 视图中选择 ImageTarget，在 Inspector 视图中确保 Database 为此前导入的 ARTestDatabase，设置 Image Target 为 cartoon，如图 12-18 所示。

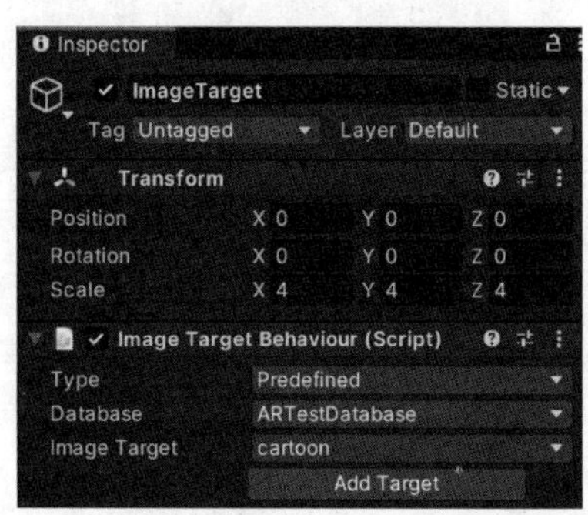

图 12-18　设置 Database 和 Image Target 信息

目前，场景是空白的，我们需要手动添加一个标准的 Cube 对象。接下来在 Hierarchy 视图中将 Cube 对象拖为 ImageTarget 的子对象，如图 12-19 所示。

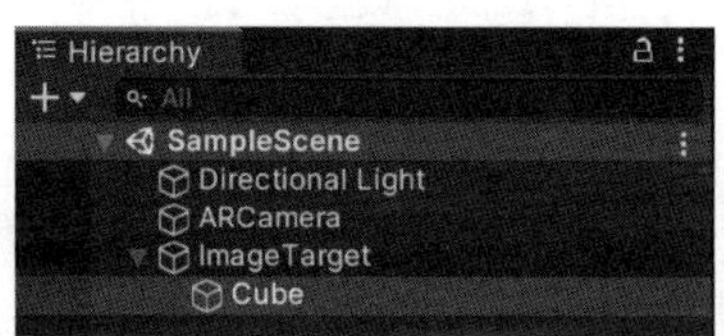

图 12-19　将 Cube 对象拖为 ImageTarget 的子对象

这样，当摄像头检测到 ImageTarget 对应的图片时，就会自动显示 unitychan 卡通模型。

最后，我们需要对项目进行测试。

从 Unity 编辑器的顶部菜单栏中依次选择 File → Build Settings 命令，进入项目编译设置界面。在项目编译设置界面左侧的 Platform 列表中选择目标平台为 iOS，然后点击 Switch Platform 切换平台。切换完成后，点击 Add Open Scenes 按钮，从而将当前场景添加为待测试的场景，如图 12-20 所示。

完成平台切换后，点击编译设置界面中的 Player Settings 按钮，打开 Player Settings 界面，在该界面的 Other Settings 选项区域找到 Camera Usage Description，将其内容更改为 ARCamera，将 Target minimum iOS Version 的值更改为 11.0。此外，我们还可以根据需要更改 Bundle Identifier、Version、Build 等信息。

最后回到 Build Settings 界面，点击 Build 按钮，根据提示选择项目存放地址，在输入项目名称后等待编译完成，如图 12-21 所示。

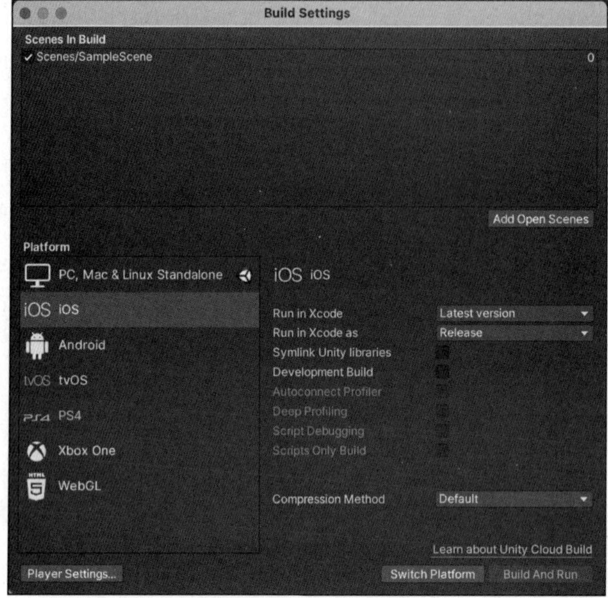

图 12-20 设置测试平台

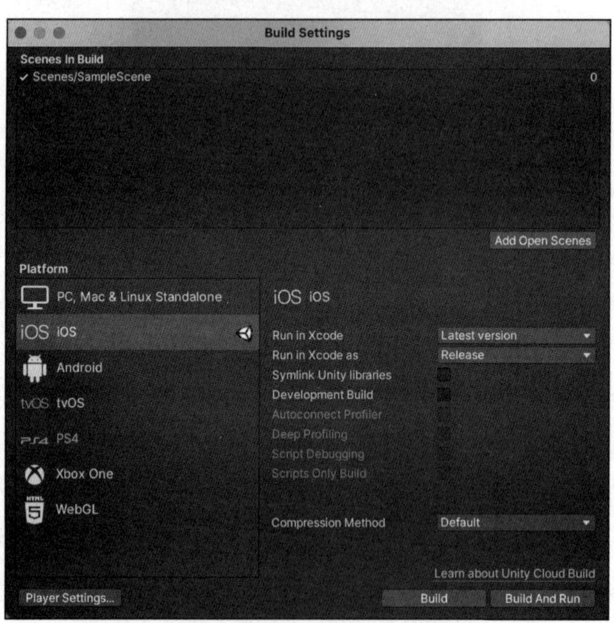

图 12-21 点击 Build 按钮编译项目

编译完成后，生成一个 Xcode 项目，如图 12-22 所示。

license.rtf
Test
Test.apk
VuforiaTest.apk

Classes
Data
Frameworks
Info.plist
LaunchScreen-iPad.png
LaunchScreen-iPad.storyboard
LaunchScreen-iPhone.storyboard
LaunchScreen-iPhoneLandscape.png
LaunchScreen-iPhonePortrait.png
Libraries
MainApp
MapFileParser
MapFileParser.sh
process_symbols.sh
Unity-iPhone
Unity-iPhone Tests
Unity-iPhone.xcodeproj
UnityData.xcassets
UnityFramework

图 12-22　生成的 Xcode 项目

双击 Unity-iPhone.xcodeproj 打开该项目，注意设置 Signing & Capabilities 部分，勾选 Automatically manage signing 复选框，并从 Team 下拉列表框中选择对应的信息，如图 12-23 所示。

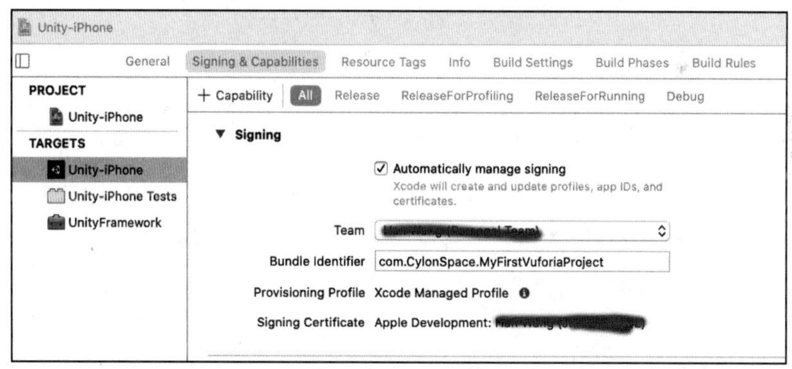

图 12-23　设置 Signing & Capabilities 信息

设置完成后将 iPhone 或 iPad 连接到 Mac 电脑上，然后点击工具栏上的“编译运行”按钮，将项目编译到 iPhone 或 iPad 上。

编译成功后，设备会自动打开应用，并请求对应的权限，点击“允许”即可。

最后将设备的摄像头对准准备好的图片，我们就可以看到界面上出现设置好的小方块，如图 12-24 所示。

在安卓端的编译配置与之类似，这里不再赘述。至此，我们的第一款基于 Vuforia 的 AR 应用就完成了。

从下一节开始，我们将创建一个功能更加丰富的 AR 应用。

图 12-24 在 iPhone 上运行应用

12.3 iWatch 手表试戴 AR 应用的策划

进入 AR 时代之后，我们可以考虑使用增强现实的方式让购物体验变得更加个性化。为此，这里设计了一个简单的 iWatch 手表试戴 AR 应用。它的基本工作原理如下。

1）当用户将手机摄像头对准手腕上的识别图片时，会在手腕上出现一个栩栩如生的手表。

2）用户可以从菜单中选择自己想要的手表试戴。

我们还可以增加更加丰富的功能，但限于篇幅，重点实现手表选择和试戴功能。

12.4 iWatch 手表试戴 AR 应用的实现

在本节中，我们将学习如何从零开始创建 iWatch 手表试戴 AR 应用。

12.4.1 创建项目并导入所需资源

考虑到 AR/VR 应用通常有很多前期配置工作，为了节省时间，我们没有必要单独创建一个全新的应用，而是直接在 MyFirstVuforiaProject 项目的基础上创建 iWatch 应用。

当然，为了让大家集中精力在 AR 应用的开发学习，我们已经提前准备好本章对应的项目资源。

使用 Unity 打开 MyFirstVuforiaProject 项目后，切换到 Project 视图，将对应的项目资源包 cha12resources.unitypackage 拖到 Assets 目录下，点击 Import 按钮，导入本节内容所需的所有资源，如图 12-25 所示。

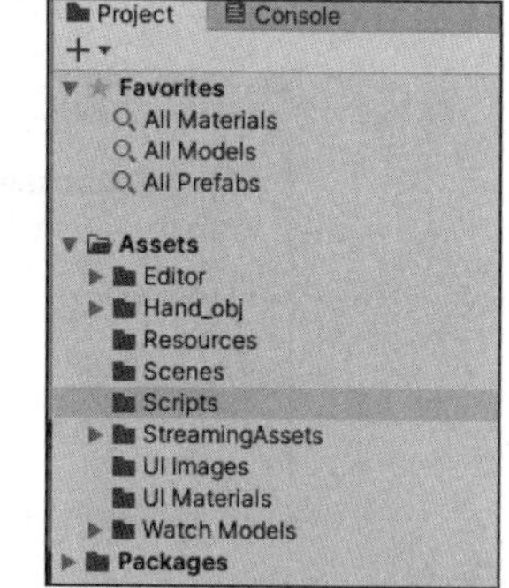

图 12-25　导入所有资源后的 Project 视图

12.4.2　创建并导入图像识别目标数据库

现在，我们需要为 iWatch 应用创建用于图像识别的目标数据库。

在浏览器中打开 Vuforia 开发者官网，点击右上角的 Log In，并使用自己的账号登录。

登录完成后切换到 Target Manager，点击 ARTestDatabase 进入详情页面，接着点击 Add Target 按钮，在 File 处选择本章提供的资源文件 watchtarget.png，同时设置 Width 为 4，点击 Add 按钮，从而创建一个新的图像识别目标（Image Target），如图 12-26 所示。

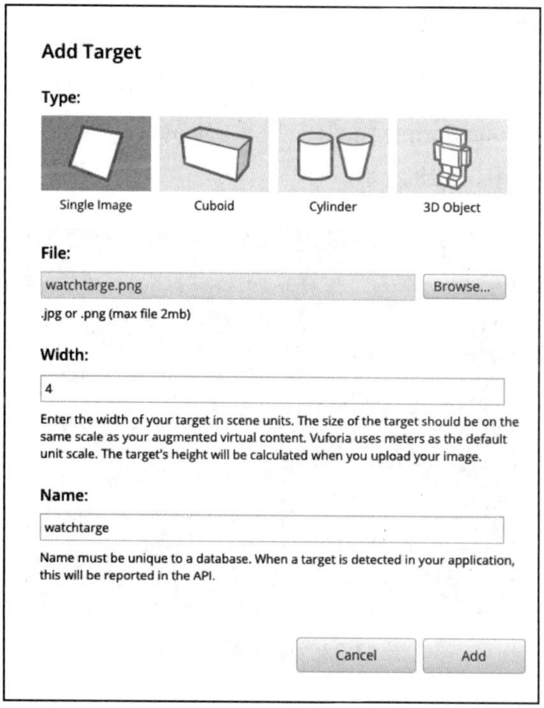

图 12-26　添加新的 Image Target

添加完成后，在 Target Name 下多了一个名为 watchtarge 的新图像目标，且 Rating 同样是五星，如图 12-27 所示。

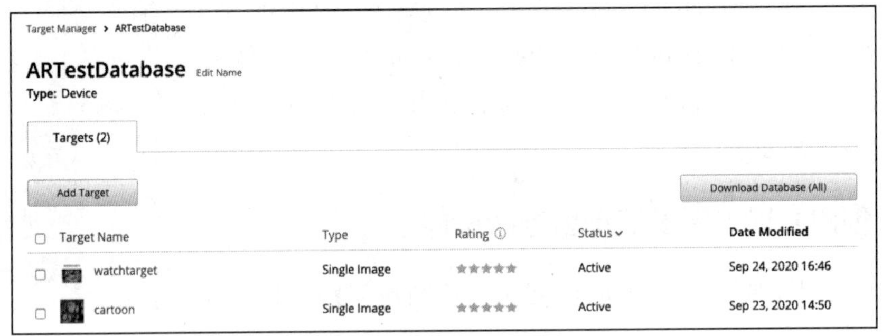

图 12-27 创建新的图像识标目标

勾选 watchtarget，然后点击 Download Database(All)，在弹出对话框中选中 Unity Editor 选项，从而得到该图像目标对应的识别数据库，也就是 ARTestDatabase.unitypackage 文件。关闭浏览器，回到 Unity 编辑器，将刚才下载的文件拖到 Project 视图的 Assets 目录下，点击 Import 按钮导入项目。

12.4.3 设置 Image Target

打开 Sample Scene 场景，在 Hierarchy 视图中选择 ImageTarget，然后在 Inspector 视图的 Image Target Behaviour(Script) 组件中更改 Database 为 ARTestDatabase，设置 Image Target 为 watchtarget，如图 12-28 所示。

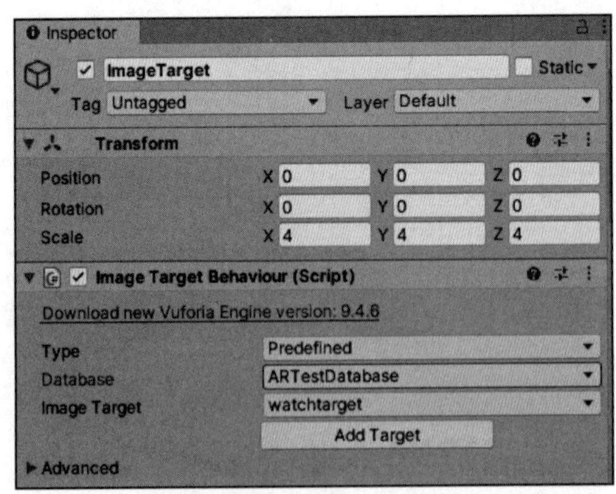

图 12-28 设置数据库信息

此时从 Unity 编辑器中可以看到，Image Target 对应的图片已经更换为新的图片，如图 12-29 所示。

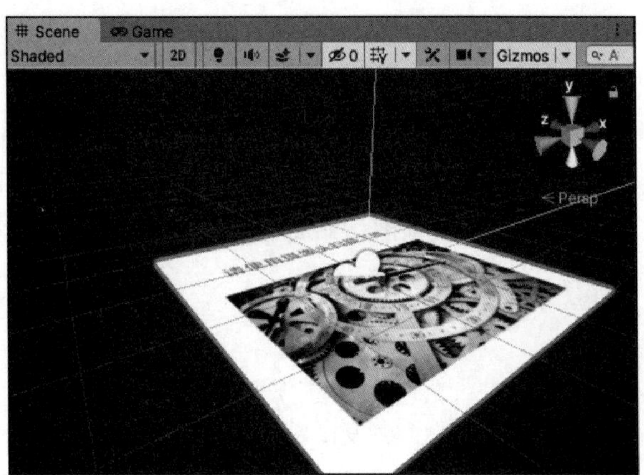

图 12-29　场景中的 Image Target

12.4.4　添加手表的 3D 模型

现在，我们已经有了要识别的图像目标，接下来需要添加手表的 3D 模型。

在 Project 视图从 Assets/Watch Models 中分别找到 Watch1、Watch2 和 Watch3 下的 Watch01Mtr、Watch02Mtr 及 Watch03Mtr 三个预设体，将它们拖到 Inspector 视图中。

设置 Watch01Mtr（如图 12-30 所示）和 Watch02Mtr 的 Transform 信息。

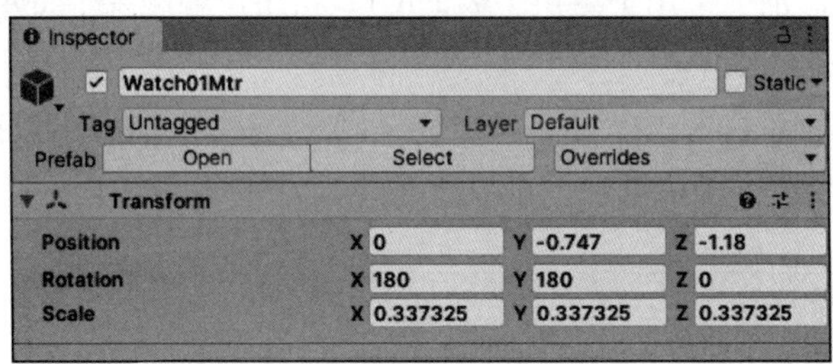

图 12-30　设置 Watch01Mtr 游戏对象的 Transform 信息

设置 Watch03Mtr 的 Transform 信息，如图 12-31 所示。

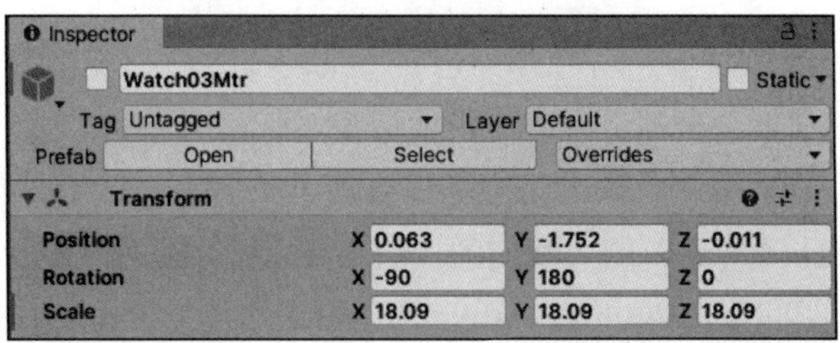

图 12-31　设置 Watch03Mtr 游戏对象的 Transform 信息

与之前类似，我们还需要将 Watch01Mtr、Watch02Mtr 和 Watch03Mtr 三个预设体拖动为 ImageTarget 的子对象。至此，我们已经完成基本的设置。

此时，我们可以手动禁用 Watch02Mtr 和 Watch03Mtr，然后编译到手机上查看效果。当手机摄像头对准准备好的图像时，就会在对应的位置出现一个栩栩如生的手表。

为了让体验效果更佳，建议将识别图像打印成 3 厘米 ×3 厘米的小方块，使用双面胶贴在手腕上。

12.4.5 设置手部遮挡

在上述操作后，我们基本上实现了手表试戴的效果。但是存在一个明显的瑕疵，即手表浮在整个手腕上，而不是如现实那样，环绕在手腕之上。为此我们需要设置手部遮挡。

从 Project 视图中找到 Assets/Hand_obj/Hand 预设体，将其拖到场景中，然后将同一目录下的 mask 材质赋予 Hand 对象，这样就可轻松实现手腕的遮挡效果。

将 Hand 对象和 Directional Light 一起拖动为 ImageTarget 的子对象，然后编译到手机上测试，可以看到手腕的遮挡效果已经完美呈现。

12.4.6 添加更换手表的 UI

到目前为止，我们只能实现单个手表的试戴。但是在现实中，我们经常会试戴多款手表。为此，我们需要添加一个用于更换手表的 UI。当用户触碰某个特定的按钮时，UI 就会自动更换到我们想要的手表。

在 Hierarchy 视图中右击，添加一个 Canvas 对象，并在 Inspector 视图中将 UI Scale Mode 设置为 Scale With Screen Size，如图 12-32 所示。

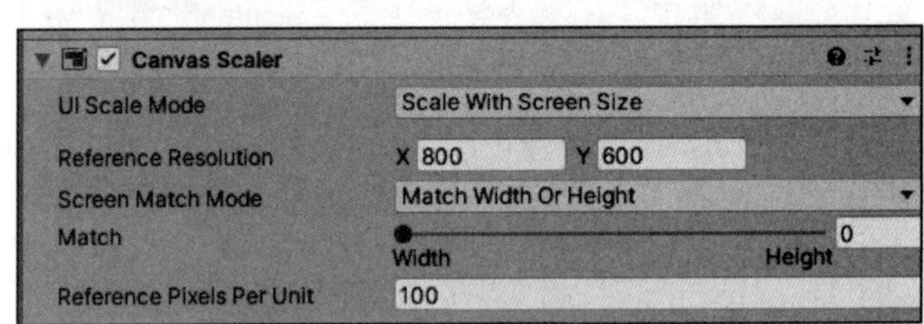

图 12-32 设置 UI Scale Mode

这样设置之后，UI 就会根据屏幕大小灵活调整。

接着右击 Canvas，添加一个 Button 对象，并将其更名为 watch1。创建完成后点击下三角，并删除附属的 Text 子对象，因为我们的按钮主要以图形呈现。

在 Inspector 视图中更改 Width 和 Height 为 100，并设置 Source Image 为 None，设置 Material 为 Watch1Mtr，如图 12-33 所示。

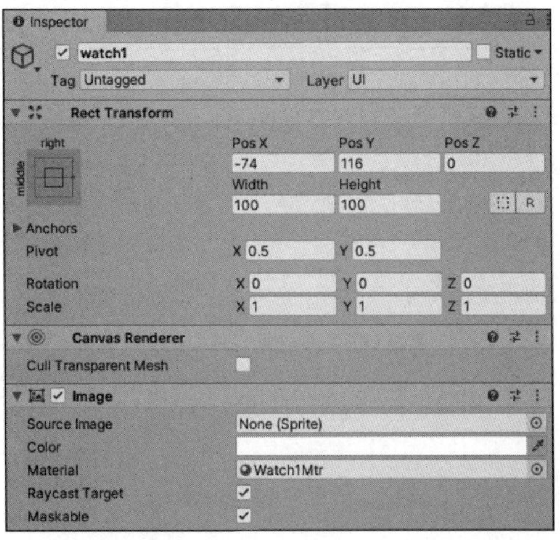

图 12-33　更改 watch1 按钮对象的属性

设置完成后选中 watch1 对象，右击并选择 Duplicate 命令，从而复制出两个新的按钮，并分别命名为 watch2 和 watch3。接着我们需要在 Inspector 视图中更换对应的 Material 为 Watch2Mtr 和 Watch3Mtr。全部设置完成后的界面如图 12-34 所示。

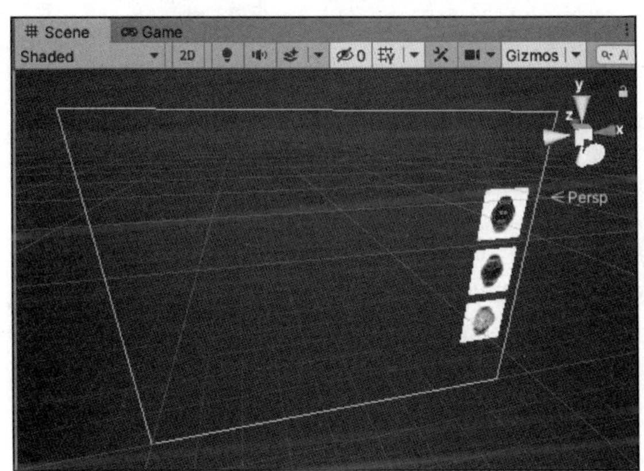

图 12-34　设置完成后的 UI 界面

12.4.7　添加用于切换手表的代码

有了用于切换手表的 UI 界面之后，我们还需要添加用于切换试戴手表的相关代码。

首先，在 Inspector 视图中点击 Add Component 按钮，从下拉列表框中选择 New Script 选项，从而创建一个新的脚本，并将其命名为 WatchSelect。双击该脚本在 Visual Studio 中打开，并更改其中的代码，如代码清单 12-1 所示。

代码清单 12-1 Watch Select 脚本

```
using System.Collections;
using System.Collections.Generic;
using UnityEngine;
public class WatchSelect : MonoBehaviour
{
    //1.定义3个手表模型对象
    public GameObject watchModel1;
    public GameObject watchModel2;
    public GameObject watchModel3;

    //初始化方法
    void Start()
    {

    }
    //2.当手表模型1对应的按钮被触碰时
    public void Watch1ButtonTouched()
    {
        //显示模型1
        watchModel1.SetActive(true);
        watchModel2.SetActive(false);
        watchModel3.SetActive(false);
    }

    //3.当手表模型2对应的按钮被触碰时
    public void Watch2ButtonTouched()
    {
        //显示模型2
        watchModel1.SetActive(false);
        watchModel2.SetActive(true);
        watchModel3.SetActive(false);
    }
    //4.当手表模型3对应的按钮被触碰时
    public void Watch3ButtonTouched()
    {
        //显示模型3
        watchModel1.SetActive(false);
        watchModel2.SetActive(false);
        watchModel3.SetActive(true);
    }
}
```

接着，我们需要分别为 3 个按钮对象添加对应的响应事件。

在 Hierarchy 视图中选择 watch1 对象，之后在 Inspector 视图中的 On Click() 处设置响应对象为 WatchSelect，设置响应事件为 WatchSelect.Watch1ButtonTouched，如图 12-35 所示。

图 12-35　设置 watch1 对象的响应事件

用类似的方式为 watch2 和 watch3 对象设置响应事件。

12.4.8　编译运行

在设备上进行编译运行的操作和 12.2.2 节中所描述的方法几乎一样，这里不再赘述。

12.5　将游戏应用发布到 App Store 和安卓应用市场

在本节中，我们将介绍如何将 AR 游戏应用发布到苹果 App Store 和安卓应用市场。

1. 将游戏应用发布到 App Store

开发者首先需要到苹果开发者官网申请一个开发者账号，可以选择个人或企业账号。官网地址为 https://developer.apple.com/develop/。

关于上传 iOS 应用的详细过程，限于篇幅这里不再赘述，开发者可以在苹果官方开发者网站获取更为详细的信息。

2. 将游戏应用发布到安卓应用市场

相比发布到苹果 App Store，将游戏发布到安卓应用市场更简单。开发者通常可以选择当前排名最靠前的安卓应用市场，如腾讯应用宝、360 手机助手、小米应用商店、华为应用商店、百度手机助手、91 手机助手、豌豆荚、安智等商城。

关于在各大安卓应用市场上架应用的流程，开发者可以自行在百度直接搜索，这里不再赘述。

12.6　本章小结

本章主要学习了目前最为热门的 AR SDK——Vuforia SDK。首先我们了解了 Vuforia 的基本信息，包括其功能模块、特性、工具及资源等，接着用一个小项目详细说明如何使用 Unity 和 Vuforia SDK 开发一款 AR 应用，最后简单介绍了 AR 应用的发布渠道，主要包括苹果 App Store 和安卓应用市场。

在下一章中，我们将介绍另一款功能强大的 AR SDK。

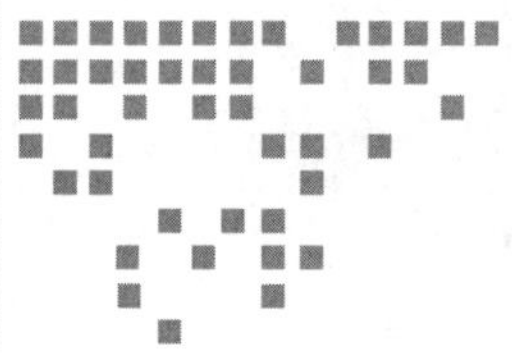

Chapter 13 第 13 章

实战：使用 AR Foundation 开发跨平台 AR 塔防游戏

在本章中，我们将一起学习 AR Foundation、苹果 iOS 平台的 ARKit SDK 和安卓平台的 ARCore。在了解 AR Foundation 的基本作用后，我们将基于 AR Foundation 开发一款简单的 AR 应用。

13.1 AR Foundation 简介

自从 2017 年苹果推出 ARKit 以来，各大设备平台相继推出自家的 AR 开发工具包，其中包括 Google 推出的针对安卓平台的 ARCore、微软针对 HoloLens 开发的 HoloLens SDK 等。

作为一款支持跨平台开发的 3D 引擎，Unity3D 通过 XR 工具包提供了对各类 AR 平台的支持，如表 13-1 所示。

表 13-1 Unity3D 的 XR 相关工具包

工具包名称	作用描述
AR Foundation	Unity3D 推出的跨平台 API 允许开发者将 AR 应用部署到手持或可穿戴 AR 设备上，支持包括 ARKit、ARCore、Magic Leap、HoloLens1、HoloLens 2 等平台
AR Subsystems	提供了访问 Unity3D 子系统的接口，包括射线、摄像机和面部追踪等。这些子系统通过平台特定的 AR 资源包（ARKit XR Plugin、ARCore XR Plugin）来实现
ARCore XR Plugin	可以实现对 ARCore 的支持

（续）

工具包名称	作用描述
ARKit XR Plugin	可以实现对 ARKit 的支持
ARKit Face Tracking	可以实现对面部追踪的支持
Magic Leap XR Plugin	可以实现对 Magic Leap 的支持
Windows XR Plugin	可以实现对 Windows MR 的支持
XR Interaction Toolkit	可以实现所有支持平台上常用的 AR/VR 交互方式
XR Legacy Input Helpers	提供了用于构建 XR 项目的多个辅助工具
XR Management	用于加载和管理目标平台的 XR SDK

与此同时，为了方便跨平台开发，Unity3D 专门开发了一款名为 AR Foundation 的工具包。通过使用 AR Foundation，我们只需开发一次就可以将应用部署到多种 AR 平台，包括 ARKit、ARCore、Magic Leap 以及 HoloLens 1 代和 2 代产品。

为了方便开发者将开发的 AR 应用快速部署到多个平台，Unity3D 推出了 AR Foundation 工具包。需要注意的是，它的作用是给 Unity3D 开发者提供访问特定平台 AR SDK 的接口，自身并不实现任何 AR 功能。

为了在目标平台上开发 AR 应用，我们还需要针对特定平台使用不同的工具包。比如针对苹果的 iOS ARKit，我们需要使用 ARKit XR Plugin 工具包；而针对安卓平台的 ARCore，我们需要使用 ARCore XR Plugin 工具包。

AR Foundation 包含一系列 MonoBehaviour 和 API，并通过不同平台的 AR SDK 的共同作用实现以下 AR 功能。

1）空间追踪（World Tracking）：追踪设备在真实的物理空间的位置和朝向。

2）平面检测（Plane Detection）：检测真实世界中的水平和竖直平面。

3）点云（Point Cloud）：也称特征点，这个概念来自三维重建领域。简单来说，点云指的是通过测量设备（相机或激光扫描仪）获取的物体表面的点数据集合，通常包括三维坐标、颜色信息、激光反射强度等。通过处理点云信息，我们可以实现对物体的三维模型重建。

4）锚点（Anchor）：设备检测到的任意位置和朝向信息。

5）光线估计（Light Estimation）：对真实世界中的色温和亮度进行估算。

6）环境探头（Environment Probe）：通过生成一个环境反射贴图，模仿真实物理空间的某个特定区域。

7）面部追踪（Face Tracking）：检测和追踪人的脸部。

8）图像追踪（Image Tracking）：检测和追踪 2D 图像。

AR Foundation 由 AR 子系统构成。在 Unity3D 中，与 AR 相关的子系统由 AR Subsystems 工具包定义，并使用命名空间 UnityEngine.XR.ARSubsystems。每个子系统用于实现不同的功能。

AR Foundation 中有一个“提供者”的概念，用于对某个子系统的具体实现。举例来说，ARCore XR Plugin 资源包包含 ARCore 对多个 AR 子系统的具体实现。

因为不同的提供者支持不同的功能，所以每个子系统有一个描述器（Descriptor），以便说明它支持具体哪一种特性。举例来说，XRPlaneSubstemDescriptor 中的属性用于设置支持水平或垂直平面检测。

13.2 iOS ARKit 简介

在本节中，我们将一起了解苹果 iOS 系统中非常重要的开发工具 ARKit。其是苹果 AR 生态中不可或缺的一环。

13.2.1 什么是 ARKit

美国当地时间 2017 年 6 月 5 日上午 9 点，苹果全球开发者大会（WWDC 2017）在加州 San Jose 召开。Tim Cook 在 iOS10 环节宣布推出 ARKit——一款全面支持 AR 增强现实开发的 SDK。用 Cook 自己的话来说，苹果一夜之间成为全球最大的 AR 开发平台。

苹果将 ARKit 归为 iOS 的一个框架，和 Core ML、SiriKit、HomeKit、HealthKit 等处于同一级别。但目前看来，ARKit 和 Core ML 将成为 iOS 平台中最有潜力的两个框架，甚至有望在日后成为类似 iOS 和 macOS 这样的独立生态系统。当然，前提是苹果推出了和 ARKit 及 Core ML 对应的硬件产品，就如同 WatchOS 对应着 AppleWatch，TVOS 对应着 AppleTV 一样。在当前阶段，我们暂且将 ARKit 视作 iOS 平台中的一个系统框架。在 2020 年的 WWDC 大会上，苹果推出了全新的 ARKit4，并提供了 Depth API 等极其重要的功能特性。

13.2.2 ARKit 的功能特性

ARKit 集成了设备的运动跟踪、摄像头场景捕捉、先进的场景处理，以便共同构建令人惊艳的 AR 体验，如图 13-1 所示。

图 13-1 使用 ARKit 轻松构建令人惊艳的 AR 体验

ARKit 使用视觉惯性里程计（Visual Inertial Odometry，VIO）来精确跟踪现实世界中的场景。相比于其他设备平台，ARKit 中的 VIO 可以将传感器数据和 CoreMotion 的数据融合在一起，从而提供更为精确的信息。ARKit 可以让 iOS 设备精确感知它如何在房间内移动，无须外部设备的校准。基于此特性，ARKit 支持 iOS 设备位置和运动信息的高精度模型，并在场景中使用。

基于 ARKit，iPhone 和 iPad 可以分析摄像头视图中的场景，并找到房间的水平平面。ARKit 可以检测到如桌子和地板之类的平面，还可以检测和跟踪物体。更酷的是，ARKit 可以利用摄像头传感器来估算场景中的光线强度，从而在虚拟物体上提供合适的光照。

在实际开发中，我们可以使用点击测试方法（如 ARHitTestResult 类）根据摄像头捕捉的图像找到真实世界中的表面。如果开发者在配置中启用了 planeDetection，ARKit 可以检测到摄像头所捕捉的图像中的平面，并记录其位置和大小。

当然，受限于 iOS 设备的硬件，当前的 ARKit 还不能做到完美。当前的 iOS 设备只能实现单目 SLM，因此开发者在实际开发和使用中要注意以下事项。

1）在设计 AR 产品时，一定要保证现场的光照条件。

ARKit 位置追踪功能涉及图像分析，要求摄像头可以捕捉到清晰的图像。因此，如果因为现场光照条件不好而导致摄像头无法捕捉到动作的细节，最终的用户体验肯定是糟糕的。

2）通过跟踪质量信息向用户提供反馈。

ARKit 跟踪功能要求实时监测设备的运动信息。过于剧烈的运动将导致图像模糊，从而无法追踪不同视频帧的特征点，导致跟踪质量下降。ARCamera 可提供跟踪状态信息，因此，建议开发者设计相应的 UI，向用户反馈此类信息。

3）允许 ARKit 获得足够的时间来检测平面，且在检测完成后最好禁用平面检测功能。

在实际体验的时候，平面检测可能会耗费较长时间。而且当某个平面首次被检测到时，其位置和大小信息往往是不准确的。当平面在场景中出现的时间足够长，ARKit 将会优化相关的位置和大小信息。一旦我们获取令人满意的信息，就应该关闭平面检测功能，否则 ARKit 将持续变更平面锚点的位置、大小信息。

13.2.3　ARKit 所支持的设备及平台

目前，ARKit 只支持 iOS 产品，包括 iPhone 和 iPad。预计在不久的将来，ARKit 将支持苹果全线硬件设备，包括 AppleWatch、Apple TV、Mac 电脑以及传闻中的 AR 眼镜产品。

当然，ARKit 强大的功能基于海量的计算，目前只支持 Apple A9 及以上版本的处理器。如果想查看自己的设备是否支持 ARKit，可以参考官方链接 https://developer.apple.com/library/archive/documentation/DeviceInformation/Reference/iOSDeviceCompatibility/

DeviceCompatibilityMatrix/DeviceCompatibilityMatrix.html。

不过让开发者欣慰的是，ARKit 除了支持苹果原生的开发，如搭配 Metal、SceneKit 进行原生开发之外，还支持第三方的游戏引擎，特别是 Unity3D 和 Unreal Engine。

13.3 ARCore 简介

在了解了苹果 iOS 系统中提供的 ARKit 之后，我们将了解它的主要竞争对手，也就是 Google 所推出的 ARCore。

13.3.1 什么是 ARCore

2017 年 6 月的 WWDC 上，苹果推出了面向 iOS 平台的 ARKit。2017 年 8 月，Google 宣布推出和 ARKit 对标的面向安卓平台的 AR SDK，名为 ARCore。和 ARKit 类似，ARCore 利用丰富的 API 让安卓智能手机感知环境、理解现实世界并进行交互。如今的 ARCore 不仅支持 Android 应用，还提供对 iOS 的部分功能支持。ARCore 所支持的设备和平台如图 13-2 所示。

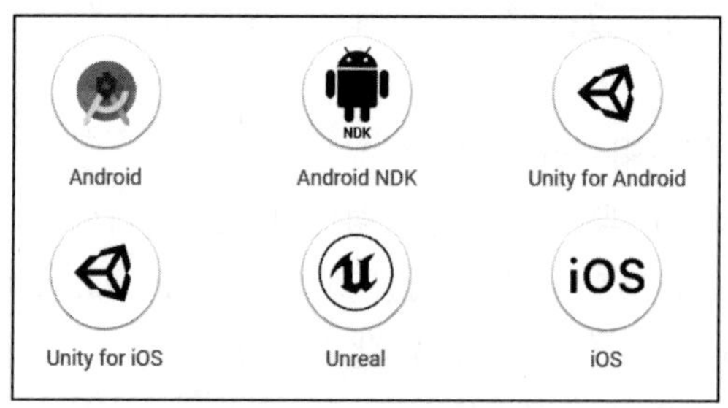

图 13-2 ARCore 所支持的设备和平台

13.3.2 ARCore 的功能特性

ARCore 具备以下功能特性。

（1）运动跟踪

当手机在现实世界中移动时，ARCore 会通过并行测距与映射（或 COM）来理解手机相对于周围环境的位置。ARCore 会检测捕获的图像中的视觉差异特征（称为特征点），并使用这些点来计算其位置变化。这些视觉信息将与设备 IMU 的惯性测量结果结合，以便估测摄像头随着时间推移相对于周围环境的姿态（位置和方向）变化。

通过将渲染 3D 内容的虚拟摄像头的姿态与 ARCore 提供的设备摄像头的姿态对齐，开发者能够从正确的透视角度渲染虚拟内容。渲染的虚拟内容可以叠加到从摄像头获取的图像上，让虚拟内容看起来就像现实世界中的一部分。

（2）环境理解

ARCore 会通过检测特征点和平面不断改进它对现实世界中环境的理解。ARCore 可以查找看起来位于常见水平或垂直表面（例如桌子或墙）的成簇特征点，并将这些表面当作应用的平面。ARCore 也可以确定每个平面的边界，并将该信息提供给应用。开发者可以使用此信息将虚拟内容置于平坦的表面上。

由于 ARCore 是通过特征点来检测平面的，因此可能无法正确检测像白墙一样没有纹理的平坦表面。

（3）光估测

ARCore 可以检测其环境光线的相关信息，并为开发者提供给定摄像头获取的图像的平均光强度信息和色彩校正功能：ARCore 通过提供与周围环境相同的光照来照亮虚拟物，提升它们的真实感。

（4）用户交互

ARCore 通过命中测试来获取对应于手机屏幕的（x, y）坐标（通过点按或您希望应用支持的任何交互功能提供），并将射线投影到摄像头视野范围内，返回这条射线贯穿的任何平面以及物体在现实世界中的姿态，以便用户选择虚拟环境中的物体或者与它们互动。

（5）定向点

借助定向点，ARCore 可以将虚拟物体置于倾斜的平面。当执行会返回特征点的命中测试时，ARCore 将查看附近的特征点并使用这些特征点估算平面相对于给定特征点处的角度，然后返回一个将该角度考虑在内的姿态。

（6）锚点和可跟踪对象

姿态会随着 ARCore 对自身位置和环境的理解而变化。当我们想要放置一个虚拟物体时，需要定义一个锚点来确定 ARCore 跟踪的虚拟物体的位置。很多时候，我们需要基于命中测试返回的姿态创建一个锚点。

平面和特征点是一种特殊类型的物体，称为可跟踪对象。顾名思义，ARCore 可以跟踪这些物体，将虚拟物体锚定到特定的可跟踪对象上，以确保虚拟物体与可跟踪对象即使在设备移动时也能保持画面稳定。

（7）增强图像

我们可以使用增强图像构建能够响应特定 2D 图像（如产品包装或电影海报）的 AR 应用。 用户可以在将手机的摄像头对准特定图像时触发 AR 体验。例如，我们可以将手机的摄像头对准电影海报，使人物弹出，然后引发一个场景。

ARCore 可用于离线编译图像，以创建图像数据库，也可以用于实时添加单独的图像。注册后，ARCore 将检测这些图像的边界，然后返回相应的姿态。

（8）共享

借助 ARCore Cloud Anchor API，开发者可以开发适用于 Android 和 iOS 设备的多人游戏应用。

通过云锚点，Android 和 iOS 设备可以将锚点和附近的特征点发送到云端进行托管，也可以将这些锚点与同一环境中的其他 Android 或 iOS 用户共享。这使应用可以渲染连接到这些锚点的相同 3D 对象，从而让用户能够同步拥有相同的 AR 体验。

13.3.3 ARCore 所支持的设备

目前，ARCore 支持的设备包括安装了 Android 7.0 或更高版本系统、ARCore SDK 的安卓智能手机或平板。

除此之外，ARCore 还支持所有运行 iOS 13.0 或更高版本的 ARKit 兼容设备。如果你想了解自己的设备是否在 ARCore 支持的范围之内，可以参考官方（https://developers.google.com/ar/discover/supported-devices）提供的信息。

13.4 你的第一款 AR Foundation 应用——Hello AR

在了解 AR Foundation、ARKit 和 ARCore 的基础知识之后，我们将借助 Unity3D 的官方模板创建一个简单的 Hello AR 应用。通过这个小项目，我们会对 AR Foundation 的使用有初步的认识。因为这个项目需要同时支持 ARKit 和 ARCore，所以需要用到 Mac 系统和 Xcode。没有 Mac 系统的读者可以只学习其中的 Android 部分。

13.4.1 开始前的准备

在学习本部分内容之前，我们首先需要准备以下软 / 硬件配置。

1）操作系统：Windows 10 或 macOS 10.15 及以上版本。

2）Unity：Unity 2019.4.x 版本。注意要选择正式稳定版。

3）代码编辑器：Visual Studio 2019 或以上版本。

4）安卓开发环境：事先配置好 Java 和安卓开发环境，具体操作不再赘述。

5）iOS 开发环境：在 Mac 电脑上安装好 Xcode 的最新正式版本，请注意切勿安装 Beta 版本，以免遇到无法解决的问题。

6）硬件设备：支持 ARCore 的安卓手机、ARKit 的 iPhone 或 iPad。

以上配置完成以后，我们就可以开始进入正式的学习了。

13.4.2　下载并打开官方示例项目

首先在浏览器中打开页面 https://github.com/Unity-Technologies/arfoundation-samples。

这里需要注意的是，对于不同的 Unity 版本，我们应选择不同的分支版本。由于本章选择的是 Unity 2019.4.x 版本，因此对应的分支版本应该是 2.1。你需要手动将 Unity 版本切换到 2.1，如图 13-3 所示。

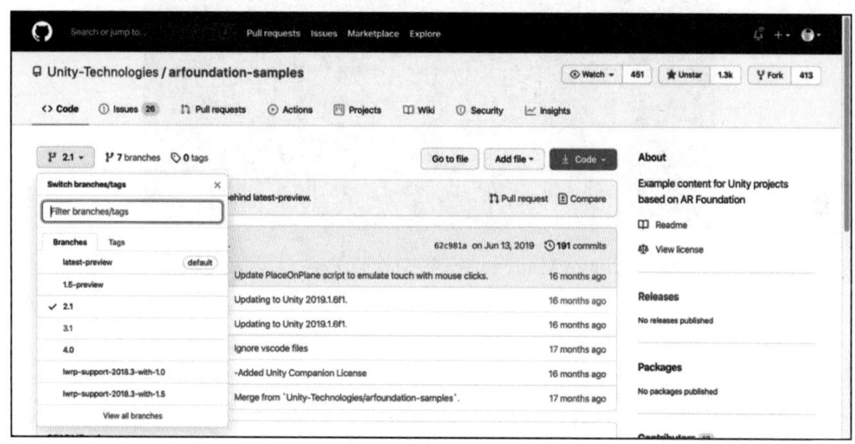

图 13-3　切换到 Unity 分支版本 2.1

点击 Code 按钮，选择 Download ZIP，下载官方提供的 AR Foundation 示例项目。

打开 Unity Hub，点击右上角的“添加”按钮，选择解压缩后的 arfoundation-samples-master 项目，并将下载的项目添加到 Unity Hub 中。注意，如果 Target Platform 中没有指定平台，我们需要手动设置。设置完成后，双击项目名称即可在 Unity3D 中打开。

13.4.3　下载并导入所需的资源包

在编辑器中依次选择主菜单上的 Windows → Package Manager 命令，然后在 Package Manager 界面的 All packages 区域检查 AR Foundation、AR Subsystems、ARCore XR Plugin 和 ARKit XR Plugin 这 4 个插件是否已安装且升级到最新版本，如图 13-4 所示。

1. 打开 SimpleAR 场景

在 Project 视图中找到 Assets/Scenes/SimpleAR 目录下的 SimpleAR 场景，如图 13-5 所示。

双击将其打开，可以看到在 Hierarchy 视图中与 AR 相关的对象主要是 AR Session 和 AR Session Origin。其中，AR Session 用于启用或关闭 AR 效果，AR Session Origin 中有一个子对象 AR Camera，用于控制 AR 的显示，如图 13-6 所示。

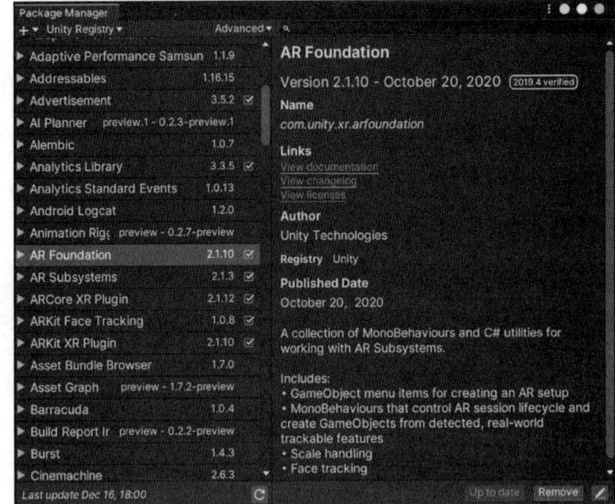

图 13-4　在 Package Manager 视图中检查是否已安装对应的工具包

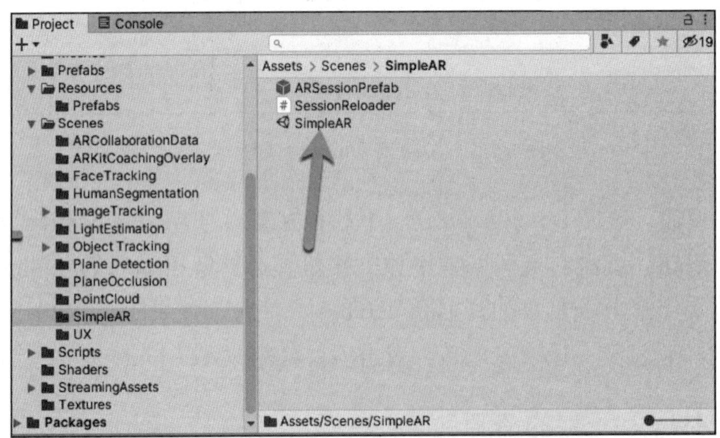

图 13-5　在 Project 视图中的 SimpleAR 场景

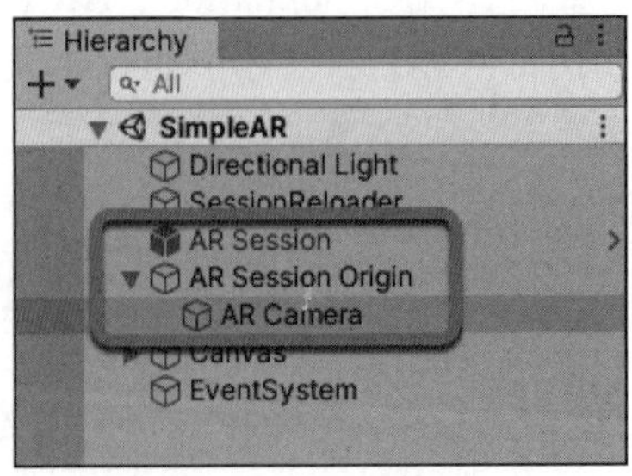

图 13-6　在 Hierarchy 视图中与 AR 相关的对象

2. 在 iOS 设备上进行测试

从 Unity 编辑器的顶部菜单栏中依次选择 File → Build Settings 命令，进入项目编译设置界面。在项目编译设置界面左侧的 Platform 列表中选择目标平台为 iOS，然后点击 Switch Platform 按钮切换到 iOS 设备的调试设置界面，如图 13-7 所示。

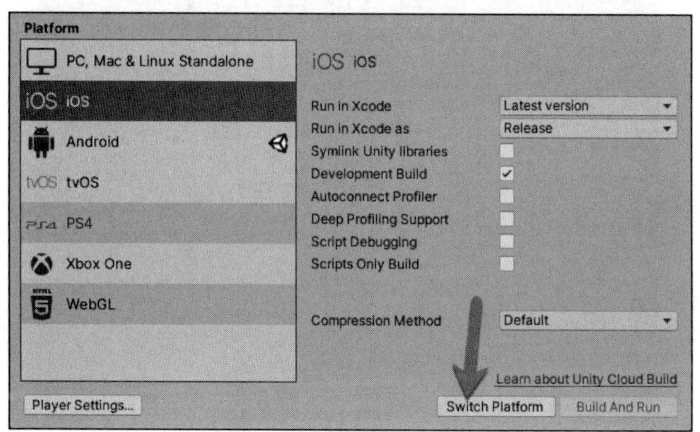

图 13-7　切换到 iOS 平台

切换完成后记得在 Build Settings 界面上部的 Scenes In Build 中勾选 Scenes/SimpleAR/SimpleAR 复选框，如图 13-8 所示。

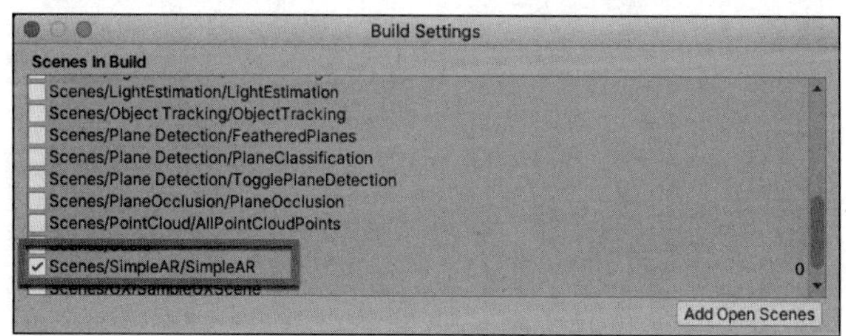

图 13-8　勾选 Scenes/SimpleAR/SimpleAR 复选框

完成后，点击 Build Settings 界面右下角的 Build 按钮，如图 13-9 所示。

在弹出的对话框中输入 HelloAR 作为项目名称，并选择项目的存放位置，如图 13-10 所示。

此时，Unity3D 会将当前项目保存为一个 iOS 项目，并自动在 Xcode 中将其打开。

接下来，我们需要在 Xcode 中进行配置。首先从 Xcode 的顶部工具栏中选择测试用的 iOS 设备，如图 13-11 所示。

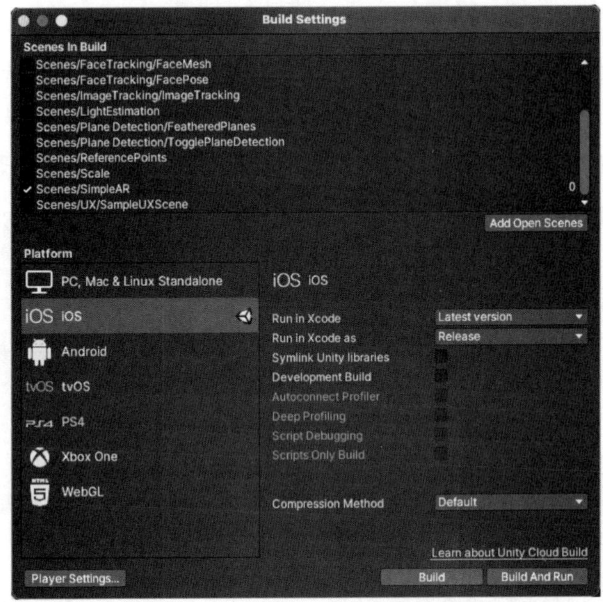

图 13-9　点击 Build 按钮编译项目

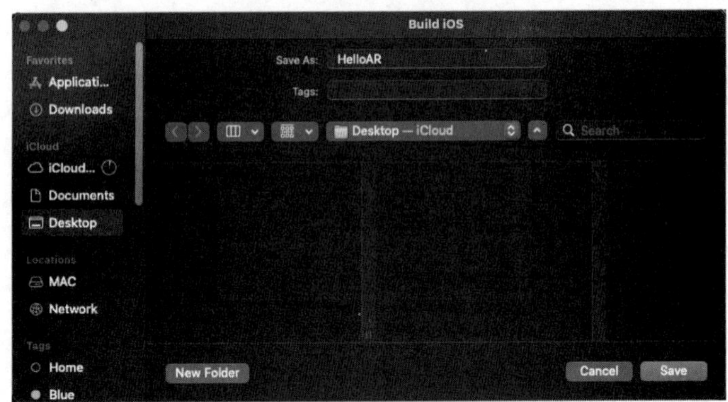

图 13-10　选择项目存放位置

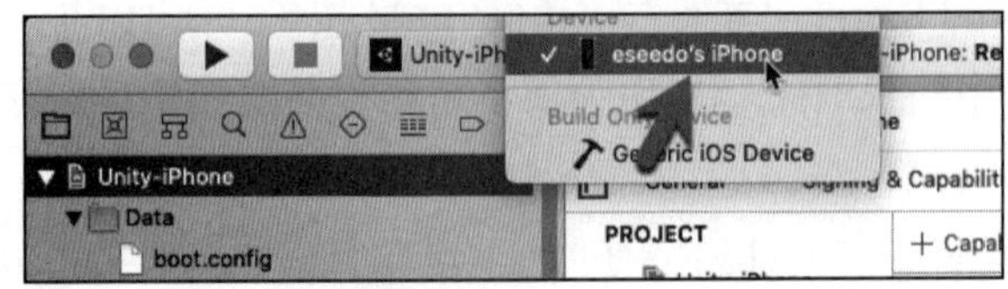

图 13-11　在 Xcode 顶部工具栏中选择测试用的 iOS 设备

接着配置测试用的证书。点击 TARGETS 下的 Unity-iPhone，切换到 Signing & Capabilities 面板，然后在 Signing 下勾选 Automatically manage signing 复选框，此时会弹

出对话框，选择 Enable Automatic 选项即可。

完成后，在 Team 下拉框选择自己的开发者账户，如图 13-12 所示。

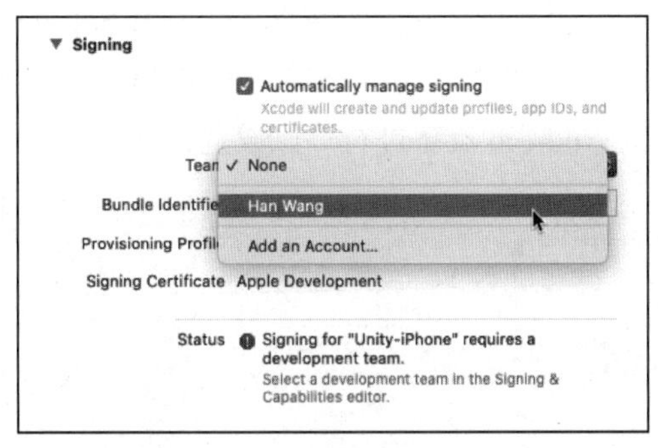

图 13-12　选择苹果开发者账户

全部设置完成后，点击工具栏顶部的右三角符号即可在设备上进行测试。

注意，在执行这一步操作前一定要将 iPhone 或者 iPad 连接到自己的 Mac 电脑上。

手机启动应用后首先会请求相机的使用权限，一定要选择“确认”，否则 AR 应用就完全没有作用了。进入应用后，将手机后置摄像头对准桌面或地面等平面，然后点击检测到的平面，就会有一个小方块出现在所触碰的区域，如图 13-13 所示。

图 13-13　iPhone 上的场景运行效果

3. 在 Android 设备中进行测试

接下来，我们将在 Android 设备上进行测试。

从 Unity 编辑器的顶部菜单栏中依次选择 File → Build Settings 命令，进入项目编译设置界面。在项目编译设置界面左侧的 Platform 列表中选择目标平台为 Android，然后点击 Switch Platform 按钮切换到 Android 设备进行调试设置，如图 13-14 所示。

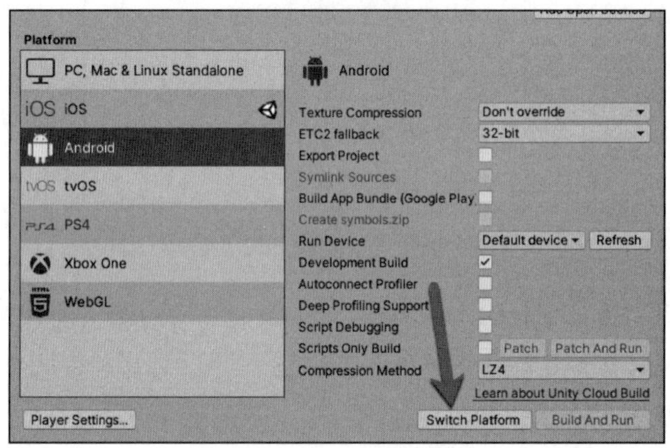

图 13-14 切换到 Android 设备进行调试设置

在当前界面点击 Player Settings 按钮，进入相关的设置界面，并更改 Package Name 和 Minimum API Level。其中，Package Name 使用倒转域名的命名方法，Minimum API Level 设置为 Android 9.0，如图 13-15 所示。

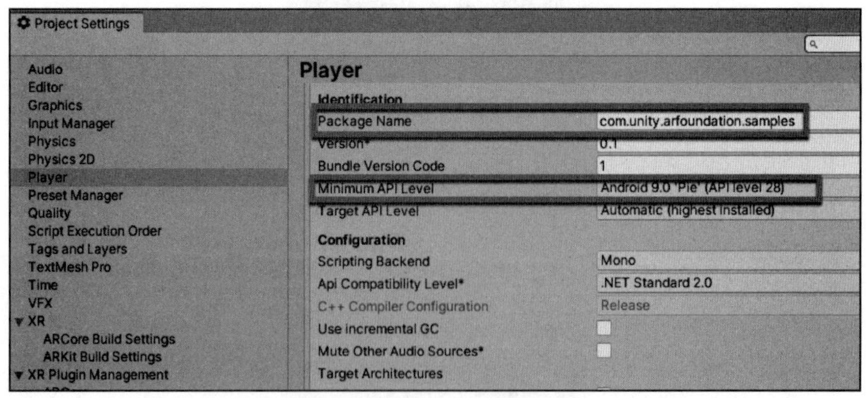

图 13-15 更改 Package Name 和 Minimum API Level

设置完成后返回项目设置界面，点击 Build And Run，就可以在安卓设备上查看运行效果了。

简单总结几个常见的问题。

1）在 Unity3D 项目中没有通过 Package Manager 下载最新的工具包；

2）所使用的测试设备不支持 ARKit 或 ARCore；

3）测试环境的光线不充足，导致无法达到理想效果。

13.5 实战：跨平台 AR 塔防游戏 ARDefense 的设计与实现

在本节中，我们将基于 ARFoundation 开发一款跨平台的 AR 塔防游戏 ARDefense，并进一步熟悉 ARFoundation 的用法。

13.5.1 ARDefense 的设计

很多玩家都体验过电脑或手机版的定点塔防游戏。相比其他类型的游戏，塔防类游戏属于轻度娱乐。玩家可以在比较短的时间内完成挑战，也可以长时间挑战更大的目标。

ARDefense 是一款标准的定点塔防游戏。游戏故事发生在 2028 年，因为某种未知的原因，茫茫宇宙中的时空之门被打破，大量的外星人乘飞船通过时空之门穿越到地球，并开始地球资源的争夺。你作为地球军队的一员，需要和这些外星人飞船作战。

游戏规则非常简单，具体如下。

1）玩家首先根据自己周围的环境设置好基地所在的位置，并触碰屏幕上的按钮放置基地。

2）游戏开始后，外星飞船会源源不断地向基地飞来。每当外星飞船撞到基地的时候，基地的能量值会减少。当基地能量值减为 0 的时候，游戏失败。

3）玩家可以用手触碰屏幕，发射炮弹消灭外星飞船。

4）如果在设定的时间内（比如 30 秒）基地没有被外星飞船摧毁，玩家就取得了胜利。

5）无论游戏失败或胜利，玩家都可以选择重新再玩。

13.5.2 开始前的准备

在学习本部分内容之前，我们首先需要准备以下软 / 硬件配置。

1）操作系统：Windows 10 或 macOS 10.15 及以上版本。

2）Unity：Unity 2019.4.x 版本。注意，要选择版本号添加了 f1 后缀的正式稳定版。

3）代码编辑器：Visual Studio 2019 或以上版本。

4）安卓开发环境：事先配置好 Java 和安卓开发环境，具体操作不再赘述。

5）iOS 开发环境：在 Mac 电脑上安装好 Xcode 的最新正式版本。请注意切勿安装 Beta 版本，以免遇到无法解决的问题。

6）硬件设备：支持 ARCore 的安卓手机一部、支持 ARKit 的 iPhone 或 iPad。

以上配置完全就绪以后，我们就可以开始进入正式的学习了。

13.5.3 创建新项目并导入所需资源

对于 AR/VR 类项目，为了省掉部分耗时、耗力且容易出错的项目设置工作，我们通常会选择基于官方或第三方模板进行修改。

对于 ARDefense 这款游戏，我们将基于第三方模板来创建。打开浏览器，输入网址 https://github.com/fariazz/ARFoundationPlacementIndicator，在打开的页面中点击 Code 按钮，选择 Download ZIP 并下载，得到一个 ARFoundationPlacementIndicator-master.zip 文件。

将其解压缩到某个常用的目录，然后打开 Unity Hub，点击 Add 按钮，选择该项目的存放地址，就可以将其添加到 Unity Hub 的项目清单。

在 Unity 中打开项目后，首先要做的就是检查 ARFoundation 的相关插件是否已安装，这里不再赘述。接着，我们需要导入所需要的美术和音效资源。在对应的资源文件中找到 Cha13Resources.unitypackage 文件，将其拖到 Project 视图中的 Assets 目录下，点击 Import，即可导入本章所需的相关游戏资源。

为了确保一切准备就绪，可以先打开 DemoScene，然后点击 File-Build Settings，切换到自己要测试的平台，并在 Player Settings 中进行相关设置。设置完成后点击 Build，生成 Xcode 项目或 apk 文件，进而在 iPhone/iPad 或安卓设备上进行测试。

到目前为止，该项目只会在检测到的平面上显示一个蓝色光环，如图 13-16 所示。

图 13-16 默认项目场景的测试效果

13.5.4　放置基地

接着，我们要做的就是在现实世界中放置基地。

为此，我们需要添加一个简单的 UI。具体来说，我们将添加一个按钮。在游戏开始后，当设备检测到现实世界中的平面时，点击该按钮，从而将基地放置到场景之中。

在 Hierarchy 视图中右击，在弹出的快捷菜单中添加一个 Button-TextMeshPro 按钮对象，并将其更名为 Btn_PlaceBase。接着在 Inspector 视图中调节按钮的大小和位置，并设置其锚点。相关的设置请参考图 13-17。

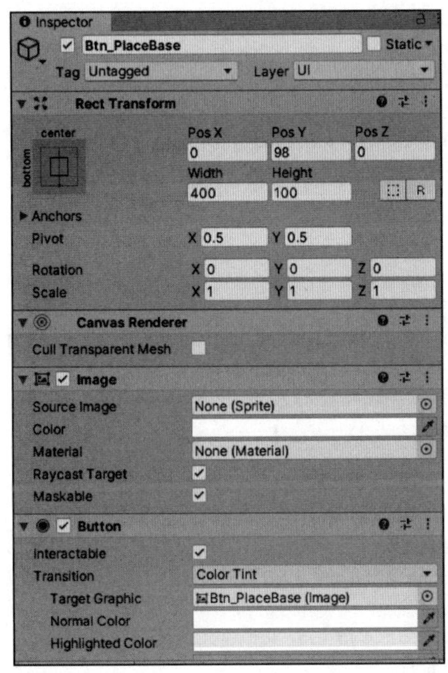

图 13-17　设置 Btn_PlaceBase 按钮的属性

接着更改按钮附属的文本内容，在 Inspector 视图中将 Text 设置为 Place Core，将 Font Size 设置为 50。

有了按钮之后，我们还需要设置对应的响应对象和事件。为此，在 Hierarchy 视图中选择 AR Camera，然后在 Inspector 视图中点击 Add Component 按钮，从下拉列表框中选择 New Script 选项，并将其更名为 UIManagerScript，进而创建一个全新的脚本组件。

双击在 Visual Studio 中打开该脚本，并更改其中的代码，如代码清单 13-1 所示。

代码清单 13-1　在现实世界中放置基地

```
using System.Collections;
using System.Collections.Generic;
```

```
using UnityEngine;

public class UIManagerScript : MonoBehaviour
{
    //定义两个变量，用于访问基地对象以及放置基地按钮
    public GameObject core;
    public GameObject placeCoreButton;

    //定义一个变量，用于访问PlacementIndicator，也就是现实世界中的平面标记
    private PlacementIndicator placementIndicator;
    //创建一个静态变量，方便在其他类中访问
    public static UIManagerScript instance;
    private void Awake()
    {
        instance = this;
    }
    // 初始化方法
    void Start()
    {
        //默认情况下，禁用基地对象
        core.SetActive(false);

        //获取平面标识
        placementIndicator = FindObjectOfType<PlacementIndicator>();
    }
    //放置基地对象
    public void PlaceCore()
    {
        //激活基地对象
        core.SetActive(true);
        //设置基地对象的位置
        core.transform.position = placementIndicator.transform.position;
        //禁用平面标识
        placementIndicator.gameObject.SetActive(false);
        //禁用放置基地按钮
        placeCoreButton.SetActive(false);
    }
}
```

代码更改完成后，回到 Unity 编辑器。接下来，我们需要将按钮与代码关联起来。

在 Hierarchy 视图中选择 Btn_PlaceBase 对象，在 Inspector 视图中的 On Click() 处点击“+”按钮添加一个事件响应。将响应对象设置为 AR Camera，将事件设置为 UIManagerScript.PlaceCore，如图 13-18 所示。

有了按钮和事件响应机制，我们还需要在场景中添加基地对象。

在 Hierarchy 视图中右击，在弹出的快捷菜单中选择 Create Empty 命令，创建一个空对象，并将其命名为 Core。然后在 Project 视图中的 Assets 目录下搜索并找到 BaseStation，

将其拖到 Core 的子对象下。根据基地的大小，在 Inspector 视图中手动调整 Scale。为了调整其大小到合适的程度，我们可以在场景中添加一个空的 Cube 对象。对具体调整数值不清楚的读者可以参考本章示例项目中的相关数值。

最后在 UIManagerScript 组件中设置 Core 和 Place Core Button，如图 13-19 所示。

图 13-18　设置按钮事件

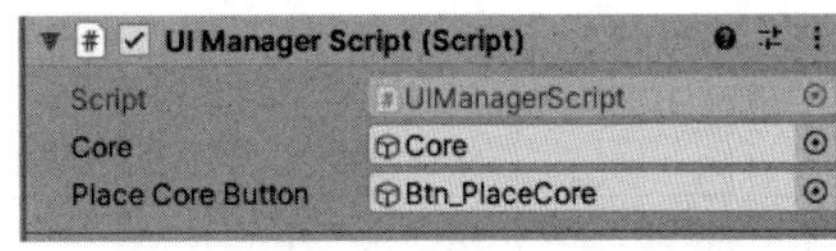

图 13-19　设置 Core 和 Place Core Button

至此，放置基地的任务全部完成。

13.5.5　添加游戏的核心逻辑机制

在游戏设计环节，我们提到游戏的核心逻辑是：抵抗外星飞船的进攻 30 秒，如果期间基地的生命值下降为 0，游戏结束。

为此，我们需要在基地对象上添加新的 UI 对象，以显示基地生命值。同时在原有的 UI 上添加剩余的抵抗时间，以及赢得游戏和输了游戏后的画面。

此外，我们还需要为基地对象添加一个脚本组件，用于处理游戏的核心逻辑。

1）添加 UI 对象，以显示基地生命值。在 Hierarchy 视图中右击 Core 对象选择 Canvas，然后创建一个 TextMeshPro 子对象，将其命名为 HealthText，并更改文本内容为 HP:100。

2）添加 UI 对象，以显示剩余的抵抗时间。在 Hierarchy 视图中右击 Canvas 对象（非 Core 对象的子对象）创建一个 TextMeshPro 对象，将其命名为 DefendTimeText，更改文本内容为 Defend for 30s，并适当调整字体大小及其他属性。

3）添加 UI 对象，以显示赢得游戏后的显示画面。

① 在 Hierarchy 视图中右击 Canvas 对象创建一个 Image 对象，将其命名为 WinScreen，设置 Width 和 Height 分别为 452 和 274。

② 右击 WinScreen，添加三个 UI 子对象，包括 Image 子对象、TextMeshPro 子对象和 Button-TextMeshPro 子对象。

③ 将 Image 子对象更名为 BG，根据自己的需要设置背景图片和颜色。

④ 将 TextMeshPro 子对象更名为 HeaderText，更改文本内容为 You Win!，适当调整字体大小及其他属性。

⑤ 将 Button_TextMeshPro 子对象更名为 RestartButton，更改附属文本内容为 Restart。

4）添加 UI 对象，以显示游戏失败后的画面。选中 WinScreen 对象右击，选择 Duplicate，将其更名为 LoseScreen，然后将 HeaderText 的文本内容更改为 You Lose!。

5）隐藏游戏结束后的画面。在 Hierarchy 视图中选择 WinScreen 和 LoseScreen，然后在 Inspector 视图中取消勾选，从而在正常状态下不予显示游戏结束后的画面。

6）添加代码，用于处理游戏的核心逻辑。

在 Hierarchy 视图中选中 Core 对象，在 Inspector 视图中点击 Add Component 按钮，从下拉列表框中选择 New Script 选项，进而创建一个新的脚本组件，并将其命名为 CoreLogic。双击在 Visual Studio 中将其打开，并更改其中的代码，如代码清单 13-2 所示。

代码清单 13-2　CoreLogic 脚本

```
using System.Collections;
using System.Collections.Generic;
using UnityEngine;
using TMPro; //导入TextMeshPro相关的命名空间
using UnityEngine.SceneManagement; //导入场景管理的命名空间

public class CoreLogic : MonoBehaviour
{

    public int health; //基地对象的生命值
    public float defendTime; //要抵抗的时间
    private float curDefendTime; //剩余的抵抗时间
    public TextMeshProUGUI healthText;//用于显示生命值的文本对象
    public TextMeshProUGUI defendTimeText;//用于显示剩余抵抗时间的文本对象
    public GameObject winScreen;//赢得游戏后的界面
    public GameObject loseScreen;//游戏失败后的界面
    public bool gameOver; //判断游戏是否结束
    private Camera cam;//创建到主摄像机的引用
    // 创建静态实例对象
    public static CoreLogic instance;
    void Awake() { instance = this; }
    void Start()
    {
        //设置并显示初始生命值
        healthText.text = "Hp: " + health;
        //获取主摄像机
        cam = Camera.main;
        //设置初始抵抗时间
        curDefendTime = defendTime;
    }
    void Update()
    {
        //旋转基地生命值文本朝向主摄像机
        healthText.transform.rotation = Quaternion.LookRotation(healthText.
            transform.position - cam.transform.position);
        //如果游戏结束，则返回
        if (gameOver)
            return;
        //更新剩余抵抗时间和当前时间
```

```
        defendTimeText.text = "Defend for " + Mathf.RoundToInt(curDefendTime) + "s";
        curDefendTime -= Time.deltaTime;
        //如果剩余抵抗时间小于等于0，赢得游戏
        if (curDefendTime <= 0.0f)
        {
            WinGame();
        }
    }
    //当外星飞船攻击基地时调用该方法
    public void TakeDamage(int damage)
    {
        //减少基地生命值
        health -= damage;
        //更新基地生命值显示文本
        healthText.text = "Hp: " + health;
        //如果基地生命值小于等于0，则游戏失败
        if (health <= 0)
            GameOver();
    }
    //赢得游戏时调用该方法
    void WinGame()
    {
                gameOver = true;//设置游戏状态为结束
        winScreen.SetActive(true);//显示赢得游戏的界面
    }
    //游戏失败时调用该方法
    void GameOver()
    {
        gameOver = true;//设置游戏状态为结束
        loseScreen.SetActive(true);//显示游戏失败的界面
    }
    //当玩家按下Restart按钮时，调用该方法
    public void RestartGame()
    {
       //重新加载当前界面
      SceneManager.LoadScene(SceneManager.GetActiveScene().buildIndex);
    }
}
```

为了方便大家理解代码，我们在以上代码中添加了大量的注释行。限于篇幅，这里就不再赘述每一行代码的作用。

添加代码后返回 Unity 编辑器，我们需要在 Inspector 视图中设置 Core Logic 组件相关参数，如图 13-20 所示。

至此，游戏的核心逻辑已经添加。当然，我们在后续步骤中会根据需要添加一些代码。在进行下一步之前，切记设置 RestartButton 的响应对象和事件，如图 13-21 所示。

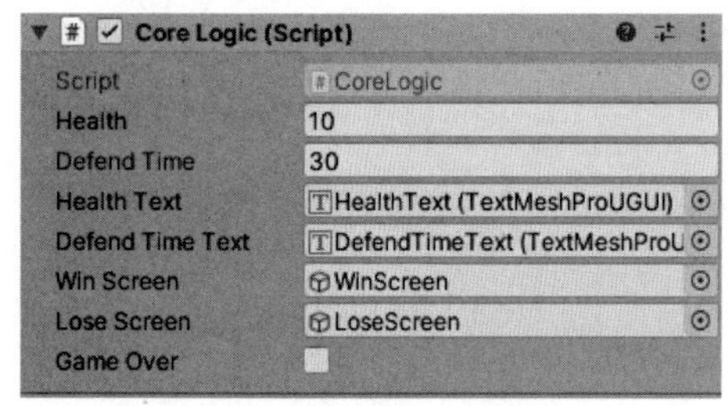

图 13-20 设置 Core Logic 组件的相关参数

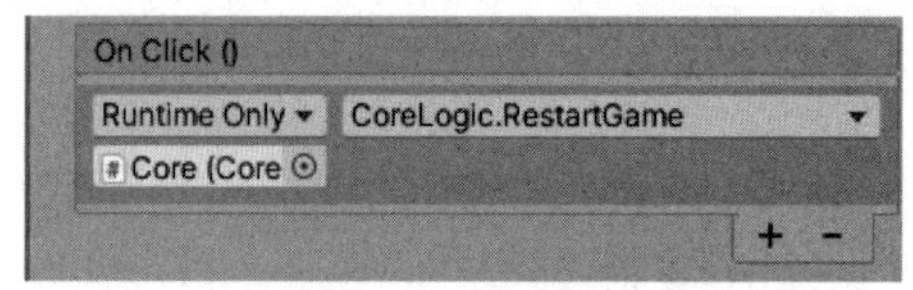

图 13-21 设置 RestartButton 的响应对象和事件

13.5.6 外星飞船来袭

到目前为止，我们已经可以成功地在现实世界中放置了基地，而且设置了游戏的核心逻辑。接着，我们需要实现外星飞船来袭的效果。

虽然最后我们将用代码随机生成外星飞船，但为了调整外星飞船的各种属性，比如大小、朝向等，还需要先在场景中进行设置。

在 Hierarchy 视图中右击，创建一个空对象，将其命名为 EnemyShip，并在 Inspector 视图中将 Transform 属性重置。

从 Project 视图中找到 Assets/StarSparrw/Prefabs 中的 StarSparrow1 对象，将其拖动为 EnemyShip 的子对象，并重置 Transform 属性。可以看到，StarSparrow1 对象太大，需要手动调整 Scale 到合理的数值，比如 0.05。

接着为 EnemyShip 添加一个 Box Collider 对象，并手动调整其大小到合适的程度。此外，还需要勾选 Is Trigger 复选框，如图 13-22 所示。

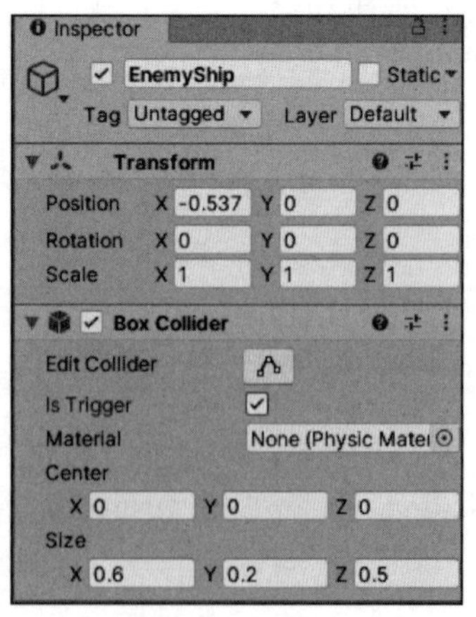

图 13-22 设置 Box Collider 属性

继续在 Hierarchy 视图中选中 EnemyShip，在 Inspector 视图中点击 Add Component 按

钮，从下拉列表框中选择 New Script 选项，进而创建一个新的脚本组件，并将其命名为 EnemyShipScript。

然后将 Hierarchy 视图中的 EnemyShip 对象拖到 Project 视图的 Prefabs 目录下，创建一个新的 Prefab 预设体。

双击在 Visual Studio 中打开 EnemyShipScript 脚本，并更改其中的代码，如代码清单 13-3 所示。

代码清单 13-3 EnemyShipScript 脚本

```
using System.Collections;
using System.Collections.Generic;
using UnityEngine;

public class EnemyShipScript : MonoBehaviour
{
    //定义外星飞船的生命值和伤害值
    public int health = 3;
    public int damage = 1;
    //定义外星飞船的移动速度和攻击范围
    public float moveSpeed;
    public float attackRange;
    void Update()
    {
        // 计算外星飞船和基地之间的距离
        float dist = Vector3.Distance(transform.position, CoreLogic.instance.
            transform.position);
        if (dist > attackRange)
        {
            transform.position = Vector3.MoveTowards(transform.position,
                CoreLogic.instance.transform.position, moveSpeed * Time.deltaTime);
        }
        else
        {
            CoreLogic.instance.TakeDamage(damage);
            Destroy(gameObject);
        }
        //调整朝向，始终朝向基地对象
        transform.LookAt(CoreLogic.instance.transform);
    }
    //当飞船被玩家的炮弹击中时，减少其生命值
    public void TakeDamage()
    {
        health--;
        if (health == 0)
            Destroy(gameObject);
    }
}
```

至此，外星飞船已经就绪。接着，我们需要在适当的时候让其出现在场景之中，但在此之前需要将其从场景中删除。

接着在 Hierarchy 视图中选择 ARCamera，在 Inspector 视图中点击 Add Component 按钮，从下拉列表框中选择 New Script 命令，并将其命名为 EnemySpawner，进而创建一个新的脚本组件。双击在 Visual Studio 中将其打开，并更改其中的代码，如代码清单 13-4 所示。

代码清单 13-4　EnemySpawner 脚本

```
using System.Collections;
using System.Collections.Generic;
using UnityEngine;

public class EnemySpawner : MonoBehaviour
{
    public GameObject enemyPrefab;//外星飞船预设体
    public float spawnDistance; //用来保存飞船生成点的距离
    public float startSpawnRate;//开始生成飞船
    public float minSpawnRate;//生成飞船的最小间隔
    public float timeToMinSpawnRate;//转换率
    private float spawnRateMod;//生成飞船的间隔转换值
    private float lastSpawnTime;//上一次生成飞船的时间
    private float spawnRate;//生成飞船的间隔
    public bool canSpawnEnemies;//是否生成飞船
    // 实例变量
    public static EnemySpawner instance;
    void Awake () { instance = this; }
    void Start ()
    {
        //设置初始值
        spawnRate = startSpawnRate;
        spawnRateMod = (minSpawnRate - startSpawnRate) / timeToMinSpawnRate;
    }
    void Update ()
    {
        //判断是否生成飞船
        if(!canSpawnEnemies)
            return;
        // 每当间隔时间超过设置值时，生成一艘新的飞船
        if(Time.time - lastSpawnTime >= spawnRate)
            SpawnEnemy();
        //随时间推移增大生成频率
        if(spawnRate > minSpawnRate)
            spawnRate -= spawnRateMod * Time.deltaTime;
    }
    // 在随机位置生成飞船
    void SpawnEnemy ()
    {
```

```
        lastSpawnTime = Time.time;
        Vector3 spawnCircle = Random.onUnitSphere;
        spawnCircle.y = Mathf.Abs(spawnCircle.y);
        Vector3 spawnPos = CoreLogic.instance.transform.position + (spawnCircle
            * spawnDistance);
        Instantiate(enemyPrefab, spawnPos, Quaternion.identity);
    }
}
```

以上代码在关键位置增加了代码注释。限于篇幅，这里不对每一行代码的作用详细解释。读者需要重点了解的是，该代码的作用就是随着时间的推移在随机位置生成外星飞船。

这里有一个小小的问题，在游戏结束的时候，无论玩家赢还是输，都需要停止生成外星飞船。

为此，我们需要在 CoreLogic 脚本中添加对应的代码。在 Visual Studio 中打开 CoreLogic 脚本，更改 WinGame 和 GameOver 两个方法，如代码清单 13-5 所示。

代码清单 13-5　更改后的 WinGame 和 GameOver 方法

```
//赢得游戏时调用该方法
    void WinGame()
    {
        gameOver = true;//24.设置游戏状态为结束
        winScreen.SetActive(true);//25.显示赢得游戏的界面
        EnemySpawner.instance.canSpawnEnemies = false;//30.设置不生成新的外星飞船
    }
    //游戏失败时调用该方法
    void GameOver()
    {
        gameOver = true;//设置游戏状态为结束
        loseScreen.SetActive(true);//显示游戏失败的界面
        EnemySpawner.instance.canSpawnEnemies = false;//设置不生成新的外星飞船
    }
```

最后，我们应该在何时生成外星飞船呢？按照游戏的逻辑，只有当玩家放置主基地之后，才应该生成飞船。为此，我们需要更改 UIManagerScript 中的 PlaceCore 方法，如代码清单 13-6 所示。

代码清单 13-6　更改后的 PlaceCore 方法

```
//放置基地对象
    public void PlaceCore()
    {
        //激活基地对象
        core.SetActive(true);
        //设置基地对象的位置
        core.transform.position = placementIndicator.transform.position;
```

```
        //禁用平面标识
        placementIndicator.gameObject.SetActive(false);
        //禁用放置基地按钮
        placeCoreButton.SetActive(false);
        //启用生成外星飞船
        EnemySpawner.instance.canSpawnEnemies = true;
    }
```

代码修改完成后，要在 Inspector 视图中修改 Enemy Spawner 组件的参数。在 Inspector 视图中选择 AR Camera 对象，然后在 Inspector 视图中更改相关参数，如图 13-23 所示。

Enemy Spawner (Script)	
Script	EnemySpawner
Enemy Prefab	EnemyShip
Spawn Distance	2
Start Spawn Rate	1
Min Spawn Rate	0.3
Time To Min Spawn Ra	20
Can Spawn Enemies	

图 13-23 修改 Enemy Spawner 组件的参数

13.5.7 向飞船发起攻击

到目前为止，我们已经完成了几项重要任务，包括放置主基地，让外星飞船出现并向基地发起攻击，但还需要添加一个有效的反击手段来击退外星飞船。

这里采取一个比较简单的方式，也就是当玩家触碰屏幕时，朝着对应的方向发射炮弹。

在 Hierarchy 视图中选择 AR Camera 对象，点击 Add Component 按钮，从下拉列表中选择 New Script，将其命名为 Shooting，进而创建 Shooting 脚本。双击在 Visual Studio 中打开该脚本，更改其中的代码，如代码清单 13-7 所示。

代码清单 13-7 Shooting 脚本

```
using System.Collections;
using System.Collections.Generic;
using UnityEngine;

public class Shooting : MonoBehaviour
{
    public GameObject projectilePrefab; //炮弹预设体

    public float projectileSpeed;//炮弹的发射速度
    public float shootRate;//发射间隔
    private float lastShootTime;//上次发射时间
    private Camera cam; //主摄像机
    //实例变量
```

```
    public static Shooting instance;
    void Awake () { instance = this; }
    void Start ()
    {
        //获取主摄像机
       cam = Camera.main;
    }
    void Update ()
    {
        // 当玩家触碰屏幕时发射炮弹
        if(Input.touchCount > 0)
        {
            if(Time.time - lastShootTime >= shootRate)
                Shoot();
        }
    }
    //从主摄像机方向发射炮弹
    void Shoot ()
    {
        lastShootTime = Time.time;
        GameObject proj = Instantiate(projectilePrefab, cam.transform.position,
            Quaternion.identity);
        proj.GetComponent<Rigidbody>().velocity = cam.transform.forward *
            projectileSpeed;
        Destroy(proj, 3.0f);
    }
}
```

以上代码的主要作用是当用户触碰屏幕时，以主摄像机为基准向触碰的位置发射炮弹。限于篇幅，对于每行代码的具体作用不再赘述，大家可以查看相关的注释。

虽然我们可以发射炮弹，但是炮弹只是出现在屏幕中，还不能给外星飞船造成伤害。为此，我们需要创建对应的脚本。

首先在 Project 视图中的 Assets 目录下找到 Prefabs 中的 Projectile 预设体，将其拖到场景中。在 Hierarchy 视图中选中 Projectile 对象，在 Inspector 视图中点击 Add Component 按钮，从下拉列表中选择 New Script，将其命名为 Projectile，进而创建 Projectile 脚本，然后将 Projectile 脚本拖回 Prefabs 目录，并覆盖之前的预设体。

在 Visual Studio 中打开 Projectile 脚本，并更改其中的代码，如代码清单 13-8 所示。

代码清单 13-8　Projectile 脚本

```
using System.Collections;
using System.Collections.Generic;
using UnityEngine;
public class Projectile : MonoBehaviour
{
    void OnTriggerEnter (Collider other)
```

```
    {
        EnemyShipScript enemy = other.GetComponent<EnemyShipScript>();
        if(enemy != null)
        {
            enemy.TakeDamage();
            Destroy(gameObject);
        }
    }}
```

以上代码作用是当炮弹撞上其他目标时，获取外星飞船对象，并让其受到一定的伤害，同时还要销毁炮弹自身。

13.5.8 在设备上进行测试

点击 File-Build Settings，切换到自己要测试的平台，并在 Player Settings 中进行相关设置。设置完成后，点击 Build 或 Build And Run，生成 Xcode 项目或 apk 文件，进而在 iPhone/iPad 或安卓设备上进行测试。

以上步骤的详细操作已在之前的学习中反复说明，这里不再赘述。

最终测试效果如图 13-24 所示。

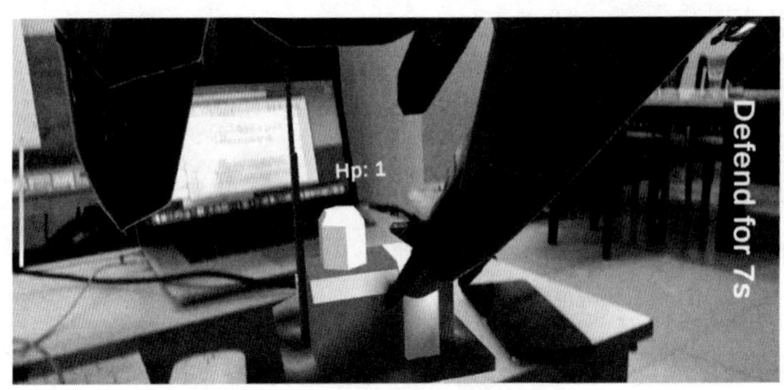

图 13-24 最终测试效果

13.6 本章小结

在本章中，我们首先介绍了 Unity3D 中用于创建 AR 应用的重要子系统 AR Foundation；然后一起了解了 ARKit 和 ARCore，包括其功能特性和支持的设备；最后通过 Hello AR 和 AR 塔防游戏了解了如何从零创建一个跨平台的 AR 应用，并将其在 iOS 设备和安卓设备上进行测试。

在下一章中，我们将一起学习 VoxelSense 平台的开发知识。

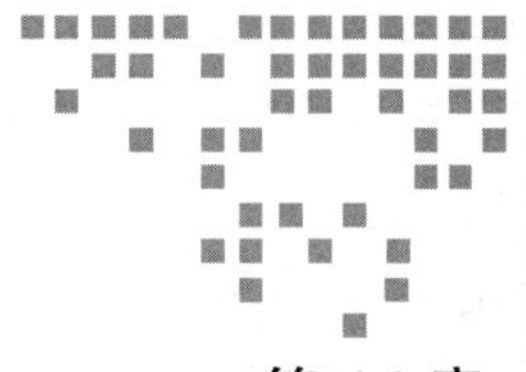

第 14 章 Chapter 14

实战：开发 AR 汽车引擎教育应用

本章将介绍 VoxelSense 这个 AR 一体机平台，并通过实战项目来学习如何使用 VoxelSense SDK 在 Unity 上开发一款教育类的 AR 软件。

14.1 VoxelSense 桌面级交互平台开发概述

VoxelSense 桌面级交互平台包括 VoxelTracker V4 高速、高精、大范围、近距离、六自由度跟踪系统和 VoxelSense A600 桌面级 VR 一体机。该平台支持 24 英寸⊖和 27 英寸屏幕的设备，适用于桌面高精度 AR 3D 交互场景，能轻松实现 120Hz、1080p、3D 高清视觉效果。其中，VoxelTracker V4 为全球首款桌面级 AR 空间交互模块，适用于 K12、职校、普通高校等的教学，如图 14-1 所示。它具有以下特点：

1）适用于桌面级高精度 AR 交互场合；

2）适配被动式、主动式、裸眼 24 英寸～ 32 英寸 3D 显示屏；

3）空间交互笔可让你更加从容地操作 3D 虚拟世界；

4）具备大范围、高精度头部光学跟踪系统；

5）开放的 C++ 接口，适用于 Unity、UE4 等开发环境；

6）开源示例程序可帮助用户快速上手开发应用软件。

全球最大尺寸桌面级 AR 一体机 A600 如图 14-2 所示，可应用于工业稳定的 OPS 电脑工作平台，采用 120Hz、1080p、高清 27 英寸、主动式 3D 立体显示系统，结合 AR 技术，

⊖ 1 英寸 = 2.54 厘米。——编辑注

提供沉浸式、交互式仿真体验。具有以下特点：

1）27 英寸主动式 3D 立体全高清显示系统；

2）一体化设计；

3）支持双光学交互笔同时操作；

4）高性能插拔式 OPS 电脑主机。

图 14-1 用户在体验 VoxelTracker V4

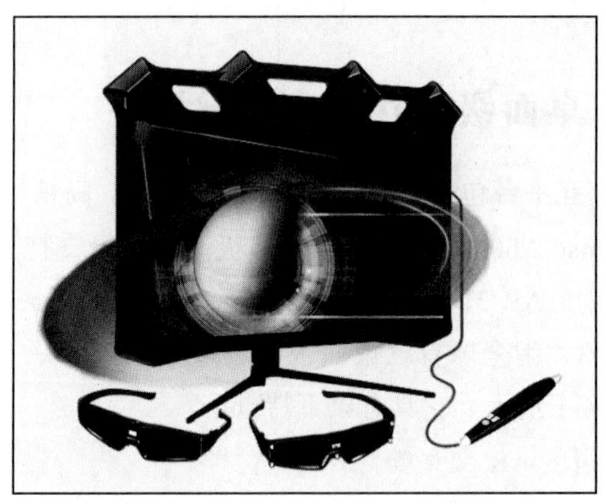

图 14-2 A600 桌面式 AR 一体机

14.1.1 VoxelTracker V4 交互平台简介

VoxelTracker V4 交互平台主要由定位追踪器、立体发射器、空间交互笔、3D 眼镜等组成，如图 14-3 所示。

VoxelTracker V4 桌面交互平台基于光学追踪开发，通过内部相机、交互眼镜和空间交互笔进行定位追踪。

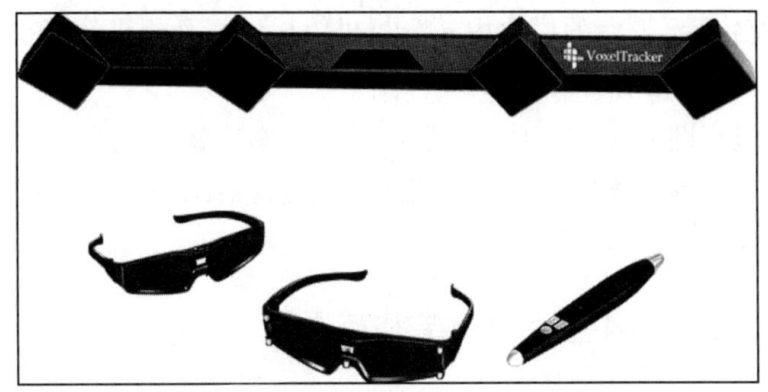

图 14-3　VoxelTracker V4 的模块构成

通过定位追踪器和空间交互笔的配合，用户可以戴上眼镜观察 3D 模型，也可以在虚拟世界进行互动，比如抓取物体、旋转 / 放大 / 缩小物体等。

VoxelTracker V4 交互平台主要基于 Windows 系统，由于采用了高清 3D 立体显示系统，对硬件配置有着较高的要求。其中，显卡至少需要 NVIDIA GTX 1050 Ti 及以上的配置才能满足使用条件。VoxelTracker V4 交互平台详细参数如表 14-1 所示。

表 14-1　VoxelTracker V4 交互平台详细参数

3D 屏幕规格	≥ 24 英寸，分辨率为 1920 × 1080，刷新率为 120Hz
定位精度	1mm，0.5°
3D 眼镜类型	主动式红外 3D
空间交互范围	水平范围不小于 1200mm，垂直范围不小于 800mm，深度范围不小于 800mm
支持空间操作类型	包括三自由度移动、三自由度旋转、拆解等，具有三个可编程逻辑控制键，可由 SDK 自由配置
电脑配置	支持以下配置性能： CPU：≥ Intel i5 7400 及以上 硬盘：≥ 256GB SSD 内存：≥ 8GB 显卡：≥ 4GB 缓存 操作系统：Windows 10，64 位
接口	至少支持以下接口：USB 3.0 × 2、USB 2.0 × 2、COM 串行口 × 1、HDMI-OUT × 1、MIC-IN × 1、LINE-OUT × 1、RJ45 网口 × 1、DP-IN × 1、DC19V × 1 以及 Wi-Fi 802.11 a/b/g/n、Bluetooth 4.0
尺寸及重量	765mm × 575mm × 300mm（长 × 宽 × 高），重约 20kg
操作环境	温度为 5℃～ 40℃，湿度为 10% ～ 80%NC

14.1.2　VoxelTracker V4 交互平台技术原理

VoxelTracker V4 交互平台追踪技术由深圳市未来感知科技有限公司提供。该项技术能够追踪交互设备（眼镜和空间交互笔）的空间位置，还可以追踪设备的位移。

VoxelTracker V4 交互平台的模块由 4 个相机组成，每个相机都能扫描前面的交互点，并计算出设备的位置以及运动的轨迹。

该系统不需要进行图像处理，对于位置的计算在本地就能完成，可以直接将位置数据传递给电脑。由于它并不需要进行图像处理，因此具备追踪多副眼镜的能力。一台设备可以支持多副观看眼镜。

14.1.3 VoxelTracker V4 空间交互笔交互详解

VoxelTracker V4 交互平台有一支空间交互笔，用户可以通过空间交互笔和场景中的模型互动。在空间交互笔上标示了左右手使用。如果用户需要，也可以使用双笔交互逻辑，通过修改 VoxelSenseService 来达到双笔控制的效果。每一支空间交互笔提供了 3 个功能按键，分别是确定键和左右两个逻辑按键。

在实际使用中，“确定”键一般用来抓取物体，左右两个逻辑按键会根据不同的项目添加交互逻辑，如图 14-4 所示。

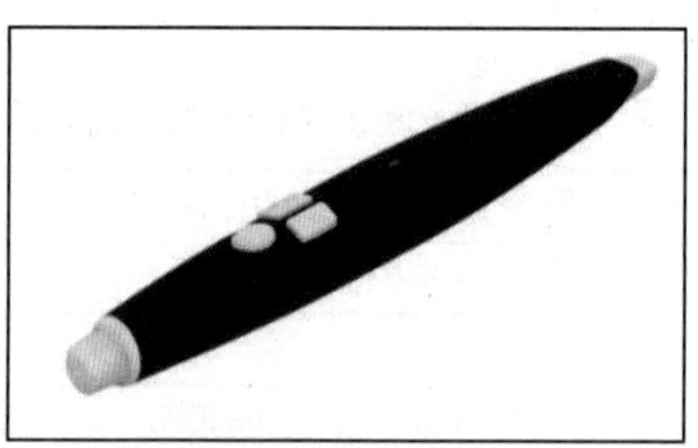

图 14-4 空间交互笔

14.2 配置 VoxelTracker V4 的开发测试环境

在本节中，我们将学习如何配置 VoxelTracker V4 的开发测试环境。

14.2.1 安装 VoxelTracker V4 硬件

想要在 VoxelTracker V4 上开发，我们需要为测试环境搭建一个硬件平台，下面先来学习如何安装 VoxelTracker V4 硬件。

打开产品的包装箱，我们可以看到所有的硬件设备，其中包括 3D 显示器、模块、眼镜、空间交互笔以及装配所需要的线缆，如图 14-5 所示。

首先我们把电脑和显示器连接起来，然后在显示器背板上装好模块，用螺丝刀将模块拧紧，如图 14-6 所示。

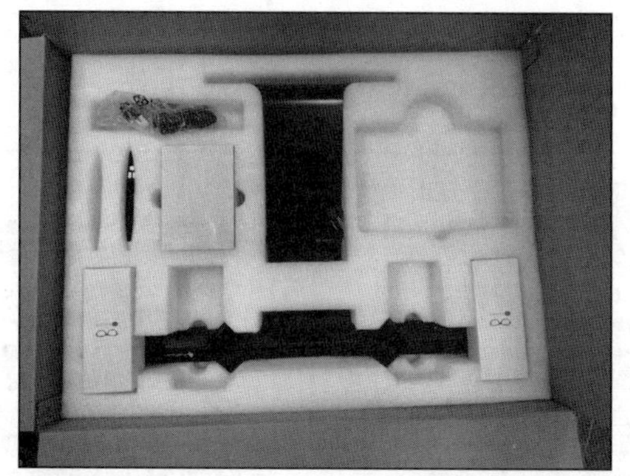

图 14-5　VoxelTracker V4 硬件设备

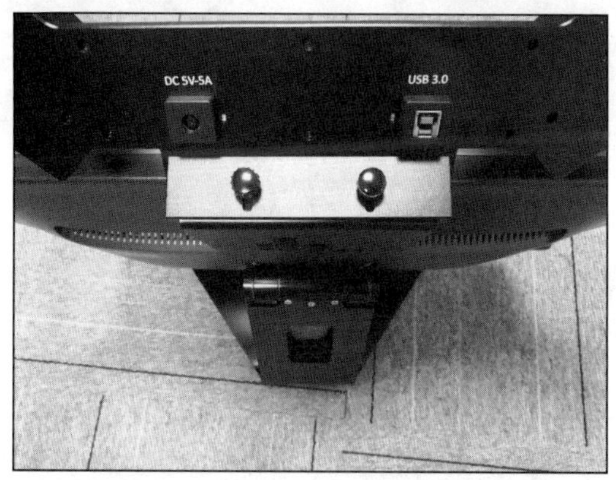

图 14-6　插上模块并拧紧手拧螺丝

装好模块后，准备线缆给模块通电，左侧为电源线，右侧是数据传输线，如图 14-7 所示。

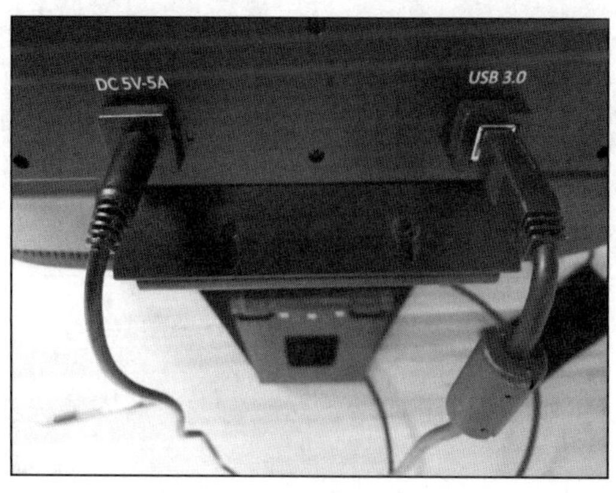

图 14-7　模块通电并连接电脑

这样我们的设备就安装好了，接下来开始安装服务和驱动。这里以 GTX 1050 Ti 为例进行介绍，进入官网找到与自己计算机相对应的驱动，下载并安装，如图 14-8 所示。

图 14-8 安装 GTX 1050 Ti 驱动服务

显卡驱动下载完成以后，双击运行，解压完成以后，选择“同意并继续”，如图 14-9 所示。

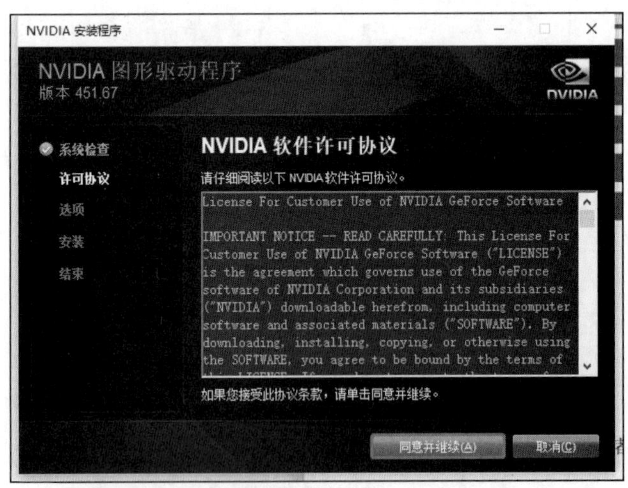

图 14-9 安装 GTX 1050 Ti 驱动服务

选择“自定义”选项，如图 14-10 所示，然后勾选清洁安装选项，等待驱动安装完成。

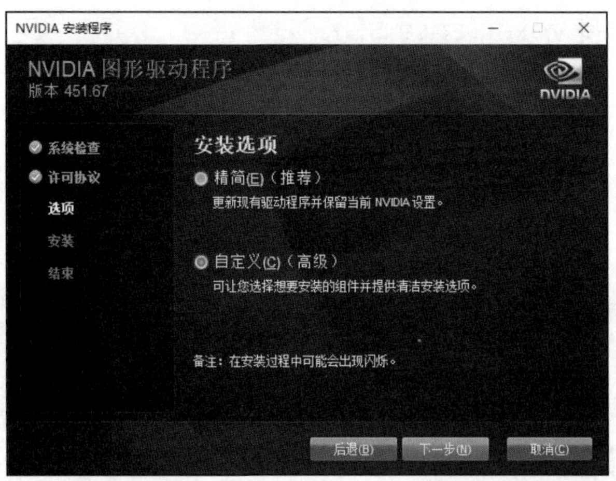

图 14-10　安装 GTX 1050 Ti 驱动服务

然后进入开发者页面，找到 VoxelTrackerDesktop Service 和 VoxelTrackerDesktop Driver，下载并安装到电脑中，如图 14-11 所示。

图 14-11　下载安装 VoxelTrackerDesktopService 和 Driver

双击运行驱动文件和服务文件，选择好安装路径后（建议安装在系统盘）点击“下一步”按钮进行安装，等待安装完成。

这样硬件环境就算搭建成功了，打开任务管理器重启 VoxelTracker Service 服务，如果模块红灯亮起后消失则表示设备能够正常运行。接着，我们就可以下载 SDK 进行项目开发了。

14.2.2　安装 VoxelStation A600 硬件

VoxelStationA600 硬件只需要把设备安装好通电就能使用。一体机的好处在于能够极大地节省线缆。

14.2.3 下载并安装 VoxelSense SDK

在浏览器中打开 VoxelSense 官网（https://www.voxelsense.com/），在下载 SDK 之前先注册一个账号。

点击“登录”按钮进入账号登录界面，使用已有账号登录，或点击“注册新用户”按钮注册新的账号，并按照提示逐步完成注册，如图 14-12 所示。

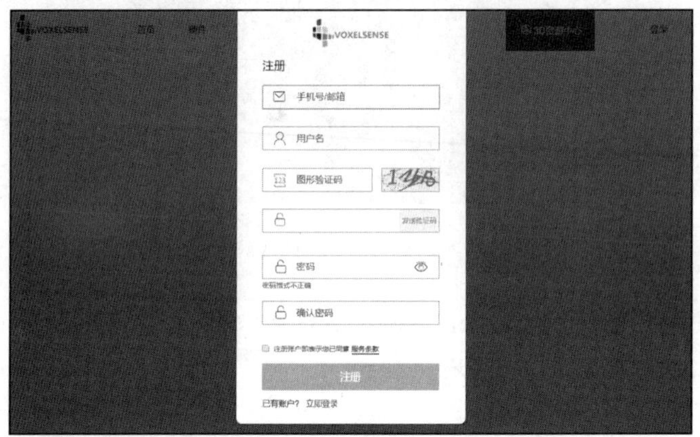

图 14-12 注册用户账号

找到开发者界面，找到 VoxelSense SDK For Unity3d V1.3.7 版本，下载并安装，如图 14-13 所示。

图 14-13 下载并安装 VoxelSense SDK

SDK 默认会下载到 C 盘，我们可以看到 pakage for Unity 文件下有一个 .unitypackage 格式的文件，双击将它导入 Unity 即可。

14.3 实战：AR 汽车引擎教育应用的设计与实现

在本节中，我们将学习如何从零开始开发一款 VoxelSense 的 AR 教育软件。具体来说，这里将实现汽车引擎产品设计与实现相关的模拟教学。其中，我们将实现汽车的拆解以及放大 / 缩小交互功能。

14.3.1　AR 汽车引擎教育应用的设计

现在汽车技术发展很快，设备的更新永远赶不上实际需要。仿真虚拟技术在实训中有广泛的应用价值。我们可以通过虚拟仿真软件了解汽车零部件的实际模型。

这里将结合 Unity3D、VoxelTracker V4 和 VoxelSense SDK 制作一款 AR 汽车引擎 CarEngine，最终效果如图 14-14 所示。

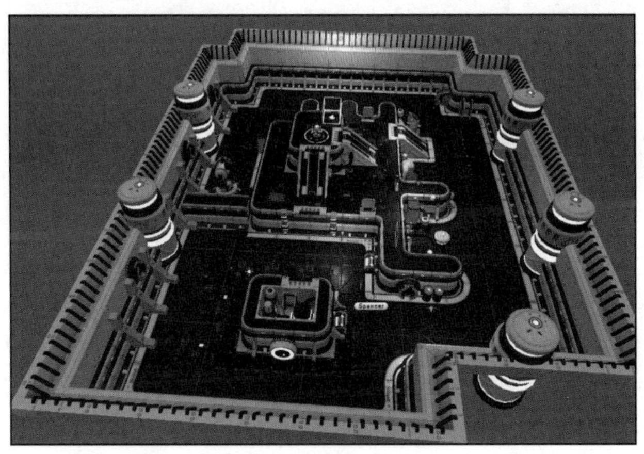

图 14-14　汽车引擎 AR 软件的最终效果

本章将使用 Unity 2018.1.0f1、VoxelSense SDK For Unity3D V1.3.7 版本。VoxelSense SDK 可以通过链接 https://www.voxelsense.com/developer/console/sdkdownload 下载。

14.3.2　创建项目并进行基本设置

打开 Unity，新建一个项目，将其命名为 CarEngine，并将已经下载好的 SDK 导入 Unity。接下来进行项目的基本设置，从菜单栏中依次选择 Edit → Project Settings → Player 命令，找到 XR Settings，如图 14-15 所示。

确保勾选 Virtual Reality Supported 复选框，并且设置 Virtual Reality SDKs 为 Stereo Display（non head-mounted），将 Stereo Rendering Method 设置为 Multi Pass。

14.3.3　新建汽车引擎场景

导入对应的场景资源（Cha14/Resources/chapter14Starter.unitypackage）后，打开位于 VoxelStation 目录下 prefabs 中的 VoxelStation 场景。在汽车引擎 AR 软件中，用户可以抓取场景中的物体，也可以通过交互笔上的两个按键进行放大和缩小操作。

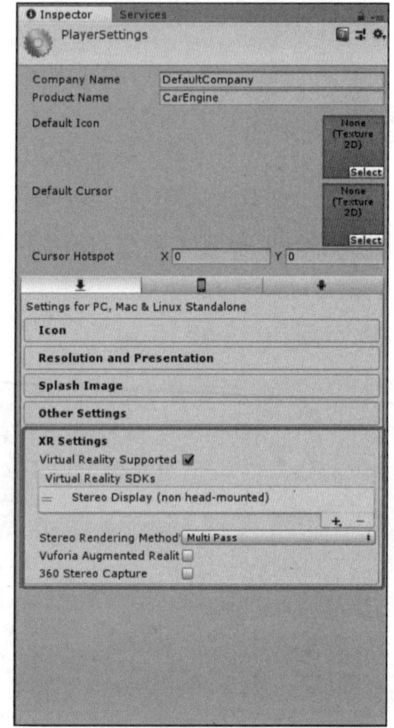

图 14-15 设置 XR Settings 类型

将汽车引擎放置在相机前方，如图 14-16 所示。

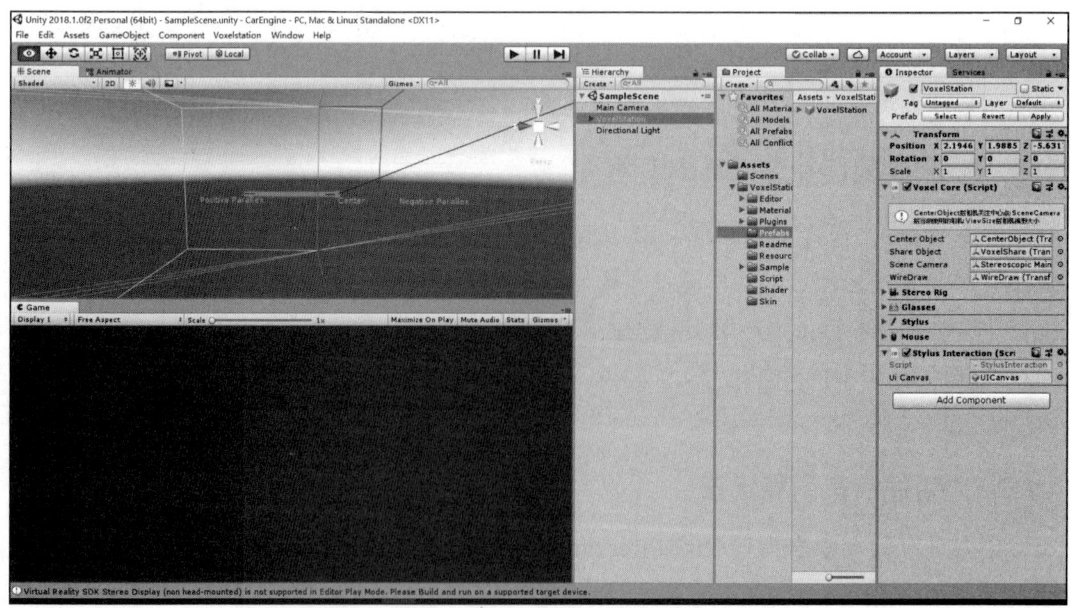

图 14-16 将汽车引擎放置在相机前方

导入汽车引擎模型，把引擎放置在（0,0.02,0）位置，把模型的比例从（1,1,1）改成（0.2,0.2,0.2），旋转角度从（0,0,0）改为（0,270,0）。设置完成后的场景效果如图 14-17 所示。

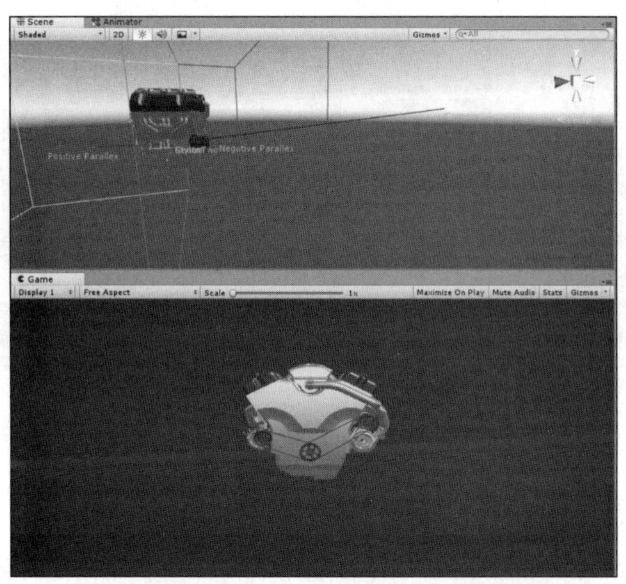

图 14-17　设置汽车引擎位置、比例和旋转角度

调整好汽车引擎之后，我们再在场景中添加一个平台 VoxelTable，将位置调整为（0,0.07,0.01），旋转角度调整为（6,180,0.3），大小比例调整为（0.4,0.4,0.4），如图 14-18 所示。

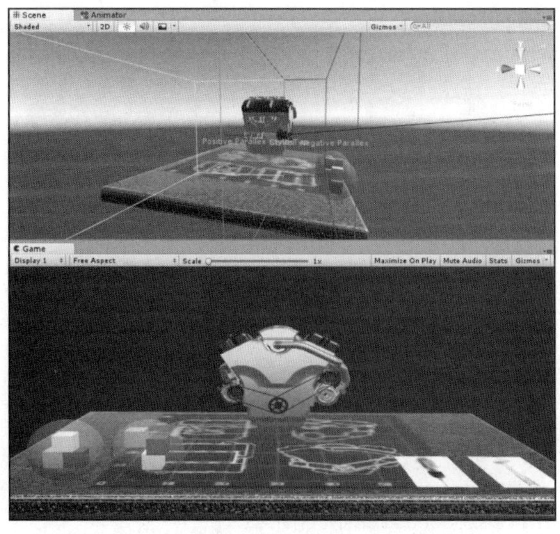

图 14-18　在场景中添加地板

之后删除两个透明小球并把 Voxel_3Dbutton 添加到场景中，将 button 分别命名为复位、缩放、移动、爆炸、组装、拆装，最后把场景的背景修改为已经添加进来的天空盒，如图 14-19 所示。

图 14-19 汽车引擎场景完成

14.3.4 实现汽车引擎放大 / 缩小

接下来给汽车引擎添加需要用到的代码逻辑组件，这里将该组件命名为 EngineManager，主要逻辑代码如代码清单 14-1 所示。

代码清单 14-1 引擎管理器 EngineManager

```
using System.Collections;
using UnityEngine;
using UnityEngine.UI;
using VoxelStationUtil;
public enum StylusMode
{
    Move,
    Resize
}
public enum EngineMode
{
    Assembled,
    Disassembled,
    Setup
}
public class EngineManager : MonoBehaviour
{
    public static EngineManager instance;
    public static StylusMode currentStylusMode = StylusMode.Move;
    public static EngineMode currentEngineMode = EngineMode.Assembled;
    public Material selectedGlassMaterial;
    public Material normalGlassMaterial;
```

```
public GameObject[] EngineModeButtons;
public GameObject[] StylusModeButtons;
public Animator modelAnimator;
#region 左右旋转
// 定义每次旋转的角度、速度
private int rotateSpeed = 2;
[HideInInspector]
public Transform hoverObject = null;
private bool isRotate = false;
private bool isCheckKey;
public bool IsCheckKey
{
    get { return isCheckKey; }
    set
    {
        isCheckKey = value;
        if (IsCheckKey == true)
            CanRotate = true;
    }
}

//整体拾取后，不可进行整体的旋转，可以缩放
public bool CanRotate
{
    get { return canRotate; }
    set { canRotate = value; }
}
//是否整体移动
private bool canRotate = true;

/// 放大物体
public void Magnify()
{
    if(hoverObject == null || currentEngineMode == EngineMode.Assembled)
    {
        if (transform.localScale.x < 0.5)
        {
            transform.localScale += new Vector3(0.05f, 0.05f, 0.05f);
            if (transform.localScale.x > 0.5f)
                transform.localScale = new Vector3(0.5f, 0.5f, 0.5f);
        }
    }
    else
    {
        if (hoverObject.localScale.x < 0.02f)
        {
            hoverObject.localScale += new Vector3(0.003f, 0.003f, 0.003f);
            if (hoverObject.localScale.x > 0.02f)
                hoverObject.localScale = new Vector3(0.02f, 0.02f, 0.02f);
        }
    }
```

```
}

/// 缩小物体
public void Shrink()
{
    if(hoverObject == null || currentEngineMode == EngineMode.Assembled)
    {
        if (transform.localScale.x > 0.125f)
        {
            transform.localScale -= new Vector3(0.05f, 0.05f, 0.05f);
            if (transform.localScale.x < 0.125f)
                transform.localScale = new Vector3(0.125f, 0.125f, 0.125f);
        }
    }
    else
    {
        if (hoverObject.localScale.x > 0.01f)
        {
            hoverObject.localScale -= new Vector3(0.003f, 0.003f, 0.003f);
            if (hoverObject.localScale.x < 0.01f)
                hoverObject.localScale = new Vector3(0.01f, 0.01f, 0.01f);
        }
    }
}
/// 检测按键是否按下
void GetKey()
{
    #region +/-号(小键盘)按下、鼠标滑轮滚动时对整体进行缩放，缩放范围为1~3
    if (Input.GetKeyDown(KeyCode.KeypadPlus) || Input.GetAxis("Mouse
        ScrollWheel") > 0)
    {
        Magnify();
    }
    if (Input.GetKeyDown(KeyCode.KeypadMinus) || Input.GetAxis("Mouse
        ScrollWheel") < 0)
    {
        Shrink();
    }
    #endregion
    if (!CanRotate)
        return;
    if (Input.GetKey(KeyCode.UpArrow))
    {
        if(hoverObject == null || currentEngineMode == EngineMode.Assembled)
            transform.Rotate(new Vector3(1, 0, 0) * rotateSpeed, Space.World);
        else
            hoverObject.Rotate(new Vector3(1, 0, 0) * rotateSpeed, Space.World);
    }
    if (Input.GetKey(KeyCode.DownArrow))
    {
        if (hoverObject == null || currentEngineMode == EngineMode.Assembled)
```

```
                transform.Rotate(new Vector3(-1, 0, 0) * rotateSpeed, Space.World);
            else
                hoverObject.Rotate(new Vector3(-1, 0, 0) * rotateSpeed, Space.World);
        }
        if (Input.GetKey(KeyCode.RightArrow))
        {
            if (hoverObject == null || currentEngineMode == EngineMode.Assembled)
                transform.Rotate(new Vector3(0, -1, 0) * rotateSpeed, Space.World);
            else
                hoverObject.Rotate(new Vector3(0, -1, 0) * rotateSpeed, Space.World);
        }
        if (Input.GetKey(KeyCode.LeftArrow))
        {
            if (hoverObject == null || currentEngineMode == EngineMode.Assembled)
                transform.Rotate(new Vector3(0, 1, 0) * rotateSpeed, Space.World);
            else
                hoverObject.Rotate(new Vector3(0, 1, 0) * rotateSpeed, Space.World);
        }
        if (VoxelStationData.Instance.xAngle != 0 || VoxelStationData.Instance.
            yAngle != 0)
        {
            if (hoverObject == null || currentEngineMode == EngineMode.Assembled)
                transform.Rotate(new Vector3(VoxelStationData.Instance.yAngle *
                    Time.deltaTime, VoxelStationData.Instance.xAngle * Time.
                    deltaTime, 0), Space.World);
            else
                hoverObject.Rotate(new Vector3(VoxelStationData.Instance.yAngle
                    * Time.deltaTime, -VoxelStationData.Instance.xAngle * Time.
                    deltaTime, 0), Space.World);
        }
        #endregion
    }
    //在组合动画播放完成后开启检测，注意组合动画是倒播的
    public void OpenCheckKey()
    {
        IsCheckKey = true;
    }
    #endregion
    [HideInInspector]
        public GameObject currentSelectedAss_Disass;
        [HideInInspector]
        public GameObject currentSelectedMove_Resize;
        private Vector3 motorPositionInit;
        private Vector3 motorScaleInit;
        private Quaternion motorRotationInit;
        private string playingAnim = "";
        private MeshRenderer[] childObjects;
    void Start ()
        {
        instance = this;
        IsCheckKey = true;
```

```
    motorPositionInit = modelAnimator.transform.position;
    motorScaleInit = modelAnimator.transform.localScale;
    motorRotationInit = modelAnimator.transform.rotation;
    childObjects = modelAnimator.gameObject.GetComponentsInChildren<MeshRenderer>();
    currentSelectedAss_Disass = EngineModeButtons[00];
    currentSelectedMove_Resize = StylusModeButtons[00]; OnAssemble();
      }
      // 每帧调用
void Update () {
    switch (currentEngineMode) {
        case EngineMode.Assembled:
        case EngineMode.Setup:
        EngineModeButtons[0].GetComponent<Renderer>().material =
            selectedGlassMaterial;
    EngineModeButtons[0].transform.localScale = new Vector3(0.004875f,
        0.004875f, 0.004875f);
    break;
        case EngineMode.Disassembled:
      EngineModeButtons[1].GetComponent<Renderer>().material =
         selectedGlassMaterial;
    EngineModeButtons[1].transform.localScale = new Vector3(0.004875f,
        0.004875f, 0.004875f);
    break;
    }
switch (currentStylusMode) {
    case StylusMode.Move:
    StylusModeButtons[0].GetComponent<Renderer>().material =
        selectedGlassMaterial;
    StylusModeButtons[0].transform.localScale = new Vector3(0.004875f,
        0.004875f, 0.004875f);
    break;
    case StylusMode.Resize:
    StylusModeButtons[1].GetComponent<Renderer>().material =
        selectedGlassMaterial;
    StylusModeButtons[1].transform.localScale = new Vector3(0.004875f,
        0.004875f, 0.004875f);
    break;
        }
    //按键检测
    if (IsCheckKey)
        GetKey();
}
    public void OnDisassemble()
    {
if (currentEngineMode != EngineMode.Disassembled)
        {
        IsCheckKey = false;
        modelAnimator.enabled = true;
        playingAnim = "Disassemble";
    foreach (MeshRenderer m in childObjects){
```

```
            m.transform.localRotation = Quaternion.identity;
            m.transform.localScale = new Vector3(0.01f, 0.01f, 0.01f);
          }
            modelAnimator.SetTrigger(playingAnim);
              }
    currentEngineMode = EngineMode.Disassembled;
    EngineModeButtons[0].transform.localScale = new Vector3(0.0039f, 0.0039f, 0.0039f);
    EngineModeButtons[01].GetComponent<Animator>().Play("New State");
    EngineModeButtons[01].GetComponent<Animator>().SetBool("isAnimating", false);
    EngineModeButtons[00].GetComponent<Animator>().Play("SeparatingAnimation");
    EngineModeButtons[00].GetComponent<Animator>().SetBool("isAnimating", true);
    currentSelectedAss_Disass = EngineModeButtons[1];
    SetUpManager.Instance.Init();
    }
    public void OnAssemble(bool forSetUp = false )
    {
        if (currentEngineMode == EngineMode.Disassembled || forSetUp)
        {
            IsCheckKey = false;
            modelAnimator.enabled = true;
    playingAnim = "Assemble";
    foreach (MeshRenderer m in childObjects)
    {m.transform.localRotation = Quaternion.identity;
    m.transform.localScale = new Vector3(0.01f, 0.01f, 0.01f);
          }
    modelAnimator.SetTrigger(playingAnim);
        }
    currentEngineMode = EngineMode.Assembled;
    EngineModeButtons[01].GetComponent<Renderer>().material = normalGlassMaterial;
    EngineModeButtons[01].transform.localScale = new Vector3(0.0039f, 0.0039f, 0.0039f);
    EngineModeButtons[01].GetComponent<Animator>().Play("CombiningAnimation");
    EngineModeButtons[01].GetComponent<Animator>().SetBool("isAnimating", true);
    EngineModeButtons[00].GetComponent<Animator>().Play("CombinedAnimation");
    EngineModeButtons[00].GetComponent<Animator>().SetBool("isAnimating", false);
    currentSelectedAss_Disass = EngineModeButtons[0];
    }
public void OnMove()
    {
    currentStylusMode = StylusMode.Move;
    StylusModeButtons[1].GetComponent<Renderer>().material = normalGlassMaterial;
    StylusModeButtons[1].transform.localScale = new Vector3(0.0039f, 0.0039f, 0.0039f);
    currentSelectedMove_Resize = StylusModeButtons[0];
    }
public void OnResize()
    {
        if (currentEngineMode == EngineMode.Setup)
            return;
    currentStylusMode = StylusMode.Resize;
    StylusModeButtons[0].GetComponent<Renderer>().material = normalGlassMaterial;
    StylusModeButtons[0].transform.localScale = new Vector3(0.0039f, 0.0039f, 0.0039f);
```

```
        currentSelectedMove_Resize = StylusModeButtons[1];
        }
    public void OnReset()
        {
            isRotate = false;//复位时，停止旋转
            OnMove();
            modelAnimator.transform.position = motorPositionInit;
            modelAnimator.transform.localScale = motorScaleInit;
            modelAnimator.transform.rotation = motorRotationInit;
            foreach (MeshRenderer m in childObjects)
            {
                m.transform.localScale = Vector3.one * 0.01f;
                }
            isRotate = true;// 复位完成后，开启按键检测
            if (currentEngineMode == EngineMode.Setup)
                OnAssemble(true);
            else
                OnAssemble();
             }
    public void CloseAnim()
        {
        IsCheckKey = true;
        playingAnim = "";
        modelAnimator.enabled = false;
        }
```

以上代码的主要作用为：

1）实现用虚拟射线拖拽来放大和缩小发动机模型；

2）实现用虚拟射线移动、旋转发动机模型；

3）实现发动机的爆炸和组装；

4）实现发动机零部件的拆装。

EngineManager 组件可以通过空间交互笔的两个 Style 按键来控制引擎的放大和缩小，也可以通过前面的物理按键实现物体的拖拽和旋转。空间交互笔的逻辑处理代码在 StylusInteraction 脚本中。限于篇幅，这里只列出其中的部分代码，如代码清单 14-2 所示。

代码清单 14-2　空间交互笔的逻辑处理脚本 StylusInteraction

```
using UnityEngine;
using UnityEngine.EventSystems;
using UnityEngine.UI;
using VoxelStationUtil;
/// Voxelstation V4相关的命名空间
namespace VoxelStation.Core
{
    public interface StylusFunctionsInterface
    {
```

```
    /// 空间交互笔UI交互事件开始
   void onStylusHoverUIBegin(ActionEventInfo info);
    /// 空间交互笔UI交互事件结束
    void onStylusHoverUIEnd(ActionEventInfo info);
     ///空间交互笔按钮1交互开启
     void onStylusButtonOnePressedUI(ActionEventInfo info);
       /// 空间交互笔对象交互开启
       void onStylusHoverObjectBegin(ActionEventInfo info);
       ///空间交互笔对象交互结束
       void onStylusHoverObjectEnd(ActionEventInfo info);
       /// 空间交互笔抓取对象交互开启
       void onStylusGrabObjectBegin(ActionEventInfo info);
      /// 空间交互笔抓取对象事件更新
       void onStylusGrabObjectUpdate(ActionEventInfo info);
      /// 空间交互笔抓取对象事件结束
       void onStylusGrabObjectEnd(ActionEventInfo info);
   }
   /// voxelcore 空间交互笔交互回调
   internal class StylusInteraction : MonoBehaviour, StylusFunctionsInterface
   {
       #region IMPLEMENTED INTERFACE STYLUSFUNCTIONS
       public Material normalGlassMaterial;
       public Material hoverGlassMaterial;
       public Material selectedGlassMaterial;
       private GameObject previousHoverUI = null;
       [SerializeField]
       private GameObject uiCanvas;
       VoxelCore voxelCore;
       /// 空间交互笔按钮1触碰UI事件开启
       public void onStylusButtonOnePressedUI(ActionEventInfo info)
       {
         if (info.actionObject.tag.Equals("Toggle"))
           {
info.actionObject.GetComponent<Toggle>().isOn= !info.actionObject.
    GetComponent<Toggle>().isOn;
           }
           else if(info.actionObject.GetComponent<Button>() != null)
               info.actionObject.GetComponent<Button>().onClick.Invoke();
VoxelStationConnector.Instance.SetStylusFeature((StylusFeature)UnityEngine.
    Random.Range(0, 2), 50);
VoxelStationConnector.Instance.SetStylusFeature(StylusFeature.Vibration, 50);
       }
public void onStylusButtonOneDragUI(ActionEventInfo info)
       {
           switch (info.actionObject.tag)
           {
               case "Scrollbar":
                   Example_Scrollbar scrollbar = info.actionObject.
                       GetComponent<Example_Scrollbar>();
                   if(scrollbar != null)
                   {
```

```
                        switch (info.stylusType)
                        {
                            case 0:
                                scrollbar.SetValue(info.actionObject, VoxelCore.
                                    Instance.stylusObject.transform);
                                break;
                            case 1:
                                scrollbar.SetValue(info.actionObject, VoxelCore.
                                    Instance.stylusTwoObject.transform);
                                break;
                            default:
                                break;
                        }
                    }
                    break;
                default:
                    break;
            }
        }
        /// 空间交互笔抓取对象事件开启
        public void onStylusGrabObjectBegin(ActionEventInfo info)
        {
            //Debug.Log("onStylusGrabObjecBegin");
            if(info.actionObject.tag == "Grab")
    BeginGrab(info.actionObject,info.length,info.pose,info.stylusType);
    VoxelStationConnector.Instance.SetStylusFeature(StylusFeature.Vibration, 50);
            EngineManager.instance.IsCheckKey = false;
        }
        /// 空间交互笔抓取对象事件关闭
        public void onStylusGrabObjectEnd(ActionEventInfo info)
        {
            //待办：当空间交互笔抓取对象事件结束时实施
            //Debug.Log("onStylusGrabObjectEnd");
            if (EngineManager.currentStylusMode == StylusMode.Resize)
            {
                if (EngineManager.currentEngineMode == EngineMode.Assembled)
                {
                    if (trucateValue(stylus_hitObject.transform.localScale.x, 4) > 0.50)
                        stylus_hitObject.transform.localScale = new Vector3(0.5f,
                            0.5f, 0.5f);

                    if (trucateValue(stylus_hitObject.transform.localScale.x, 3)
                        < 0.125f)
                        stylus_hitObject.transform.localScale = new
                            Vector3(0.125f, 0.125f, 0.125f);
                }
                else
                {
                    if (trucateValue(stylus_hitObject.transform.localScale.x, 2)
                        > 0.02f)
```

```
                    stylus_hitObject.transform.localScale = new
                        Vector3(0.02f, 0.02f, 0.02f);
                if (trucateValue(stylus_hitObject.transform.localScale.x, 3)
                    < 0.001f)
                    stylus_hitObject.transform.localScale = new
                        Vector3(0.001f, 0.001f, 0.001f);
            }
            stylus_hitObject = null;
        }
        else
        {
            if (EngineManager.currentEngineMode == EngineMode.Setup)
                SetUpManager.Instance.EndSetUpObject(info.actionObject);
            if (EngineManager.currentEngineMode == EngineMode.Assembled)
            {
                info.actionObject.transform.parent.parent = null;
            }
        }
        EngineManager.instance.IsCheckKey = true;
    }
    /// 空间交互笔抓取对象事件更新
    public void onStylusGrabObjectUpdate(ActionEventInfo info)
    {
        if (info.actionObject.tag == "Grab")
            UpdateGrab(info.actionObject, info.pose,info.stylusType);
        Vector3 textPosition = info.pose.Position + (info.pose.Rotation
            * (Vector3.forward * initialGrabDistance));
PartsInformationManager.Instance.ShowInformation(info.actionObject,
    textPosition);
    }
    /// 空间交互笔在对象上悬停事件开启
    public void onStylusHoverObjectBegin(ActionEventInfo info)
    {
        //待办：当空间交互笔在某对象上开始悬停时实施
        EngineManager.instance.hoverObject = info.actionObject.transform;
    }
    /// 空间交互笔在对象上悬停事件结束
    public void onStylusHoverObjectEnd(ActionEventInfo info)
    {
        //待办：当空间交互笔在对象上悬停结束时实施
        //Debug.Log("onStylusHoverObjectEnd");
        PartsInformationManager.Instance.HideInformation();
        EngineManager.instance.hoverObject = null;
    }
    /// 空间交互笔在UI上悬停事件开启
    public void onStylusHoverUIBegin(ActionEventInfo info)
    {
        //待办：当空间交互笔在UI上悬停开启时实施
        if (info.actionObject.transform.parent.name == "Voxel_Table")
        {
```

```
            if (previousHoverUI != null && previousHoverUI != info.
                actionObject &&
              EngineManager.instance.currentSelectedAss_Disass !=
                  previousHoverUI &&
              EngineManager.instance.currentSelectedMove_Resize !=
                  previousHoverUI)
            {
                previousHoverUI.transform.localScale = new Vector3(0.0039f,
                    0.0039f, 0.0039f);
                previousHoverUI.GetComponent<Renderer>().material =
                    normalGlassMaterial;
            }
if (info.actionObject == EngineManager.instance.currentSelectedAss_Disass
    || info.actionObject == EngineManager.instance.currentSelectedMove_Resize)
 return;
info.actionObject.GetComponent<Renderer>().material = hoverGlassMaterial;
info.actionObject.transform.localScale = new Vector3(0.004875f, 0.004875f, 0.004875f);
previousHoverUI = info.actionObject;
        }
        if (info.actionObject.transform.parent.name == "Button")
        {
          EventSystem.current.SetSelectedGameObject(info.actionObject);
            EngineManager.instance.IsCheckKey = false;
        }
        else
        {
            EngineManager.instance.IsCheckKey = true;
        }
    }
    /// 空间交互笔在UI上悬停事件结束
    public void onStylusHoverUIEnd(ActionEventInfo info)
    {
        if (info.actionObject.transform.parent.name == "Voxel_Table")
        {
            previousHoverUI = null;
            if (info.actionObject == EngineManager.instance.
                currentSelectedAss_Disass || info.actionObject == EngineManager.
                instance.currentSelectedMove_Resize)
                return;
            info.actionObject.transform.localScale = new Vector3(0.0039f,
                0.0039f, 0.0039f);
            info.actionObject.GetComponent<Renderer>().material =
                normalGlassMaterial;
        }
        if (info.actionObject.transform.parent.name == "Button")
        {
            EngineManager.instance.IsCheckKey = true;
        }
    }
    #endregion IMPLEMENTED INTERFACE STYLUSFUNCTIONS
    #region BUTTON EVENT
```

```
public void OnStylusButtonPress(StylusEventInfo info)
{
    switch (info.StylusType)
    {
        case 0:
            break;
        case 1:
            break;
        default:
            break;
    }
    switch (info.ButtonID)
    {
        case ButtonValue.One:
            break;
        case ButtonValue.Two:
            EngineManager.instance.Shrink();
            break;
        case ButtonValue.Three:
            EngineManager.instance.Magnify();
            break;
        case ButtonValue.V_Add:
            break;
        case ButtonValue.V_Sub:
            break;
        default:
            break;
    }
}
public void OnStylusButton(StylusEventInfo info)
{
    switch (info.StylusType)
    {
        case 0:
            break;
        case 1:
            break;
        default:
            break;
    }
    switch (info.ButtonID)
    {
        case ButtonValue.One:
            break;
        case ButtonValue.Two:
            break;
        case ButtonValue.Three:
            break;
        case ButtonValue.V_Add:
            break;
        case ButtonValue.V_Sub:
```

```
                    break;
                default:
                    break;
            }
        }
……
        void Update()
        {
            if (Input.GetKeyDown(KeyCode.P))
            {
                VoxelStationData.Instance.positionLerpEnable =
                    !VoxelStationData.Instance.positionLerpEnable;
                ShowMessage();
                //Debug.Log(voxelCore.lerpValue);
            }
            if (Input.GetKeyDown(KeyCode.R))
            {
                VoxelStationData.Instance.rollLerpEnable = !VoxelStationData.
                    Instance.rollLerpEnable;
                ShowMessage();
            }
            if (Input.GetKeyDown(KeyCode.A))
            {
                VoxelStationData.Instance.times -= 1;
                ShowMessage();
            }
            if (Input.GetKeyDown(KeyCode.S))
            {
                VoxelStationData.Instance.times += 1;
                ShowMessage();
            }
        }
    }
}
```

这部分的代码主要实现以下功能：

1）虚拟射线对 UI 的触碰和点击；

2）虚拟射线对物理模型的触碰、点击和拖拽等；

3）对 EngineManager 组件方法的调用和回调。

14.3.5 获取内容帧数

此时，我们还需要一个获取项目运行帧数的脚本 GetFPS，相关实现如代码清单 14-3 所示。

代码清单 14-3　获取项目运行帧数的脚本 GetFPS

```
using System.Collections;
using System.Collections.Generic;
using UnityEngine;
using UnityEngine.UI;

public class GetFPS : MonoBehaviour
{
    [SerializeField]
    private Text FpsText;
    [SerializeField]
    private Text vSyncCountText;
    private float time;
    private int frameCount;
    private void Start()
    {
        QualitySettings.vSyncCount = 1;
        Application.targetFrameRate = 2000;
    }
    void Update()
    {
        time += Time.unscaledDeltaTime;
        frameCount++;
        if (time >= 1 && frameCount >= 1)
        {
            float fps = frameCount / time;
            time = 0;
            frameCount = 0;
            FpsText.text = fps.ToString("f2");//#0.00
            FpsText.color = fps >= 20 ? Color.white : (fps > 16 ? Color.yellow
                : Color.red);
        }
        if (Input.GetKeyDown(KeyCode.A))
        {
            vSyncCountText.text = QualitySettings.vSyncCount.ToString();
        }
    }
}
```

以上代码比较简单，主要实现了对应用程序运行时的帧率的计算和显示。

14.3.6　查看实际运行效果

从 Unity 菜单栏中依次选择 File → Build 命令，在界面 Scenes In Build 中点击 Add Open Scenes 按钮，在 Platform 处保持默认设置的“PC，Mac&Linux Standalone”选项，然后编译生成可执行文件，如图 14-20 所示。

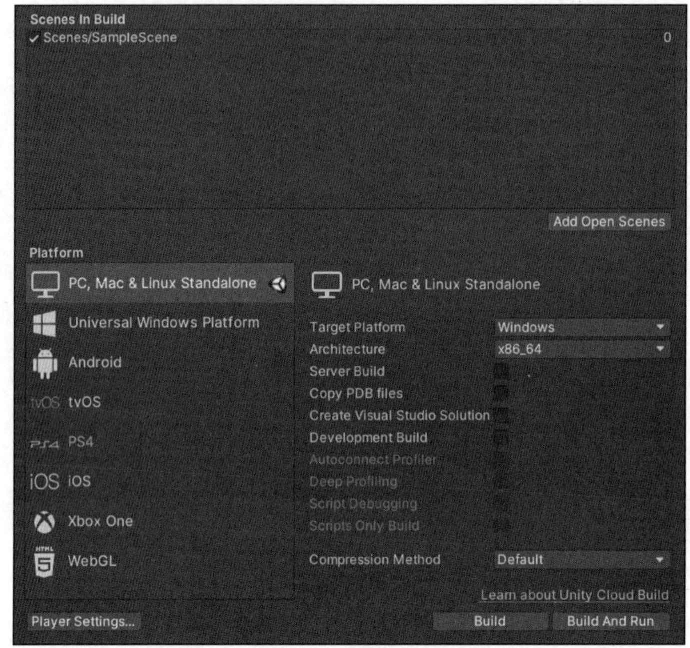

图 14-20 Build 设置

程序运行后的主界面效果如图 14-21 所示。

图 14-21 主界面效果

使用射线拆装发动机的效果如图 14-22 所示。

使用射线缩放发动机的效果如图 14-23 所示。

发动机爆炸效果如图 14-24 所示。

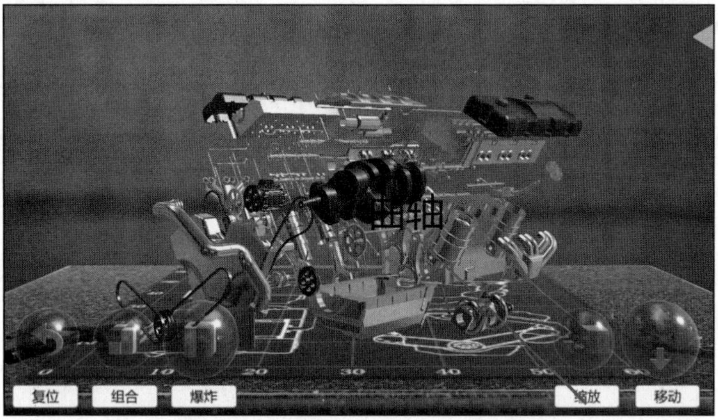

图 14-22　使用射线拆装发动机的效果

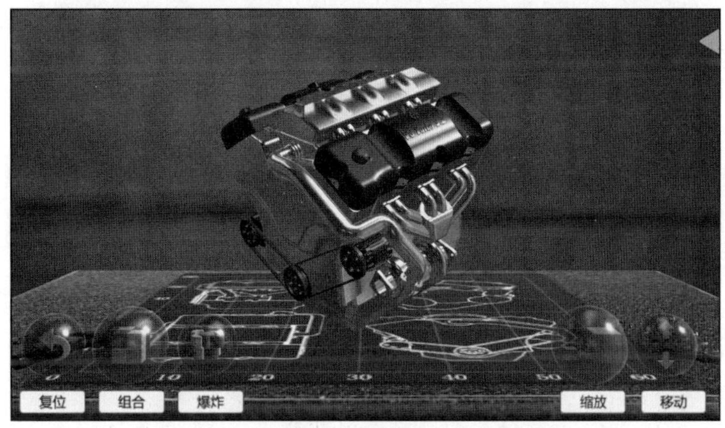

图 14-23　使用射线缩放发动机的效果

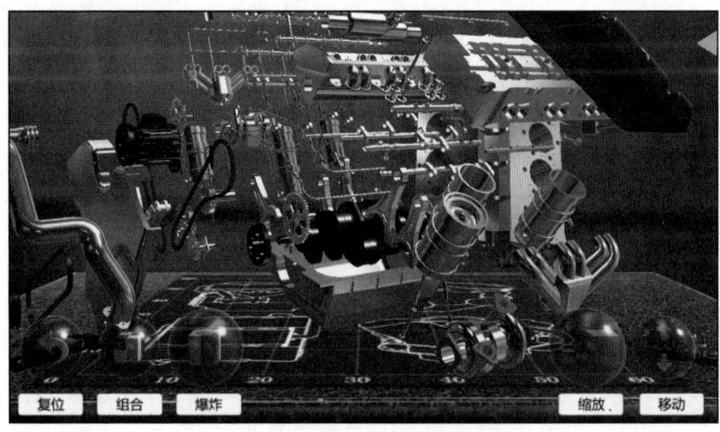

图 14-24　发动机爆炸效果

14.4 本章小结

本章主要介绍了 VoxelSense 平台、两个硬件设备的功能实现，以及如何下载并安装 VoxelSense SDK，并通过一个完整的实战案例介绍了如何在 VoxelSense 平台开发一款 AR 汽车引擎软件。